中等职业教育农业部规划教材

李 志 主编

宠物疾病诊断与防治

畜牧兽医类专业用

中国农业出版社

内容简介

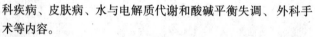

本教材理论与实践并重，比较全面地介绍了犬、猫常见疾病的诊断及治疗方法。

全书共分为十一章，主要介绍了犬、猫临床诊断、特殊检查、实验室化验、常用治疗技术、传染病、寄生虫病、内科病、外产科疾病、皮肤病、水与电解质代谢和酸碱平衡失调、外科手术等内容。

本教材可供中等职业学校兽医专业、畜牧兽医专业及相关专业教学使用，也可供从业兽医人员参考使用。

编审人员

主 编 李 志

副主编 张晓远 曹邓格日乐

编 者（按姓名笔画排序）

　　　　李 志　张晓远

　　　　胡发硕　侯晓琪

　　　　曹邓格日乐

　　　　潘丹丹

审 稿 刘 朗

前言

本教材按照《中等职业学校宠物疾病诊治教学大纲》的要求，结合临床实践，突出综合性和跨学科的特点，体现现代技术的应用。既坚持突出基础理论知识的应用，又注重加强实践能力的培养。

全书共分为十一章。在第二章超声检查中，我们在重视X线检查的同时，也重点介绍了目前正在兽医临床中推广使用的超声检查、心电图检查、内窥镜检查。在第三章实验室化验中，我们重点介绍了目前正广泛应用于宠物临床工作中的血液生化检查。在第四章常用治疗技术中，我们重点介绍了门诊工作中应用较多的治疗操作技术，如动物的输血、鼻饲等技术。在第五章传染病中，重点介绍了犬瘟热、犬细小病毒感染、猫泛白细胞减少症、猫传染性鼻气管炎等常见病。在第七章内科病中，重点介绍了牙病、肝病、胰腺炎、心脏病、尿结石、肾病、糖尿病、肾上腺皮质机能亢进、眼病等临床常见病。在第八章外产科疾病中，重点介绍了骨关节病及疝、子宫蓄脓、难产、产后缺钙等临床多发病。在新增加的第九章皮肤病中，我们比较系统地介绍了宠物门诊常见的皮肤病。

本教材编写分工：潘丹丹负责编写第一章、第三章；张晓远负责编写第二章、第九章及制作教学光盘；曹邓格日乐负责编写第四章、第十章；侯晓琪负责编写第五章、第六章；李志负责编写第七章、第十一章；胡发硕负责编写第八章。全书由李志统稿，北京小动物诊疗行业协会理事长刘朗博士为本教材的主审。

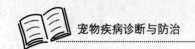

在本书的编写过程中,得到了北京农业职业学院、吉林省长春市农业学校、内蒙古赤峰农牧学校、贵州省畜牧兽医学校、广西柳州畜牧兽医学校等单位的大力支持,在此谨致谢意!

本教材配送教学光盘,欢迎索取。

由于编者水平所限,书中不妥之处在所难免,敬请广大师生和读者提出批评、意见和建议,使之不断完善和提高。

编 者

2010 年 11 月

目 录

前言

第一章 临床诊断 ... 1

第一节 整体及一般临床检查 ... 2
一、保定技术 ... 2
二、一般检查 ... 4

第二节 系统临床检查 ... 7
一、消化系统检查 ... 7
二、呼吸系统的检查 ... 11
三、循环系统检查 ... 13
四、泌尿生殖系统检查 ... 15
五、神经系统检查 ... 16

复习思考题 ... 19

第二章 特殊检查 ... 20

第一节 X线检查 ... 20
一、透视检查 ... 20
二、摄影检查 ... 21
三、暗室技术 ... 22
四、主要造影检查 ... 22
五、常见疾病X线影像 ... 23

第二节 超声检查 ... 24
一、B型超声诊断仪的基本构造 ... 24
二、B型超声诊断仪的使用 ... 24
三、常见疾病超声影像 ... 25

第三节 心电图检查 ... 26
一、检查方法 ... 26
二、心电图图形分析 ... 27
三、常见心电图类型 ... 27

第四节 内窥镜检查 ... 29
一、喉镜和支气管镜检查 ... 29
二、食管镜检查 ... 29

三、直肠镜检查 30
   四、膀胱镜检查 30
  复习思考题 31

第三章 实验室化验 32

 ### 第一节 血液检验 32
   一、血液标本采集 32
   二、血液的抗凝 32
   三、血样的处理 33
   四、血常规检验 34
   五、血液分析仪及临床应用 42
   六、自动生化分析仪及临床应用 44
 ### 第二节 尿液检验 46
   一、尿液物理检验 46
   二、尿液化学检验 47
   三、尿沉渣显微镜检查 49
 ### 第三节 粪便检查 52
   一、粪便的采集 52
   二、物理学检查 53
   三、化学检查 54
   四、粪便显微镜检查 54
  复习思考题 55

第四章 常用治疗技术 56

 ### 第一节 口服给药法 56
   一、片、丸剂、胶囊剂给药 56
   二、水、油剂给药 56
 ### 第二节 注射给药法 56
   一、皮内注射 57
   二、皮下注射 57
   三、肌肉注射 57
   四、静脉注射 57
   五、腹腔注射 58
   六、胸腔注射 58
   七、气管内注射 59
 ### 第三节 穿刺法 59
   一、胸腔穿刺术 59
   二、腹腔穿刺术 59
   三、膀胱穿刺术 60

####　四、脊髓穿刺术 …… 60
第四节　导尿法 …… 61
####　一、公犬导尿法 …… 61
####　二、母犬导尿法 …… 61
####　三、猫的导尿法 …… 61
第五节　灌肠法 …… 62
####　一、浅部灌肠法 …… 62
####　二、深部灌肠法 …… 62
第六节　氧气疗法 …… 62
####　一、适应证 …… 62
####　二、方法 …… 62
####　三、给氧时注意事项 …… 63
第七节　采血技术 …… 63
####　一、前臂皮下静脉采血 …… 63
####　二、犬跗返静脉采血 …… 63
####　三、犬颈静脉采血 …… 64
####　四、猫静脉采血 …… 64
####　五、猫耳静脉采血 …… 64
####　六、心脏采血 …… 64
第八节　麻醉术 …… 64
####　一、局部麻醉 …… 64
####　二、全身麻醉 …… 65
第九节　手术基本操作技术 …… 69
####　一、无菌操作技术 …… 69
####　二、麻醉 …… 72
####　三、组织切开与组织分离 …… 72
####　四、止血 …… 77
####　五、缝合 …… 78
####　六、引流法 …… 84
####　七、包扎法 …… 85
第十节　输血 …… 88
####　一、血型 …… 88
####　二、适应证与禁忌证 …… 89
####　三、供血犬的选择 …… 89
####　四、血液的采集和保存 …… 89
####　五、配血试验 …… 90
####　六、输血方法 …… 90
第十一节　危症急救 …… 91
####　一、病因 …… 91

二、症状 ··· 91
　　三、急救方法 ··· 92
第十二节　鼻饲管的安置 ··· 94
　　一、适应证 ··· 94
　　二、鼻胃管插入法 ··· 94
复习思考题 ··· 94

第五章　传染病 ··· 95
　　一、犬瘟热 ··· 95
　　二、犬细小病毒感染 ··· 96
　　三、犬传染性肝炎 ··· 97
　　四、犬腺病毒Ⅱ型感染 ··· 98
　　五、犬冠状病毒感染 ··· 99
　　六、犬疱疹病毒感染 ··· 100
　　七、犬副流感病毒感染 ··· 101
　　八、狂犬病 ··· 102
　　九、猫泛白细胞减少症 ··· 103
　　十、猫病毒性鼻气管炎 ··· 104
　　十一、猫杯状病毒感染 ··· 105
　　十二、猫肠道冠状病毒感染 ·· 106
　　十三、猫白血病 ··· 107
　　十四、钩端螺旋体病 ··· 107
　　十五、破伤风 ··· 109
　　十六、肉毒梭菌毒素中毒 ·· 110
复习思考题 ··· 111

第六章　寄生虫病 ·· 112
第一节　蠕虫病 ··· 112
　　一、概述 ··· 112
　　二、蛔虫病 ··· 113
　　三、钩虫病 ··· 114
　　四、毛首线虫病 ··· 115
　　五、犬心丝虫病 ··· 116
　　六、猫圆线虫病 ··· 117
　　七、肺毛细线虫病 ··· 118
　　八、肝吸虫病 ··· 119
　　九、肺吸虫病 ··· 120
　　十、绦虫病 ··· 121
第二节　原虫病 ··· 123

一、球虫病 ··· 123
　　二、弓形虫病 ··· 124
复习思考题 ··· 126

第七章　内科疾病 ··· 127

第一节　消化系统疾病 ·· 127
　　一、口炎 ··· 127
　　二、咽炎 ··· 128
　　三、扁桃体炎 ··· 128
　　四、多涎症 ··· 129
　　五、食道梗阻 ··· 129
　　六、胃炎 ··· 130
　　七、胃扩张-扭转综合征 ·· 131
　　八、肠炎 ··· 132
　　九、小肠梗阻 ··· 134
　　十、肠便秘 ··· 135
　　十一、胰腺炎 ··· 136
　　十二、肝炎 ··· 138
　　十三、猫肝脏脂质沉积综合征（脂肪肝） ················ 139
　　十四、腹膜炎 ··· 140
　　十五、肛门囊炎 ··· 141

第二节　呼吸系统疾病 ·· 142
　　一、感冒 ··· 142
　　二、鼻炎 ··· 142
　　三、气管支气管炎 ··· 143
　　四、肺炎 ··· 145
　　五、肺水肿 ··· 146
　　六、胸膜炎 ··· 147

第三节　循环系统疾病 ·· 148
　　一、心力衰竭 ··· 148
　　二、贫血 ··· 150

第四节　泌尿系统疾病 ·· 153
　　一、肾炎 ··· 153
　　二、膀胱炎 ··· 154
　　三、尿道感染 ··· 155
　　四、尿结石 ··· 156
　　五、肾功能衰竭 ··· 157

第五节　神经系统疾病 ·· 160
　　一、脑炎 ··· 160

二、癫痫 160
　　三、日射病及热射病 161
 第六节　营养代谢性疾病 162
　　一、低血糖症 162
　　二、佝偻病（维生素D缺乏症） 163
　　三、维生素A过剩症 165
　　四、泌乳惊厥 166
 第七节　中毒性疾病 166
　　一、中毒性疾病的一般治疗措施 166
　　二、有机磷杀虫药中毒 168
　　三、氟乙酰胺中毒 169
　　四、抗凝血杀鼠药中毒 170
　　五、铅中毒 171
　　六、蛇毒中毒 172
　　七、洋葱和大葱中毒 173
　　八、变质食物中毒 173
 第八节　内分泌系统疾病 174
　　一、甲状腺机能减退 174
　　二、甲状腺机能亢进 176
　　三、糖尿病 177
　　四、胰岛素过剩症 180
　　五、肾上腺皮质机能亢进 180
　　六、肾上腺皮质机能不全 182
 第九节　免疫性疾病 183
　　一、食物过敏 183
　　二、自身免疫性溶血性贫血 184
　　三、系统性红斑狼疮 184
　　四、特应性皮炎 185
　　五、过敏性休克 185
　　六、免疫缺陷综合征 186
　　七、寻常性天疱疮 186
　　八、落叶状天疱疮 187
 复习思考题 188

第八章　外产科疾病 189

 第一节　创伤与外科感染 189
　　一、创伤 189
　　二、外科感染 191
 第二节　休克 193

第三节　肿瘤 ··· 195
第四节　骨骼疾病 ··· 197
　　一、骨折 ··· 197
　　二、骨髓炎 ··· 199
　　三、关节脱位 ··· 200
　　四、关节炎 ··· 201
　　五、关节扭伤 ··· 202
　　六、骨软骨病 ··· 203
　　七、椎间盘突出 ··· 204
　　八、罗-卡-佩氏病 ··· 205
　　九、髋关节发育不良 ··· 205
第五节　疝 ··· 206
　　一、脐疝 ··· 206
　　二、腹股沟疝 ··· 207
　　三、阴囊疝 ··· 208
　　四、会阴疝 ··· 208
　　五、外伤性腹壁疝 ··· 209
　　六、膈疝 ··· 210
第六节　产科疾病 ··· 211
　　一、阴道炎 ··· 211
　　二、阴道脱出 ··· 212
　　三、子宫内膜炎 ··· 212
　　四、子宫蓄脓 ··· 213
　　五、假孕 ··· 213
　　六、流产 ··· 214
　　七、难产 ··· 214
　　八、乳房炎 ··· 215
　　九、乳不足及无乳 ··· 215
　　十、不育症 ··· 215
　　十一、产后缺钙 ··· 216
复习思考题 ··· 217

第九章　皮肤病 ··· 219

第一节　犬、猫皮肤病诊断基础 ··· 219
　　一、犬、猫皮肤病的分类 ··· 219
　　二、犬、猫皮肤病的影响因素 ··· 219
　　三、犬、猫皮肤损害的类型 ··· 219
　　四、犬、猫的皮肤病的诊断 ··· 220
第二节　细菌性皮肤病 ··· 221

一、脓皮症 221
　　二、指（趾）间囊肿 222
第三节　皮肤真菌病 222
第四节　寄生虫性皮肤病 224
　　一、疥螨病 224
　　二、耳痒螨病 225
　　三、犬蠕形螨病 226
　　四、蚤病 226
　　五、蜱病 227
第五节　其他类型皮肤病 228
　　一、湿疹 228
　　二、皮炎 229
　　三、脱毛症 230
复习思考题 231

第十章　水、电解质代谢和酸碱平衡失调　232

第一节　液体疗法 232
　　一、犬、猫的水、电解质代谢紊乱 232
　　二、水、电解质平衡紊乱的诊断 233
　　三、水、电解质平衡紊乱的纠正 234
　　四、液体疗法的应用范围及其注意事项 237
第二节　酸碱平衡失调 238
　　一、酸碱平衡紊乱的诊断 238
　　二、酸碱平衡紊乱的治疗 240
复习思考题 242

第十一章　常用外科保健手术　243

　　一、去势术 243
　　二、隐睾去势术 243
　　三、卵巢摘除术 244
　　四、剖宫产术 244
　　五、眼睑内翻整复术 245
　　六、犬外耳道外侧壁切除术 245
　　七、唾液腺切除术 245
　　八、瞬膜腺增生物切除术 246
　　九、眼球摘除术 246
　　十、声带摘除术 246
　　十一、气管切开术 247
　　十二、胃切开术 248

十三、肠管切开术 ………………………………………………………… 248
十四、肠管切除及肠吻合术 ……………………………………………… 248
十五、开胸术 ……………………………………………………………… 249
十六、膀胱切开术 ………………………………………………………… 250
十七、腹股沟疝手术 ……………………………………………………… 250
十八、尿道切开术 ………………………………………………………… 251
十九、尿道造口术 ………………………………………………………… 251
二十、犬肛门囊摘除术 …………………………………………………… 252
二十一、立耳术 …………………………………………………………… 252
二十二、断尾术 …………………………………………………………… 253
二十三、猫截爪术 ………………………………………………………… 253
二十四、犬悬趾截除术 …………………………………………………… 254
二十五、犬股骨头和股骨颈切除术 ……………………………………… 254
复习思考题 …………………………………………………………………… 255

附录

附录1 犬、猫正常生理值 …………………………………………………… 256
附录2 血液常规检验项目及正常值 ………………………………………… 256
附录3 犬、猫血液生化常规检验项目及正常值 …………………………… 257
附录4 犬、猫常用药物一览表 ……………………………………………… 258

主要参考文献 ……………………………………………………………… 266

第一章

临床诊断

诊断是对患病动物所患疾病本质的判断。宠物临床诊断是以宠物为对象,应用临床基本检查方法,对宠物进行全面细致的现症检查,并分析、判断宠物疾病的本质,为疾病的正确诊断提供重要依据。

1. 临床诊断的基本方法 主要包括问诊、视诊、触诊、叩诊、听诊、嗅诊。这些方法简单易行,应用于所有疾病临床诊断当中。

(1) 问诊:问诊是宠物医生向宠物主人询问生活史、既往病史和现病史等所有与疾病相关的信息,为诊断提供线索的一种检查方法。诊断中可以随时向主人询问。同时,注意采用宠物主人容易接受的交流方式,寻找恰当的询问时机。

(2) 视诊:视诊是在宠物自然的状态下,医生用肉眼对宠物整体和局部进行客观观察的一种检查方法。视诊内容包括精神状态、营养状况、发育状况、躯体结构、体质强弱、姿势、运动行为、被毛皮肤状态、可视黏膜状态、分泌物、排泄物的状态和生理活动是否正常等。视诊时要仔细观察,按照一定的顺序进行观察。

(3) 触诊:触诊是通过手的感觉进行诊断的一种检查方法。通过初诊能够感知宠物的疼痛、温度、湿度、弹性、硬度、游动性等,从而判断病变的位置、形态、大小、性质、器官的生理功能状态等。触诊是宠物临床诊断中十分重要的诊断方法。在触诊时注意触诊的目的不同,触诊的部位不同,采用不同的触诊方法。

(4) 叩诊:叩诊是用手指或叩诊板在犬、猫体表的某一部位进行叩击,根据产生的音响判断被检查的器官、组织的病理状态的一种检查方法。叩诊检查的目的主要是检查组织器官含气量的多少。叩诊音有清音、浊音、半浊音和鼓音。叩诊时注意正确判断叩诊音的性质。

(5) 听诊:听诊是利用听觉去辨别来自体内深部器官活动所发出的声音,以推断该器官有无异常变化的一种检查方法。听诊最常用的是采用听诊器对心脏、肺、胃肠、胎儿进行听诊。也可以直接将耳紧贴听诊部位进行听诊。听诊时注意对心音、呼吸音、胃肠蠕动音和胎儿心音的辨别。

(6) 嗅诊:嗅诊是利用嗅觉对宠物的口腔、呼吸、排泄物和分泌物散发出的气味进行辨别,诊断疾病的一种检查方法。

2. 现症检查 包括整体及一般检查、系统检查及必要的特殊检查。

(1) 整体及一般检查:主要包括精神状态、营养程度、体格和发育状况、姿势与运动行为、被毛与皮肤状态、眼结膜状态、浅表淋巴结状态、体温、脉搏及呼吸状态的检查等。

(2) 系统检查：主要包括心血管、呼吸、消化、泌尿生殖、神经五大系统的检查。

(3) 特殊检查：在诊断疾病需要的情况下，可选择适当的特殊检查方法，如X线、B超、心电图、CT、MRI（核磁共振检查）、实验室化验等。

第一节　整体及一般临床检查

一、保定技术

为了便于诊疗宠物疾病，保证宠物和人身安全，需要对宠物进行保定。特别是犬、猫病例在诊疗中占有大多数，因而犬、猫的保定尤其重要。

（一）保定时注意事项

(1) 先了解该宠物习性。再观察其反应，如表现龇牙咧嘴、怒目圆睁、汪汪乱叫、呜呜嘶鸣或是乱跑乱跳，说明该宠物胆小、惊恐，要小心行事。

(2) 宠物保定一般要有宠物主人在场，宠物医生指导宠物主人正确保定宠物。

(3) 接触宠物前可呼唤宠物名字，轻轻抚摸其头部或背部，发出友好的信号，使其有心理准备后，在安静的状态下，再慢慢接近。不可在其后偷袭。

(4) 猫既可以咬人，又可以挠人，所以要选择合适的方法。

(5) 宠物医生必须做好自身防护，正规操作。

(6) 根据保定目的、犬体大小和检查部位等具体情况，选择适当的保定姿势和保定方法。

保定姿势有站立、侧卧、正卧或主人抱着。

（二）犬保定方法

1. 口套法　也称口笼保定法。犬口套有皮质、布质、塑料、铁丝等材料制成。有不同的型号，适用于不同品种不同大小的犬。在市场上可以买到。使用时，将嘴套住，在两耳后打结或扣紧口套带（图1-1）。

2. 扎口保定法　扎口保定法是将绷带或细绳中间绕两圈，游离端打一个活结，活结在下方，将犬嘴套住，使之不能张开，系紧下颌的活结后，将两个游离端沿下颌拉向两耳后收紧打结。这种保定方法适合于长嘴犬。如果是短嘴犬，可以在耳后打结后，用一条游离端从鼻背侧穿过活圈，再拉回到耳后与另一个游离端打结，防止嘴套滑脱（图1-2）。

图1-1　犬口套保定法

3. 颈圈保定法　颈圈有圆锥形、圆盘形两种，可以用硬质塑料、硬纸壳、X线片或塑料板制作，市场有售，有多个型号，根据犬的大小选择适合的型号。这种方法在临床中使用方便，如临床检查、药物注射、外科处置和术后护理防舔咬搔抓等，所以广泛使用（图1-3）。

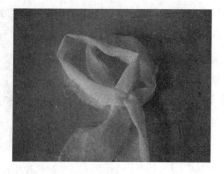

图 1-2 犬扎口保定法

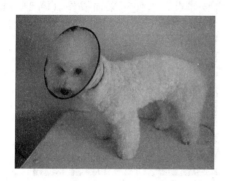

图 1-3 犬项圈保定法

4. 徒手保定法 一般是犬头向左侧，犬左侧身体紧靠保定人员前胸，保定人员左手从犬下颌部，向上至犬耳后下方搂住头部靠紧左肩固定。右手按住两后退，用小臂压住臀部紧靠保定人员右腹部固定。如果习惯将犬头向右侧，其他操作正好相反。该法可用于一般临床检查、性情温驯犬的皮下注射、静脉注射等（图 1-4）。

5. 站立保定法 大型犬常采用这种姿势保定。保定人员（多数是主人）蹲于犬右侧，左手握住脖圈，右手用牵引带套住犬嘴后，牵引带移交右手，左手托住犬腹部。中小型犬可以站立在诊疗台上，保定人员一只手臂托住前胸，另一手搂住臀部，靠在保定人员的胸前（图 1-5）。

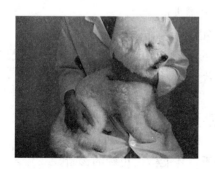

图 1-4 犬徒手保定法　　　　　　图 1-5 犬站立保定法

6. 侧卧保定法 将犬按倒在诊疗台上，保定人员站在犬背侧，两手抓住前后肢，同时两臂压住头颈部和臀部（图 1-6）。

7. 犬静脉穿刺保定法 犬静脉穿刺法包括头静脉穿刺和颈静脉穿刺。主要用于静脉采血、静脉注射和静脉输液，在临床中广泛使用，因而犬静脉穿刺保定法十分重要。

（1）头静脉（前臂皮下静脉）穿刺保定：犬胸卧于诊疗台上，保定人员面朝犬头部，一手用前臂搂住颈部靠紧肩部，肘部支撑在诊疗台上，以固定头部。另一手握住外侧前腿，肘部夹压住犬腰臀部，控制犬不移动（图1-7A）。

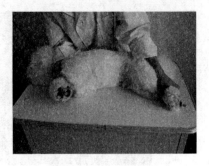

图1-6 犬侧卧保定法

（2）颈静脉穿刺保定法：犬胸卧于诊疗台上，一手搂住犬颈部，肩肘夹住犬颈肩部以固定，并抬高下颌，使颈部伸直。另一手握住两前肢腕部，并使两前肢伸直，以便于采血操作（图1-7B）。

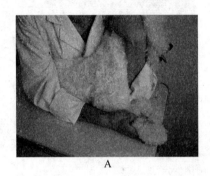 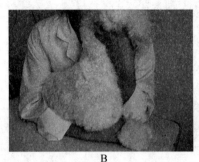

A　　　　　　　　　　　　B

图1-7 犬静脉穿刺保定法

（三）猫保定方法

1. 布卷或布袋保定法 用帆布、革制等厚质材料进行猫的保定，根据猫体长度选择适当大小布料，铺于诊疗台上，可让猫的主人将猫头部按放于布的一端，提起左侧或右侧保定布，压住前肢，裹紧猫体，并顺势将猫、布一同翻滚，将猫卷成直筒状，使猫的四肢失去活动能力。还可以将布的两端缝上可抽动的带子，制成大小不同的猫袋，将猫装入猫袋时，猫头和两后肢从两端露出，收紧口袋，但颈部不能收得过紧，防止窒息。

2. 扎口保定法 操作方法同犬扎口保定法中的短嘴犬的保定。

3. 颈圈保定法 颈圈保定法是临床中常用的保定法，操作同犬的颈圈保定法。

猫的其他保定法可参照犬的保定法。不论是犬还是猫的保定，都是根据具体情况选择适当的方法，而且通常是两种或两种以上保定方法联合使用。

二、一般检查

对患病动物需要进行全面细致的检查，综合分析，才能做出正确的诊断。

（一）整体状态的检查

1. 精神状态的检查 动物的精神状态是其中枢神经系统功能是否正常的重要标志。健康犬、猫表现活泼，反应灵敏，眼睛明亮，喜欢和主人撒娇，幼年犬、猫比成年犬、猫好动，对生人警惕（图1-8）。精神状态异常时，表现为过度兴奋或抑制，过度兴奋常表现为狂躁不安、惊恐、乱咬、号叫、乱冲乱撞等；抑制常表现为沉郁、昏睡、昏迷、不爱动或反应迟钝。

2. 营养程度 营养良好的健康动物肌肉丰满，被毛平顺有光泽，皮肤有弹性。营养不良的动物则消瘦，骨骼明显外露，被毛粗乱无光泽，皮肤弹性差。

3. 体格和发育状况 健康犬、猫的骨骼和肌肉发育符合其年龄、品种的生长特性，结构匀称，肌肉结实，

图1-8 健康犬精神状态良好

强壮有力，生产性能好，抵抗疾病能力强。如有体格大小与年龄、品种不符或矮小，结构不匀称，发育迟缓或迟滞，为营养不良、慢性消耗性疾病等。

4. 姿势与运动行为 健康动物的姿势自然，动作灵活而协调。当神经系统功能紊乱或四肢受损伤时，常表现为站立不稳、共济失调或异常姿势，如木马样姿态、体躯蜷缩等。骨骼、肌肉或关节损伤时，常表现为跛行、运动障碍等。

（二）被毛和皮肤的检查

被毛和皮肤的检查主要包括被毛、皮肤、皮下组织的变化，以及体表是否有外科病变。

1. 被毛检查 健康犬、猫的被毛顺滑，完整，有光泽，颜色正常。被毛检查时，应注意被毛的光泽、长度、色泽、卷曲、脱落、完整性。正常换毛与疾病脱毛不同，正常换毛的特点是在换毛季节脱毛明显，全身性脱毛，没有局限性脱毛，没有皮肤上的病变，没有痒感。疾病性脱毛不分季节，有面积大小不同的局限性脱毛，有皮屑，皮肤局部有病变（潮红、出血、丘疹、溃疡等），多数有痒感，有时皮肤上有寄生虫（虱、蚤、蜱等）。

2. 皮肤温度与湿度 皮肤温度的检查可用手掌或手背触诊犬、猫的鼻端、耳根或股内侧，感知其温度。健康犬、猫的鼻端一般凉而湿润，但睡眠时鼻端干燥。全身性皮温增高可能是热性疾病，局部皮温增高可能是局部发炎，皮温过低可见于衰竭症、营养不良、大出血及重度贫血或中毒等疾病。犬的汗腺不发达，正常情况下很少出汗，多由舌、脚垫等处散热。鼻镜长时间干燥，可见于热性病、重度消化障碍或全身病。

3. 皮肤弹性 在犬、猫的背部，用手将皮肤捏成皱褶并轻轻拉起，再放开，根据皱褶恢复的速度判定皮肤的弹性。健康皮肤柔软，捏成皱褶恢复快。如恢复慢说明弹性差，见于脱水。

4. 皮肤常见病变 在皮肤上经常表现出丘疹、结节、水疱、脓疱、溃疡、脱屑、痂皮、瘢痕、出血、水肿、气肿、血肿、脓肿、淋巴外渗、炎性肿胀或肿瘤等病理变化（图1-9）。

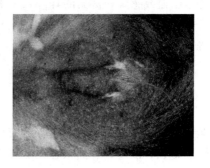

图1-9 犬瘟热皮肤脓疱

（三）可视黏膜的检查

凡是肉眼能够看到或借助简单器械能观察到的黏膜，都称为可视黏膜，即动物体与外界相通的腔道的内表面，如眼结膜、鼻腔黏膜、口腔黏膜、阴道黏膜和直肠黏膜等。因为观察

方便，所以多数以眼结膜代表可视黏膜的状态。

1. 眼结膜的检查方法 将犬、猫保定确实后，用两手的拇指打开上下眼睑进行检查。

2. 眼结膜检查的内容 检查眼结膜时，重点检查眼睑及其分泌物、眼结膜的颜色、眼球、角膜、巩膜及瞳孔的变化。

3. 眼结膜常见变化 正常犬、猫眼结膜的颜色是淡红色。病理状态下，眼结膜可表现出潮红、苍白、黄染和发绀等颜色。潮红常见于各种热性病，如犬瘟热。苍白常见于出血、慢性营养不良或消耗性疾病，如慢性传染病、寄生虫病等。黄染常见于溶血和肝实质病变。发绀多见于肺换气不良和动脉血缺氧时的心、肺疾病或某些中毒病（图1-10）。

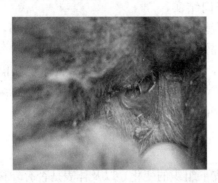 

图1-10 犬瘟热脓性眼分泌物

一般老龄、衰弱的犬、猫有少量的分泌物，如果眼角流出多量浆液性、黏液性或脓性分泌物，见于热性病或局部炎症。有的品种犬还常出现眼睑倒睫。

（四）耳朵的检查

犬、猫耳朵的检查方法通常采用视诊和触诊的方法。用肉眼直接观察或用检耳镜观察，耳道中经常发现有异物、红、肿、增生、红褐色或脓性分泌物等现象，触诊耳根有疼痛反应，有时听到"咕咕"的声音。有时还可以闻到有恶臭味。由于疼痛和痒感，犬、猫经常摇头、挠耳、歪头、竖耳，耳后经常被挠破出血或感染。常见的耳部疾病有皮炎、耳痒螨、外耳炎、耳肿胀、耳外伤、耳血肿、肿瘤和虱、跳蚤叮咬等（图1-11）。

图1-11 犬外耳道肿瘤

（五）体表淋巴结的检查

常检的体表淋巴结主要有颌下淋巴结、颈浅淋巴结、腋下淋巴结、腹股沟浅淋巴结和膝窝淋巴结等。通常采用触诊的方法，检查淋巴结的大小、形状、硬度、表面状态、敏感性及可动性。

（六）体温、脉搏和呼吸的测定

1. 体温测定 体温对于发现疾病、判断病性和预后有着重要意义。测量体温通常测直肠温度。有时也测股内侧温度，股内测温度略低于直肠温度。

(1) 操作方法：先将体温计的水银柱甩至 35 ℃ 以下，用酒精棉球擦拭消毒并涂以润滑剂。让主人协助保定好犬、猫后，将尾根上举，再将体温计缓慢捻转插入肛门内 1/2～2/3，将体温计后面的小夹子夹住尾根固定体温计，也可用手将体温计和尾根一起握住固定（切忌不要使体温计滑落或折断），经 3～5 min 后取出读取度数。最后将体温计用酒精棉球消毒放回原处。

犬正常体温 37.5～39.0 ℃，猫正常体温为 38.0～39.0 ℃。通常是早晨体温高，晚上低，日差为 0.2～0.5 ℃。外界因素对体温有一定影响，如炎热、采食、运动、兴奋、紧张时体温暂时性略高，直肠炎、频繁下痢和肛门松弛时，直肠测温有一定误差。

(2) 体温变化的意义：体温对于发现疾病、判断病性和预后有着重要意义。体温升高多数见于传染病、炎症、日射病和热射病等；体温降低主要见于重度衰竭、濒死期等。

2. 脉搏检查 一般在后肢内侧的股动脉处用手直接触诊检查脉搏。检查者站在犬的侧后方，一手握住后肢，一手伸入股内侧，用手指轻压股动脉进行检查。

检查脉搏时，应该在安静状态下检查，注意检查脉数、脉性和脉搏的节律。成犬脉搏数为 60～80 次/min；幼犬脉搏数为 80～120 次/min；成猫脉搏数为 120～140 次/min；幼猫脉搏数为 140～160 次/min。外界条件和生理因素可以对脉搏数产生一定的影响，如剧烈运动、过热、兴奋、恐惧和妊娠等，可使脉搏数一时性增加。

脉搏数变化的意义：病理性脉搏数增加多数见于各种发热性疾病、贫血、心脏疾病、疼痛等；脉搏数减少见于脑病、中毒病、心脏传导阻滞及窦性心律过缓。

3. 呼吸数测定 采用视诊的方法测定呼吸数。在安静的状态下检查呼吸数。

方法一：观看胸壁的起伏运动，一起一伏为一次呼吸。

方法二：寒冷时或冬季室外，观察呼出气流，或将手背放在鼻孔前感觉呼出的气流，呼出一次气流为一次呼吸。健康犬的呼吸数为 10～20 次/min，猫为 20～30 次/min。受兴奋、运动、过热的因素影响时，呼吸数明显增多，幼犬比成年犬多，妊娠母犬呼吸数稍多。

呼吸数变化的意义：呼吸数增多时，主要见于发热性疾病、各种肺病、心力衰竭、贫血及脑炎等；呼吸数减少常见于脑病、上呼吸道狭窄、尿毒症及狂犬病末期等。

第二节　系统临床检查

一、消化系统检查

消化系统的临床检查通常包括饮食状况的检查，呕吐的检查，口腔、咽、食道的检查，腹部检查，肝脾的检查及排粪动作的检查等。

（一）饮食状况的检查

1. 食欲检查 常采用问诊和视诊的方法。问诊主要询问采食的数量、食物的种类、品质、饲喂方式以及环境等因素，必要时进行饲喂实验。疾病中常见食欲改变有食欲减退、食欲废绝、食欲不定、食欲亢进和异食癖。

2. 饮欲检查 采用问诊和视诊的方法。检查宠物饮水量和饮欲，饮欲减退主要见于呕吐、腹泻、腹痛初期以及伴有昏迷症状的脑病等；饮欲废绝是病情危重的表现，主要见于重症的疾病；饮欲增加主要见于热性病、糖尿病、剧烈腹泻、剧烈呕吐、大量出汗、慢性肾炎、渗出性胸膜炎和腹膜炎以及食盐中毒等。

3. 采食、咀嚼和吞咽状态检查

（1）采食异常：表现为采食不灵活，或不能用唇、舌采食。主要见于各种口炎、舌炎和牙齿的疾病。

（2）咀嚼障碍：表现咀嚼缓慢无力，或咀嚼疼痛，有时将口中食物吐出。一般依据程度不同分为咀嚼缓慢、咀嚼困难或咀嚼疼痛。主要见于口炎、舌及牙齿疾病、骨软症、慢性氟中毒、面神经麻痹或下颌骨折等。

（3）吞咽困难：表现吞咽时摇头、伸颈，屡次试咽而中止，并伴有咳嗽、流涎、饲料和饮水经鼻孔返流等。主要见于咽炎、咽麻痹、咽痉挛、咽肿瘤等。吞咽后不久，呈现伸颈、摇头，然后两鼻孔逆流混有唾液的食物，见于食管阻塞、食管炎、食管痉挛及食道狭窄等。

（二）呕吐的检查

呕吐是由于延脑呕吐中枢反射地或直接地受到刺激，胃内容物不由自主地经口腔或鼻腔排出体外的过程。犬、猫最易呕吐。呕吐可分为中枢性呕吐和末梢性呕吐两大类。

中枢性呕吐特点是一般无恶心，胃内容物排空后仍然继续呕吐。主要见于脑膜炎、脑肿瘤、某些传染病（犬瘟热和猫瘟热）、中毒（尿毒症、药物中毒）、寄生虫（蛔虫、旋毛虫）、过敏反应、放射线照射、精神因素（疼痛、兴奋、恐惧、中暑等）以及神经系统疾病（脑肿瘤、脑出血、脑震荡等）。

末梢性呕吐特点是先恶心后呕吐，直至胃内容物排空后呕吐才停止。主要由来自消化道及腹腔的各种异物、炎性及非炎性的刺激所引起。常见于胃肠炎、胃扩张、胃内异物、幽门水肿、肠阻塞、肠套叠、肠扭转、传染病（犬瘟热、犬细小病毒感染、传染性肝炎等）。

混有胆汁的呕吐物见于十二指肠阻塞，呕吐物呈黄色和绿色，为碱性反应；粪性呕吐物见于犬的大肠阻塞，呕吐物的性状和气味与粪便相同；呕吐物中有时混有毛团、寄生虫及异物等。

临床上经常用催吐的方法治疗食物中毒。呕吐检查时，应注意呕吐出现的时间、次数、状态、呕吐物的数量、气味和混合物等。

（三）口腔、咽和食道检查

1. 口腔检查 检查法包括徒手开口法和器械开口法。

徒手开口法：检查者以一只手握住犬的两侧口角内压，另一只手下拉下颌，打开口腔。

器械开口法：助手紧握两耳进行保定，检查者将开口器平直伸入口内，前伸到口角时，下压手柄，即可打开口腔。

口腔检查主要检查口唇的外形、气味、黏膜的形态、温度、湿度、舌及牙齿的变化。

检查方法主要采取视诊、嗅诊和触诊的方法。

（1）口唇：除老年犬外，对合良好。病理情况下表现为：唇下垂（见于面神经麻痹、重剧性疾病）、唇歪斜（见于一侧性面神经麻痹）、唇紧张性闭锁（见于破伤风、脑膜炎）或唇肿胀（见于口腔黏膜的深层炎症）。

（2）气味：动物在生理状态下，一般无特殊臭味。当口腔发出臭味，见于牙结石、热性病、口腔炎、肠炎及肠阻塞等；发出腐败臭味可能患有齿槽骨膜炎。

（3）口腔黏膜：口腔黏膜的检查包括温度、湿度、颜色和完整性。

口腔温度升高见于口炎及各种热性病；口腔温度降低见于重度贫血、虚脱及病畜濒死期。口腔湿度降低见于一切热性病及长期腹泻等；口腔湿度增加见于口炎、咽炎、狂犬病、破伤风等。口腔黏膜颜色的病理变化表现为潮红、苍白、黄染、发绀，其诊断意义与其他部位的可视黏膜（如眼结膜、鼻黏膜、阴道黏膜）颜色变化的意义相同，其中，口腔黏膜的极度苍白或高度发绀，提示预后不良。口腔黏膜的完整性在病理状态时，表现为口腔黏膜上出现疱疹、结节、溃疡。

（4）流涎：动物表现口腔分泌物增多并自口角流出，主要是由于吞咽困难或唾液腺受到刺激分泌增加的结果。见于各型口炎和伴发口炎的各种传染病以及咽炎和食道阻塞。中毒（如食盐、有机磷中毒）、营养障碍（烟酰胺缺乏、坏血病等）。

（5）舌：舌苔是舌表面上附着的一层灰白、灰黄、灰绿色上皮细胞沉淀物。舌苔灰白见于热性病初期和感冒，舌苔灰黄见于胃肠炎，舌苔黄厚见于病情严重和病程长久；健康动物舌转动灵活且有光泽，其颜色与口腔黏膜相似，舌色呈粉红色。当循环高度障碍或缺氧时，舌色呈深红或紫色；如果舌色青紫、舌软如绵则常提示病情危重、预后不良；舌麻痹可见于某些中枢神经系统疾病（如各型脑炎）的后期和饲料中毒（如霉玉米中毒、肉毒梭菌中毒）；舌体横断性裂伤多见于衔勒所致。

（6）牙齿：牙齿的检查主要注意齿列是否整齐，有无结石、松动、龋齿、过长齿、波状齿、赘生齿、磨灭情况，常见于骨软病和慢性氟中毒。

2. 咽的检查　通过视诊和触诊的方法来进行检查。视诊注意头颈姿势及咽部周围是否有肿胀；触诊用两手在咽部左右两侧触压，并向周围滑动，以感知其温度、硬度及敏感性。

患病犬、猫头颈伸直，咽喉部肿胀，触诊有热痛反应，常见于咽炎；当发生咽麻痹时，黏膜感觉消失，触诊无反应而不出现吞咽动作。

3. 食道的检查　常用视诊、触诊和探诊的检查方法。

（1）食道视诊：食道呈局限性膨隆，主见于食道阻塞、食道狭窄和食道憩室。

（2）食道触诊：检查者站在病畜左侧，左手放在右侧食道沟固定颈部，右手指端沿左侧颈部食管沟自上而下滑动检查。当食道发炎时，触诊有疼痛反应和痉挛性收缩；当颈部食道阻塞时，触诊可感知阻塞物的大小、性状及性质。

（3）食道探诊：根据胃管进入的长度和动物的反应，可确定食道阻塞、狭窄、憩室和炎症发生的部位，并可提示胃扩张的可疑。

（四）腹部及胃、肠、肝、脾检查

1. 腹部视诊　观察腹围大小和局限性肿胀。健康动物腹围的大小与外形，主要决定于胃肠内容物的数量、性质、腹膜腔的状态和腹壁紧张度。病理情况下常见于：

（1）腹围膨大：见于胃扩张、腹腔积液、子宫蓄脓、腹腔肿瘤和肠便秘。

（2）腹围缩小：除见于细小病毒肠炎、犬瘟热等腹泻病外，也见于慢性消化道疾病、寄生虫病及营养不良等。

（3）局限性膨大：见于腹壁疝等疾病。

2. 腹部触诊　犬、猫的腹壁较薄，腹腔浅，易于触诊，常用触诊方法检查。腹部触诊，可以确定胃、肠充盈度、脏器炎症、器官大小的变化、器官变位及较大的异物等变化。

触诊方法：用双手拇指以腰部做支点，其余4指伸直置于两侧腹壁，缓慢用力感觉腹壁及胃肠的状态。也可将一手握住腰部，另一手握于两侧肋骨弓的后方，缓慢按压，逐渐向后上方移动，让内脏器官滑过指端，进行触诊。

若胃空虚时，脾位于左侧第十一、第十二肋骨的内侧，不易触及脾脏，其边缘锐薄，中度充满时可触及脾，肿大的脾边缘钝圆；从右侧最后肋后方向前上方触压可以触摸肝脏，若此区敏感，提示为肝炎。检查胃部时，应将犬、猫两前肢提高，中度充满的胃，其大弯与左侧第十二肋骨相对，高度充满时则向后下方扩展，其大弯横位于腹腔底壁，可以达到剑状软骨至耻骨之间的中点处。胃部触诊可感知胃内容物的多少、性质、有无异物及敏感性。肠管触诊对于检查肠便秘、肠套叠、肠扭转、肠嵌闭及肠内异物等。通过腹壁触诊还可判断肾脏、膀胱、子宫等泌尿生殖器官的一些疾病。

3. 腹部听诊　腹部听诊主要检查胃肠蠕动音。根据胃肠音的强弱、频率、持续时间和音质，判断胃肠的运动机能和内容物的性状。健康犬、猫肠音似捻发音。

肠音增强：肠音高而强，频繁持续时间长，见于肠臌气初期，胃肠炎初期及肠痉挛。

肠音减弱：肠音短促，音低而弱，次数稀少，见于重度胃肠炎、肠阻塞、热性病、脑膜脑炎及中毒病等。

肠音消失：肠间消失见于重度胃肠炎、肠阻塞、肠变位或胃肠破裂的濒死期。

肠音不整：肠音时强时弱、次数不定，蠕动波不完整，见于慢性胃肠卡他腹泻与便秘交替发生。

金属性肠音：水滴落在金属板上的声音，见于肠臌气及肠痉挛。

（五）排粪动作及粪便的感官检查

1. 排粪动作　正常排粪时，犬、猫排粪采取蹲坐姿势，便后有掩粪的习惯。

排便次数减少：其特点是粪色深、干、小，表面附有黏液。排粪吃力、次数减少。见于各种热性病、慢性胃肠卡他、肠阻塞及肠便秘等。

排便次数增加：特点是粪呈粥状或水样，动物表现排粪频繁。见于各种类型的肠炎及伴发肠炎的各种传染病。

排便失禁：动物表现不自主地排出粪便，主要是肛门括约肌松弛或麻痹的结果。见于腰荐部脊髓损伤或脑病、急性胃肠炎或长期顽固的腹泻性疾病等。

里急后重：屡呈排粪动作，但仅排出少量的粪便或黏液，见于直肠炎、顽固性腹泻。

排便疼痛：排粪时表现疼痛、不安、惊恐、努责、呻吟，主要见于肛门腺炎、犬的椎间盘突出、腹膜炎、直肠炎。

2. 粪便的感官检查　主要仔细观察粪便的气味、数量、形状和硬度、颜色及混杂物。犬、猫的正常粪便呈圆柱状，有一定的硬度感，一般为褐色，有采食肉类和脂肪产生的特殊恶臭味。

气味：粪便有特殊腐败或酸臭味，见于肠炎、消化不良。

颜色：灰白色粪便，软如油膏，有特殊的脂肪闪光，混有大量脂肪团及没消化的肉类纤维，见于胰腺炎、重症小肠炎、胆管炎、胆管阻塞和蛔虫病；暗褐色和黑色粪便，见于胃和前部肠管出血；红色粪便，即粪球表面附有鲜红血液，见于后部肠管出血；黄色或黄绿色粪便，见于钩端螺旋体病、重症下痢和肝胆疾病。

混杂物：粪便混有未消化的饲料，见于消化不良、骨软症和牙齿疾病；粪便混有血液，见于出血性肠炎；粪便混有呈块状、絮状或筒状纤维素，见于纤维素性肠炎；粪便混有多量黏液，见于肠卡他；粪便混有脓汁，见于化脓性肠炎；粪便混有灰白色、成片状的伪膜，见于伪膜性肠炎和坏死性肠炎；粪便混有虫卵，见于各种肠道寄生虫病。混有破布、被毛等，是由于营养代谢障碍发生异嗜所致。

二、呼吸系统的检查

呼吸系统的检查包括呼吸动作的检查、鼻液的检查、咳嗽的检查、上呼吸道的检查和胸部的检查。常用的检查方法包括视诊、触诊、叩诊、听诊，必要时应用支气管镜和 X 线检查。

（一）呼吸运动的检查

包括呼吸数、呼吸式、呼吸节律、呼吸困难的检查。

1. 呼吸数检查　呼吸数测定方法和健康犬、猫的呼吸数见本章第一节一般检查部分。幼年犬、猫的呼吸数比成年犬、猫多，妊娠犬、猫稍多，呼吸数增多见于发热性疾病、肺炎和严重的心脏疾病等，呼吸数减少见于某些脑病、上呼吸道狭窄和尿毒症。

2. 呼吸式检查　健康犬、猫呈胸式呼吸，胸腹式呼吸和腹式呼吸多见于胸膜炎、胸水、心包炎、肺泡气肿和肋骨折。

3. 呼吸节律检查　正常犬、猫的呼吸呈节律性，呼气与吸气时间比例为 1∶1.6。呼吸节律病理变化有吸气延长、呼气延长、间断呼吸、潮式呼吸、间歇式呼吸以及深长呼吸等表现。

4. 呼吸困难检查　包括吸气性呼气困难、呼气性呼吸困难和混合性呼吸困难。

（1）吸气性呼吸困难：多见于鼻腔狭窄、喉水肿、咽喉肿瘤等。如呼吸浅表频数，见于肋骨骨折、肺炎、气胸或胸膜炎。

（2）呼气性呼吸困难：见于细支气管炎、慢性肺气肿和胸膜肺炎等。

（3）混合性呼吸困难：见于支气管炎、肺及胸膜疾病、循环系统疾病（如心肌炎、心内膜炎和心衰）、贫血性疾病、中毒性疾病（亚硝酸盐中毒、尿毒症和严重的胃肠炎等）。

（二）上呼吸道检查

1. 鼻和鼻液检查　健康犬、猫的鼻端湿润，有凉感，无鼻液。在机体持续发热、代谢障碍时，鼻端干燥，有热感，则为病理状态。

在急性呼吸道炎症的初期和慢性呼吸道疾病时，鼻液量小。急性呼吸道疾病的中、后期鼻液量多。一侧性鼻液见于一侧性鼻炎、一侧性副鼻窦炎、一侧性喉囊炎，两侧性鼻液见于双侧性鼻炎及喉以下的呼吸道炎症。

疾病过程中鼻液性状不同。浆液性鼻液见于急性呼吸道炎症的初期、流行性感冒、犬瘟热初期（图 1-12）等；黏液性鼻液见于呼吸道黏膜炎症的中期；脓性鼻液见于呼吸道黏膜急性炎症的后期鼻窦炎、肺脓肿破裂；腐败性鼻液见于肺坏疽和腐败性支气管炎等；血性鼻液见于鼻腔出血，颜色粉红或鲜红，并且混有气泡，见于肺出血、肺坏疽、败血症；铁锈色鼻液见于大叶性肺炎及传染性胸膜肺炎；鼻液中混有大小一致的泡沫，见于肺水肿。

2. 咳嗽的检查 当呼吸道有炎症时，炎性渗出物或外来刺激易引起咳嗽。

检查咳嗽的方法可听取患病犬、猫的自然咳嗽，必要时常采用人工诱咳法。人工诱咳法是用拇指与食指、中指捏压喉头或气管的第一、二环状软骨，即可诱发咳嗽。诱咳时，健康犬、猫常常不咳或仅发一、两声咳嗽。患病犬、猫敏感性增高，可以连续多声咳嗽。

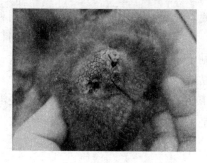

图 1-12 犬瘟热鼻干燥龟裂

检查咳嗽时，应注意其性质、频度、强度和疼痛。干咳见于慢性支气管炎、急性支气管炎的初期和胸膜炎。湿咳见于急性咽喉炎、支气管炎及支气管肺炎等。痛咳见于急性喉炎、胸膜炎和异物性肺炎等。

3. 喉和气管的检查 常用视诊、触诊，必要时可用X线检查和手术切开探查。检查者站在动物头颈侧方，一只手扶住头颈部，另一只手向后部轻压同时向下滑动自喉向气管检查，以感知局部温度、肿胀和疼痛。触诊喉部有热、痛、咳嗽症状，见于急性喉炎、气管炎。如果喉和气管发生炎症或因肿瘤等发生狭窄时，则出现口哨音、拉锯音，有时在数步远亦可听到，主要见于喉水肿、咽喉炎、气管炎等。

（三）胸部的检查

检查方法有视诊、触诊、叩诊和听诊。必要时可应用X线检查、实验室检查和其他特殊检查。

1. 胸部的视诊 健康犬、猫的胸廓两侧对称同形，肋骨适当弯曲而不显凹陷。若两侧胸廓膨大，见于胸膜炎、肺气肿；若两侧胸廓显著狭窄、变形，见于骨软症及佝偻病。

2. 胸部的触诊 胸部的触诊主要检查其温度、疼痛、震颤和有无变形等。胸壁体表温度增高，见于胸膜炎初期和胸壁损伤性炎症；胸壁疼痛见于胸膜炎、肋间肌肉风湿症和肋骨骨折；胸壁震颤见于胸膜炎初期及末期和泛发性支气管炎；在肋骨和肋软骨结合部能够触摸到肿胀变形的结节，见于骨软症和佝偻病。

3. 胸部的叩诊 叩诊方法小动物则用指指叩诊法。主要用于判定肺和胸膜腔的病理变化。

犬肺叩诊区：前界距背中线4~5指宽；后界由第十一肋骨处开始，向下、向前经坐骨结节线与第九肋间的交点，肩关节水平线与第七肋间的交点而止于第四肋间。

4. 胸肺部的听诊 听诊的方法是先从肺部的中1/3开始，由前向后逐渐听取，其次为上1/3，最后为下1/3，每一听诊点的距离为3~4 cm，每一听诊点应听取2~3次呼吸音，如发现异常呼吸音，应在附近及对侧相应部位进行比较，以确定其性质。常见病理性呼吸音有以下几种。

肺泡呼吸音增强：见于热性病；支气管肺炎和大叶性肺炎；肺泡呼吸音粗糙，见于支气管炎、肺炎等。

肺泡呼吸音减弱或消失：见于肺气肿；支气管、细支气管炎、肺炎；胸壁肥厚、胸水、胸膜炎、胸壁水肿和纤维素性胸膜炎、胸膜炎、肋骨骨折、大叶性肺炎、传染性胸膜肺炎。

病理性支气管呼吸音：见于各型肺炎、传染性胸膜肺炎、广泛性胸膜肺炎等。

病理性混合性呼吸音：见于小叶性肺炎、大叶性肺炎的初期和散在性肺结核。在胸腔积液的上方有时可听到混合性呼吸音。

啰音有干性啰音和湿性啰音，干啰音其音性似蜂鸣、笛音、哨音。广泛性干啰音见于弥漫性支气管炎、支气管肺炎、慢性肺气肿；局限性干啰音见于慢性支气管炎、肺结核、间质性肺炎。湿啰音（水泡音）分为大、中、小水泡音 3 种。见于支气管炎及支气管肺炎等。

捻发音：见于细支气管炎、大叶性肺炎的充血期及溶解期、肺充血和肺水肿的初期。

胸膜摩擦音：胸膜摩擦音是纤维素性胸膜炎的特征性症状，见于犬瘟热等病。

拍水音：类似拍击半满的热水袋或振荡半瓶水发出的声音，主要见于渗出性胸膜炎和胸水等。

三、循环系统检查

循环系统的检查包括心脏检查和血管检查。

（一）心脏检查

心脏检查一般应用视诊、触诊、叩诊和听诊的方法进行。必要时可选用心电图、心音图和动脉压、静脉压测定。

1. 心脏触诊 心脏触诊主要是检查心搏动强度、频率及其敏感性。心搏动亢进时，视诊心区部亦可。心搏动是心室收缩冲击左侧心区的胸壁而引起的震动。犬触诊部位在左侧第 4～6 肋间胸下部 1/3 处，第五肋间搏动最明显，右侧在第 4～5 肋间心搏动较清楚。手掌平放即可感知其搏动。

心搏动增强常见于热性病初期，剧疼性疾病，轻度贫血，心肥大（如心肌炎、心内膜炎、心包炎的初期）；心搏动减弱常见于心脏衰弱，病理性胸壁肥厚（纤维素胸膜炎、胸壁结核），胸腔积液（渗出性胸膜炎、渗出性心包炎、胸腔积水、心包积水）及肺气肿；即触诊心区部感到有轻微震颤，见于心包炎初期及心脏瓣膜病；触诊心区部有疼痛反应，见于胸膜炎等。

2. 心脏叩诊 叩诊常用指指叩诊法，叩诊部位与触诊心搏动部位相同。心脏仅一小部分和胸壁接触，叩诊呈浊音，称为绝对浊音区；心脏大部分为肺掩盖，叩诊呈半浊音，称为相对浊音区。小动物可放在桌上进行叩诊，叩诊时先将左前肢向前方拉，使心区充分显露，然后用指指叩诊法由肩胛后角垂直地向下叩击（相当第三肋间），由上向下，从前向后，依次叩击。由肺清音渐次变为半浊音处，作一标记点，连接各点的弓形线，即为相对浊音区的后界。由相对浊音区向下前方叩击出现浊音部位，即为绝对浊音区。

（1）心脏浊音区扩大：见于心容积增大，如心肥大、心包炎、心扩张；绝对浊音区扩大，见于肺覆盖心脏的面积缩小，如肺萎缩、肺实变等。

(2) 心脏浊音区缩小：绝对浊音区缩小，见于肺泡气肿。

(3) 叩诊鼓音：见于心包内蓄积气体时。如渗出液在心包内腐败分解产生气体时而呈鼓音、肺泡气肿。

(4) 叩诊疼痛：叩诊时，动物回头、呻吟、躲闪、抗拒而表现疼痛时，见于心包炎、胸膜炎等。

3. 心脏听诊　心机能正常时，在心脏部听诊（图1-13），可听到有节律的类似"嘡哒、嘡哒"的两个交替出现的音响。前一个音调低而钝浊，持续时间长，尾音也长，称为第一心音。第二个音调较高、持续时间短、音尾终止突然，称为第二心音。临床上把心音听得最清楚的部位，称为心音最强（佳）听取点（表1-1）。

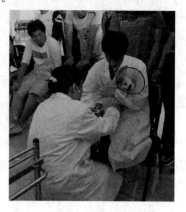

图1-13　心脏听诊

表1-1　心音最佳听取部位

动物	心音部位	第一心音区		第二心音区	
		二尖瓣口	三尖瓣口	主动脉口	肺动脉口
犬		左侧第五肋间肋骨肋软骨结合部	右侧第肋间肋骨肋软骨结合部	左侧第四肋间，最大横径部	左侧第三肋间，肋骨肋软骨结合部

心音的病理改变包括心音频率、强度、性质和节律的改变，有时可能伴有心杂音。

心音频率的改变：心音频率的改变包括窦性心动过速和窦性心动过缓。窦性心动过速是指兴奋来自窦房结，由于兴奋起源发生紊乱，心律均匀而快速。犬心率超过200次/min，见于发热及心力衰竭等。窦性心动过缓是由于兴奋形成发生障碍或迷走神经兴奋性增高所致，心率在60次/min以下，见于黄疸、颅内压增高或洋地黄中毒。

心音强度的改变：两心音同时增强见于心肥大，热性病初期，剧疼性疾病，轻度贫血或失血及肺萎缩等；第一心音增强见于房室瓣口狭窄及贫血、热性病及心脏衰弱的初期；第二心音增强是由于主动脉或肺动脉血压升高所致，见于肺充血、肺炎等；第一心音减弱在心肌梗死及心肌炎后期可见到；第二心音减弱（甚至消失）在临床上最常见，见于贫血、主动脉瓣口狭窄或闭锁不全，第二心音消失时，见于大失血、重度的心力衰竭、休克及虚脱，多预后不良；两心音同时减弱，见于心脏衰竭的后期及其他濒死期疾病。

心音性质的改变：心音混浊即心音低浊或含混不清，见于重症营养不良、重症贫血、心肌炎后期及高热疾病等。金属样心音见于肺空洞、心包积气及气胸等。

心脏节律的改变：若每次心音的间隔时间不等、强弱不一致时，称为心律不齐。轻度的、短期的、一时性的心律不齐，一般无重要诊断意义。重症的、顽固性的心律不齐多是由于心肌损伤引起，常见于心肌炎、心肌变性、心肌硬化、幼畜白肌病、贫血、长期发热、中毒或内毒素中毒及某些传染病所引起。

心脏杂音：当听诊心脏时听到第一、第二心音外的其他声音称为心脏杂音，分为心内杂音和心外杂音。心内膜及其相应的瓣膜口发生形态改变或血液性质发生变化时引起的，常伴随第一或第二心音之后或同时产生的异常音响，称为心内杂音。其特点是杂音从远而来，加压听诊器音量无变化；其音性如笛声、吱吱声、呲呲声、嗡嗡声、飞箭声或风吹声。心外杂音包括心包摩擦音、心包拍水音和心肺杂音。心包拍水音是一种类似震动半满玻璃瓶水的声音或似河水击打河岸的声音，见于渗出性心包炎和心包积水。心包摩擦音音性如两层粗糙的皮革相互摩擦的音响，其特点是杂音与心跳一致，常呈局限性，主见于纤维素性心包炎及创伤性心包炎。

四、泌尿生殖系统检查

泌尿生殖系统的检查主要包括排尿状态和泌尿器官的检查、生殖器官的检查。必要时还可应用膀胱镜、X线检查等特殊检查方法。

（一）泌尿系统的检查

1. 排尿状态的检查

（1）排尿姿势的检查：尿淋漓，屡呈排尿姿势，但无尿液排出，见于尿闭、尿失禁及排尿疼痛的疾病、膀胱炎、尿道炎、尿道阻塞、阴道炎等。

（2）排尿次数及尿量的检查：健康成年犬每天排尿每千克体重22 mL，幼犬每千克体重40～200 mL。多尿见于慢性肾炎初期，渗出性胸膜炎、腹膜炎的吸收期及糖尿病。少尿或无尿、尿淋漓、尿频、多尿或者不排尿，见于阴道炎、尿结石、泌尿器官炎症或肾脏疾病等。不受意识控制的排尿，称为尿失禁，主要见于腰荐部脊髓受损、膀胱括约肌麻痹以及脑部疾病等。

（3）尿液的感观检查：见第三章第二节尿液检验。

2. 泌尿器官的检查 犬肾较大，蚕豆外形，表面光滑。左肾位于第2～4腰椎横突的下面；右肾位于第1～3腰椎横突的下面。右肾因胃的饱满程度不同，其位置也常随之改变。

（1）视诊：肾脏疾病（如急性肾炎、化脓性肾炎等）时，犬、猫常表现出腰背僵硬、拱起，运步小心，后肢向前移动迟缓。发生肾性水肿时，通常多发生于眼睑、腹下、阴囊及四肢下部。

（2）触诊：犬、猫的左肾可在左腰窝的前角触到，犬右肾常不易触到。小犬也可在其横卧时进行肾脏触诊。触诊时注意观察有无压痛反应。肾脏的敏感性增高则可能表现出不安、拱背、摇尾和躲避压迫等反应。在病理情况下，肾脏的压痛可见于急性肾炎、肾脏及其周围组织发生化脓性感染；如感到肾脏肿胀增大、敏感、波动感可提示肾盂肾炎、化脓性皮肤炎等；肾脏质地坚硬体积增大表面不平，可提示肾硬变肾结核及结石等。肾萎缩时多由于先天性发育不良或为慢性肾功能衰竭。

犬、猫的膀胱位于耻骨联合前方的腹腔底部。触诊时采取站立或侧卧的姿势。检查膀胱时，应注意其位置、大小、充满度、膀胱壁的厚度以及有无压痛等。膀胱充盈时，可在下腹壁耻骨前缘触及一个有弹性的球形光滑体，过度充满时可达脐部。

犬可将食指伸入直肠进行触诊，另一手的拇指与食指于腹壁外，将膀胱向后挤压，使直肠内的食指容易触到膀胱，感知膀胱内是否有结石，检查时不要用力过度，以免使膀胱破裂。

在病理情况下，膀胱疾患所引起的临床症状表现有尿频、尿痛、膀胱压痛、排尿困难、尿潴留和膀胱膨胀等。直肠触诊时，膀胱可能增大、空虚、有压痛，其中也可能含有结石块、瘤体物或血凝块等。

对尿道可通过外部触诊、直肠内触诊和导管探诊进行检查。急性尿道炎时，犬、猫呈现尿频和尿痛，尿道外口肿胀，常有黏液或脓性分泌物排出；雄性犬、猫尿道结石，表现为尿淋漓或无尿，触诊结石部位膨大坚硬并有疼痛反应，导管探查会遇到梗阻。

（二）生殖系统的检查

1. 雄性犬、猫生殖器官的检查　观察雄性犬、猫的阴囊、睾丸、阴茎等，同时触诊进行检查。双侧睾丸是否对称、大小一致，有无隐睾。阴囊肿大，触诊睾丸肿胀并有热痛反应提示睾丸炎。单侧阴囊肿大，触诊内容物柔软，并有疼痛不安反应时，应注意阴囊疝。包皮囊肿时，提示包皮囊积尿或包皮炎。

2. 母畜外生殖器检查　主要检查阴户和阴道。正常阴户小而有皱纹，有弹性，无分泌物。观察外阴部有无变化及分泌物。阴道检查需借助阴道开张器或检耳镜（小犬），必要时可用开张器进行阴道深部检查，观察黏膜颜色、有无疹疱、溃疡等病变，同时注意子宫口状态。阴道分泌物增多，流出黏液或脓性液体，阴道黏膜潮红、肿胀、溃疡，见于阴道炎、子宫炎。阴道或子宫脱出时，在阴门外可见脱垂的阴道或子宫；母牛胎衣不下时，阴门外吊着部分胎衣。

3. 乳房检查　视诊注意乳房的大小、颜色及有无外伤、结节或脓疱等。通过触诊检查乳房的温度、厚度、硬度及肿胀、疼痛及淋巴结的状态，乳房常见乳房炎和乳房脓肿。乳汁的检查注意乳汁的颜色、黏稠度及性状有无改变，若有异常变化时，往往提示为乳房炎、肿瘤，必要时进行实验室检查。

五、神经系统检查

神经系统检查主要包括精神状态、运动机能、感觉机能和反射活动的检查。

神经系统检查主要是用呼唤、针刺、触摸被毛、搬动肢体、光照眼球及强迫运动等方法检查犬、猫有无异常。必要时可选择地进行脑脊液穿刺诊断、实验室检查、X线、眼底镜、脑电波等辅助诊断。

（一）精神状态检查

精神状态检查主要通过视诊观察犬、猫的面部表情及眼、耳、尾、四肢、皮肌的动作、身体姿势和运动时的反应。

1. 精神兴奋　患病犬、猫表现不安、易惊、轻微刺激可产生强烈反应，甚至前冲、后撞、暴眼凝视，乃至攻击人，有时癫狂、抽搐、摔倒而骚动不安。兴奋发作，常伴有心率增快、节律不齐、呼吸粗疬、快速等症状。提示脑膜充血、炎症，颅内压升高，代谢障碍，以及各种中毒病。常见于日射病、热射病、流脑、狂犬病等。

2. 精神抑制　精神抑制是中枢神经系统机能障碍的另一种表现形式，根据程度不同可分为几种。

精神沉郁：患病犬、猫对周围事物注意力降低，眼睛半闭，但对外界刺激尚能迅速发生反应，见于各种热性病、缺氧等多种疾病过程中。

昏睡：犬、猫陷入睡眠状态，对外界刺激反应迟钝，只在强烈的刺激（如针刺）才能使之觉醒，但很快又陷入沉睡状态，见于脑膜脑炎、脑室积水及中毒病后期等。

昏迷：高度抑制的现象，对外界刺激全无反应，角膜反射、瞳孔反射消失，卧地不起，全身肌肉松弛，呼吸、心跳节律不齐，见于各种热射病、脑水肿、脑损伤、贫血、出血、脑炎、流脑、细菌或病毒感染及中毒如酒精、吗啡等、低血糖、生产瘫痪等。

昏厥：发生突然、短暂的意识丧失，是由心输出量减少或血压突然下降引起急性脑供血不足所致。提示心衰、心肌传导阻滞、贫血、低血糖、大脑出血、脑震荡、脑血栓、电击或日射病等。

（二）运动机能检查

运动机能检查主要检查强迫运动、共济失调、痉挛和瘫痪。

1. 强迫运动 是指不受意识支配和外界环境影响，而出现的强制发生的有规律的不自主运动。主要表现为回转运动、盲目运动、暴进暴退和滚转运动。

回转运动：按同一方向做圆圈运动，圆圈的直径不变者称为圆圈运动，以一肢为中心，其余3肢围绕此肢而在原地转圈者称为时针运动。脑脓肿、脑肿瘤等占位性病变时，常以圆圈运动或时针运动为特征。患病犬、猫头颈或躯体向一侧弯曲，以至无意识地随着头、颈部的弯曲方向而转动，则是一侧前庭神经、迷路、小脑受损，或一侧颈肌瘫痪或收缩过强，或一侧额叶区受损，或纹状体、丘脑体、丘脑后部、苍白球或红核受损等。

盲目运动：患病犬、猫做无目的地徘徊，又称强制彷徨。不注意周围事物，对外界刺激缺乏反应。或不断前进，或头顶障碍物不动，此乃因脑部炎症、大脑皮层额叶或小脑等局部病变或机能障碍所致。如狂犬病、伪狂犬病等。

暴进暴退：患病犬、猫将头高举或下沉，以常步或速步跟跄地向前狂进，甚至落入沟塘内而不躲避，称为暴进，见于纹状体或视丘损伤或视神经中枢被侵害而视野缩小时。患病犬、猫头颈后仰，颈肌痉挛而连续后退，后退时常颠颠，甚至倒地，则称为暴退，见于摘除小脑、颈肌痉挛而后弓反张，如流脑。

滚转运动：患病犬、猫向一侧冲挤、倾倒、强制卧于一侧，或循身体长轴一侧打滚，称为滚转运动，多伴有头部扭转和脊柱向打滚方向弯曲，常提示迷路、听神经、小脑脚周围的病变，使一侧前庭神经受损，迷路紧张性消失，以至身体一侧肌肉松弛所致。

2. 共济失调 共济失调又称运动失调，是各个肌肉收缩力正常，但在运动时肌群动作相互不协调，而导致动物体位和各种运动异常。犬、猫站立时，呈现站立不稳、四肢叉开、依墙靠壁似醉酒状；运动时，其步幅、运动强度、方向性均发生异常，动作缺乏节奏性、准确性和协调性，临床表现步态失调、后躯摇摆跟跄、行走如醉、高抬肢体似涉水状，见于小脑和前庭神经疾患、传染性脑脊髓炎、中毒病或某些寄生虫病（如脑脊髓丝虫病）等。

3. 痉挛 痉挛是指横纹肌不随意的急剧收缩。按肌肉收缩形式不同分为阵发性痉挛、强制性痉挛和癫痫。

阵发性痉挛是个别肌肉或肌组织发生短而快的不随意收缩，呈现间歇性。见于脑炎、脑脊髓炎、膈肌痉挛、中毒或低血钙症等。单个肌纤维束阵发性收缩，而不波及全身的痉挛，称为纤维性痉挛（战栗）；波及全身的强烈阵发性痉挛，称为惊厥（搐搦）。

强直性痉挛肌肉长时间均等地持续性收缩,见于脑炎、脑脊髓炎、破伤风、有机磷农药及士的宁中毒等。

大脑皮层性的全身性阵发性痉挛,伴有意识丧失、大小便失禁,称为癫痫。见于脑炎、脑肿瘤、尿毒症、仔猪维生素A缺乏症、仔猪副伤寒或仔猪水肿病等。

4. 麻痹(瘫痪) 麻痹指骨骼肌随意运动减弱或消失。按照发生部位分为单瘫、偏瘫和截瘫;按照神经系统损伤部位又分为中枢性瘫痪和外周性瘫痪。

中枢性麻痹:临床特征为腱反射增加,皮肤反射减弱和肌肉紧张性增强,肌肉萎缩不明显,常见于狂犬病、流行性脑炎或某些中毒病等。

末梢性麻痹:临床特征为肌肉显著萎缩,其紧张性减弱,软弱而松弛,皮肤和腱反射减弱,常见有面神经麻痹、坐骨神经麻痹或桡神经麻痹等。

单瘫:麻痹只侵及某一肌群或某一肢体。

偏瘫:麻痹侵及躯体的半侧。

截瘫:躯体两侧对称部分发生麻痹。

(三)感觉机能检查

感觉机能检查包括浅感觉检查(感觉过敏和感觉减退或消失)、深感觉检查和瞳孔对光反应检查。

1. 浅感觉检查 指皮肤和黏膜感觉,包括触觉、痛觉、温觉和电的感觉等。

感觉过敏:轻微刺激或抚触即可引起强烈反应。除起因于局部炎症外,多提示脊髓膜炎、脊髓背根损伤、视丘损伤或末梢神经发炎、受压等。

感觉性减退及缺乏:感觉能力降低或感觉程度减弱称为感觉减退,见于各种不同疾病所引起的精神抑制和昏迷。

2. 深感觉 深感觉是指位于皮下深处的肌肉、关节、骨、腱和韧带等,临床上根据动物肢体在空间的位置改变情况。深感觉障碍多同时伴有意识障碍,提示大脑或脊髓被侵害,例如慢性脑室积水、脑炎、脊髓损伤、严重肝脏疾病或中毒等。

3. 特殊感觉 一般为视觉、听觉、嗅觉和味觉等。

(1)视觉:动物视力减弱甚至完全消失即所谓的目盲,动物视觉增强,表现为羞明,除结膜炎、角膜炎等眼科疾病外,有时出现捕蝇样动作,如狂犬病、脑炎、眼炎初期等。

(2)听觉:听觉迟钝或完全缺失,除因耳病所致外,也见于延脑或大脑皮层颞叶受损伤时。某些品种特别是白毛的犬和猫有时为遗传性,是由其螺旋器发育缺陷所致,有人认为是一氧化碳中毒的后遗症。听觉过敏可见于脑和脑膜疾病。

(3)嗅觉:动物中以犬、猫的嗅觉最灵敏,临床检查上也最重要。尤其是警犬和猎犬常因嗅觉障碍失去其经济价值。嗅神经、嗅球、嗅纹和大脑皮层是构成嗅觉装置的神经部分。当这些神经或鼻黏膜疾病时则引起嗅觉迟钝甚至嗅觉缺失,如犬瘟热或猫传染性胃肠炎(猫瘟热)等。

(四)反射机能的检查

反射机能检查主要有耳反射、腹壁反射、肛门反射、膝反射和跟腱反射。

1. 耳反射 用细棍轻触耳内侧被毛,正常时犬摇耳、摇头。

2. 腹壁反射 轻触腹壁，腹肌收缩。

3. 肛门反射 轻触肛门皮肤，肛门外括约肌收缩。

4. 角膜反射 用羽毛或纸片轻触角膜，则犬立即闭眼。

5. 膝反射 犬、猫横卧，使上侧后肢肌肉保持松弛状态，当击叩髌骨韧带时，由于股四头肌牵缩，而下腿伸展。

6. 跟腱反射 犬、猫横卧，叩击跟腱，则引起跗关节伸展与球关节屈曲。

7. 瞳孔反射 首先注意瞳孔有无缩小或扩大。检查瞳孔对光的反射时，可先遮住犬眼睛片刻，使瞳孔散大，然后开张其眼，并利用电筒光从侧方迅速照射瞳孔，健康犬瞳孔很快缩小，移去强光随即恢复。检查时应两眼分别观察。

（五）植物性神经机能的检查

植物神经机能障碍的症状表现为以下 3 种情况：

1. 交感神经紧张性亢进 交感神经异常兴奋，可表现心搏动亢进，外周血管收缩，血压升高，口腔干燥，肠蠕动减弱，瞳孔散大和高血糖等症状。

2. 副交感神经紧张性亢进 可呈现与前者相拮抗的症状，即心动徐缓，外周血管紧张性降低，血压下降，腺体分泌机能亢进，口内过湿，胃肠蠕动增强，瞳孔缩小，低血糖等。

3. 交感、副交感神经紧张性均亢进 交感神经和副交感神经两者同时紧张性亢进时，动物出现恐怖感，精神抑制，眩晕，心搏动亢进，呼吸加快或呼吸困难，排粪与排尿障碍，子宫痉挛，发情减退等现象。当植物神经系统疾病时，发生运动和感觉障碍，主要表现为呼吸和心跳的节律、血管运动神经的调节、吞咽、呕吐、消化液、肠蠕动、排泄和视力调节异常等。

复习思考题

1. 临床诊断的基本方法有哪些？
2. 临床检查包括哪些检查？
3. 犬、猫常用保定方法有哪些？保定时应注意哪些事项？
4. 一般检查包括哪些内容？
5. 怎样测定体温、呼吸与脉搏？
6. 心、肺、肠的听诊部位各是什么？病理性听诊音各有哪些？
7. 如何通过临床检查诊断胃肠炎？
8. 如何通过临床症状诊断肺炎？

第二章 特殊检查

目前，宠物临床常见特殊检查手段主要包括：X线检查、B型超声检查、内窥镜检查、心电图检查等。由于经济和技术的限制，计算机体层摄影（CT）检查、磁共振成像（MRI）等高端非常规检查手段在国内宠物临床尚未出现。因此本章节不做讲述。

第一节　X线检查

X线检查是把动物要检查的部位呈现在X线片或荧光屏上，然后再对X线影像进行研究的一种诊断手段，包括透视、摄影和造影3种方法。其中摄影产生的X线片分辨率较高，影像清晰，能较详细地观察机体内部器官的解剖形态、生理功能和病理变化。因此对病变的发现率与诊断准确率均较高，可长期保存，便于随时研究、比较和复查时参考，是宠物各科疾病的一种重要诊断形式。

目前，宠物临床应用的X光机主要有手提式X光机（10 mA）、移动式X光机（30 mA、50 mA）、HF200A高频数字式小动物专用X光机（图2-1）、大型固定式X光机等，以HF200A高频数字式小动物专用X光机操作最简单、辐射最小。

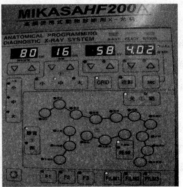

图2-1　HF200A高频数字式小动物专用X光机（日本米卡莎公司）

一、透视检查

1. 透视条件　管电流通常使用2~3 mA，最高时亦不能超过5 mA。管电压按被检部位厚度而定，以50～70 kV为宜。距离可根据具体情况，一般在50～100 cm。要断续地进行，透视总时间愈短愈好。

2. 检查方法　透视前应先了解临床初步诊断及透视目的，切实保定后，把荧光屏贴近动物体，对准被检部位，并与X线中心垂直。透视时先适当开大光门，对被检部作全面观察，注意有无异常，然后再缩小光门，分区观察，一旦发现有可疑病变时，则缩小光门作重点深入观察，最后把光门开大复核一次并与对称部位比较。根据透视结果可确定摄影的部位和投照方法。

二、摄影检查

1. 摄影条件　X线室应制订一张供日常摄影使用的技术条件表。即拍摄某个部位的照片时，可从表2-1内选择适用的千伏峰值（kVp）、毫安（mA）、时间（s）和距离（cm）等条件。但不同的机器其性能特点也不尽相同，而不同感光速度的胶片对这些条件的要求亦有差异，故使用新的机器（或变更使用新牌号胶片）时，都应注意适当调整摄影的条件。

表2-1　犬的摄影参考条件

摄影部位	kV	mA·s	D(cm)
头	65	7	70～120
颈	65	6	70～120
胸	55～60	5	70～120
骨盆	60～70	7	70～120
肩	50	6	70～120
前肢	45～55	4～5	70～120
后肢	45～55	4～5	70～120

摄影前应禁食12 h。投照部位的厚度以8～9 cm计算，投照距离（D）为90 cm、管电压为65 kVp，X线量可选用1.7、2.5、5 mA·s，或用相近的量摸索最佳效果。

2. X线摄影步骤

确定投照体位：根据检查目的和要求，选择正确的投照体位。

测量体厚：测量投照部位的厚度，以便查找和确定投照条件。测量所摄部位的最厚处。

选择胶片尺寸：根据投照范围选用适当的遮线器和胶片尺寸。

安放照片标记：诊断用X线片必须进行标记，否则出现混乱造成事故。X线片用铅字号码标记，将号码按顺序放在片盒的边缘。

摆位置对中心线：依投照部位和检查目的摆好体位，使X线管、被检肌体和片盒三者在一条线上，X线束的中心应在被检肌体和片盒的中央。

选择曝光条件：根据投照部位的位置、体厚、生理、病理情况和机器条件，选择大小焦点、千伏（kV）、毫安（mA）、时间（s）和焦点到胶片的距离（FFD）。

在动物安静不动时曝光。

曝光后的胶片送暗室内冲洗，晾干后剪角装套。

三、暗室技术

胶片冲洗包括显影、漂洗、定影、流水冲洗及干燥 5 个步骤。前 3 个步骤须在暗室内进行。

1. 显影 显影时将曝光后的 X 线片从暗盒中取出，然后选用大小相当的洗片架，将胶片固定 4 个角，先在清水内润湿 1～2 次，除去胶片上可能附着的气泡。再把胶片轻轻放入显影液内进行显影。可以采取边显边观察的方法，也可以采取定时的显影方法。但后者必须保持恒定的照射量，否则难以保证照片的密度一致。在这一过程中应该注意显影液的新鲜程度、显影效果、显影时间的控制和显影液的搅动。

2. 漂洗 即在清水中洗去胶片上的显影剂。漂洗时把显影完毕的胶片放入盛满清水的容器内漂洗 10～20 s 后拿出，滴去片上的水滴即行定影。

3. 定影 将漂洗后的胶片浸入定影箱内的定影液中，一般定影液的温度以 16～24 ℃为宜，定影时间为 15～30 min。当胶片放入定影液中时，不要立即开灯，因为定影不充分的胶片，残存的溴化银仍能感光，如果过早在灯下曝露，会使影像发灰。如连续洗片时，应按顺序排列，在晃动和观片时要避免划伤药膜及相互粘连。

4. 水洗 水洗时把定影完毕的胶片放在流动的清水池中冲洗 0.5～1 h。若无流动清水，则需延长浸洗时间。

5. 干燥 冲影完毕后的胶片，可放入电热干片箱中快速干燥，或放在晾片架上自然干燥，禁止在强烈的日光下暴晒及高温烘烤，以免乳剂膜溶化或卷曲。

四、主要造影检查

1. 消化道造影 检查食道、胃、小肠和大肠等的病变。

（1）食道造影：一般情况下，可用 100%硫酸钡混悬液作造影剂（小型犬每千克体重用 8～10 mL，大型犬每千克体重用 3～5 mL）。当疑似食道破裂时，应选用有机碘造影剂（按每千克体重 3～5 mL，或用 5～15 mL 加入硫酸钡制剂中使用）。首先禁食禁水 12 h 以上，投服造影剂的同时或之后即行观察。

（2）胃肠造影：可选用以下方法。①阳性造影：用 40%硫酸钡制剂按每千克体重 25 mL 灌服或胃管投服。②阴性造影：将空气按每千克体重 6～12 mL 直接注入消化道内，或将酒石酸钾钠和碳酸氢钠（3∶1）投入胃内使其在消化道产生气体。③混合造影：将空气按每千克体重 6～12 mL 和硫酸钡制剂按每千克体重 3 mL，注入胃内，对比观察。

禁食禁水 12 h 以上，对胃的检查于造影当时及之后观察，对小肠检查于服钡后 1～2 h 观察，对大肠检查应于服钡后 6～12 h 观察。

（3）钡剂灌肠（结肠造影）：主要用于回盲部及大肠检查。造影前应清洗肠道，排除蓄粪。在透视情况下向直肠内灌注25%硫酸钡制剂每克体重5~10 mL，然后进行观察。

2. 泌尿道造影 可作为膀胱肿瘤、可透性结石，前列腺炎，肾盂积水，输尿管阻塞，肾囊肿、肾肿瘤以及肾功能的检查。

（1）肾盂造影：造影前禁食24 h，禁水12 h，使胃肠空虚。仰卧保定，再腹下加用压迫带和气垫压迫输尿管，以免造影剂进入膀胱导致肾盂充盈不良。然后静脉注射经肾排泄的造影剂（50%泛影钠或58%优罗维新20~30 mL，必要时可加倍），注射后7~15 min拍摄腹背位的腹部X线片，并立即冲洗。如肾盂显像清晰，可解除压迫，使造影剂进入膀胱，再拍摄膀胱X线片。

（2）膀胱造影：按导尿方法插管将尿液排尽。向膀胱内注入造影剂（①阳性造影用5%~10%有机碘制剂每千克体重6~10 mL，②混合造影用空气每千克体重6~10 mL和20%~30%有机碘制剂每千克体重1~2 mL）。膀胱插管困难时，可静脉注射造影剂，然后进行X线摄影。

五、常见疾病X线影像

1. 骨关节X线影像 见图2-2。

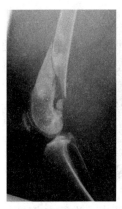 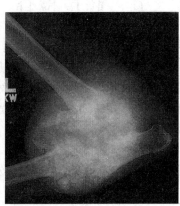 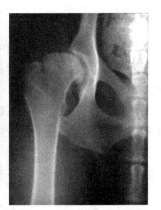

股骨骨折　　　　　　　跗关节骨肿瘤（骨质溶解）　　　　　髋关节发育不良

图2-2 骨关节X线影像

2. 胸部X线影像 见图2-3。

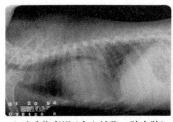 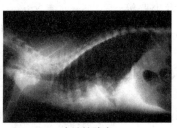 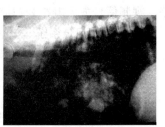

心脏功能衰竭（全心扩张、肺水肿）　　大叶性肺炎　　　　　肺肿瘤

图2-3 胸部X线影像

3. 腹部 X 线影像 见图 2-4。

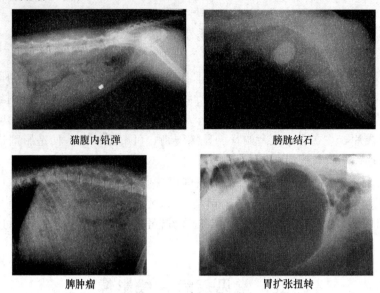

图 2-4 腹部 X 线影像

第二节 超声检查

超声即超声波，是指振动频率在 20 000 Hz 以上，超过人耳听阈的声波。B 型超声诊断法，又称超声断层显像法或辉度调制型超声诊断法，简称 B 型超声或 B 超。它是将回声信号以光点明暗，即灰阶形式显示出来，构成声像图。获得的声像图是在黑色背景下，显示黑白相间的图像，其既适合于静态观察，又适用于动态观察，对软组织有良好的分辨力，是目前兽医临床使用最广的超声诊断法。

一、B 型超声诊断仪的基本构造

1. 探头 探头是通过压电晶体产生的压电效应发射和接受超声，进行电信号转换的部件，又称换能器。一般由压电晶体、背衬、外套、压电晶体片电极导线、触座和插孔等组成。最常用的探头类型包括线阵探头和扇扫探头两种。

2. 主机 主机主要由电路系统组成，包括主控电路、高频发射电路、高频信号放大电路、视频信号放大电路和扫描发生器等。

3. 显示和记录系统 包括显示器、显示电路和有关电源。

二、B 型超声诊断仪的使用

（1）动物准备：犬采取站立、横卧、犬坐、仰卧等各种体位，局部剃毛，清洗，检查部位涂布耦合剂。

（2）在使用前检查室电源电压应与仪器的要求一致。

(3) 仪器接通电源后,"电源开关"扳到"开"的位置连接电源。
(4) 握紧探头柄,垂直轻压皮肤或进行多点滑行,也可做定点转动呈扇形扫描。
(5) 进行功能键设置:选择探头,选择扫查方式,调整焦距、增益等获得合适图像。
(6) 冻结图像,进行分析。

犬部分器官检查部位和正常的声像图特点,见表2-2。

表2-2 犬部分器官检查部位和正常的声像图特点

器官	扫查部位	声像图特点
肝	仰卧或侧卧;右侧第10~12肋间或最后肋弓后缘	肝实质为低强细微回声,周边回声强而平滑;胆囊为液性暗区,壁较薄平滑;可以显示门脉、胆管等
脾	仰卧或侧卧;左侧第10~12肋间或最后肋弓后缘及肷部	脾实质为中等至强、均匀细微回声,周边回声强而平滑;可以显示脾头、脾尾、脾体和脾静脉
肾	仰卧或侧卧;右侧最后肋弓(右肾)和左侧肷部(左肾)	包膜周边回声强而平滑;肾皮质低强均匀细微回声;肾髓质呈多个无回声暗区或稍显低回声;肾盂和周围脂肪囊呈放射状强回声
膀胱	站立、仰卧或侧卧;耻骨前缘后腹部或直肠探查	膀胱壁强回声带,轮廓完整,光洁平滑,边界清晰;膀胱内无回声暗区;后壁回声增强
前列腺	仰卧或侧卧;耻骨前缘,阴茎旁或直肠探查	包囊回声光滑,实质呈中等强度回声,间杂小回声光点;整体形态呈蝴蝶状
子宫	站立、仰卧或侧卧;耻骨前缘后腹部或直肠探查	未怀孕母犬以膀胱为声窗,可显示子宫颈为卵圆形低回声肿块;妊娠母犬可以观察胎囊、胎斑、胎体反射和胎儿形态

三、常见疾病超声影像

1. 腹膜腔内 腹水中的膀胱、肝、胆囊、肾清晰显示,见图2-5。

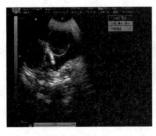 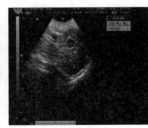 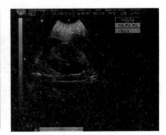

腹水中的膀胱　　　　　腹水中的肝　　　　　腹水中的肾

图2-5 腹膜腔内超声影像

2. 其他脏器病变 见图2-6。
3. 犬、猫妊娠检查 见图2-7。

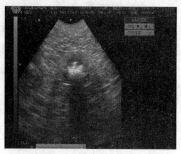 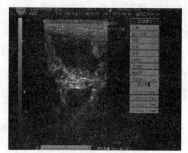

肾结石　　　　　　　　　　子宫积液、内腹增生

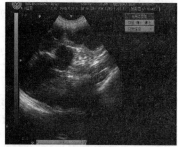 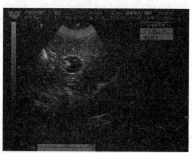

肝内囊肿　　　　　　　　　　肿物（胆囊）

图2-6　其他脏器病变超声影像

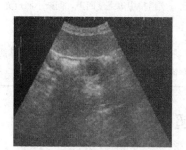 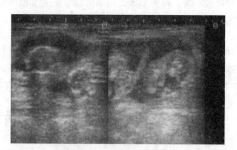

妊娠早期的胎囊　　　　　　妊娠后期，胎儿发育成形

图2-7　犬、猫妊娠检查超声影像

第三节　心电图检查

伴随心脏的搏动，心电图上出现一组特征性波群，从而从体表上记录心脏周期的生物电变化。通过对心电图各波段和间期进行分析，可以为临床提供有关心脏疾病的重要参考资料。

一、检查方法

（1）检查前动物准备：动物置于绝缘的台面上，站立或侧卧保定。置放电极部位剪毛，用酒精棉球脱脂消毒，然后将浸透溶液的纱布垫于电极板下，用棉布带捆紧，固定好电极板。如用针电极，可直接将针刺入皮下。

（2）连接电源、地线，打开电源开关，校正标准电压。标准电压 1 mV 使描记笔上下摆动 10 mm 为合适，此 1 mm 相当于 0.1 mV。

（3）连接肢导线，并将肢导线的总插头连于心电图机上。连接肢导线时，一般按如下规定连接：红色导线，连接右前肢电极；黄色导线，连接左前肢电极；绿色导线，连接左后肢电极；黑色导线，连接右后肢电极；白色导线，连接胸前电极。

（4）前肢电极应置于肘部或稍靠下位置，但不能触碰胸壁或对侧电极。后肢电极应置于膝部或后踝。在使用鳄鱼夹或电极片时，应使用心电图胶或酒精润湿以增强传导，但尽量不要使其流至或触碰另一电极（图 2-8）。

（5）动物摆位后对其进行温和保定以减小运动干扰，在动物放松且安静的状态下，能够检测到较理想的心电图。动物喘息严重时轻闭其口部，颤抖严重时用手抚触动物胸壁均有利于减轻干扰。

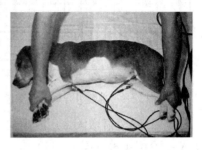

图 2-8　犬心电图检查导线连接方式

（6）按下或转动导程选择器，基线稳定而无干扰时即可描记，每个导程描记 4～6 个心动周期。描记时每一导程应打一个标准电压作为分析心电图时计算电压的依据。

（7）描记完毕，关闭电源开关，旋回导程选择器，卸下肢导线及地线。

二、心电图图形分析

心电图判读过程包括：先确认走纸速度、导联和标准值，后确定心率、节律和 MEA，最后测量单个波形各指标。

心率可通过将 3～6 s 的波群个数乘以 20 或 10 得出。有些心电图机可快速记录该值。一些单通道记录仪在记录纸顶部有小短标志用于计算时限（如走纸速度为 25 mm/s 时，两格之间历时 3 s；若为 50 mm/s 时则 1.5 s）。心律规则时，可将 3 000 除以 R-R 间期的格子数（走纸速度 50 mm/s）得到平均心率。由于心率通常不规则（尤其在犬），计算数秒内心率平均值比瞬时心率更为准确和实用。心律可通过扫查心电图的规律性及评估单个波指标进行评估。首先观察 P 波、QRS-T 波群的存在与否及其形状，后评价 P 波与 QRS-T 的相关性。

通常使用Ⅱ导联测量波形和计算间期，振幅以毫伏表示，间期以秒表示。指标的精确度为一格。在走纸速度 25 mm/s 时，其时限每一小格（1 mm）自左至右计算为 0.04 s；走纸速度 50 mm/s 时，每小格为 0.02 s。在标准校正值条件下，上下 10 小格（1 cm）等于 1 mV。

三、常见心电图类型

（1）典型Ⅱ导联心电图模式（25 mm/s，1 cm=1 mV）（图 2-9）。

（2）P波时限增大并出现切记（二尖瓣型P波），提示患犬左心房增大（Ⅱ导联，1 cm＝1 mV，50 mm/s）（图2-10）。

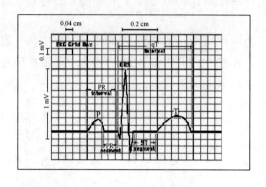

图2-9 典型Ⅱ导联心电图模式　　　　　图2-10 二尖瓣型P波

（3）P波增幅增大，P波高尖（肺型P波），提示患犬右心房增大（Ⅱ导联，1 cm＝1 mV，50 mm/s）（图2-11）。

（4）患犬P波振幅及时限均增大，提示存在双侧心房增大（Ⅱ导联，1 cm＝1 mV，50 mm/s）（图2-12）。

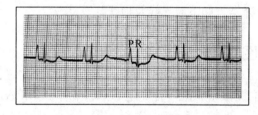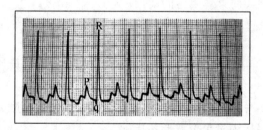

图2-11 肺型P波　　　　　　　图2-12 P波振幅及时限均增大

（5）高钾血症引起的T波增大，P波振幅减小（Ⅱ导联，1 cm＝1 mV，50 mm/s）（图2-13）。

（6）一例呼吸性碱中毒继发低钾血症患犬的心电图，S-T段下移（Ⅱ导联，1 cm＝1 mV，50 mm/s）（图2-14）。

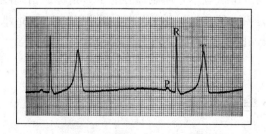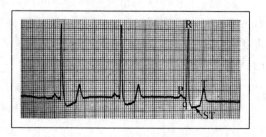

图2-13 高钾血症心电图特点　　　　　图2-14 S-T段下移

第四节 内窥镜检查

一、喉镜和支气管镜检查

1. 适应证

（1）诊断：对上呼吸道阻塞（喉头侧腔外翻、软骨麻痹、声带增厚、软腭过长以及颈部外伤等）、气管支气管病变（气管麻痹、纵隔肿瘤、肺门淋巴结肿大及寄生虫性结节）等的诊断以及慢性呼吸器官疾病时采取病理材料等。对上呼吸道阻塞采用保守疗法无效时，用支气管镜可直接确定阻塞性质及程度。

（2）治疗：取出气管内异物（图2-15），对肺脓肿、支气管扩张进行吸脓引流或直接将药物注入气管内，对气管狭窄进行扩张手术，维持呼吸道畅通。

2. 器械与药品 麻醉药（2%利多卡因、戊巴比妥钠等）、注射器、12～14口径的8～11 cm长的钝端套管。插管用喉头镜、口腔镜、舌钳子、大照明的支气管镜、50 cm长的前端可动吸管、材料收集瓶及吸引用具。

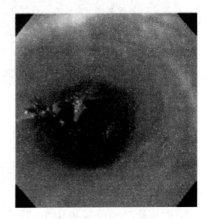

图2-15 气管异物
（引自侯加法，小动物外科学，1995）

支气管镜的规格与使用范围如下：3.0 mm×25 cm，适用于2～3 kg体重的犬；3.5 mm×35 cm，适用于7～9 kg体重的犬；7.5 mm×35 cm，适用于9～14 kg体重的犬；8.0 mm×45 cm，适用于14～23 kg体重的犬；10.0 mm×63 cm，适用于23 kg体重以上的犬。

3. 操作方法 动物禁食18～24 h，检查前30 min同时投予阿托品和麻醉剂（静脉注射戊巴比妥钠做短时间的全身麻醉），若全身麻醉危险时，可用长11 cm的钝端套管把2%利多卡因滴在咽、声带、支气管等部位，做局部表面麻醉。

仰卧保定，固定头部并尽量使头后仰。装置开口器后，术者先把喉头镜插入咽部，显露声门，右手持支气管镜送入喉镜内，或直接用支气管镜沿舌根部插入会厌，将气管镜送入气管内。插入后将喉镜向左旋转，抽出滑片，除去喉镜。将支气管镜柄指向前面，慢慢深入并轻轻转动，观察气管壁，继续深入将镜柄左右转动，可进入左右支气管内。

当支气管镜检查时间长时，需通过支气管镜的侧管输入1.0%～1.5%氟烷与氧气的混合气体4～6 L/min。把吸取或用生理盐水冲洗的气管内分泌物分为2份，一份用于细菌培养，另一份加入离心管中，加入50%乙醇，1 500 r/min离心30 min，取沉渣滴在载玻片上，固定、染色，进行细胞学检查。

二、食管镜检查

1. 适应证 食道疾病（不明原因的吞咽困难、异物阻塞、肿瘤、炎症、狭窄、扩张）的诊断；钳取食道异物、扩张食道狭窄。

2. 操作方法 动物全身麻醉，安上开口器，食道镜头朝前插入咽部，趁病犬、猫吞咽时将食道镜送入食道（图2-16、图2-17）。

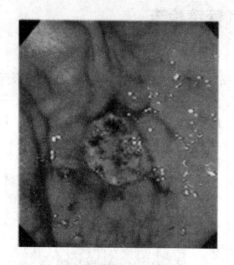

图2-16 胃溃疡
（引自侯加法，小动物外科学，1995）

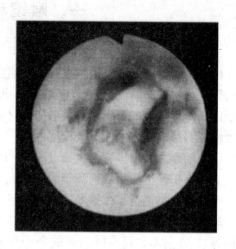

图2-17 食道异物
（引自侯加法，小动物外科学，1995）

三、直肠镜检查

1. 适应证 直肠镜可用于结肠下段、直肠、肛门等部位的检查，诊断肉芽肿性结肠炎、异物、肿瘤、黏膜异常等后段肠管的病变。

2. 器械与药品 戊巴比妥钠、水溶性润滑胶、带有照明装置的S状直肠镜。

3. 操作方法 首先禁食24h，检查前2h灌肠，灌肠剂必须是非油性无刺激性的溶液。若患犬一般状态较差（不能禁食24h）时，可在检查前12~18h给予低盐食物，充分饮水，在直肠镜检查前8h，经口投予盐类泻剂。

患犬麻醉后，侧卧于手术台，使手术台倾斜，后躯抬高。首先用手指触诊检查直肠或骨盆腔有无狭窄、息肉及阻塞等，然后直肠镜端涂擦润滑胶，缓慢插入并通过肛门括约肌，注意要边旋转边向前推进，当遇到阻力时应停止，通过直肠镜检查阻力的原因，把直肠镜插到检查部位后，向后退出一点观察肠壁，有时需用膨胀球充气，使肠皱展开观察。同时可用活组织钳取肠黏膜做病理学检查。由于器械反复插入，有时可引起点状出血，注意与病理状态相区别。直肠后段和肛门的检查可用肛门镜。

四、膀胱镜检查

1. 适应证 怀疑膀胱内有肿瘤、结石或膀胱颈阻塞时，可用膀胱镜检查。

2. 操作方法 横卧（雄性）或站立（雌性）保定，首先用戊巴比妥钠进行全身麻醉或用2%利多卡因做黏膜表面麻醉，然后用尿道探子探查尿道有无狭窄或梗阻后，将有闭孔器的膀胱镜鞘放入膀胱内，抽出闭孔器测量残余尿并观察尿液的颜色，若尿液混浊或带血，应反复冲洗。洗液清亮后，再插入观察镜。先将膀胱镜推向三角后区末端，沿镜的轴心边旋转边观察，旋转360°，将镜逐步拉出，每拉一定距离，再旋转360°，一直检查到膀胱颈部。

复习思考题

1. 内窥镜检查的适应证及操作方法？
2. 心电图检查的适应证及操作方法？
3. X线检查的适应证及操作方法？
4. X线常用造影方法及适应证？
5. 超声波检查的适应证及操作方法？

第三章

实验室化验

实验室化验是运用适宜的方法对患病宠物的血液、尿液、粪便等样本进行形态、物理性状、化学成分的检验,并对检验结果进行分析的一种诊断方法。同时结合临床症状,综合分析,确诊疾病。本章重点介绍血液检验、尿液检验和粪便检验的方法及诊断意义。

第一节 血液检验

一、血液标本采集

根据检验项目需要的血量和动物种类确定采血的部位。一般中等体型的犬,在前肢臂头静脉、后肢的跖背侧静脉和外侧隐静脉采血;小型犬、猫可在颈静脉、后肢内侧的隐静脉采血;猪、兔可在耳缘静脉采血。

血液应抽入含有抗凝剂的注射器内或小瓶中(图3-1),反复颠倒数次,立即充分混匀。采血量需要达到试管标注的容量。

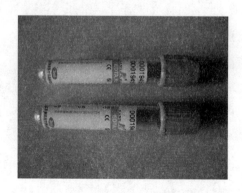

图3-1 含有抗凝剂的血液标本瓶

二、血液的抗凝

血液检验项目需要全血或血浆时,应该加入抗凝剂。多数血液学检验都选用乙二胺四乙酸二钠(EDTANa$_2$),因为EDTANa$_2$不改变血细胞的形态和体积。将EDTANa$_2$配制成10%溶液，每0.1 mL可使5 mL血液不凝。血液采集后尽快检验，24 h后红细胞容易溶解。

如果检查血小板和凝血试验时，可选用柠檬酸钠作为抗凝剂。肝素不适宜做血像分析的犬、猫血液的抗凝剂，因为肝素不能阻止血小板凝集。

三、血样的处理

血液采集后，如不能立即检验时，应立即制备血涂片，加以固定。全血样放入冰箱内冷藏保存，夏天在室温放置不得超过24 h。如需用血清，采血时不加抗凝剂，血液放于室温或37℃恒温箱中，待血液凝固后，析出血清移至容器内冷藏或冷冻保存。如需用血浆，将抗凝血及时离心（2 000~3 000 r/min）5~10 min，吸取血浆密封于容器中冷冻保存。血样保存最长期限，血小板检查可以保存1 h，血沉和白细胞计数可以保存2~3 h，红细胞计数、血红蛋白测定及红细胞压积容量测定保存24 h。用于电解质检测的血样，不应将血清或血浆混入血细胞或溶血。

1. 血液涂片制备 取两个干燥、洁净的载玻片，其中边缘光滑平整的作推片用，另一个作涂片用，左手拇指与食指、中指夹持做涂片用载玻片，取被检血液一滴，放于其右端。右手将推片一端置于血滴前方，使推片与涂片用的载玻片之间呈30°~40°角，轻轻向后移动推片，使之与血滴接触，待血液沿推片边缘扩散开后，向前匀速推动推片，即形成一血膜，自然风干（图3-2）。

良好血涂片：血液分布均匀，细胞分布均匀，厚度适宜，头体尾明显，对光观察呈霓虹色，血膜位于玻片中央，边缘整齐，两端留有适当空隙，以便注明畜别、编号及日期。

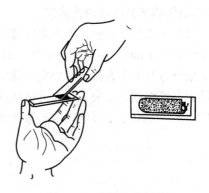

图3-2 血液涂片制备

引起血液涂片分布不均的主要原因有：推片边缘不整齐，用力不均匀，载玻片不清洁。

2. 细胞染色 血涂片制备后即可进行涂片染色，涂片必须染色后才能在显微镜下观察到细胞的形态结构和异常变化。血涂片的染色目前常用瑞氏染色法和姬姆萨染色法。

(1) 瑞氏染色法：将血涂片放于水平支架上，滴加瑞氏染液于血涂片上，将血膜完全盖满为止，染色1~2 min，再加入等量磷酸盐缓冲液（pH 6.4），并轻轻摇动或用口吹气，使染色液与缓冲液混匀，再染色3~5 min后，用水冲洗血涂片，自然干燥或用吸水纸吸干后镜检。血涂片呈樱红色者为佳。

(2) 姬姆萨氏染色法：先将血涂片用甲醇固定3~5 min，然后置于新配姬姆萨染色液中，染色30~60 min，取出血片，水洗，吸干，镜检。染色良好的血片应呈玫瑰紫色。

(3) 瑞-姬氏复合染色法：先向血片的血膜上滴加复合染色液，经0.5~1 min，加等量缓冲液，混匀，再染5~10 min，水洗，吸干，镜检。

四、血常规检验

血液的一般检查简称血常规检查,包括红细胞数测定、血红蛋白测定、白细胞总数测定、白细胞分类计数、血小板计数及相关数据的计数检测分析。血常规检验对于各系统疾病的诊断和鉴别能够提供许多重要信息,是临床检验中最常用、最重要的基本内容之一。

血常规检验最原始的方法是通过显微镜人工镜检,现在很多宠物医院已经将血液分析仪应用于血常规检验。

(一) 红细胞 (RBC) 数测定

红细胞数测定是指计算每立方毫米血液内所含红细胞数目。

1. 原理 用生理盐水作为稀释液,将全血做 200 倍稀释,滴入血细胞计数板的计数室内,在显微镜下计数,经过换算计算出每毫米^{3}血液内的红细胞数量。

2. 器材 血细胞计数板、血盖片、沙利式吸管、5 mL 刻度吸管、试管、显微镜、0.9%氯化钠溶液或赫姆氏溶液。

(1) 血细胞计数板:玻板中间有 2 个横沟,将玻板分成 3 个狭窄的平台,两边平台比中间平台高 0.1 mm,中间平台又有一纵沟将其分成两部分,每个部分各有一计数室。每个计数室划分为 9 个大方格,每个大方格面积为 1 mm^2。四角每一个大方格划分为 16 个中方格,为计数白细胞用。中央一个大方格用双线划分为 25 个中方格,每个中方格又划分为 16 个小方格,共计 400 个小方格,为计数红细胞用 (图 3-3)。

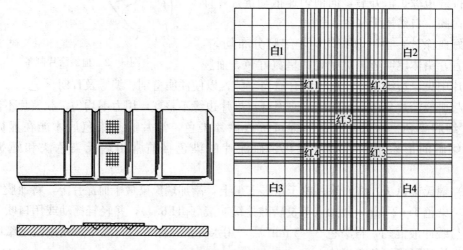

图 3-3 血细胞计数板

(2) 赫姆氏溶液:氯化钠 1.0 g,结晶氯酸钠 5.0 g,氯化汞 0.5 g,蒸馏水加至 200 mL 混合溶解后,再加苯酚品红溶液数滴。

3. 操作方法

(1) 血液稀释:取清洁干燥小试管一支,用 5 mL 刻度吸管吸取红细胞稀释液 4.0 mL,加入小试管中。用沙利氏吸血管吸取被检血液至 20 mm^3 刻度处,用棉球或纱布拭去管壁外血液,将沙利氏吸血管插入小试管底部,将血液吹入稀释液中,再反复吸吹数次,洗净沙利氏吸血管中的血液。然后试管口加盖，颠倒数次混匀，将血液稀释成200倍。

（2）充液：取清洁干燥的计数板和血盖片，将血盖片紧密盖在计数室上，将计数板置于显微镜载物台上，用低倍镜先找到计数室，使计数室置于低倍镜视野中央，再用毛细吸管吸取已稀释的血液，使吸血管尖端血接触盖玻片边缘和计数室交界处，稀释血液即可自然流入计数室内，静置数分钟，待红细胞下沉后，即可计数（图3-4）。

图3-4 血细胞计数充液

（3）计数：计数红细胞时先用低倍（10×）镜，找到计数室的格子，把中央大方格置于视野中央，然后转用高倍（40×）镜。在此中央大方格内选择四角与中间的5个中方格，或用对角线方法计数5个中方格。每一中方格有16个小方格，总共计数80个小方格（图3-5）。计数时，为了避免重复和遗漏，计算中方个内红细胞时，一般从左至右，再从右至左计数16个小方格内的红细胞数。要注意将压在左边双线上的红细胞计数在内，压在右边双线上的不要计入；同样压在上线的计入，压在下线的不计入，即"数左不数右，数上不数下"的计数法则（图3-5）。

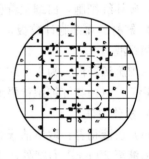

图3-5 红细胞计数方式

（4）计算：按公式计算：

红细胞个数（个/mm^3）＝W/(80×400×200×10)

式中　W——5个中方格即80个小方格内的红细胞总数；

　　　400——一个大方格有400个小方格，即1mm^{2}面积内共有400个小方格；

　　　200——稀释倍数（实际稀释201倍，由于仅影响0.5%，误差恒定，为计算方便，仍按200倍计）；

　　　10——血盖片与计数板间的实际高度是1/10 mm，乘10后，则为1 mm。

上式简化后为：1 mm^{3}血液中的红细胞个数＝W×10 000。

在填写检验报告单时宜用"×10^{12}个/L"表示。

4. 注意事项

（1）红细胞计数操作中注意防凝、防溶，取样准确。防凝是指采取末梢血时动作要快，防止血液凝固。采抗凝血时，抗凝剂的量要合适，防止过少引起血液部分呈小块凝集，及时将血液与抗凝剂混匀。防溶是指防止红细胞溶解，不要过分摇振，器械用水要清洁。取样准确是指吸血20 mm^{3}要准，吸管外的血液要擦净，吸管内的血液要全部吹洗入稀释液中。稀释液充入计数室的量不可过多或过少。

（2）显微镜载物台应保持水平。

（3）坚持"数上不数下，数左不数右"的计数法则。

（4）沙利氏吸血管或专用红细胞稀释管用后，先用清水吸吹数次，然后在蒸馏水、酒精中依次分别吸吹数次，干后下次备用。

（5）细胞计数板用蒸馏水冲洗后，再浸入95%酒精中备用。临用前取绸布轻轻擦干，切不可用布或吸水纸擦拭。

5. 正常参考值 （$\times 10^{12}$个/L） 犬 5.0~8.7，猫 6.6~9.7。

6. 诊断意义

（1）相对性红细胞增多：常见于剧烈呕吐腹泻、大量出汗、多尿、饮水不足等因素引起的脱水，而导致的血液浓缩的疾病过程当中。

（2）绝对性红细胞增多：常见于因患慢性心、肺疾病导致机体长期缺氧，或长期生活在高原低氧地区的情况。

（3）红细胞数和血红蛋白量减少：常见于各种类型贫血。

（二）白细胞（WBC）总数测定

白细胞总数测定是指计算每立方毫米血液内所含白细胞数目。

1. 原理 用1‰~3‰冰醋酸作为稀释液，将血液稀释20倍，再加入数滴结晶紫或美兰溶液，破坏红细胞，白细胞着色，便于计数。

2. 器材 血细胞计数板，沙利氏吸血管，0.5 mL或1 mL吸管，小试管，显微镜。白细胞稀释液。

白细胞稀释液：为1‰~3‰的冰醋酸溶液，再加2滴10%结晶紫或1%亚甲基蓝染液，呈淡紫色，以便与红细胞稀释液相区别。

3. 操作方法

（1）血液稀释：取清洁干燥小试管一支，加入白细胞稀释液0.38 mL。用沙利氏吸血管吸取血液至20 mm³刻度处，擦去管外黏附的血液，加入试管中，反复吸吹数次，充分混匀。即得20倍稀释液。

（2）充液：用毛细吸管吸取被稀释血液，沿计数板与盖玻片的边缘充入计数室内，静置1~2 min后，低倍镜观察，白细胞在低倍镜下，呈圆形，淡蓝紫色，边缘清楚，大小、形态、颜色和光泽较为一致。

（3）计数：将计数室四角4个大方格内的全部白细胞依次数完，同样"数左不数右，数上不数下"。

（4）计算：白细胞数（个/mm³）= $W \times 1/4 \times 10 \times 20$
$\qquad\qquad\qquad\qquad\qquad = W \times 50$

式中 W——四角4个大方格内的白细胞总数；

$\qquad$ 1/4——一个大方格内的白细胞数；

$\qquad$ 20——稀释倍数；

$\qquad$ 10——血盖片与计数板的实际高度是1/10 mm，乘10后则为1 mm。

填写实验报告单时宜用"$\times 10^9$个/L"表示。

4. 注意事项

（1）操作要规范，液体量要准确。

（2）尘埃异物与白细胞容易混淆，可用高倍镜观察形态结构加以区别。

（3）白细胞计数应与白细胞分类计数的结果联系起来进行分析，白细胞总数稍有增多，而分类无大的变化者，不应认为是病理现象。

5. 正常参考值 （$\times 10^9$个/L） 犬 6.0~17.0，猫 5.5~19.5。

6. 诊断意义

(1) 白细胞总数增多：见于大多数细菌感染引起的全身性炎症，如金黄色葡萄球菌、链球菌等感染；局部急性炎症，如肺炎、子宫炎、胃肠炎等，尤其是化脓性炎症；急性大出血、某些中毒及注射异体蛋白后，白细胞可增多；白血病时，白细胞持久性、进行性增多。

(2) 白细胞减少：见于某些病毒性传染病、长期使用某些药物或一时用量过大（如磺胺类药物、氨基比林等）、动物的濒死期、某些血液原虫病、营养衰竭症、伴有再生障碍性贫血的疾病等。

（三）白细胞分类计数（DBC）

将被检血液涂片，染色后用油镜观察，计算血液中各类白细胞的百分含量。

1. 操作方法

(1) 制作血涂片：同第三章第一节血涂片的制备。

(2) 染色：姬姆萨氏或瑞氏法染色法是常用的快速染色法。

将血涂片平放于染色架上，滴加姬姆萨氏或瑞氏法染色液，将血膜完全盖住，并计算滴数，0.5~1 min 后加等量中性蒸馏水或中性缓冲液，混匀，再染 4~10 min，不倾去染液就用蒸馏水或常水在血膜上方从一端至另一端缓慢地冲洗（水流不要直接冲击血膜表面），吸干。

(3) 镜检、分类计数。先用低倍镜做大体观察，如合格再换用油镜计数（图3-6）。

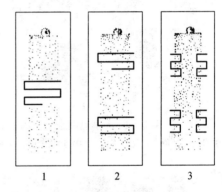

图3-6　白细胞分类计数时视野移动方法

计数时，通常在血片的两端或两端的上下部按二区或四区计算法，有顺序地移动血片，计数白细胞 100~200 个（白细胞总数在 10 000 个/mm^3 以下计数 100 个；在 20 000 个/mm^3 以下计数 200 个；在 20 000 个/mm^3 以上计数 400 个），分别记录各种白细胞数，最后算出各种白细胞所占百分比。

染色良好的血片，可见白细胞的胞浆中，有很多较大的染色颗粒。白细胞分类计数时，必须先正确识别各型白细胞（表3-1、图3-7至图3-12）。

表3-1　各种白细胞的形态结构特征

白细胞名称	胞浆	细胞核
嗜碱性粒细胞	稀疏而粗大的紫色嗜碱性颗粒	核分叶不明显
嗜中性粒细胞	细小的淡玫瑰色颗粒	中幼细胞核圆形或椭圆形；晚幼细胞核为凹陷的肾形；杆状核细胞的核粗细均匀而呈马蹄形或S形；分叶核细胞的核分为2~6个叶
嗜酸性粒细胞	很多较大的红色颗粒	幼稚的核为圆形；成熟的细胞核分为2叶，中间有细丝相连
淋巴细胞	均染为天蓝色	圆形或椭圆形
单核细胞	烟灰色或淡蓝色，内含细小的嗜天青颗粒	肾形、马蹄形、分叶或不正形

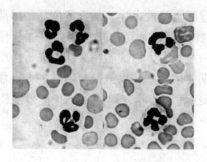

图 3-7 犬嗜中性分叶核粒细胞
(引自范开、董军，宠物临床显微检验及图谱，2006)

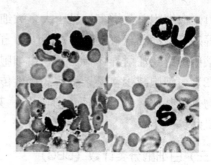

图 3-8 犬嗜中性杆状核粒细胞
(引自范开、董军，宠物临床显微检验及图谱，2006)

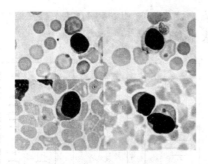

图 3-9 犬淋巴细胞
(引自范开、董军，宠物临床显微检验及图谱，2006)

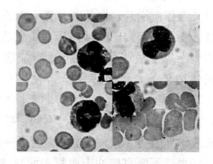

图 3-10 犬单核细胞
(引自范开、董军，宠物临床显微检验及图谱，2006)

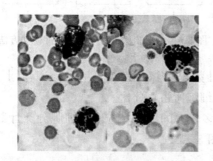

图 3-11 犬嗜酸性粒细胞
(引自范开、董军，宠物临床显微检验及图谱，2006)

图 3-12 犬嗜碱性粒细胞
(引自范开、董军，宠物临床显微检验及图谱，2006)

2. 正常参考值（表 3-2）

表 3-2 健康犬、猫各类白细胞数的百分比（%）

品　种		嗜碱性粒细胞	嗜酸性粒细胞	中性粒细胞		淋巴细胞	单核细胞
				杆状细胞	分叶核细胞		
犬	平均数	稀少	4	1.5	68.5	32	5.2
	变动范围	稀少	2～10	0～3	60～77	12～30	3～10
猫	平均数	稀少	5.5	1.5	55	32	3.0
	变动范围	稀少	2～10	0～3	35～75	20～55	1～4

3. 诊断意义

（1）中性粒细胞：中性粒细胞病理性增多是机体抵抗外界感染和对体内炎症刺激的一种防御性反应，常见于某些传染病、急性化脓性疾病、急性炎症、大手术后及严重外伤感染。分析白细胞总数的增、减变化时，应特别注意核指数的变化。核指数是指未完全成熟的中性粒细胞与完全成熟的中性粒细胞之比。

核指数＝（中幼细胞＋晚幼细胞＋杆状细胞）/分叶细胞

核指数大于 0.1，称为核左移，表示未成熟的中性粒细胞比例增多，表示骨髓造血机能增强；反之，小于 0.1 则称为核右移，是分叶型白细胞比值增多的结果，表示造血机能减弱。核指数的严重左移或右移，反映病情的危重或机体的高度衰竭。如果白细胞总数增多同时核左移，表示机体处于积极防御阶段，而白细胞总数减少时核左移，则标志着机体的抵抗力降低。分叶核的百分比增大或核的分叶增多称为核右移，可见于重度贫血或严重的化脓性疾病。

中性粒细胞减少，多数由于骨髓造血机能障碍；中性粒细胞生成不足，或最急性型感染，常见于病毒性疾病及各种疾病的危重期，也可见于造血机能抑制或衰竭。

（2）嗜酸性粒细胞：嗜酸性粒细胞增多，常见于某些过敏性疾病、寄生虫病、湿疹、疥癣等皮肤病、注射血清之后和某些恶性肿瘤等；嗜酸性粒细胞减少，常见于某些疾病的重症期，毒血症、尿毒症、严重创伤、中毒、饥饿及过劳等，也可见于应用皮质类固醇药物时。

（3）淋巴细胞：淋巴细胞增多，见于某些慢性传染病（如结核病、布鲁氏菌病）、急性传染病的恢复期、某些病毒性疾病（如猪瘟）及血孢子虫病等；淋巴细胞减少，见于感染、肝、肾、胰和消化衰竭，消化道阻塞，休克，外科手术，肾上腺皮质机能亢进，淋巴外渗和放射线照射导致的内源性皮质类固醇释放增多。

（4）单核细胞：单核细胞增多，见于糖皮质激素增加、慢性炎症、内脏出血、溶血性疾病、化脓性疾病、免疫介导性疾病、肉芽肿、某些原虫病及某些病毒性疾病。单核细胞减少无临床意义，见于急性传染病的初期和各种疾病的危重期。

（5）嗜碱性粒细胞：嗜碱性粒细胞的增多与减少比较少见，对诊断意义不大。

（四）血红蛋白（Hb）的测定

血红蛋白测定是用血红蛋白计测定每 100 mL 血液内所含血红蛋白的克数或百分数。最常用沙利氏法。

1. 原理　红细胞与盐酸作用后，血红蛋白变为棕色盐酸高铁血红蛋白，再经稀释与标准色柱比色，可求得每 100 mL 血液内所含血红蛋白的百分数或克数。

2. 器材　沙利氏血红蛋白计：包括标准比色架、血红蛋白稀释管和沙利氏血红蛋白吸管。

标准比色架：两侧装有两根棕黄色标准色柱，中有空隙供血红蛋白稀释管插入。

血红蛋白稀释管：两侧各有刻度，一侧表示每 100 mL 血液所含血红蛋白克数，另一侧表示所含血红蛋白百分数。国产血红蛋白计以每 100 mL 血液内含血红蛋白 14.5 g 为 100%。

血红蛋白吸管：刻有容积为"10"与"20" mm^3 的两个刻度。

3. 试剂　0.1 mol/L 盐酸溶液：浓盐酸 8.5 mL 加蒸馏水至 1 000 mL。

4. 测定方法

(1) 在血红蛋白稀释管内加入 0.1 mol/L 盐酸溶液至刻度 10% 处。

(2) 用沙利氏血红蛋白吸管，吸取血液至 20 mm³ 刻度处，擦净管外附着血液，迅速将管插入管底部盐酸中，缓慢将血液挤入血红蛋白稀释管内的盐酸溶液中，再吸取上层盐酸溶液，反复吹洗 2~3 次，勿产生气泡，用小玻璃棒搅拌或轻轻摇振，充分混合而呈褐色。

(3) 将测定管插入比色架内，静置 10 min。

(4) 慢慢沿测定管壁滴加蒸馏水，边加边混匀，边比色。逐步稀释至与标准比色柱色调一致为止，读取测定管液体凹面最低处的刻度数，即为 100 mL 血液内所含血红蛋白的克数或百分数。

5. 正常参考值 （g/100 mL） 猫 16.49±1.27，犬 17.59±3.40。

6. 诊断意义

(1) 血红蛋白含量增多：见于机体脱水而血液浓缩的各种疾病、肠便秘及某些中毒病；真性红细胞增多以及心肺性疾病时，由于代偿作用所致的红细胞增多，血红蛋白也相应增高。

(2) 血红蛋白减少：见于各种贫血、重症寄生虫病、急性钩端螺旋体病及毒物中毒等。

（五）红细胞压积容量（PCV）的测定

红细胞压积容量（PCV）又称压积或比容，是指将抗凝血液置于特制的温氏管中离心、下沉并被压紧后的红细胞体积所占全血的百分率比。

1. 材料 红细胞比积管（又称温氏管）（长 10 cm、内径 3 mm，管上一侧有数字，最下为 1.0，最上为 10.0，用以计算红细胞比积；另一侧数字最上为 1.0，最下为 10.0，用以测定红细胞沉降率），无菌 5 mL 注射器，离心机，含抗凝剂小瓶（双草酸盐混合液 0.5 mL 或 10% EDTANa$_2$），细长毛细滴管或 15 cm 长针头。

2. 试剂 双草酸混合液：草酸铵 1.2 g，草酸钾 0.8 g，加蒸馏水至 100 mL。10% 乙二胺四乙酸二钠（简称 EDTANa$_2$）：取 10 g EDTANa$_2$，加蒸馏水至 100 mL。

3. 方法

(1) 将双草酸混合液 0.5 mL（或 10% EDTANa$_2$）放入小瓶中，将小瓶置于烘箱中烘干。

(2) 用 5 mL 注射器采血，注入小瓶中，摇匀，防止凝固。

(3) 用毛细滴管或长针头吸取抗凝血液，插入温氏管底部，自下至上徐徐灌注血液至刻度 "10" 处，随血平面上升的同时，慢慢向上抽提毛细滴管，使红细胞比积管不致产生气泡。

(4) 将红细胞比积管置于电动离心机中，以 3 000 r/min 的速度离心 30 min，读取红细胞柱的高度（读数以红细胞上层的黑线薄层为准），即得红细胞压积值。

$$红细胞的比积 = \frac{红细胞高度}{10} \times 100\%$$

$$标准制的换算\ PCV(L/L) = PCV(\%) \times 0.01$$

4. 正常参考值 犬 37%~55%，猫 25%~45%。

5. 诊断意义 红细胞压积容量值增高：见于各种因脱水引起的血液浓缩的疾病过程，

所以根据红细胞压积容量值的变化可判断动物脱水的程度。如果病畜精神差，口腔黏膜轻度干涩，皮肤弹性实验持续时间2～4 s，血浆蛋白8%～9%，PCV达50%，提示为轻度脱水；病畜精神差，喜卧少动，口腔黏膜干涩，皮肤弹性实验持续时间6～10 s，血浆蛋白9%～10%，PCV达55%，可提示为中度脱水；病畜精神极差，不能站立，口腔黏膜极干涩，皮肤弹性实验持续时间达20～45 s，血浆蛋白12%，PCV达60%，可提示为重度脱水。

红细胞压积容积值降低：主要见于各型贫血和伴有贫血的某些疾病过程中。

（六）血小板计数（BPC）

1. 原理 尿素能溶解红细胞及白细胞而保存完整形态的血小板，经稀释后在细胞计数室内直接计数，以求得每立方毫米血液内的血小板数。稀释液中的枸橼酸钠有抗凝作用，甲醛可固定血小板的形态。

2. 试剂 复方尿素稀释液：尿素10.0 g，枸橼酸钠0.5 g，40%甲醛溶液0.1 mL，蒸馏水加至100.0 mL。待上述试剂完全溶解后，过滤，置冰箱可保存1～2周，在22～32 ℃条件下可保存10 d左右。当稀释液变质时，溶解红细胞能力就会降低。

3. 方法

（1）吸取稀释液0.38 mL置于小试管中。

（2）用沙利吸血管吸取末梢血液或用加有$EDTANa_2$抗凝剂的新鲜静脉血液至20 mm^3刻度处，擦去管外附着血液，插入试管，吹吸数次，轻轻振摇，充分混匀。静置20 min以上，使红细胞溶解。

（3）充分混匀后，用毛细吸管吸取一小滴，充入计数室内，静置10 min，用高倍镜观察。

（4）任选计数室一个大方格，按计数法则计数。在高倍镜下，血小板呈椭圆形、圆形或不规则折光小体，注意勿将尘埃等异物计入。

4. 计算

$$血小板个数（个/mm^3）= W \times 20 \times 10$$

式中 W——一个大方格中的血小板数；

20——稀释倍数；

10——计算室与血盖片之间的高度为1/10 mm，乘10后则为1 mm。

上式简化后为：1 mm^3 血液中的血小板个数$= W \times 200$。

5. 注意事项

① 所用器材必须清洁，稀释液必须新鲜无沉淀。

② 采血要迅速，防止血小板破裂、聚集，造成误差。

③ 滴入计数室前要充分振荡，使红细胞充分溶解，但不能振荡过久或过于剧烈。

④ 滴入计数室后，静置一段时间。在夏季，应将计数板放在铺有湿滤纸的培养皿内，保持湿度，在计数板下隔以火柴棒，避免直接接触。

⑤ 由于血小板体积小，在计数时，利用显微镜的微螺旋来调节焦距，以便计数。

6. 正常参考值 犬55万个/mm^3，猫50万个/mm^3。

7. 诊断意义

（1）血小板减少：血小板减少有生成减少、破坏增多和消耗过多等几种情况。生成减少见于再生障碍性贫血，急性白血病，放、化疗治疗过程等；血小板破坏增多见于原发性血小板减少性紫癜、脾功能亢进等；消耗过多见于弥散性血管内凝血、血栓性血小板减少性紫癜。

（2）血小板增多：原发性见于原发性血小板增多症、硬骨髓增生综合征等；继发性见于急性感染、急性出血及急性溶血等。

五、血液分析仪及临床应用

血液分析仪是目前在宠物临床上应用最多的检测仪器，用于血常规检测。特点是检测速度快、精确度高、操作简便。动物血液分析仪分为全自动动物血液分析仪和半自动动物血液分析仪，现广泛应用全自动动物血液分析仪。血液分析仪检测原理主要是电阻抗法（图3-13）。

目前各类血液分析仪主要能完成两大功能：一是细胞计数功能，二是细胞分类功能。

1. 电阻抗法血液分析仪器组成 电阻抗法血液分析仪器主要组成部分包括：信号发生器、放大器、阈值调节、甄别器、整形器和计数系统。

2. 电阻抗法检测原理 血细胞具有相对非导电的性质，悬浮在电解溶液中的血细胞颗粒在通过计数小孔时引起电阻变化，于是瞬间引起了电压变化而出现一个脉冲信号，细胞体积越大产生的脉冲振幅越高，测量脉冲的大小

图3-13 全自动血细胞分析仪

即可测出细胞体积大小，记录脉冲的数量就可测定细胞的数量，因而可以对血细胞进行计数和体积测定，这便是电阻抗原理，又称库尔特原理。

（1）白细胞计数和分类计数原理：不同体积的白细胞通过小孔时产生的脉冲大小有明显的差异，依据这些脉冲的大小，可对白细胞进行分群。仪器可将体积为35～450 fL的血细胞，分为256个通道，每个通道为64 fL，根据细胞大小分别置于不同的通道中，从而显示出白细胞体积分布直方图。

（2）电阻抗法红细胞检测原理：

① 红细胞计数和血细胞比容测定。检测原理同白细胞计数相似。当红细胞通过计数小孔时，产生相应大小的脉冲，脉冲的高低代表每个红细胞的体积，脉冲的多少即为红细胞的数目，脉冲高度叠加经换算得出血细胞比容。

② 血红蛋白测定。当稀释血液中加入溶血剂后，红细胞溶解并释放出血红蛋白，血红蛋白与溶血剂中的某些成分结合形成一种血红蛋白衍生物，进入血红蛋白测试系统，在特定的波长（一般在530～550 nm）下进行比色；吸光度的变化与稀释液中血红蛋白含量成正比，仪器通过计算可显示出血红蛋白的浓度。

（3）血小板测定。与红细胞采用一个共同的分析系统，根据不同的阈值，计算机分别给出红细胞和血小板数目。

3. 检测项目 一般血液分析仪检测项目见表3-3。

表 3-3　一般血液分析仪检测项目

项目	缩写
红细胞总数	RBC
血红蛋白	HGB
红细胞压积	HCT
红细胞平均体积	MCV
红细胞平均血红蛋白含量	MCH
红细胞平均血红蛋白浓度	MCHC
红细胞体积分布宽度	RDW
白细胞总数	WBC
淋巴细胞数目	LY#
单核细胞数目	MO#
粒细胞数目	GR#
淋巴细胞百分比	LY%
单核细胞百分比	MO%
粒细胞百分比	GR%
血小板总数	PLT
白细胞直方图	
红细胞直方图	
血小板直方图	

4. 血液分析仪性能评价与全面质量控制

（1）血液分析仪的性能评价：血液分析仪安装后或每次维修后，必须对分析仪的技术性能进行测试与评价。按照国际血液学标准化委员会公布的血液分析仪评价指标对分析仪进行测试与评价，这对充分发挥血液分析仪的正常作用、为临床提供准确检验信息起重要作用。评价范围包括精密度、携带污染情况、稀释效果、总重复性、可比性、准确性、白细胞分类的重复性、准确性和颗粒细胞的测定等。

（2）血液分析仪全面质量控制：血液分析仪必须具备以下质量控制基本条件。

培训操作人员：上岗前要充分了解仪器的原理、操作规程、使用注意事项、异常报警的含义、引起实验误差的因素及如何维护等理论知识。

校正仪器：使用经参考仪器标定的新鲜血液校正仪器。在无参考仪器的单位，应用严格手工法得出各项参数值后，进行仪器校正。

注意标本采集和运送的要求：全自动血液分析仪一般要求用抗凝的静脉血。注意血液标本保存的时间和温度。

操作时应注意：检测标本前必须先做质控，合格后才能进行标本检测。测试时试剂温度对结果的影响。溶血剂的用量及溶血时间。病理因素对使用血液分析仪的影响（红细胞、白细胞或血小板疾病可互为干扰血液分析仪的结果分析）。

六、自动生化分析仪及临床应用

自动生化分析仪的结构分为分析部分和操作部分。分析部分主要由检测系统、样品和试剂处理系统、反应系统和清洗系统等组成；操作部分就是计算机系统，储存所有的系统软件，控制仪器的运行和操作并进行数据处理（图3-14）。

（一）检测系统

检测系统（光度计）由光学系统和信号检测系统组成，是分析部分的核心。它的功能是将化学反应的光学变化转变成电信号。

图3-14 生化分析仪

1. 光学系统 光学系统由光源、光路系统和分光器等组成。作用是提供足够强度的光束、单色光及比色的光路。

（1）光源：自动生化分析仪的光源一般采用卤素灯，多为12 W、20 V；提供波长范围为340~800 nm的光源，寿命为800 h左右。

（2）光路系统：光路系统包括从发出光源到信号接收的全部路径，由一组透镜、聚光镜、光径（比色杯）和分光元件等组成。

（3）分光元件：分光元件有滤片、全息反射式光栅和蚀刻式凹面光栅3种形式，均为紫外线至可见光波段。

（4）光径比色部分：光径是指比色杯的厚度，比色杯的厚度有1 cm、0.6 cm和0.5 cm 3种。光径小的可以节省试剂，减少样品用量，是目前较常用的。

2. 信号检测器 信号检测器的功能是接收由光学系统产生的光信号，并将其转换成电信号并放大，再把它们传送至数据处理单元。信号接收器一般为硅（矩阵）二极管，信号传送方式有光电信号传送和光导纤维传送两种。

（二）样品、试剂处理系统

该系统包括放置样品和试剂的场所、识别装置、机械臂和加液器。功能是模仿人工操作识别样品和试剂，并把它们加入到反应器中。

1. 样品架（盘） 样品架是放置样品管的试管架，试管架为分散式，通过轨道运输，可有单通路轨道和双通路轨道两种。

2. 试剂盘 试剂盘用于放置实验项目所用的试剂。试剂箱供放置试剂盘用，可有1~2个，并多有冷藏装置（4~15 ℃）。

3. 识别装置 识别样品和试剂的一种方法是根据样品的编号及在样品架或盘上所处位置来识别；另一种则是条形码识别装置。条形码识读器是通过条形码对样品和试剂进行识别。

4. 机械臂 机械臂的功能是控制加液器的移动，包括样品臂和试剂臂。

5. 加液器 加液器由吸量注射器和加样针组成。

6. 搅拌器 搅拌器由电机和搅拌棒组成，电机运转带动搅拌棒转动，使反应液被充分混匀。

（三）反应系统

反应系统由反应盘和恒温箱两部分组成。反应盘是生化反应的场所，有些兼作比色杯，置于恒温箱中。全自动生化分析仪的温度控制器一般只能控制 37 ℃一种温度，少数也有可以控制 30 ℃和 37 ℃两种温度。

（四）清洗机构

清洗装置一般由吸液针、吐液针和擦拭块组成。

（五）数据处理系统

随着微机技术的进步，全自动生化分析仪的数据处理系统的功能日趋完善，主要表现在具有各种校准方法、测定方法、多种质量监控方式、项目间结果计算、各种统计功能、多种报告打印方式、数据储存和调用。

（六）动物生化分析仪血液常规检测项目及临床意义

1. 血液生化常规检验项目

白蛋白（ALB）、总蛋白（TP）、总胆红素（TB）、总胆汁酸（TBA）、直接胆红素（DBB）、天门冬氨酸氨基转移酶（AST）、丙氨酸氨基转移酶（ALT）、r-谷氨酰转移(r-GT)、胆碱酯酶（CHE）、碱性磷酸酶（ALP）、尿素氮（BUN）、肌酐（Cr）、尿酸（UA）、乳酸脱氢酶（LDH）、血钾（K）、血钙（Ca）、肌酸激酶（CK-NAC）、葡萄糖（GLU-OX）、甘油三酯（TG）、酮体、胆固醇（CHOL）、果酸胺（FMN）、高密度脂蛋白胆固醇（HDC-C）、低密度脂蛋白胆固醇（LDC-C）、钠（Na）、氯（Cl）、碳酸氢盐、镁（Mg）、无机磷（P）、钙（Ca）、淀粉酶（AMY）、碱性磷酸酶（AKP）、肌酸激酶（CK-NAC）、葡萄糖（GLU-OX）、胆固醇（CHOL）、钙（Ca）、磷（P）、钠（Na）、钾（K）、镁（Mg）。

2. 临床意义

（1）总蛋白（TP）升高：呕吐、腹泻、休克或多发性骨髓瘤；降低：营养不良、消耗增加、肝功能障碍、大出血或肾病。

（2）白蛋白（ALB）增高：严重失水或血浆浓缩；降低：急性大出血、严重烫伤、慢性合成白蛋白功能障碍或妊娠。

（3）天门冬氨酸氨基转移酶（AST）增高：心肌梗塞、肺栓塞、心肌炎、心动过速、肝胆疾病、感染、胰腺炎、脾肾或肠系膜梗死。

（4）丙氨酸氨基转移酶（ALT）增高：急性药物中毒性肝炎、病毒性肝炎、肝癌、肝硬化、慢性肝炎、阻塞性黄疸或胆管炎。

（5）碱性磷酸酶（ALP）增高：骨折愈合期、转移性骨瘤、阻塞性黄疸、急性肝炎或肝癌、甲亢或佝偻病；降低：重症慢性肾炎、甲状腺机能不全或贫血。

（6）肌酸激酶（CK）增高：心肌梗塞、皮肌炎、营养不良、肌肉损伤或甲状腺机能减弱。

（7）乳酸脱氢酶（LDH）增高：心肌梗塞、白血病、癌症、肌营养不良、胰腺炎、肺梗死、巨幼细胞性贫血、肝细胞损伤或肝癌。

（8）淀粉酶（AMY）增高：急性胰腺炎、急性胆囊炎、胆管感染或糖尿病酮症酸中毒。

(9) r-谷氨酰转移酶（r-GT）增高：肝癌、阻塞性黄疸、胰腺疾病或肝损害。

(10) 葡萄糖（GLU-OX）增高：在餐后可出现生理性血糖升高，病理性高血糖可见于下列情况：糖尿病、颅外伤、颅内出血、脑膜炎；降低：饥饿可出现生理性低血糖，病理性低血糖可见于下列情况：胰岛 B 细胞增生或胰岛素瘤、垂体前叶功能减退、肾上腺皮质机能减退、严重肝病。

(11) 总胆红素（TB）增高：溶血性黄疸、肝细胞性黄疸或阻塞性黄疸。

(12) 直接胆红素（DB）同上。

(13) 尿素氮（BUN）增高：急性肾小球肾炎、肾病晚期、肾衰、慢性肾炎、中毒性肾炎、前列腺肿大、尿路结石、尿路狭窄或膀胱肿瘤；降低：严重的肝病。

(14) 肌酐（Cre）增高：晚期肾脏病。

(15) 胆固醇（CHOL）增高：甲状腺机能减退、肾病急性胰腺炎、肾上腺皮质机能亢进、自发性高脂血症或糖尿病；降低：甲亢、营养不良或慢性消耗性疾病。

(16) 甲状腺素增高：甲亢、高 TBG 血症、急性甲状腺炎、急性肝炎或肥胖病；降低：甲减、低 TBG 血症、全垂体功能减退症或下丘脑垂病变。

(17) 钙（Ca）增高：甲亢、维生素 D 过多症或多发性骨髓瘤；降低：甲状腺机能减退、假性甲状腺功能减退、慢性肾炎、尿毒症、佝偻病或软骨病。

(18) 磷（P）增高：肾功能不全、甲状旁腺功能低下、淋巴细胞白血病、骨质疏松症或骨折愈合期；降低：呼吸性碱中毒、甲状腺功能亢进、溶血性贫血、糖尿病酮症酸中毒、肾衰、长期腹泻或吸收不良。

(19) 氯（Cl）增高：高钠血症或高钠血性代谢酸中毒；降低：呕吐或腹泻。

(20) 钠（Na）增高：高渗性脱水、中枢性尿崩症或库兴式综合征；降低：呕吐、腹泻、幽门梗阻、肾盂肾炎、肾小管损伤、大面积烧、体液从创口大量流失、肾病综合征的低蛋白血症或肝硬化腹水。

(21) 钾（K）增高：肾上腺皮质机能减退症、急慢性肾衰、休克或补钾过多；降低：腹泻、呕吐、肾上腺皮质机能亢进、利尿剂、胰岛素的应用。

(22) 镁（Mg）增高：急慢性肾衰、甲状腺功能减退症、甲状旁腺功能减退症、多发性骨髓瘤或严重脱水症；降低：长期禁食、吸收不良、长期丢失胃肠液、慢性肾炎多尿期或长期利尿剂治疗者。

第二节　尿液检验

尿常规检验项目包括物理检验、化学检验以及尿沉渣显微镜检查。

尿液标本的采集和保存。宠物自然排尿时或用导尿管采集于清洁容器内，立即送检。如不能立即检验时，放入冰箱内冷藏或加入少量防腐剂保存，100 mL 尿液内加入福尔马林 2~3 滴或加入硼酸 0.2 g。

一、尿液物理检验

尿液物理检验包括尿量、尿色、透明度、气味和尿相对密度。

1. 尿量 健康宠物1d的排尿量，犬为0.5～1.0L，猫为0.1～0.2L，正常尿量受饲料成分、饮水量、环境因素、体型大小及运动等影响，不同的个体尿量有差异，所以应根据具体情况判定异常与否。

2. 尿色 将尿液盛于小玻璃杯内或小试管中，衬以白色背景观察。健康尿液一般为淡黄色至黄褐色，透明。与饮食、摄取水分和服用药物等因素有关。

血尿：尿液淡红或棕红，混浊不透明，振摇呈雾状，静置后有红色沉淀，镜检时发现多量红细胞，如尿液排在地面上有血块或血丝，多见于膀胱结石、肾炎、肾衰、膀胱炎、尿道结石或尿路出血等。

血红蛋白尿：尿液褐红或酱油色，均匀透明，静置后无沉淀，镜检无红细胞。血红蛋白尿是溶血性疾病的标志，常见于溶血性疾病。如犬血孢子虫病及洋葱、大葱中毒等。

黄尿：尿液棕黄或黄褐色，透明，为尿中含有胆红素或尿胆原，常见于肝胆疾病。

乳白尿：尿液含有脂肪而使尿液呈乳白色，镜检可观察到脂肪滴和脂肪管型。常见于犬脂肪尿病、肾及尿路的化脓性炎症。

3. 气味 尿液中存在挥发性脂肪酸，所以有特殊气味，尿液愈浓，气味愈强烈。犬、猫的尿正常时有臭味，病理情况下气味发生变化。氨臭味为膀胱炎或尿液长期潴留，腐败性臭味是由于膀胱、尿路有溃疡、坏死或化脓性炎症时，大量的蛋白分解所致。

4. 相对密度 正常犬尿的相对密度为1.018～1.060，猫为1.020～1.040。生理情况下，尿液相对密度增加见于动物饮水过少、气温过高、尿量减少等；在病理情况下，尿相对密度增加常见于发热性疾病、便秘以及使机体脱水的疾病、膀胱炎、急性肾炎或糖尿病等疾病。尿液相对密度降低为低渗尿，见于慢性肾炎、尿毒症或尿崩症等。

二、尿液化学检验

尿液的化学检验包括：尿的酸碱度的检查、尿中蛋白质的测定、尿中潜血的检验和尿中酮体的检验。

（一）尿的酸碱度检查

可用pH试纸一端浸入被检尿液中，取出后与标准比色纸进行比色，确定pH。现在多使用尿液分析仪测得pH。健康宠物尿液含有酸性磷酸盐而呈酸性，pH为6.0～7.0。患膀胱炎、尿道炎、代谢性或呼吸性碱中毒时，尿液呈碱性。

（二）尿中蛋白质的定性检验

1. 检验方法

(1) 硝酸法：取一支试管加35%硝酸1～2 mL，随后沿试管壁缓慢加入尿液，使两液重叠，静置5 min，观察结果，两液叠面产生白色环为阳性，白色环越宽，表明蛋白质含量越高。

(2) 磺柳酸法：取酸化尿液少许于载玻片上，加20%磺柳酸溶液1～2滴，如有蛋白质存在，即产生白色混浊。此法极为方便，灵敏度极高。

(3) 快速离心沉淀法：取15 mL刻度离心管一支，加尿液15 mL，再加27%磺柳酸液

2 mL，反复倒置混合数次，以 1 500 r/min 离心 5 min。判定：每 0.1 mL 蛋白质沉淀物，即表示 1 000 mL 尿液中含有蛋白质 1 g。

(4) 试纸法：取试纸浸入被检尿中，立刻取出，约 30 s 后与标准比色板比色，按表 3-4 判定结果。

表 3-4　蛋白质定性试验试纸法结果判定

颜　色	结果判定	蛋白质含量 1 000 mg/dl	颜　色	结果判定	蛋白质含量 1 000 mg/dl
淡黄色	−	<0.01	绿色	++	0.1~0.3
浅黄绿色	+（微量）	0.01~0.03	绿灰色	+++	0.3~0.8
黄绿色	+	0.03~0.1	蓝灰色	++++	>0.8

2. 诊断意义　健康动物尿液中仅含有微量的蛋白质，用一般方法无法检出。病理性蛋白尿可分为肾前、肾性和肾后 3 种。

肾前蛋白尿来自血液中血红蛋白、肌红蛋白和卟啉等；肾性蛋白尿起因于肾疾病及发热等；肾后蛋白尿由于输尿管、膀胱、尿道和生殖器等的炎症等引起。尿蛋白增多主要见于急性或慢性肾炎、膀胱炎、尿道炎症或多数热性传染性疾病。另外，某些急慢性传染病、血孢子虫病及急慢性中毒过程中，使肾或尿路发生病变，也常呈现蛋白尿。

(三) 尿中潜血的检验

1. 检验方法一

(1) 取尿液 5 mL 置于试管中煮沸，以除去尿液内的过氧化物酶，冷却，加冰醋酸数滴使尿液呈酸性。

(2) 加入乙醚 3 mL，加塞后振摇，静止片刻后使尿液与乙醚分层（如遇乙醚层呈胶状，不易分层时，可加入 95% 乙醇少许，轻摇可使乙醚层分离）。

(3) 吸取乙醚层滴 2 滴于载玻片上，加入 1% 联甲苯胺 2 滴，3% 过氧化氢 2 滴。如果出现蓝色即为尿潜血阳性。

2. 检验方法二　取小试管一支，加入 1% 邻联甲苯胺甲醇溶液和过氧化氢乙酸溶液各 1 mL，再加入被检尿液 2 mL，呈现绿色或蓝色为阳性，如保留原试剂颜色即为阴性。

判定：根据显色快慢和深浅，用符号表示反应强弱。(++++) 立刻显黑蓝色，(+++) 立刻显深蓝色，(++)1 min 内出现蓝绿色，(+)1 min 以上出现绿色，(−)3 min 后仍不显色。

3. 诊断意义　尿潜血检验阳性，见于急性肾小球肾炎、膀胱结石、尿道结石、膀胱炎、肾盂肾炎、膀胱肿瘤、阴道损伤或发情期的雌性动物等。此外，血红蛋白性血尿可见于巴贝斯虫病、自身免疫性溶血性疾病、严重烧伤、化学药物及某些植物中毒等。

(四) 尿中葡萄糖的检验

由于试纸法操作简便，所以常应用试纸法。

1. 检验方法　取试纸一条，浸入被检尿内，5 s 后取出，1 min 后在自然光或日光灯下将所呈现的颜色与标准色板比较，判定结果。尿糖单项试纸附有标准色板（0～2.0 g/dl，分 5 种色度），供尿糖定性及半定量用。应保存在棕色瓶中。

2. 诊断意义　健康宠物尿中仅含有微量的葡萄糖，用一般化学试剂无法检出。如应激、饲喂大量含糖饲料、使用类固醇激素治疗及受吗啡、氯仿、乙醚、肾上腺素、阿司匹林等影响可暂时性出现糖尿，为生理性。病理性糖尿，可见于糖尿病、甲状腺机能亢进、肾上腺皮质机能亢进、肾脏疾病、脑神经疾病及肝脏疾病等。通常采用尿糖试纸和糖还原试验法检验尿中葡萄糖。

三、尿沉渣显微镜检查

尿沉渣中主要有无机沉渣和有机沉渣。无机沉渣多为各种盐类结晶，有机沉渣包括上皮细胞、红细胞、白细胞、脓细胞、各种管型及微生物等。尿沉渣的显微镜检查对肾脏和尿路疾病的诊断具有特殊意义。

（一）尿沉渣标本的制作和镜检

1. 标本制作　取新鲜尿液 5～10 mL 离心沉淀，倾去上清液，吸取沉淀物涂片，加一滴 5%卢戈氏碘液，盖上盖玻片。

2. 标本镜检　先用低倍镜全面观察标本，找出需详细检查的视野，再换高倍镜仔细识别细胞成分和管型等。检查时，如遇尿内有大量盐类结晶遮盖视野而妨碍对其他物质的观察，可微加温或加化学药品，除去结晶后再镜检。

（二）无机沉渣检查

尿中无机沉渣是指各种盐类结晶和一些非结晶形物，尿液酸碱度不同，尿中无机沉渣有所不同。

1. 碱性尿中的无机沉渣　碱性尿液中的无机沉渣有碳酸钙、磷酸钙、马尿酸及磷酸铵镁、尿酸胺等。前 3 种成分为碱性尿液的正常成分，减少或消失为病理现象（图 3-15）。

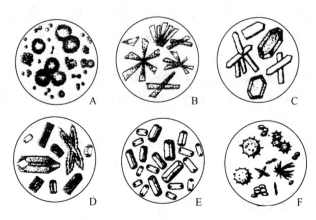

图 3-15　碱性尿中的无机沉渣
A. 碳酸钙结晶　B. 磷酸钙结晶　C. 马尿酸结晶　D、E. 磷酸铵镁结晶　F. 尿酸铵结晶

(1) 碳酸钙：为草食动物的尿液成分，结晶多为球形，有放射条纹，大的球形结晶为黄色，有时可见磨石状、哑铃状和十字形无色小晶体，或无色、灰白色无定型颗粒，加醋酸生成 CO_2 气泡而溶解。草食动物尿中缺乏碳酸钙时，尿液变为酸性，如无明显饲养因素的影响，则为病态；动物尿中重新出现碳酸钙，表示疾病好转。

(2) 磷酸钙：弱碱性尿、中性或弱酸性尿中都可见到碳酸钙。多为单个无色三棱形结晶，呈星状或针束状，排列成禾束。也可形成无色不规则、大而薄的片状物，在尿液面形成一层薄膜。磷酸钙结晶增多时，对诊断尿潴留、慢性膀胱炎有一定意义。

(3) 马尿酸：马尿的正常成分，结晶呈棱柱状或针状。动物服用苯甲酸及水杨酸制剂后，尿中马尿酸结晶增多。

(4) 磷酸铵镁：结晶为无色、两端带有斜面的三角棱柱，或为六面或多角棱柱体，偶尔呈雪花状或羽毛状，易溶于醋酸中，但不产生气泡，不溶于碱性液和热水中。新鲜尿中出现磷酸铵镁是尿液在膀胱或肾盂中发酵现象，为膀胱炎和肾盂肾炎的特征。避免尿样放置时间过久发酵而产生磷酸铵镁。

(5) 尿酸铵：黄褐色球状结晶，表面布满刺状突起。在盐酸及醋酸中分解，形成菱形锭状结晶。新鲜尿中出现尿酸铵结晶，表明有化脓性感染，如膀胱炎、肾盂肾炎。

2. 酸性尿中的无机沉渣 酸性尿液中的无机沉渣有草酸钙、硫酸钙、尿酸盐结晶及尿酸结晶，均为正常成分。其含量异常增多，多属于病理状态（图3-16）。

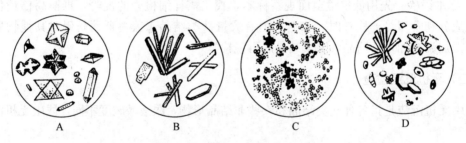

图3-16 酸性尿中的无机沉渣
A. 草酸钙结晶　B. 硫酸钙结晶　C. 尿酸盐结晶　D. 尿酸结晶

(1) 草酸钙：有时也见于中性或碱性尿中。结晶为无色而屈光力强的四角八面体，有两条对角线呈西式信封状，晶体大小相差甚大。少见的形态为无色哑铃状、球状和各种不同的八面体。见于各种动物的尿中，犬尿中尤为多见。异常增多时，见于糖尿病、慢性肾炎及某些代谢病。

(2) 尿酸结晶：为肉食动物尿的正常成分，草食动物尿中含量极少。因有尿色素附着而呈黄褐色，有锭状、块状、针状及磨石状。增多可见于发热疾病和饥饿。草食动物见于发热、传染病及寄生虫病。

(3) 硫酸钙：仅见于强酸性尿中，为无色细长棱柱状或针状结晶，聚积成束，常排列成放射状，有时为块状，与磷酸钙结晶相似。在酸及氨水中均不溶解，一般无临床意义。

3. 仅在某些疾病时出现的沉渣（图3-17）

(1) 酪氨酸：黑黄色纤细状结晶，呈中央细而两端宽广的束状或簇状。常与亮氨酸同时出现。在重剧神经系统疾病、肝脏病及慢性前胃弛缓引起中毒时，尿中出现酪氨酸结晶。

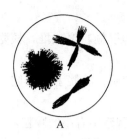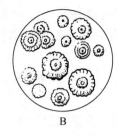

图 3-17　常见病理性沉渣
A. 酪氨酸结晶　B. 亮氨酸结晶　C. 胆固醇结晶

(2) 亮氨酸：淡黄色球形结晶，具有同心性放射条纹，像木材的横锯面，折光力很强。易溶于酸及碱，不溶于酒精和醚。在急性肝脏病、磷及二硫化碳中毒、严重代谢障碍时，尿中可出现亮氨酸结晶。

(3) 胱氨酸：极为少见，为五色、折光性很强、边缘清晰的六角形板状结晶，单独或多数相聚存在。蛋白质代谢障碍时，尿内有过量胱氨酸出现，呈结晶状沉淀是结石形成的诱因。风湿症及肝脏病时也有见到胱氨酸结晶的。

(4) 胆固醇：尿中少见，长方形、四方形缺一角的透明薄板状结晶。溶于醚、氯仿及热酒精。遇碘及硫酸可变为蓝色、绿色或红色。见于肾脂肪营养不良、肾淀粉样变性及肾棘球蚴等病。

4. 尿中磺胺结晶　服用磺胺类药物后，易在尿中形成结晶，尿中大量出现磺胺结晶时，有可能在肾盂、输尿管形成沉淀，发生损伤，是磺胺中毒的预兆。

(1) 氨苯磺胺：游离的氨苯磺胺结晶为透明的长柱形。乙酰氨苯磺胺结晶为透明成束的粗叶状。乙酰基磺胺噻唑有两种状态：一种像中间紧捆的麦秆束或圆球状，另一种为六角形的结晶片。乙酰基磺胺嘧啶呈琥珀色，像一束麦秆状，其束偏于一端，结构不对称，也有呈暗色球形的。

(2) 磺胺吡啶：结晶形态不一致，可为矛头形、船形或花瓣形等。当疑为磺胺结晶而辨认困难时，可用如下方法加以证明：

方法1：尿液沉淀后除去上清液，用酸性冷蒸馏水（蒸馏水中加醋酸少许）洗涤结晶2~3次，至洗涤液加尿胆原醛试剂（见肝功能检验的尿胆原检查）后不再显色为止。将洗涤后的结晶置试管中，加蒸馏水1 mL、10%氢氧化钠液2~3滴，再加尿胆原醛试剂3~4滴，如呈黄色，证明为磺胺类结晶。

方法2：取普通白纸一小片，将一端浸入尿中使之湿润，滴加20%盐酸液一滴，呈橙黄色为磺胺类结晶。

(三) 有机沉渣检查

尿中有机沉渣的检查，有利于肾及尿路疾病的确诊。尿中常见有机沉渣有红细胞、白细胞、上皮细胞及管型等。

1. 红细胞　新鲜尿中的红细胞形态正常，正面呈圆形，侧面呈双凹形，淡黄绿色，有时边缘呈锯齿状。正常尿液中无红细胞。泌尿器官发生炎症、出血时，尿中出现红细胞。

2. 白细胞　白细胞无色圆形，多核。酸性尿液中易皱缩，碱性尿液中易膨胀。见于肾炎、肾盂肾炎、膀胱炎及尿道的化脓性疾病。

3. 脓细胞 主要为变性的中性分叶核粒细胞，结构模糊，聚成堆，核隐约可见，常见于肾炎、肾盂肾炎和尿道炎。

4. 上皮细胞 包括肾上皮细胞、肾盂及尿路上皮细胞、膀胱上皮细胞、膀胱上皮细胞及阴道和包皮的上皮细胞。

肾上皮细胞：小圆形，核大而圆，位于细胞中央，胞浆中有小的颗粒，见于肾炎。

肾盂及尿路上皮细胞：比肾上皮细胞大，形状不一，肾盂上皮呈高脚杯状，细胞核较大，偏离中心；尿路上皮细胞多呈纺锤形，也有多角形及圆形，核大，位于中央或略偏离中心。尿中大量出现肾上皮细胞和肾盂尿路上皮细胞时，为肾盂肾炎、输尿管炎的特征。

膀胱上皮细胞：膀胱黏膜表层为大而多角的扁平细胞，含有小而明显的圆形或椭圆形的核，在膀胱炎时，尿中可出现大量的扁平上皮细胞。

阴道和包皮的上皮细胞：呈扁平不整多角形，有大的核，多成集团而出现。见于阴道炎或包皮炎。

5. 管型 肾发生病变时，肾小球滤出的蛋白质类物质在肾小管内变性凝固而形成圆柱状结构即管型。检查时，可于100 mL尿中加入福尔马林0.5 mL防腐。常见管型包括玻璃样管型、颗粒管型、上皮管型、蜡样管型、脂肪管型及红细胞管型。

玻璃样管型：又称透明管型，为透明、构造均匀的玻璃样，轮廓明显。正常尿中少量存在。当严重肾功能障碍、各种热性病、麻醉、剧烈运动、循环障碍等时，尿中玻璃样管型增加。

颗粒管型：是由肾上皮细胞的变性、崩解所形成的管型，表面散在大小不等的颗粒，不透明，短而粗，常断裂成节。尿中出现大量颗粒管型时，见于肾小管发生损害，同时出现玻璃样管型时，提示有严重的肾脏疾病。

上皮管型：是由脱落的肾小管上皮细胞和渗出物相聚合而形成的，上皮细胞原形明显或发生变性。尿中有大量上皮管型时，提示肾小管上皮发生变性。

蜡样管型：为质地均匀，轮廓明显，具有毛玻璃样的闪光，表面似蜡块，长而直，较透明管型微宽，常呈皱褶折光、灰暗色。此种管型为肾上皮淀粉样变性的特征，见于进行性严重肾炎或肾变性，一般是病情严重的表现。

脂肪管型：为上皮管型和颗粒管型脂肪变性的产物所形成，粗大，管型内有许多微小的脂肪滴和脂肪酸结晶，见于退行性肾小管疾病及糖尿病。

红细胞管型：由红细胞集合而成，见于肾小球肾炎及肾单位的出血性疾病。

第三节 粪便检查

一、粪便的采集

1. 用于病毒检验的粪便样品采集

（1）器材：灭菌棉拭子、灭菌试管、pH 7.4的磷酸缓冲液、记号笔、乳胶手套及压舌板等。

(2) 采样方法：

① 少量采集时，以灭菌的棉拭子从直肠深处或泄殖腔黏膜上蘸取粪便，并立即投入灭菌的试管内密封，或在试管内加入少量磷酸缓冲液后密封。

② 采集较多量的粪便时，可将动物肛门周围消毒后，用器械或用带上胶手套的手伸入直肠内取粪便，也可用压舌板插入直肠，轻轻用力下压，刺激排粪，收集粪便。所收集的粪便装入灭菌的容器内，经密封并贴上标签。

(3) 样品采集后立即冷藏或冷冻保存。

2. 用于细菌检验的粪便样品采集　采样方法与供病毒检验的方法相同。但最好是在动物使用抗菌药物之前采集，从直肠或泄殖腔内采集新鲜粪便。粪便样品较少时，可投入生理盐水中；较多量的粪便则可装入灭菌容器内，贴上标签后冷藏保存。

3. 用于寄生虫检验的粪便样品采集　采样方法与供病毒检验的方法相同。应选新鲜的粪便或直接从直肠内采得，以保持虫体或虫体节片及虫卵的固有形态。一般寄生虫检验所用粪便量较多，需采取适量新鲜粪便，并应从粪便的内外各层采取。粪便样品以冷藏不冻结状态保存。

二、物理学检查

粪便的物理学检查主要包括颜色、硬度及性状、量、气味等几个方面。

1. 颜色　由于动物种类不同分辨颜色和状态也有差别。病理状态时，粪便颜色发生不同的变化。

(1) 柏油样便：上消化道出血到一定量时，即出现柏油样便。见于胃炎、胃溃疡、十二指肠溃疡、钩虫感染；服用铁剂、铋剂、活性炭、动物血等也排黑色便。

(2) 白陶土样便：由于胆管阻塞，进入肠道内的胆汁减少，使粪胆素生成减少所致，见于阻塞性黄疸。

(3) 鲜血便：见于下消化道出血（主要是结肠、直肠、肛门的病变），如结肠直肠息肉、结肠直肠肿瘤或硬物划伤肠道等。

(4) 脓血便：脓、血、黏液混合出现，细菌性痢疾粪便多为黏液脓血便。细小病毒血便呈番茄汁样，有特殊的腥臭味。

(5) 绿色稀便：因肠蠕动过快，胆绿素尚未转变成粪胆素所致，常见于幼犬腹泻。

2. 量　动物粪便量随食物种类、数量、个体间消化系统功能状态不同而有很大的差异。当胃肠、胰腺有炎症或肠道功能紊乱时，由于消化吸收不良、炎症渗出、分泌增加、肠蠕动亢进等，粪便量排出增加。

3. 硬度及性状　依粪便的状态可分为软、硬、糊状、泡沫状、黏液样、血样、血水样、黏液脓样及不消化食物等。球形硬便常见于习惯性便秘。黏液稀便见于肠壁受刺激或发炎，如肠炎、痢疾、急性血吸虫病、肠套叠、结肠炎及回肠炎等。黏液脓血便见于阿米巴、细菌性痢疾、结肠肿瘤、肠结核及溃疡性结肠炎等。鲜血便见于肠黏膜机械性损伤、肠套叠等。稀糊状或稀汁样便常见于急性胃肠炎或肠蠕动加速。

4. 气味　正常粪便有蛋白质分解产物靛基质及粪臭素的气味。恶臭味，粪便恶臭且呈碱性反应时，乃因未消化的蛋白质发生腐败所致，多见于患慢性肠炎、胰腺疾病、消化道大出血、结肠或直肠癌溃烂时。鱼腥臭味，阿米巴性肠炎。酸臭味，当脂肪及糖类消化或吸收不良而发生腐败时。食肉后粪便的臭味比素食强烈。

三、化学检查

1. 粪便酸碱度检查

（1）检查方法：新鲜粪便 2～3 g 置于试管或小烧杯中，加入中性蒸馏水 8～10 mL，混均后用精密 pH 试纸测定。

（2）诊断意义：粪便的酸碱度与日粮的成分、肠内容物的发酵或腐败过程有关。肠内发酵旺盛，脂肪消化不全时，粪便呈酸性反应，见于酸性肠卡他。当肠内蛋白质腐败分解旺盛时，粪便呈较强的碱性反应，见于胃肠炎。

2. 粪便潜血检验

（1）检查方法：取少量粪便置于干净载玻片上，并将粪便均匀涂抹，使之成为薄薄的一层；再将玻片在酒精灯上缓慢通过数次，冷却后滴加 1% 联苯胺冰醋酸溶液 2～3 滴，再加等量 3% 过氧化氢液，放在白纸上观察，5 min 后仍不变色为阴性反应（－），2 min 内出现淡蓝色为（＋），1 min 内出现深蓝色为（＋＋），0.5 min 内出现深蓝色为（＋＋＋），立即出现深蓝色为（＋＋＋＋）。犬、猫吃肉类食物时粪便潜血也呈阳性，需停食肉类 3 d 后检验。

（2）诊断意义：粪便潜血阳性见于出血性胃肠炎、胃溃疡、犬钩虫病以及其他引起胃肠道出血的疾病。

四、粪便显微镜检查

粪便的显微镜检查主要包括粪便寄生虫虫卵的检查、粪便的细菌检查和粪便的病毒检查，临床实践中常做的具有诊断意义的项目是寄生虫虫卵的检查。因而本部分主要介绍寄生虫虫卵的检查。

1. 直接涂片法　在载玻片上滴甘油与水的混合物或生理盐水，用牙签或火柴棍挑取少量粪便置于载玻片上，混匀，弃掉较大的或过多的粪渣，加盖盖玻片，在显微镜下检查，有顺序地查遍盖玻片下的所有视野。当寄生虫数量不多而粪便中虫卵少时，不易检出。

2. 饱和盐水飘浮法　取粪便 10 g 于研钵内，加饱和生理盐水 100 mL，混合研磨，过 60 目铜筛，将滤液滤入烧杯中，静置 30 min，虫卵上浮。用一直径 5～10 mm 的铁丝圈与液面平行接触以蘸取表面液膜，抖落于载玻片上镜检。此法适用于线虫卵的检查。

3. 水洗沉淀法　取适量粪便置于研钵内，加入少量水，将粪便研磨成泥状，再加少量水充分搅拌，通过 2 层纱布或 40～60 目筛过滤，滤到另一个容器内，加满常水，静置 20～30 min，弃去上清液，沉渣加 70～80 mL 清水，混合后再静置，反复数次，直至上层液澄清为止，倾去上清液，用吸管吸取沉渣滴于载玻片上，加盖盖玻片，镜检。此法适于相对密度较大的吸虫虫卵和棘头虫卵。

常见虫卵形态见图 3-18 至图 3-21。

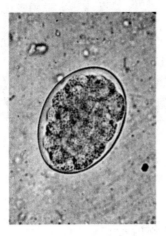

图 3-18 犬钩虫虫卵

（引自范开、董军，宠物临床显微检验及图谱，2006）

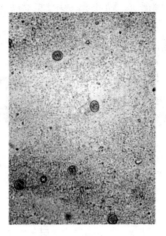

图 3-19 犬球虫虫卵

（引自范开、董军，宠物临床显微检验及图谱，2006）

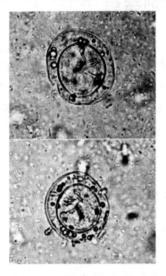

图 3-20 犬绦虫虫卵

（引自范开、董军，宠物临床显微检验及图谱，2006）

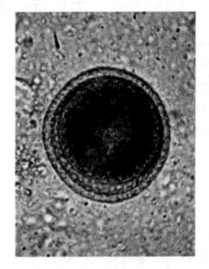

图 3-21 犬蛔虫虫卵

（引自范开、董军，宠物临床显微检验及图谱，2006）

复习思考题

1. 如何制备血液涂片？
2. 简述红细胞、白细胞计数操作要点、注意事项及临床意义。
3. 简述白细胞分类计数操作要点及临床诊断意义。
4. 尿液物理学检查包括哪些内容？
5. 尿液化学检查包括哪些项目？各有什么意义？
6. 常见病理性尿沉渣包括哪些？各有什么意义？
7. 粪便物理学检查包括哪些内容？
8. 如何进行粪便寄生虫虫卵检查？

第四章

常用治疗技术

第一节 口服给药法

一、片、丸剂、胶囊剂给药

犬以坐姿或站立保定。投药者一手掌心横过鼻梁,以食指和拇指分别从两侧口角打开口腔,一手将药物送至舌根部,然后快速将手抽出来,并将犬嘴合上,待其自行咽下。当犬把舌尖少许伸向牙齿间,出现吞咽动作,说明药已吞下。如犬含药不咽,可通过刺激咽部或将犬的鼻孔捏住,促使其将药物咽下。猫也用同样的方法打开口腔,但因猫口腔小,可用止血钳或镊子钳住药丸送至舌根部,迅速闭合口腔,如有舌头舔鼻动作,说明已将药物咽下。

二、水、油剂给药

1. 胃导管给药 此方法适用于投入大量水剂、油剂或可溶于水的流质药物。方法简单,安全可靠,不浪费药物。

给药时对犬、猫以坐姿保定。打开口腔,先置入钻有圆孔的木棒于口腔中,选择大小适合的胃导管,用胃导管测量犬、猫鼻端到第八肋骨的距离后,做好记号。用润滑剂涂布胃导管前端,插入口腔从舌上面缓缓地向咽部推进,待犬、猫出现吞咽动作时顺势将胃导管推入食管至胃内(判定插入胃内的标志是从胃导管末端吸气成负压,并且犬、猫无咳嗽表现),然后连接漏斗,将药液灌入。灌药完毕,除去漏斗,压扁漏斗末端,缓缓拔出胃导管。

2. 药瓶或注射器给药 犬、猫以站立姿势保定,助手将犬、猫头部固定,投药者一手持药瓶,一手将一侧口角打开,然后从口角缓缓倒进药液,或用注射器将药液沿口角注入,待其咽下再灌,直至灌完。

第二节 注射给药法

注射的方法有皮内、皮下、肌肉、静脉、腹腔、胸腔及气管注射等。主要依据药物的性质、数量及疾病的具体情况而定。

一、皮内注射

指将药物直接注入皮内。适用于药物敏感试验和结核病的诊断。注射部位一般在肩胛部或颈侧中部,大耳犬也可在耳部。注射时,对犬施以坐姿或站立保定,注射部位剪毛消毒,术者左手绷紧皮肤,右手持注射器将针头放在皮肤上,使针头斜面朝上,轻轻刺入皮肤至针尖斜面进入皮内,推动针栓注入规定的药量。

二、皮下注射

指将药液注入皮下组织内,经毛细血管、淋巴管吸收,易于溶解无刺激性的药物及疫苗均可皮下注射,一般 5~10 min 呈现效果。

注射部位一般在肩胛部或颈部两侧,也可在股内测。注射时,对犬、猫施以坐势或站立保定,注射部位剪毛消毒,一手提起皮肤,食指压其顶部,使其形成三角凹窝,另一手持注射器将针头刺入皮下 1~2 cm,回抽注射器不见回血时将药液注入,药液多时可分点注射。注完后拔出针头,局部涂以碘酊。

三、肌肉注射

因肌肉内血管丰富,注射药物后吸收较快,仅次于静脉注射;同时神经分布较少,注射时疼痛较轻,临床上应用较广。适用于刺激性较强、吸收较难的药物及有些疫苗也可做肌肉注射。

犬、猫在脊柱两侧的腰部肌肉和股部肌肉。对犬施以站立保定,局部剪毛消毒后,将针头迅速刺入肌肉内,抽拔注射器不见回血后缓慢注入药液。注射时不要将针头全部刺入肌肉内,以免折断时不易拔出。

四、静脉注射

将药液直接注入静脉血管内,通过血流很快分布到全身,见效快,但排出也快,作用时间短。

注射部位:犬、猫一般在颈静脉沟上 1/3 与中 1/3 交界处;犬还可在腕关节上方的前内侧或腕关节下方的掌中部前内侧的静脉,或跗关节外侧上方的静脉、股内侧的静脉等。注射时对犬施以侧卧保定,局部剪毛消毒后,一手手指按压注射部位血管的近心端,待血管膨隆后,选择与静脉粗细相适宜的针头,以 15°~45°角刺入血管内,见回血后,将针头顺血管走向推进约 1 cm,将药液徐徐注入。注射完毕,一手拿酒精棉球按压针孔处,一手迅速拔出针头。为防止针孔溢血,继续压紧片刻,最后涂以碘酊。

当注射药量多时,先将输液瓶和输液管连接排净空气挂在输液钩上,按上述方法刺入针头,迅速连接输液管,放低输液瓶,见回血后将输液瓶提高,将药液流入静脉内。注射过程中应注意如下几点:

① 注射前应检查所用注射器、针头及药液。
② 注射前应排尽空气。

③ 扎针时要沉着冷静，如出现静脉破裂而血肿应立即拔出针头，并按压局部，另选其他静脉注射。

④ 注射钙剂、锑剂及氮芥等刺激性强的药物，一定要避免漏出血管外，如有外溢，应立即停止注射，并热敷或局部注射生理盐水，防止组织坏死。

⑤ 如果需要长期反复静脉注射，应有计划地交替使用静脉注射部位或应施以静脉留置针。如发生静脉炎，不可以在此部位重复注射。

附：留置针使用方法

（1）选择适当的型号尺寸的留置针。留置针的型号据导管长度分为：19 mm、25 mm、32 mm、38 mm、45 mm、50 mm 等；据导管管路尺寸分为：0.7 mm、0.8 mm、1.0 mm、1.2 mm、1.7 mm、2.2 mm 等；据导管外径分为：24 G、22 G、20 G、18 G、16 G、14 G 等。留置针的大小应依据体型、年龄、病情、血管情况等选用 14～24 G 等型号。建议在不影响输液速度的前提下，尽量用细、短的留置针，因为相对小的留置针进入血管后漂浮在血液中，能减少机械性摩擦及对血管内壁的损伤，降低静脉炎的发生，并相对延长留置时间。

（2）先用胶布将针体基部环贴一圈，另段暂时游离。

（3）施压使血管怒张，金属内针斜面向上，刺入皮肤及血管。

（4）回血后再将针推入至少 3 cm，见血后立即停止。

（5）将金属内针固定不动，将胶质套针推进血管，直到全部进入为止。

（6）抽出金属内针，并将肝素帽旋上，以免血液不断流出。

（7）用胶布将针及动物肢体环绕固定至少一圈。

（8）将抗凝剂（如肝素）注入针管中。

（9）将针孔附近的血迹擦净。

（10）用抗生素软膏将针孔、针体及胶布完全涂覆。

（11）用纱布及胶布将接出之导管及针体全部包扎，只露出接头部。

（12）每隔 8～12 h 冲洗一次。

（13）若动物感到疼痛或液体输入困难，需拆开绷带检查。

五、腹腔注射

即将药物注射到腹腔。因腹膜的吸收能力很强，静脉注射困难或犬、猫心力衰竭时，可以将大量的药液直射到腹腔。药物注射前应加温至 37～38 ℃。

1. 注射部位 耻骨前缘 3～5 cm 腹白线的两侧。

2. 方法 注射时将犬、猫两后肢提起，使肠管向前移。在耻骨前缘 3～5 cm 腹白线侧方 1.5 cm 处，剪毛消毒后将针头垂直刺入 2～3 cm，回抽针栓无气泡、血和脏器内容物后，即可缓慢注入药液。如需要大量输入药液时应施以侧卧保定，且针头与皮肤呈 30°～45°角刺入，并将针头固定于皮肤上，注射完毕拔出针头，局部涂以碘酊。

六、胸腔注射

将药物直接注入胸腔内，用于治疗胸腔疾病。

1. 注射部位 左侧第八肋间，肩关节水平线下。

2. 方法 犬施以侧卧保定，注射部位经剪毛消毒，术者用左手将术部皮肤稍向侧方移动，使刺入胸腔的针头与皮肤的针孔错开。右手持注射器，在靠近肋骨前缘处垂直皮肤慢慢刺入。针头通过肋间有一定的阻力，进入胸腔则阻力消失，有空虚感。刺入深度为2~3 cm（犬）或1~1.5 cm（猫），然后抽吸针栓，如见回血应将针头稍向深部刺入，但注意针头不要刺入过深以免损伤肺，确定针头达到胸腔后再注入药液。如有胶管链接注射器，应先夹住胶管，以免造成气胸。注射完毕拔出针头，涂以碘酊。

七、气管内注射

将药液注入气管内，用于治疗气管、肺部疾病和肺部驱虫等。

1. 注射部位 颈腹侧气管的上1/3下界的正中线上，于第四至第五气管环间为注射部位。

2. 方法 犬施以侧卧保定，固定好头部，充分伸展颈部后，局部剪毛消毒，右手持针垂直刺入，深度1~1.5 cm，针头刺入气管后阻力消失，回抽有气体，然后慢慢注入药液。注射的药物一定是可溶性的易于吸收的，否则会引起异物性肺炎。注意注入药液量不宜过多，犬一般以1.0~1.5 mL、猫以0.5~1.0 mL为宜；药液应事先加温至接近体温；为防止咳嗽，可先直射2%普鲁卡因0.2~1.0 mL以降低气管黏膜的敏感性。

第三节 穿刺法

一、胸腔穿刺术

其目的是检查胸膜腔内渗出液的性质，除去胸膜腔内积液或积血，注入药液。

1. 穿刺部位 右侧胸壁第六肋间或左侧胸壁第七肋间，肩端水平线相交点下方，胸外静脉上方并在肋骨前缘刺入。

2. 方法 侧卧保定或取犬坐姿势，术部剪毛消毒，用0.25%~0.5%盐酸普鲁卡因局部浸润麻醉，左手将皮肤稍向前移，右手持带有胶管的18~20号注射针头靠肋骨前缘垂直刺入，针透过皮肤后，慢慢推进针头进入胸膜腔内，如有液体可以自行流出。

从胸膜腔内放出大量液体，安全有效的方法是用兽用采血针，针头连接2~3 cm长的胶管。先用右手捏紧胶管再按上述方法推进针头进入胸膜腔内，右手松开胶管，用直径1 mm，长30 cm的医用聚乙烯管经穿刺针引入胸膜腔内5~8 cm；固定聚乙烯管，拔出针头。胸膜腔内液体经聚乙烯管可持续放出。

犬、猫气胸的胸膜腔穿刺术与上述穿刺一样，由于气体在胸膜腔的上部，故气胸的胸膜腔术应在第七肋间隙上部。

二、腹腔穿刺术

其目的是根据腹腔穿刺液的数量和性状来诊断腹腔内某些器官的疾病。

1. 穿刺部位 耻骨前缘与脐之间的腹正中线右侧 3~4 cm 处或腹正中线上刺入。

2. 方法 犬、猫右侧卧保定，充分暴露腹部，术部剪毛消毒。膀胱充满时穿刺前要排空膀胱内尿液，用 12~20 号针头垂直皮肤刺入，当针头穿过皮肤后慢慢推进针头刺入深度为 1.5~3.0 cm，如有液体则自行流出，可摆动针头，用注射器吸取。如果要放出大量液体，动物取站立姿势更为方便。使用有 2~3 个侧孔的针头穿刺，可防止网膜堵塞针孔。穿刺完毕，拔下针头，术部碘酊消毒。

三、膀胱穿刺术

在尿道阻塞引起的排尿困难或尿闭时，可作为急救措施。另外，经膀胱采集的尿液，可以减少在动物排尿过程中收集尿液的污染机会，使尿液的化验和细菌培养结果更为准确。

1. 穿刺部位 耻骨前缘 3~5 cm 处腹白线一侧腹壁上。针应该在膀胱与尿道结合处的稍前方刺入，而不在膀胱顶部刺入。

2. 方法 犬、猫前躯侧卧，后躯半仰卧保定。术部剪毛消毒，并用 0.25%~0.5% 盐酸普鲁卡因浸润麻醉。用左手隔着腹壁固定膀胱，右手持 12~18 号针头，与皮肤呈 45°角向骨盆方向刺入针头，一次刺透皮肤、腹肌、腹膜和膀胱，针一旦进入膀胱内尿液便从针头内喷射出来。尿道阻塞的犬、猫，可持续地放出尿液。如果为了化验尿液，可用消毒瓶收集，穿刺完毕，拔出针头，消毒术部。

四、脊髓穿刺术

主要用于采集脑脊髓液做检验、向蛛网膜下腔注射药液、椎管内麻醉及犬脊髓造影穿刺。

1. 穿刺部位 采集脑脊髓液穿刺部位一般在枕骨中线与连接两个寰椎翼前外角隆起横线交点上，经此点穿刺，针头进入寰枕关节的小脑延髓池内；犬脊髓造影穿刺部位一般有两处，小脑延髓池以及第 4~5 或 5~6 腰椎之间的蛛网膜下腔中。

2. 穿刺深度的预测 在犬，刺入深度 2~2.5 cm，计算方法以体重为标准：体重×3/50+1.6(cm)。

3. 操作方法 犬、猫浅麻，伏卧或侧卧保定。

（1）采脑脊液时将头部保定在保定台的前缘上，助手位于犬左侧，用左手抓住犬的左耳根，右手按住鼻梁与胸骨接触而使颈部长轴弯曲，以扩大枕骨与寰枕之间的间隙（枕骨大孔），术部剪毛消毒。术者于犬、猫的正面，左手握住右耳根用食指确定枕结节，右手持套管针垂直刺入皮下，针经项韧带慢慢向深部推进，定期拔出针芯以观察脑脊液是否流出。穿刺针要防止左右移动，严格掌握垂直方向。进针过程中偶尔感到穿过硬脑膜的阻力消失感时，针头即进入小脑延髓池内。拔出针芯，脑脊液即可流出。进针偏前可刺到枕骨上，偏后可刺到寰椎上，偶尔针头内流出血液而无脊髓液流出，说明刺破了椎骨静脉丛的分支。此时应更换穿刺针头，重新穿刺。如果在脑脊液中出现新鲜血液，应停止穿刺，等 24 h 后再重新穿刺。

在针进入小脑延髓池和针孔内看到液体时，立即接上脊髓液压力计测定其压力，然后抽吸 2 mL 左右脊髓液放入灭菌小瓶内进行脑脊液的检查。穿刺完毕，拔出针头，术部消毒。术后 5～7 d 注意动物有无不良反应。

（2）椎管内麻醉可分为蛛网膜下腔麻醉和硬膜外腔麻醉。临床上多用硬膜外腔麻醉。麻醉时进行椎管内穿刺的部位可选择在腰椎与荐椎间隙或第一、第二尾椎或荐椎与第一尾椎间隙，穿刺方法和处理方式上述处理相同。

（3）犬脊髓造影穿刺在小脑延髓池以及第 4～5 或 5～6 腰椎之间的蛛网膜下腔中。当注射完毕，应立即拔除针头，并进行背卧正位、侧卧位或左右斜侧位 X 线片的拍摄，然后读片分析，判断椎间盘突出或病变的位置。好的脊髓造影片应该可以通过造影剂显示出蛛网膜下腔及整个脊髓条状的轮廓，在片子上呈现白色，如果有椎间盘疾病，即可见到影像上在某些部位出现显影剂的弯曲变形甚至断裂。一般做腰部蛛网膜下腔穿刺后脑脊液从针头处流出。造影完毕，拔出针头，术部消毒。

第四节 导 尿 法

导尿常用于收集尿液化验、排尿及膀胱内注药等情况。

一、公犬导尿法

所用的导尿管、注射器和其他用具应消毒，操作者手臂也应消毒。

1. 保定 犬施以仰卧或侧卧保定，将上侧后腿拉向前方固定。

2. 方法 根据犬、猫体型大小选择合适的经灭菌消毒的导尿管（一般直径 1.3～3.3 mm，长 45 cm）。导尿时术者戴灭菌手套。助手将阴茎包皮后退缩，拉出阴茎，并一手翻开包皮，露出龟头用低刺激性的消毒液（0.1% 新洁尔灭）清洗尿道外口，并将导尿管末端涂灭菌润滑剂，术者持导尿管与腹壁呈 45°角插入尿道，缓缓插至膀胱，即有尿液排出，其外端置于盛尿液的容器内，收集尿液。导尿完毕向膀胱内注入氨苄青霉素等 0.1～0.25 g，然后拔出导尿管。

二、母犬导尿法

犬施以站立或仰卧保定，后腿向前转位或侧卧保定。先用 0.1% 新洁尔灭清洗阴门，术者以左手拔开犬的阴唇，以右手持已消毒并涂好润滑剂的导尿管缓缓插入阴道内，插至膀胱即可尿液排出。收集尿液后，慢慢将导尿管拔出。

三、猫的导尿法

可选用肺滞留管或硬膜麻醉滞留管（10～15 cm），做公猫导尿。导尿前，猫应全身镇静或局部麻醉。仰卧保定，两后肢拉向前方，将阴茎鞘向后推，从中拉出阴茎，局部清洗消毒，从尿道口插入导尿管，导尿管与脊柱平行，轻轻推入膀胱。在插管时不能强行插入导尿管，可先注射生理盐水 3～5 mL 于尿道内，冲洗尿道中的凝结物，以便导尿管容易通过尿道进入膀胱。

母猫也可选用公猫用导尿管。首先阴道穹隆处进行局部麻醉，清洗阴户，并拉住阴唇向后推，沿着阴道底壁插进导尿管入尿道口，母猫导尿容易，甚至不用直视即可插入尿道口。导尿完毕向膀胱内注入消炎药少许，拔出导尿管。

第五节　灌　肠　法

一、浅部灌肠法

是将药液注入直肠或结肠的方法。此方法适用于直肠或结肠便秘；食欲废绝时灌入营养剂；直肠或结肠炎时灌入消炎药；狂躁不安时灌注镇静剂和灌造影剂做 X 线诊断等。药物灌注量为成年犬每次 100～200 mL，幼年犬或猫每次 50～100 mL。

灌肠时犬、猫施以站立保定，助手将尾抬起，肛门周围先用温水清洗干净。犬可用灌肠器或用 50～100 mL 注射器。操作者一手提装有药液的灌肠器吊桶，另一手将灌肠器开口慢慢插入肛门 8～10 cm，并与尾巴一并抓住，然后高举吊桶，使药液流入直肠，边灌注药液，边用手腹外按压结粪块，直至结粪破开软化为止灌肠后将犬尾夹在犬会阴部 3～5 min 即可，猫可选用导尿管。插入肛门后，接 50～100 mL 注射器，推入药液。由于猫的肠管、胃和食道整个长度不足 2 m，灌液多了可能从口腔流出，因此其量不宜过多。

二、深部灌肠法

深部灌肠法是大量的药液经肛门灌入前部肠管和胃内的方法。此法适用于治疗肠套叠、急性胃肠炎、排除胃内毒素和异物。灌肠时对犬、猫施以倒提保定。可用人用高压灌肠器，助手提起两后肢和吊桶，操作者将灌肠器开口慢慢插入肛门内，另一助手按压气囊将液体或药液挤入肠内，直至从病犬口中流出灌入液体或药液为止，液体温度以 39 ℃ 为宜。

第六节　氧气疗法

一、适　应　证

适用于肺充血、肺水肿、大叶性肺炎、异物性肺炎、气胸、上呼吸道堵塞、心力衰竭、心肥大、急性失血、休克、严重贫血和麻醉过量等。

二、方　　法

（一）3% 过氧化氢静脉注射输氧法

犬、猫以 3% 过氧化氢溶液 5～10 mL，加入 10%～25% 葡萄糖注射液 250～500 mL 缓慢地一次注射。

（二）氧气输入法

1. 氧气吸入法 需有氧气瓶和医用流量表等吸入装置一套。检查流量表开关是否关紧，打开总开关，再慢慢打开流量表开关，连接鼻导管，观察氧气流量是否通畅，然后关闭流量表开关。用湿棉签清洁鼻腔，将鼻导管用水湿润后，自鼻孔轻轻插入鼻腔，用胶布将鼻导管固定于鼻面部；打开流量表开关，调节流量以 3~4 L/min 为宜，每次吸入 5~10 min。

2. 皮下输氧法 把氧气注入肩后或两肋皮下疏松结缔组织中，通过皮下毛细血管内红细胞逐渐吸收而达到给氧的目的。操作方法是：将注射针头刺入皮下，把氧气输入导管和针头连接，打开流量表，使氧气输入，皮肤逐渐隆起，待皮肤比较紧张时停止输入。如一次输入量不足，可另加一处，输入速度为 1~1.5 L/min，皮下给氧后一般于 6 h 内被吸收。

三、给氧时注意事项

（1）为保证安全，给氧时犬、猫需妥善保定，周围严禁烟火以防燃烧和爆炸。

（2）输氧导管宜选用便于穿插、较为细软的橡皮管，以减少对鼻、咽黏膜的刺激。给氧前应检查导管是否通畅，并清洁鼻腔。

（3）吸入氧气时，其流量大小应按犬、猫呼吸困难的改善状况进行调节；皮下给氧时，不能把氧气注入血管内，以防形成气栓。

第七节　采血技术

犬、猫静脉采血部位有前臂皮下静脉、颈静脉、股静脉和跗返静脉等。体形较大的犬可选前臂皮下静脉和跗返静脉。猫常用股静脉，而幼年猫多用颈静脉。

一、前臂皮下静脉采血

犬施以胸俯卧势保定。若采右前臂皮下静脉，助手站在犬的左侧，左手固定犬颊下部控制头颈不摆动，右手越过犬背部抓住犬右前肢肘关节下方以固定头颈，便该肢稍微伸展，并用拇指压迫前臂皮下静脉近心端。若犬挣扎不安可将犬保定于手术台上，操作者抓住犬的前肢掌部，在腕关节稍上方静脉正中沟中进行静脉采血。

二、犬跗返静脉采血

犬施以侧卧保定。助手抓住前肢下部，用其前臂压住犬颈部于操作台上。另一手抓住后肢膝关节上方使之伸直。被毛长的犬剃毛才能看到静脉，而且皮下静脉的游离性较大，针头不易刺入血管。

三、犬颈静脉采血

被毛短而长颈品种的犬，很容易看到颈静脉的，而被毛厚的犬还是剪毛为宜。小型犬或幼年犬的颈静脉采血时，助手右手托住其胸部，将犬抱在自己怀里，使其四肢悬空，右手抓住两前肢肘关节下部。左手将犬颊部向上抬高，使颈部伸展。若头少偏转，颈静脉很容易看得到的。操作者拇指在犬胸腔入口处压住颈静脉沟，右手握住扎针采血。大型犬呈胸卧式于操作台上，其保定方式如同上述。

四、猫静脉采血

猫静脉采血方式与犬相似，只是注意猫的攻击，以免被抓伤。

五、猫耳静脉采血

采血量很少时可以采取耳静脉采血。在背侧耳缘内侧有静脉处，拔毛经消毒后，在耳基部压迫使静脉怒张，皮肤上涂上薄薄一层凡士林，用针头刺破静脉血管，血在凡士林层上形成一大血滴。

六、心脏采血

一般选择左心室采血。将犬、猫右侧卧保定、麻醉。在左侧胸廓的下 1/3 与中 1/3 交界处的水平线与第五肋间交叉点处，经消毒后，用装有抗凝剂的 20 mL 注射器链接针头，垂直刺入，针尖透过皮肤后，进针应缓慢。当刺透胸膜后，注射器内维持负压。仔细地将针头朝向心脏推进，当针管有血液回流时，说明针已刺入左心室内，进行采血。采完血后，将针迅速拔出，局部消毒。

第八节 麻醉术

犬、猫是容易惊恐或攻击，同时对疼痛很敏感的动物。为了使临床诊疗措施或手术顺利进行，临床上一般都事先采取麻醉。

一、局部麻醉

应用局部麻醉药，作用于机体的一定部位，暂时性阻断局部疼痛的传入冲动，从而达到手术区域局部痛觉消失的一种麻醉方法。犬、猫的局部麻醉主要用于局部外伤处理和腹腔、胸腔、膀胱穿刺以及骨髓穿刺等穿刺术。在多数情况下临床多采用全身麻醉法。

1. 表面麻醉 是用麻醉药液直接作用于组织表面的神经末梢，使该局部疼痛消失的方法。多用于麻醉黏膜、滑膜和浆膜。

临床上常用2%～5%可卡因或0.5%～1%丁卡因溶液，2%～5%利多卡因溶液点入结膜囊内5～6滴，经2～5 min开始麻醉，持续10～15 min。用1%～2%丁卡因或5%～10%可卡因溶液涂布或浸渍法麻醉口腔、鼻腔、直肠和阴道黏膜。麻醉膀胱黏膜，可用1%～2%的丁卡因或2%～4%的利多卡因溶液，利用注射器和导尿管注入膀胱内。关节、腱鞘以及黏液囊中的滑膜，可用穿刺方法注入3%～5%普鲁卡因溶液。

2. 传导麻醉 在神经干周围注射局部麻醉药，使所支配的区域失去痛觉，称为传导麻醉。犬剖腹探查、阴囊疝等手术可用腰旁或椎旁传到麻醉，但必须配合局部浸润麻醉。常用2%～3%的利多卡因或3%～5%的普鲁卡因溶液，一般每条神经干注射5～8 mL。

3. 浸润麻醉 是将局部麻醉药注射到局部的各层组织中，来麻醉该部位的神经末梢。常用0.25%～1%盐酸普鲁卡因加微量的0.1%的肾上腺素液。具体可分直线、菱形、扇形及分层等浸润麻醉方法。在操作中，应使麻醉药液能浸润到手术区的各层组织内。

4. 椎管内麻醉 将局部麻醉药注射入椎管内，从而使某些脊髓神经被阻滞的方法。根据局部麻药注入部位的不同，椎管内麻醉可分为蛛网膜下腔麻醉和硬膜外腔麻醉。临床上多用硬膜外腔麻醉。麻醉时进行椎管内穿刺的部位可选择在腰椎与荐椎间隙或第一、第二尾椎或荐椎与第一尾椎间隙。犬常用3%盐酸普鲁卡因溶液2～5 mL或1%～2%盐酸利多卡因溶液1～5 mL。

二、全身麻醉

利用某些麻醉药的作用，抑制中枢神经系统，从而使犬、猫全身不感觉疼痛，但仍保持延髓和平滑肌组织的功能，称为全身麻醉。全身麻醉可分为非吸入麻醉和吸入麻醉。

（一）全身麻醉前准备

麻醉前应注意检查动物的全身状况。如患有心、肺、肝肾等疾病，以及消瘦、贫血、中暑、长期发热、妊娠和老龄者，最好不要用全身麻醉，以防发生危险。麻醉前犬、猫禁食8～12 h，最好停水2 h，必须进行血液学检查和尿分析。

（二）麻醉前给药

麻醉前给药是在给予麻醉药前不久对病畜给予某种药物，来达到使病畜平静而安定的诱导麻醉和麻醉平衡的目的。麻醉前给药常用阿托品、东莨菪碱、乙酰丙嗪、氯丙嗪、吗啡、二甲苯嗪、氯胺酮及巴比妥等。

（三）全身麻醉给药方法

全身麻醉药大多采用吸入或静脉注射给药法，其他的给药途径如肌肉注射、口服，直肠、腹腔和胸腔内注射也有使用。

1. 吸入麻醉 挥发性麻醉药主要是经半闭式或闭合式麻醉装置给药。氟烷、甲氧氟烷、安氟醚、氧化亚氮和乙醚是主要挥发性麻醉药。多用氟烷吸入麻醉为主，麻醉确实，肌松效果明显，安全系数高。可用于大手术或危重病例的手术。具体方法是，首先按每千克体重 15～20 mg 硫喷妥钠先进行基础麻醉，然后进行气管插管，给予氟烷吸入麻醉。体重 5 kg 左右的犬维持量为 0.5%～1% 流量，10 kg 左右的犬维持量为 1%～2% 流量。为了麻醉安全，吸入麻醉时应配合心电监护仪的使用，以便监督麻醉的安全性。

附：心电监护仪的使用

（1）描记方法：

① 被检动物的准备：要使被检动物绝缘，应站在橡皮垫上。在置放电极的部位剪毛，用酒精棉球充分擦拭脱脂，再用饱和盐水擦拭，然后将鳄鱼夹电极牢固夹持（或将针电极刺入电极置放部的皮下）。

② 连接电源，地线，打开电源开关，校正标准电压。

③ 连接肢导线，并将肢导线的总插头连于心电图机上。连接肢导线时，应按下述规定连接，切勿连错，以免对描记造成差错。

红色导线，连接右前肢电极；黄色导线，连接左前肢电极；绿色导线，连接左后肢电极；黑色导线，连接右后肢电极；白色导线，连接胸前电极。

④ 转动导联选择器，当基线稳定，无干扰时，即可描记。每个导联描记 4～6 个心动周期。发现心律失常的动物，可选择一个导联，适当多描记一些心动周期，便于分析病情。

⑤ 描记完毕，关闭电源开关，旋回导联选择器，卸下肢导线及地线，并用铅笔在描记心电图纸上注明动物号及描记日期。

（2）注意事项：在描记过程中，经常出现干扰现象，严重的干扰常使描记无法进行，或使心电图波形难以辨认，所以应防止干扰。

① 防止交流电的干扰：心电图机灵敏度较高，而交流电的干扰电波，几乎到处都有，所以在描记过程中很容易受到交流电干扰。交流电在心电图上的干扰波，呈锯齿状，边缘整齐而规则，频率为 50 周/s。

交流电波干扰的原因：常见的有被检动物皮肤电阻过高（如放置电极部位的被毛剪的不彻底，脱脂不充分，电极固定不牢）；心电图机附近有带电的电线或电气器材（如变压器，能产生强磁场或电磁波的 X 线机，电疗机等），动物的保定用具不绝缘，动物与金属柱栏或地面接触，心电图机的地线未连接妥善，操作人或保定人的手指或身体与被检动物体表接触，心电图机与其他金属物件相接触，心电图机的灵敏度控制器开的太大等。

为了减少和防止交流电波干扰，可采取以下措施。减低被检动物的皮肤电阻（如彻底剪毛，充分脱脂，用饱和盐水擦拭皮肤，切实固定电极），开辟一个合适的心电图描记室，在离动物和心电图机 2 m 以内无带电的电线通过，距电疗机、收音机，日光灯，电铃等远一些，最好在 3 m 以外，以免感因其而发生干扰，用软橡皮缠牢金属保定用具，在被检动物站立的地面上铺橡皮垫，保证做到绝缘，确实接好地线，用埋入地下深达 1 m 以上的铁杆，或在地下 1 m 深处埋一个金属网，由此网上引一根粗铁丝，以连接心电图机的地线，右后肢也要接上肢导线（黑色导线），在保定小动物时，操作人要戴橡皮手套，必要时可调节心电图机的干扰消除钮，能减少一部分干扰电波，但往往因此而降低心电图机的灵敏度，如果转动了干扰消除钮，应重新校正标准电压。

② 防止被检动物的干扰：由于动物骚动，会使基线上下摆动，动物发生肌肉震颤，表现为不规则的微细波纹，频率为10～300周/s，并常在某一肢发生，因此干扰波常出现在与该震颤肢有关的导联中，呼吸运动及胃肠蠕动，会产生缓慢而不显著的基线移位，在描记过程中，可能因动物排尿排粪后，四肢站在尿液溢流的地面上而受到干扰，电极松脱时，也会突然发生干扰。所以，要使动物保持安静，减少神经紧张，遇有骚动时立即停止描记，橡皮垫浸湿或被尿液污染后，待清除擦干，再行描记，突然出现基线跳跃，要检查电极接触线头有无松脱。

③ 注意导线接错所致的心电图伪差，如把左前肢与左后肢相反连接，则LⅠ变成了LⅡ，LⅢ变成了LⅠ，图形颠倒，aVR未变，aVL与aVF互换。

④ 心电图机的存放地点应保持干燥阴凉，避免过潮过热。晶体管心电图机使用时的环境温度应在35℃以下。对导线要妥为保护，避免过度扭曲，防止导线内部铜丝折断。携带或搬动心电图机时，尽量避免剧烈震动，以免损坏精细的部件。

2. 静脉注射　有些药物如巴比妥类、二甲苯胺噻嗪、氯胺酮、静松灵可供静脉注射，麻醉作用迅速，常在极短的时间可达到预期麻醉程度。在静脉给药麻醉之前，一般先给予硫酸阿托品。由于静脉给药麻醉过快，深度难以掌握，故目前用超短时作用型巴比妥类做吸入麻醉前诱导麻醉的静脉注射，便于在气管内插管。

3. 肌肉注射　肌肉给药迅速方便，也可用作静脉给药途径所需的保定工作，是目前临床上小动物较常用的一种麻醉，但是肌肉注射给药其麻醉深度不如静脉注射或吸入麻醉给药那样容易控制。

4. 腹腔注射　在腹腔内注射全身麻醉目前很少用。这种给药途径常用于中效巴比妥类麻药如戊巴比妥钠等，对于凶猛的犬、猫这种药可能比其他途径较为容易。

5. 胸腔注射　对猫临床上不主张胸腔注射巴比妥类，可能引起肺组织损害和坏死。如在安乐死术中需要快速麻醉而又难于静脉注射时，胸腔内注射可能便于采用。

6. 口服给药　口服麻醉药只用于促使动物镇静或催眠，或供不可接近的凶猛动物的麻醉之用。将麻醉药放在一块肉或其他食饵中给服。

（四）常用麻醉剂及临床应用

1. 846合剂　由保定宁60 mg、双氢埃托啡4 μg和氟哌啶醇2.5 mg复合而成，846麻醉剂是一种较新的复合麻醉药。用量为每千克体重犬0.05 mL、猫0.1 mL，肌肉注射。

2. 盐酸吗啡　通用每千克体重1 mg皮下注射。

3. 氯胺酮　犬一般先皮下注射硫酸阿托品每千克体重0.05 mg和甲苯噻嗪每千克体重1～2 mg，10～20 min后肌注氯胺酮每千克体重5～20 mg；猫可先肌肉注射每千克体重0.1 mg后，肌肉注射氯胺酮每千克体重10～30 mg。

4. 硫喷妥钠　硫喷妥钠是属于超短时作用型的巴比妥类药。适用于短时间的手术和快速诱导麻醉，反复使用又可作为维持麻醉。如作为诱导麻醉之用，可按每千克体重6～8 mg

静脉注射，如果需要 10～20 min 的外科手术，应每千克体重静脉注射 15～25mg。注射时，约 1/3 剂量应在 15 s 内快速注射，然后停注 30～60 s，剩下的在 1～2 min 注完，以产生所需的麻醉深度。

5. 硫戊巴比妥钠 硫戊巴比妥钠与硫喷妥钠一样是一种超短时作用型的硫代巴比妥类药。其作用与硫喷妥钠相同。在犬、猫的常见诊疗中，本品广泛用于各种手术和检查，常配成 4% 的水溶液，仅供静脉注射。犬、猫为每千克体重 16～20 mg。

6. 氟烷 本品的优点是麻醉力强，是乙醚的 4～5 倍，诱导快，苏醒也快；对呼吸道黏膜无刺激，病畜吸入无不适感；对肝、肾功能无损害。其缺点是对心、肺功能产生明显的抑制作用。麻醉过深，出现一般易于纠正的呼吸暂停，能引起心跳缓慢，但麻醉前用阿托品可以预防。此外，本品还可能引起血压下降。

氟烷麻醉应注意药物浓度的控制，若控制不当，麻醉出现过深或过浅。所以需要有精密的挥发器，上面标有 0.1%～4% 的刻度，以控制麻醉气体浓度。如果没有氟烷挥发器，可用国产 103 型乙醚吸入麻醉机，在乙醚挥发瓶中注入 5～10 mL 氟烷，去掉挥发芯，将调节器开到 3～4 档，使之快速达到所需要深度，再开到 1～2 档处做维持麻醉。麻醉时，可根据病畜的心率、呼吸、血压变化，调节档位，控制麻醉深度。使用该药麻醉时禁用肾上腺素或去甲肾上腺素，由于刺激迷走神经，可用阿托品进行预防。

7. 甲氧氟烷 是一种液体麻醉剂，挥发前澄清无色，挥发后或在汽化器中时，则变为琥珀色。其颜色的变化不会影响麻醉效果，对动物也不会产生不良作用。本品有一种水果样气味，无刺激性，易被病畜所吸入。各种浓度不具有爆炸性和易燃性。其麻醉作用大于氟烷、氧化亚氮，能产生极好的肌松弛和镇痛作用，缺点是在血液中有较高的溶解度。因此，其诱导麻醉期延长，难以控制和改变麻醉的深度，苏醒期长。此外，还对肝、肾损害严重。

8. 甲苯噻嗪和盐酸氯胺酮合用 预先皮下注射硫酸阿托品每千克体重 0.03～0.05 mg 和甲苯噻嗪每千克体重 1～2 mg，10～15 min 后，肌肉注射盐酸氯胺酮每千克体重 5～15 mg，可进行 20～30 min 的处置或手术。若出现呕吐或痉挛，给予安定每千克体重 0.5 mg，可以镇静。

9. 安定和盐酸氯胺酮合用 预先皮下注射硫酸阿托品每千克体重 0.03～0.05 mg，安定每千克体重 1～2 mg，15 min 后肌肉注射盐酸氯胺酮每千克体重 15～30 mg，能进行简单的开腹手术。

10. 撒芬 它是一种复合麻醉剂，是猫的一种理想的麻醉药，也只限用于猫。静脉注射后立即进入麻醉状态，肌肉松弛十分完全，镇静效果确实，副作用小。猫肌肉注射每千克体重 12～20 mg（1～1.6 mL）；静脉注射每千克体重 6～9 mg（0.5～0.75 mL）。

11. 隆朋 即二甲苯胺噻嗪，具有镇静、镇痛和肌松作用。作用可靠、起效快、肌松作用好、对组织无刺激性。临床上除作复合用药外，单独用可做一般小手术或作为吸入麻醉的诱导剂。注射隆朋后会有血糖升高、抑制胃肠蠕动等现象。麻醉剂量犬、猫肌肉注射为每千克体重 2.2 mg，静脉注射为每千克体重 1.1 mg。

12. 舒泰和 Telazol 这两种麻醉剂的主要成分是相同的，维克公司生产的舒泰（Zoletil），而富道公司生产的是 Telazol，其主要成分都是镇静剂替来他明和肌松剂唑拉西泮。舒泰有舒泰 20（20 mg/mL）、舒泰 50（50 mg/mL）、舒泰 100（100 mg/mL）3 种剂量，舒泰是一种新型分离麻醉剂，用于犬、猫和野生动物的保定及全身麻醉。又是犬、猫肌肉注射的快速麻醉药，安全范围大、诱导时间短、极小的副作用和最大的安全性。犬的用量为：肌肉注射每千克体重 7～25 mg、静脉注射每千克体重 5～10 mg，一般检查每千克体重 6.6～9.9 mg，小手术和外伤处理每千克体重用 10～15 mg，最大安全剂量为每千克体重 29.92 mg；猫：肌肉注射每千克体重 10～15 mg、静脉注射每千克体重 5～7.5 mg，一般外伤处理和小手术用量为每千克体重 9.7～11.9 mg，腹腔手术为每千克体重 14.3～15.8 mg，最大安全剂量为每千克体重 72 mg。

注意注射舒泰前 15 min 按以下剂量给予硫酸阿托品犬每千克体重 0.1 mg 皮下注射；猫每千克体重 0.05 mg，皮下注射，效果更佳。

维持麻醉时间因剂量不同，可为 20～60 min。维持麻醉剂量，建议给予初始剂量的 1/3～1/2，静脉注射。

野生动物的使用剂量为：灵长类动物（平均值）肌肉注射，每千克体重 4～6 mg，猫科动物（平均值）肌肉注射，每千克体重 4～7.5 mg。犬科动物（平均值）肌肉注射，每千克体重 5～11 mg。熊科动物（平均值）肌肉注射，每千克体重 3.5～8 mg。牛科动物（平均值）肌肉注射，每千克体重 3.5～33 mg。灵猫科动物（平均值）肌肉注射，每千克体重 2.5～6 mg。

应用指南：

为了获得需要的麻醉药浓度，可将含有效成分的冻干粉与总量无菌溶液混合。野生动物需要投掷注射时，可将减少加入溶剂，从而使舒泰浓度提高到 400 mg/mL。

应用禁忌：

用有机磷和氨基酸酯进行系统治疗的动物，严重的心机能和呼吸机能不全，胰脏功能不全，患严重高血压。

注意事项：

舒泰只能用于动物。建议麻醉前 12 h 禁食，动物处于麻醉恢复期时应保证环境黑暗和安静。注意麻醉动物的保暖，防止热量过度散失。

不要与以下药物一起联合应用：

吩噻嗪类药物（乙酰丙嗪、氯丙嗪等），一起应用抑制心肺功能和引起体温降低。

富道公司生产的 Telazol 静脉注射注时，犬为每千克体重 5～10 mg，猫为每千克体重 5～7.5 mg；肌肉注射时，犬为每千克体重 7～25 mg，猫为每千克体重 10～15 mg。在注射本药前 20 min，应注射硫酸阿托品。

第九节　手术基本操作技术

一、无菌操作技术

无菌操作技术是以预防感染为目的，在外科操作（如手术、穿刺、注射等）前后进程中所实施的清洗、消毒与灭菌等综合措施，尽可能防止手术污染和手术感染的发生，因此无菌操作技术是保证手术成功的必要条件，也是外科手术基本操作的重要组成部分。所以在实行手术或治疗时，对施术场所、畜体的手术部位、器械、药品、敷料、工作人员手臂、手术创外科感染的预防处理等各方面进行严密的无菌操作。树立无菌观念是保证手术成功、杜绝感染、提高治愈率的关键。

(一) 手术器械物品的消毒

手术器械物品的消毒要根据现有条件，手术所需要用的急缓及手术器械物品的性质不同采用不同的消毒方法。

1. 消毒方法

（1）煮沸灭菌法：可使用任何性质的煮沸灭菌器，也可使用普通清洁锅、饭盒等，但必须有密闭的盖子。在实行煮沸灭菌时，先在消毒锅内铺上纱布，然后按顺序放入要消毒的器械物品，上面覆盖纱布，最上面放一取器械用的镊子或器械钳。然后加水至淹没全部器械物品，加热沸腾后维持 20~30 min，可杀灭一般细菌。炭疽、破伤风、坏死杆菌等细菌芽孢需沸腾后维持 1 h 以上。

如水中加入碳酸氢钠或碳酸钠，使其成 2% 溶液；加入氢氧化钠成 0.25% 的溶液或硼酸钠成 5% 的溶液，可使水的沸点提高（102~105 ℃），增强灭菌效果，可缩短灭菌时间，还可防止金属器械生锈。

（2）高压灭菌法：将准备好的器械物品用无菌巾包好放入高压灭菌器内，按规定加入开水，盖好上盖，旋紧螺丝，加热。一般用 103.0 kPa 的压力，经 15 min 即可。待气压下降后，开启上盖，取出灭菌物品备用。

（3）化学药品消毒法：即将被消毒物品洗净后，浸泡于消毒药液中消毒的方法，或用消毒药物清洗、涂擦等方法。常用的消毒药物及使用方法如下：

① 来苏儿：用 3%~5% 来苏儿溶液浸泡 30 min，急用器械可用纯来苏儿溶液浸泡 5 min。

② 新洁尔灭：用 0.1% 新洁尔灭溶液浸泡 30 min。但需注意本品遇肥皂可降低作用，并与碘酊、高锰酸钾、碱类、升汞等配伍禁忌。消毒液变黄或有絮状物表示失效。另外洗必泰、杜米芬等表面活性剂用法基本同新洁尔灭。

③ 酒精：使用浓度为 70%~75%，浸泡 1 h。

④ 甲醛溶液：10% 的甲醛溶液浸泡 30 min，一般用于塑料、橡胶制品。

⑤ 2%~5% 碘酊：一般用于术部消毒及手术人员手臂消毒。

（4）火焰灭菌法：主要用于搪瓷盘、盆及特殊情况下的金属器械灭菌。用点燃的酒精棉球擦拭器械盘、盆或将非常紧急需要器械放入瓷盘或盆内，再放入适量酒精点燃，燃尽候温使用。也可将金属器械在点燃的酒精棉球或酒精灯上直接烧烤（火焰灭菌对金属器械损害较大，非特殊情况下一般不用火焰灭菌法）。

（5）干热灭菌法：需电热干燥箱。将被灭菌物品摆放在器械盘内，放入干燥箱中，玻璃器皿可直接放入干燥箱。使用温度 100~150 ℃，维持 30 min，取出冷却后使用。

2. 各种器械、物品的消毒

（1）金属器械：最常用的是煮沸灭菌法和高压灭菌法，也可使用化学消毒法或火焰灭菌法。

灭菌前将金属器械表面油污、血迹擦净，有刃器械用纱布将刃包裹，针头、缝针等插在纱布块上，以便取用。止血钳、持针器等有弹簧器械需松开。煮沸灭菌时应在水沸腾后放入器械。

(2) 玻璃、搪瓷器皿：一般采用煮沸灭菌法、高压灭菌法，也可用干热灭菌法或火焰灭菌法。

煮沸灭菌时，玻璃器皿要在水热之前放入，以免突然遇热而破裂。注射器应将内芯抽出，并每套分别用纱布包裹，避免互相碰撞以及套、芯混乱。较大的搪瓷器皿常用火焰灭菌法。

(3) 橡胶、塑料物品：一般用煮沸消毒法和高压灭菌及化学消毒法。当煮沸灭菌和高压灭菌时，应将物品用布料包裹，以免直接接触锅壁而烤焦。手套内外撒布滑石粉，防止粘连，并用纱布块填入手套内，便于蒸汽进入。水中避免放入碱性药物，防止橡胶物品变质。导尿管及耐热性差的物品，用化学消毒法。

(4) 敷料、手术巾、手术衣、帽等一般采用高压灭菌30～45 min，也可用普通蒸笼锅隔水蒸煮1～2 h。

常用的止血纱布叠成块，5～10块为一组，用布单包好放入灭菌器内，丝线在灭菌前缠在线轴或玻片上，但不宜过紧过多。手术巾、手术衣、帽等也应叠成方形，按顺序放入锅内进行灭菌，但注意灭菌物品包裹不宜过大过厚。

(5) 手术器械的处理及保管：

① 手术后，对器械物品应清点。如有缺少应查明，特别是胸腹腔手术，要防止器械敷料遗留在体内。

② 金属器械用后及时刷洗（特别注意止血钳，手术剪的活动轴及齿槽），经煮沸后，用纱布擦干保存，若为不常用器械应涂油保存。

③ 被血迹污染的敷料用肥皂在凉水中净洗，经灭菌后仍可做手术用。

④ 被碘酊污染的敷料，可放入沸水中煮或放入2％硫代硫酸钠液中浸泡1h，脱碘后洗净灭菌使用。

⑤ 金属器械、玻璃、搪瓷器皿、橡胶物品等，如接触过脓汁或胃内容物，必须在2％～5％来苏儿溶液中浸泡1 h，然后用清水洗净，经灭菌后保存。如接触破伤风、坏死杆菌等病例，则应在2％～5％来苏儿溶液中浸泡数小时后，洗净并煮沸灭菌1 h以上。方可再用。

凡接触过脓汁、胃肠内容物或细菌芽孢的敷料，应予以焚烧。

(二) 手术场地的消毒

在手术室内手术时，要求手术室经常清扫，保持室内干净无尘土并定期消毒。方法有化学消毒剂喷洒法、熏蒸法，紫外线照射法等。

(三) 手术部位的消毒

1. 除毛 除毛范围一定要大于手术区，确保手术切口不被污染。

首先在干燥的情况下，用剪毛剪剪去被毛，然后用温肥皂水充分刷洗，除去皮脂及污垢，再用剃毛刀剃毛，用温肥皂水再擦洗，清水洗净后，进行消毒。

2. 消毒 用2％～3％来苏儿溶液或0.1％新洁尔灭溶液擦洗并擦干。如用来苏儿溶液消毒，则继续用2％～5％碘酊棉球涂擦，再用75％酒精棉球脱碘。涂擦时应以切口为中心向外周涂擦（图 4-1A），如果是感染创应该由外围向中心涂擦（图 4-1B）。

3. 术部隔离　手术区虽然经过消毒，但若无严格的术部隔离，手术区周围被毛的污染源随时有污染手术区可能，所以根据手术的不同要求，选用大小适宜的灭菌手术巾将手术区与其周围被毛隔离并用巾钳固定在皮肤上。

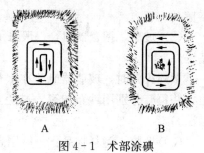

图 4-1　术部涂碘

（四）手术人员手臂消毒

1. 更衣　手术人员在准备室脱去外衣、鞋、帽，穿戴手术衣、手术帽、口罩，修剪指甲。如剖腹产、前胃手术等需穿戴橡胶围裙、胶靴等。

2. 手臂的消毒方法主要分两步　用肥皂刷洗除去污垢后清水冲净，再用消毒液消毒。常用以下几种方法：

（1）肥皂刷洗　新吉尔灭洗手法：

用肥皂刷洗 5 min→清水冲净→0.1%新吉尔灭溶液擦洗、浸泡 5 min。

（2）肥皂刷洗、酒精浸泡法：

用肥皂刷洗 6 min→清水冲净→灭菌纱布擦干→浸泡于 70%～75%酒精溶液桶内，并用纱布轻擦手臂 5 min→双手举胸前待干燥。

（3）氨水擦洗酒精浸泡法：

肥皂刷洗→清水冲净→0.5%氨水液擦洗 3～5 min→无菌巾擦干→75%酒精溶液浸泡 5 min→2%碘酊棉涂擦指甲、指端、皮肤皱褶→75%酒精棉脱碘。

（4）在十分紧急情况下：手术人员来不及做常规手臂消毒或条件有限时，可先用肥皂刷洗后，用 3%碘酊纱布涂擦手臂，再用 75%酒精纱布脱碘或用碘伏涂擦手及手臂消毒即可进入手术。

二、麻　　醉

麻醉就是用人为的方法（如药物，针灸、电刺激等）使家畜全身的知觉和意识消失或局部失去知觉，利于手术操作的方法。

麻醉能够安全有效地消除家畜的痛觉，使家畜对手术不加反抗，为手术创造良好条件。所以麻醉能简化保定方法、节省人力、便于手术操作，给无菌手术操作创造条件，避免人畜的意外损伤及避免手术的不良刺激，防止外伤性休克。

兽医临床麻醉的种类及方法较多，可分为全身麻醉、局部麻醉、电针麻醉、针灸麻醉、激光麻醉等。但临床上全身麻醉和局部麻醉较为常用（见第四章　第八节麻醉术）。

三、组织切开与组织分离

（一）常用的外科手术器械及其使用

1. 手术刀　主要用于切开和分离组织，分为固定刀柄手术刀和活动刀柄手术刀，固定刀柄手术刀形状各异，坚固耐用，用于较硬组织的分离，目前很少应用。活动刀柄手术刀的刀柄和刀片是分体的，使用时将刀片装置于相应的刀柄上。4、6、8号刀柄，可安装19～24号刀片；3、5、7号刀柄，可安装18号以下的刀片，临床上常用的是4号刀柄。刀片按形状分圆刃、尖刃、弯刃等（图4-2A）。刀片的安装宜用止血钳或持针器夹持，安装于刀柄上（图4-2B）。

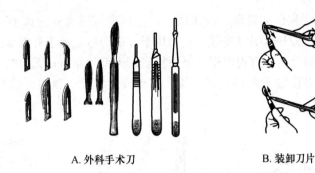

A. 外科手术刀　　　　　　　　B. 装卸刀片

图4-2　外科手术刀及装卸刀片

使用手术刀的关键在于锻炼稳重而精确的动作。执刀方法要正确，根据手术需要有不同的执刀方式，一般有以下几种：

（1）执笔式：适用于短小切口，操作灵活精细，操作力量在手指，如分离神经、血管、腹膜等。

（2）按刀式（餐刀式、指压式）：一般用于较大力量切开。如较坚韧组织或较长距离的皮肤切开等。

（3）抓持式（全握式）：用于切割范围较广、用力较大的坚硬组织。如筋腱、增生组织等。

（4）反挑式（外向式）：由组织内向外挑开，以免损伤深部组织（图4-3）。

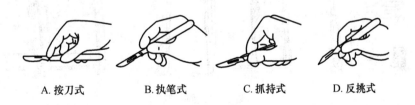

A. 按刀式　　　B. 执笔式　　　C. 抓持式　　　D. 反挑式

图4-3　执刀方式

除刀刃外，刀柄可用于钝性分离组织、剥离骨膜等。

2. 手术剪　主要用于分离和剪开组织及剪断缝线和各类敷料。按形状分直剪和弯剪。直剪用于浅部手术操作，弯剪用于深部组织分离。直剪和弯剪又可分为钝头、锐钝头和锐头。钝头用于胸腹腔深部组织分离，如剪开腹膜，可防止误伤周围组织。锐头剪用于较细微的手术。锐钝头目前很少用（图4-4A）。

正确的持剪方式是拇指和无名指套入

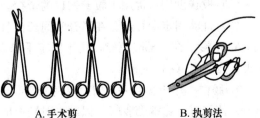

A. 手术剪　　　　　B. 执剪法

图4-4　手术剪与持剪法

柄环，食指固定剪身，中指压住柄环（图 4-4B）。

3. 手术镊　用于夹持、稳定、提起组织和夹取棉球等。可分为有齿镊和无齿镊，有齿镊可以牢固地夹住组织，但对组织有一定损伤，故多用于皮肤、肌腱等坚韧的组织。无齿镊用于黏膜、血管等软组织的分离。持镊方式是拇指对食指和中指持拿或抓持式（图 4-5）。

4. 止血钳　主要用于夹住血管断端或出血点，达到直接钳夹止血或便于结扎止血。也可用于剥离组织、拔出针头和牵引缝线等。直钳用于浅部切口及易于显露部位的止血；弯钳用于深部组织止血或组织分离。有齿钳用于厚而较坚韧组织的止血；无齿钳用于一般软组织止血。止血时尽量避免夹住血管附近过多组织，以免发生坏死。执钳方法与执剪方法相同（图 4-6）。

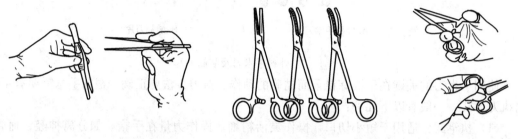

图 4-5　执镊法　　　　　　　　　图 4-6　止血钳及执钳法

5. 创钩（拉钩、牵开器）　用于牵开术部表面组织，以便显露深部组织，利于手术操作。可分为爪状创钩、板状创钩和自动固定牵开器（图 4-7）。

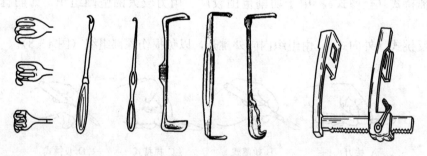

图 4-7　创　钩

（1）爪状创钩：分为1爪、2爪、3爪、4爪和6爪，每种又分锐爪和钝爪，钝爪不易损伤组织，用于较软组织术部的牵拉；锐爪常用于皮肤或较坚韧组织的牵拉。

（2）板状创钩：常用于腹壁切口的牵拉。

（3）自动固定牵开器：在牵开时间长而且力量较大时用。

6. 巾钳　在术部隔离时，用于固定手术巾，防止移位。连同手术巾一起夹在皮肤上（图 4-8）。

7. 肠钳　用于肠管手术时，夹持肠管，阻止肠管内容物的溢出或肠壁出血。使用时，钳端套胶管，以减少对肠壁的损伤（图 4-9）。

8. 卵圆钳和舌钳　用于子宫、胃壁创缘的固定或对创缘作暂时性止　图 4-8　巾　钳血，也可用于牵拉软组织（图 4-10）。

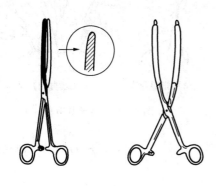

图 4-9 肠　钳

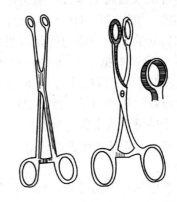

图 4-10 卵圆钳和舌钳

9. 探针　有沟探针用于引导切开腹膜，普通探针用于探查窦道方向、深浅等。

（二）组织切开与组织分离

就是利用机械的方法，根据局部解剖生理特点把完整的组织切开或分离开，以达到手术的目的。

根据组织性质不同组织分离分为软组织分离和硬组织分离。软组织分离又分锐性分离和钝性分离。锐性分离是用锐利的刀或剪进行分离。必须非常熟悉局部解剖并在直视下进行，操作精准细致。一般用于皮肤、肌肉、筋膜、浆膜或增生病灶等的分离；钝性分离是用刀柄、止血钳、钝头剪、手指等进行分离。用于分离肌层、内脏粘连或肿瘤摘除等。

1. 软组组织分离　组织切开的原则。

① 切口的位置、大小要适当，便于显露、接近或除去病变组织或病变器官。

② 组织切开时，应根据组织的张力选择切开的方向（躯干和腹壁两侧的切开，一般实行垂直或斜的切开，四肢、颈部和躯干中线及其附近的切开，一般实行纵切），以免切口张力过大而难于缝合或影响愈合。

③ 避免损伤大的血管和神经及腺体的输出管，以免影响术部的机能。

④ 切开组织必须整齐，便于缝合且创缘能紧密接触，利于创伤愈合。

⑤ 切开部位要选择在健康组织上，而坏死组织及已受感染的组织，要切除干净。二次手术切口应避开伤疤，以免影响愈合。

⑥ 在手术中，要采取分层切开，以便识别组织，避免损伤血管和神经，利于止血和缝合。

2. 软组织切开法

（1）皮肤切开法：皮肤切开分紧张切开和皱襞切开。紧张切开可避免皮肤切口与皮下组织切口不一致及皮肤切口不整齐等。方法是术者左手食指与拇指在预定切口的两侧将皮肤撑紧固定，较大皮肤切口应由术者与助手同时撑紧固定，再进行切开（图 4-11A）。切开时，刀刃与皮肤垂直，用力均匀，一次切开皮肤及皮下组织，要避免多刀乱切。皱襞切开是在切口下面有重要器官、大血管、大神经，而皮下组织疏松时实施的切开方法，可由术者和助手用手指或镊子将皮肤提起呈垂直样皱襞进行切开，能防止误伤皮下组织器官（图4-11B）。

皮肤切开的形状最常用的是直线切开，损伤最小，易愈合。根据手术需要还有梭形和圆形（切除病变组织及过多皮肤）、T形或十形（用于深部组织显露、脓肿切开、骨膜切开等）、U形或V形（用于圆锯术或皮肤整形术）。

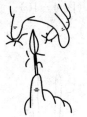
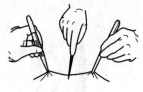

A.紧张切开法　　　B.皱襞切开法

图4-11　皮肤切开法

（2）皮下疏松结缔组织的分离：多采用钝性分离，先切一小口，再用刀柄、止血钳或手指进行分离。

（3）筋膜和腱膜的分离：用刀在其中央切一小口，然后用止血钳等器械由小口插入将筋膜与筋膜下组织分开后再剪开筋膜，也可用镊子将筋膜提起，做一小口，插入有沟探针，以反挑式切开。

（4）肌肉的分离：一般沿肌纤维方向钝性分离（图4-12），但必要时也可锐性切开。切开时，横过切口的血管应双重结扎后切开。

图4-12　肌肉分离法

（5）腹膜的切开：为了防止损伤内脏，先用镊子或手指将腹膜提起做一小口（提起腹膜时要防止连带夹住肠管）（图4-13A），然后放入有沟探针引导，反挑式切开（图4-13B）或放入食指和中指保护内脏，用剪刀扩大腹膜切口（图4-13C）。

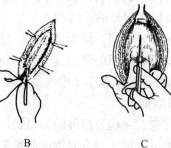

A　　　　　　　B　　　　　　　C

图4-13　腹膜切开法

（6）肠管的切开：肠管侧壁切开时，一般在肠管的纵带上或肠系膜对侧，一次纵行切开肠壁全层，切开时要防止损伤对侧壁。

（7）胃及子宫的切开：胃及子宫的切开一般选在大弯上、血管较少部位切开。牛羊子宫切开时，应注意避开子叶。

3. 硬组织的分离　分离骨组织之前，先分离骨膜，分离骨膜尽可能保持其完整性和保存健康部分，以利于骨组织的愈合。分离骨膜时，先用手术刀切开骨膜（根据需要切开形状有T形、十字形、工字形等），再用骨膜分离器分离骨膜。分离骨组织时，可根据需要选用圆锯、线锯、骨剪、骨钳、骨凿、板锯和骨锉等器械进行骨组织分离。分离后要对骨创缘及断端用骨锉锉平其锐缘，以免损伤软组织，并清除骨片、骨屑，以免遗留在创内，影响愈合。对于蹄、角和牙齿等硬组织，根据需要选用蹄刀、蹄刮、柳叶刀、骨钻、板锯、段角器、齿剪、齿凿、齿刨和齿锉等进行分离。

四、止 血

在外科手术或意外伤害中都不可避免出血，不仅污染术野，使术者看不清组织层次、结构和形态而影响手术操作，而且出血过多可降低机体抵抗力，延迟创伤愈合，甚至危及动物生命。所以在手术过程中，止血是必须立即处理的基本操作技术。止血的方法很多，常用的止血方法有以下几点。

（一）全身预防性止血

为了提高机体抗失血能力和减少手术过程中的出现，术前给手术动物使用提高凝血速度的药物或输血。

1. 输血 在术前 30～60 min 输入同种类型血或同种动物的氯化钙相合血，犬 100～200 mL。

2. 10%氯化钙 犬 20～140 mL，静脉注射。

3. 维生素 K_3 注射液 犬 10～30 mg，肌肉注射。

4. 止血敏（1.25 mg/10 mL） 犬 2～4 mL，肌肉注射。

5. 安络血（10 mg/2 mL） 犬 2～4 mL。

（二）局部预防性止血

1. 肾上腺素局部注射 在 100 mL 局部麻醉药内加入 0.1%盐酸肾上腺素 0.2 mL 进行术部麻醉，以减少手术局部出血。

2. 装置止血带 术前装置止血带，暂时阻断术部血液循环，以减少手术中的出血。止血带可用乳胶管、绷带、血压计气囊等代替。装置时间一般不要超过 2 h，每隔 1 h 应松开 5～30 s 的时间。手术结束后，解除止血带时，不可一次松开，应多次松、紧，松后解除。

（三）手术过程中的止血

常用的方法有以下几种。

1. 压迫止血 用止血纱布压迫出血局部，以促进血栓的形成。多用于手术中的毛细血管出血，压迫即可止血。对于稍粗的血管出血，压迫可暂时停止出血，为进一步采取止血措施创造条件，还可清洁创面，便于手术操作。操作时，要压迫出血局部，不可擦拭，以免破坏血栓，不利于止血或损伤组织。

2. 填塞止血 适用于较深的创伤出血，一时难以找到血管断端时，用大块灭菌纱布填塞于创腔内，以压迫血管断端达到止血目的，必要时可用压迫绷带固定或创围作暂时性缝合。

3. 钳夹结扎止血 是最可靠的止血法，结扎线与血管粗细成正比。

（1）单纯结扎止血：止血钳尖端准确夹住血管断端轻轻提起，术者将结扎线绕过止血钳，在钳端处打结，结扎血管（图 4-14A）。

(2) 双重结扎止血：在创内显露横向血管时，可做两端结扎，中间切断（图 4-14B）。

(3) 贯穿结扎止血：用针线穿过血管周围组织绕血管打结。常用的有 8 字贯穿结扎和单纯贯穿结扎（图 4-14C）。

(4) 止血钳捻转止血：止血钳尖端夹住血管断端，轻轻捻转闭合血管断端后去钳即可止血（图 4-14D）。对于小血管的出血，钳夹片刻后去钳即可止血。对于创伤深部血管断端可留钳止血。

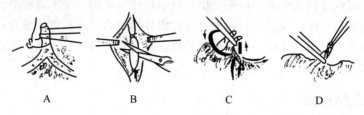

图 4-14 钳夹结扎止血

(5) 缝合止血：缝合创口，使创壁两侧紧密接触，互相压迫而止血。可用于弥漫性出现或实质器官的出血。

(6) 烧烙止血：用电热烧烙器、铁制烧烙器等烙铁的烧烙作用，使血管断端收缩，组织蛋白凝固而止血，常用于弥漫性出血。烙铁烧至红热为好，黑热易使组织黏附于烙铁上，过热使组织炭化过多，造成组织缺损。烧烙止血的缺点是损伤组织较多。

五、缝 合

缝合就是将被分离的组织或器官进行对合或重建通道，从而促进创伤愈合及恢复其功能的基本操作。

（一）缝合器材及其应用

1. 缝合针（缝针） 主要用于对合组织和贯穿结扎。可分为圆针和三棱针，圆针又可分为直圆针和弯圆针，而三棱针又有直三棱、弯三棱和半弯三棱之分（图 4-15）。直圆针多用于胃肠及子宫的缝合，可用手直接持针操作，操作方便快捷，但需要操作空间较大，弯针有一定弧度，不需要太大的操作空间，适用于深部组织的缝合。圆针其尖端为圆锥形，穿透组织时阻力较大，对组织损伤小，留下的针孔封闭性好。适用于大多数软组织的缝合，如肌肉、胸腹膜、血管、神经、胃肠等。三棱针其前半部分为三棱形，较锋利，能穿透较厚韧的组织，对组织损伤较大，留下的针孔封闭性较差，多用于皮肤、肌腱、软骨等组织的缝合。另外缝合针根据穿线的针眼不同分为穿线孔缝针、弹簧孔缝针和无创性缝针。无创性缝针是将缝线包在针尾部的缝针，针尾较细，多用于血管吻合、眼部手术。

2. 持针钳 拥有夹持缝针，缝合组织。可分为握式和钳

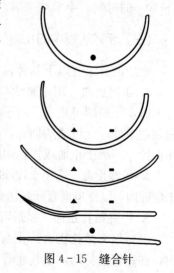

图 4-15 缝合针

式（图 4-16）。操作时，持针钳的尖端夹持缝针的前 1/3 处或后 1/3 处（根据组织硬度而定）。

3. 缝合线 用于对合组织和结扎血管。可分为可吸收线和不可吸收线。可吸收缝线有肠线、胶原线、袋鼠腱以及合成的聚乙醇酸线、聚二氧杂环己酮线等。最常用的为肠线由羊的小肠黏膜下层制成，分为普通肠线和铬制肠线。前者吸收快，4～5 d 后即失去作用；后者 10～20 d 仍可保持抗张力作用。不可吸收线分为金属线和非金属线。金属线又分为不锈钢线、铜线、银线等；非金属线有丝线、棉线、麻线、尼龙线等。最常用的是丝线。

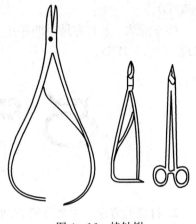

图 4-16 持针钳

（二）缝合的原则

（1）缝合必须在无菌条件下进行。

（2）缝合前必须彻底止血，除去凝血块、异物及无生机的组织。对于边缘不齐、干燥硬固的创缘，必须处理成新鲜而平整的创面，再行缝合。

（3）缝合针的大小、缝合线的粗细要与组织张力相适应。

（4）凡是无菌创或非感染的新鲜创，经无菌处理后，可做密闭缝合；具有化脓过程、坏死组织及深创囊的创伤或严重污染的创伤可不缝合或仅做部分缝合。单层缝合时要穿过创底，以免留有死腔和积液。

（5）缝合时，缝针的刺入点与刺出点与创缘之距离相等，且在同一水平线上，针距要相等。以免形成皱襞和裂隙。在保证创缘能紧密结合的情况下，针数越少越好。

（6）缝合不能过紧，以免使创缘内翻或外翻或压迫创缘组织，影响血液循环，延迟创伤愈合；也不能过松，使创缘不能密闭接合而影响愈合。

（7）缝合完毕后，对皮肤创缘进行矫正，使之对合良好，以利愈合。密闭缝合出现感染现象，应拆除部分缝线，以保证渗出物排出。

（三）打结

打结是缝合中最基本的操作技术之一。正确而熟练的打结，可防止缝线松脱而带来的后果，同时缩短手术时间。

1. 打结的种类 常用的结有方结、外科结和三重结。

（1）方结（平结）：手术中最常用的一种结。用于结扎血管及各种缝合的结扎（图 4-17A）。

（2）外科结：第一结绕两次，再打第二结时第一结不易松动。用于大血管结扎或张力较大组织缝合的结扎（图 4-17B）。

（3）三叠结：是在方结的基础上再加一结，第三结和第二结方向相反。用于大血管的结扎及较重要组织缝合的结扎，还可用于易松脱线（如肠线、尼龙线和钢丝线）的结扎（图 4-17C）。

（4）假结（十字结）：第一结和第二结方向相同，易松脱，手术中不能使用（图

4-17D)。

（5）滑结：是打方结时两手用力不均，只拉紧一根线所致，最易滑脱。手术打结中不可出现（图 4-17E）。

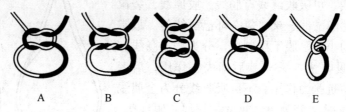

图 4-17 结的种类

2. 打结的方法 主要介绍方结的打结方法，常用的有单手打结、双手打结和器械打结三种。

（1）单手打结：是最常用的方法，左右手打结都可，但多用左手打结（图 4-18）。

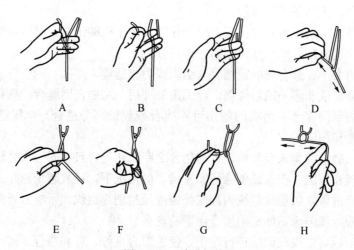

图 4-18 单手打结法

（2）双手打结：多用于深部组织或张力较大组织间断缝合的打结（图 4-19）。

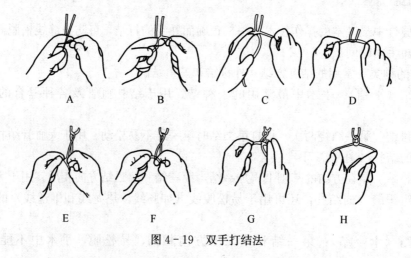

图 4-19 双手打结法

(3) 器械打结：用持针钳或止血钳打结。打结方便，节省缝线（图4-20）。

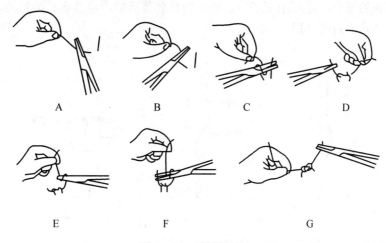

图4-20 器械打结法

(四) 缝合法

缝合的种类方法很多，兽医外科中常用的有以下几种方法。

1. 间断缝合 缝合过程中间断结扎，防止个别缝线断裂造成整个创口裂开。所以多用于张力较大组织的缝合。也可用于有可能受感染创伤的缝合，以便需要排液时，拆除部分缝线，其他地方不受影响。但费时、费线，且内部缝合时，创内留的线结较多。

(1) 结节缝合：是最常用的缝合法。用带线缝针在创缘一侧垂直刺入，在对侧创缘相应部位穿出，进行打结，每缝一针打一次结的多次缝合而成（图4-21）。多用于皮肤、肌肉及黏膜等缝合。

(2) 减张缝合：适用于张力过大的皮肤缝合，以防止缝线扯裂创缘组织。在结节缝合的基础上，隔数针结节缝合进行一次减张缝合，即针的刺入点与刺出点距创缘远些（结节缝合进、出点距离的2~3倍）缝合打结（图4-22A）。也可在线的两端缚以适当粗细的纱布卷等物作为圆枕，又称圆枕缝合（图4-22B）。

(3) 8字缝合：缝线相反方向交叉的间断缝合，可用于皮肤、肌肉或腱等组织缝合（图4-23）。

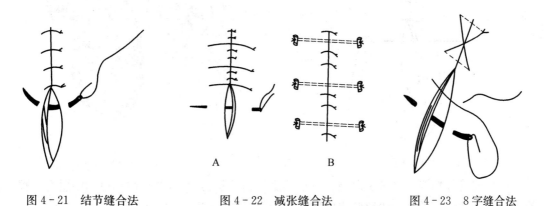

图4-21 结节缝合法　　图4-22 减张缝合法　　图4-23 8字缝合法

（4）纽孔状缝合：可分为水平、垂直和重叠纽孔状缝合 3 种。可用于张力较大的皮肤、肌肉、腱及筋膜的缝合，还可用于子宫、阴道脱出整复后的固定及疝孔的封闭，重叠纽孔状缝合主要用于疝孔的封闭（图 4-24）。

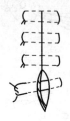
A. 水平纽孔状缝合

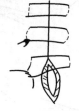
B. 垂直纽孔状缝合

C. 重叠纽孔状缝合

图 4-24 纽孔状缝合

2. 连续缝合 用一根线把创口全部闭合的缝合称为连续缝合。优点是缝合速度快、创口闭合性好、节省缝线；缺点是缝线一处断裂，全部缝合松脱。用于张力较小组织的缝合。

（1）螺旋缝合：用一根线在创口一端缝合打结，然后以等距离螺旋形缝合，最后留线尾打结。多用于肌肉、腹膜的缝合及胃肠、子宫的第一层缝合（图 4-25）。

（2）锁边缝合：此缝合与螺旋缝合基本相似，但在缝合过程中每次都将缝线交锁，多用于薄而易活动、易撕裂组织的缝合及皮肤直线形创口的缝合（图 4-26）。

（3）荷包缝合（袋口缝合）：即做环形的浆膜肌层连续缝合或在肛门一定距离处环绕肛门刺入与穿出，穿完后拉紧缝线打结。主要用于胃肠壁小穿孔的闭锁、直肠脱整复后的固定及胃肠、膀胱造瘘引流管的固定等（图 4-27）。

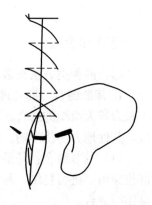

图 4-25 螺旋缝合法

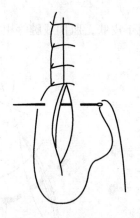

图 4-26 锁扣缝合法

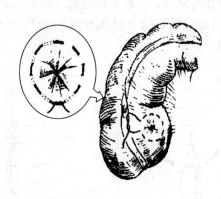

图 4-27 荷包缝合法

（4）连续外翻缝合（弓字形缝合、连续水平纽孔状缝合、褥缝合）：可用于肌肉、腱膜、筋膜、血管及治疗子宫、阴道脱出的暂时固定等（图 4-28）。

3. 胃肠缝合 主要用于胃肠、子宫、膀胱等的缝合。缝合后创缘内翻，浆膜紧密结合，表面光滑不显露缝线，利于愈合。方法有伦贝特氏缝合、库兴氏缝合和康乃尔氏缝合。前两种用于浆膜肌层缝合，即胃肠缝合的第二层缝合；康乃尔氏用于胃肠、子宫壁的全层缝合。

(1) 伦贝特氏缝合（垂直内翻缝合）：缝针在创缘一侧垂直于创缘穿过浆膜肌层，越过创口到另一侧穿过浆膜肌层，拉紧缝线，使整个创缘内翻，使两侧浆膜紧密结合，把创缘（或第一层缝合）包埋起来。所以又称包埋缝合（图4-29）。

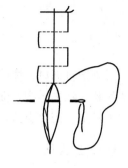

图4-28 褥缝合法

(2) 库兴氏缝合（水平内翻缝合）：此缝合与伦贝特氏缝合仅在进针方向上的不同，伦贝特氏缝合的进针方向是垂直于创缘进针，而库兴氏缝合则沿创缘水平方向进针（图4-30）。

(3) 康乃尔氏缝合：此缝合大致与库兴氏缝合相同，但缝合时要穿透全层组织（图4-31）。

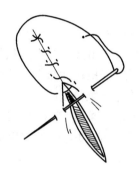

图4-29 伦贝特氏缝合法

图4-30 库兴氏缝合法

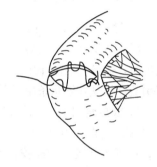

图4-31 康乃尔氏缝合法

（五）拆线

多指拆除皮肤缝合线，包埋于组织内的缝线不拆除。但创伤发生化脓感染时，应早期去除创内缝线。

皮肤创口缝合后，在没有感染的情况下一周左右即可愈合，所以张力较小部位的创口（如头部、颈部等），可在缝合后一周左右拆线。凡营养不良、贫血、年老体弱动物及术部张力大或活动性较大时，根据情况延长至10～16 d。根据愈合情况，可逐次做间隔拆线。

拆线时，先用5%碘酒消毒术部皮肤，然后用手术镊提起线结，露出埋在组织内的缝线并剪断，向创口方向抽出，针孔涂碘（图4-32）。

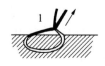 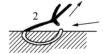 

图4-32 拆 线

六、引 流 法

引流指将创口、体腔或其他感染部位的液体引出体外以进行治疗的方法。引流的目的是闭塞死腔,除去异物,促进创口愈合。但是,如果引流不当,也会引起感染和并发症。因此每次手术是否需要引流,应严格掌握适应证。

(一) 适应证

一般用于手术之后防止创内出血、炎性渗出,以免形成血肿或渗物积聚而继发感染;也用于创口严重感染,或已形成脓肿,可使其及时排出,促使创口尽早愈合;创口深难以缝合,可在腔底部放置引流物,有利渗血和渗液排出,防止形成死腔;胃肠手术时,尤其是污染严重的胃肠道缝合或吻合,腹腔内安置引流管,防止腹腔感染;胸腔手术后,为了减压,放置胸腔闭式引流管,除排气体、液体外,还有利于肺的膨胀。

(二) 常用引流方法

1. 纱布条引流 有药液纱布条(用药液浸泡灭菌纱布条而制成)和凡士林纱布条(将纱布条浸入适量凡士林,高压灭菌制成)。纱布条只有当其纤维能够吸收渗出液并缓慢地从创内流出时,才具有引流作用。一旦纱布饱和(仅数小时),渗出液凝固或沉积在纱布上,就会阻碍引流,故现在纱布条用于引流较少,仅适用于一般切口的引流,多用于维持创腔的开放。

2. 橡皮管引流 又称彭罗斯氏引流法,是最常见的一种引流法。橡皮管软而有弹性,管壁薄,其直径为 0.64~2.54 cm,管壁上有若干个孔,液体借助重心和毛细管作用而引出,也可用乳胶管和硅胶管代替,在其一端管壁上剪若干个小洞。

3. 双腔管引流 又称积液引流,多用于腹腔引流,由粗细不同的两根橡皮管制成,内、外管壁有若干小孔。使用时,将引流管外口连接于吸收器收集引流液。这种引流管,由于粗细管之间有空隙,允许空气进入,因而吸收时不会吸附周围组织,能保证引流通畅,适用于腹腔内较多积液的引流和腹膜透析等。

4. 胸腔闭式引流 胸腔是一密闭的、呈负压状态的体腔。引流时,为使胸腔不与大气相通,常用"水封瓶"的方法将引流管淹没在水中,与大气隔绝,即保证胸腔负压状态,又可引出气体或液体。

装置方法:用 2 000~3 000 mL 磨口玻璃瓶塞上密封的橡皮塞。一瓶塞入长短两根玻璃管,长的插至瓶底,短的通过瓶塞即可。另一瓶塞穿入三根玻璃管,长管一根伸至瓶底,短管两根仅穿过瓶塞下方。前者长管接胸腔引流管,短管与后者一短管连接。后者长管与外界相通。各装置均保证无菌和不漏气。由于此种装置与吸引器连续轻度负压吸引,有助于胸腔内积液和空气的排出。

(三) 引流护理及注意事项

(1) 凡未感染的引流,应严格无菌操作,防止污染。观察和记录每种引流液的性质、颜色和数量。

(2) 每天更换敷料和绷带,若引流量多,应增加更换次数。

(3) 犬、猫应套上颈圈，以防咬掉引流材料。

(4) 引流管放置正确：切口内引流时，应将引流物放在切口较低的一端。体腔内引流时，必须放在最低的部位和接近需要引流的部位，但不要直接压迫血管和神经。同时，体腔内引流时，引流物最好不经过手术切口，以免使切口感染裂开，应在切口旁做一切口引出引流管。

(5) 引流管固定确实：不论是深部引流，还是浅部引流，都需要在体外固定。以防脱出或掉入体腔，一般浅部引流物可用别针固定；深部引流物需要缝线固定于皮肤上。要经常保持引流通畅。否则不仅达不到引流目的，反而有害。因此要及时检查引流管，注意其不要被血凝块和坏死组织所堵塞。当引流的液体量确实减少时，应及时拔除引流管。

七、包 扎 法

包扎即利用绷带对患部进行包扎，以达到止血，保护创伤，防止感染的目的。固定敷料，保温防冻。压迫患部，减轻张力，减少渗出，吸收创液，促进愈合。防止药物脱落和移动。固定患部，防止移位和进一步损伤等目的。

包扎要注意以下事项：①事先对创伤进行处理和用药，骨折、脱臼等要进行整复。②卷轴绷带要按静脉血流方向缠绕，防止淤血。③松紧要适当，以不阻断血液循环为原则。④要经常检查，如出现过松、过紧、被渗出液浸透、患部感染、肿胀等，应及时处理。

（一）包扎材料及其使用

包扎时多以质地柔软、吸水性强的材料（敷料）作为内层贴近患部，外层以绷带固定。

1. 敷料 常用的材料有纱布、棉花、海绵纱布。

(1) 纱布：多用医用的脱脂纱布。根据需要剪叠成四边光滑、没有毛边、大小不同的纱布块，并用双层纱布包好，经灭菌后备用。

(2) 棉花：多用脱脂棉。棉花不能直接与创面接触，创面应垫以纱布块。为此，常制备棉垫，即在两次纱布之间铺脱脂棉，再将纱布毛边向棉花折转，制成方形或长方形棉垫。棉花也是硬绷带的重要内层材料。棉花应经灭菌使用。

(3) 海绵纱布：是一种多孔皱褶纺织品，一般为棉制。质地柔软，吸水性强，用法同纱布。

2. 绷带 根据临床用途及制作材料的不同有卷轴绷带、复绷带、石膏绷带等不同绷带。

（二）基本包扎法

多用卷轴绷带包扎。常用的卷轴绷带是用不同宽度的纱布或棉布卷制而成（小动物常用的还有胶带，即橡皮膏）。有多种规格，根据临床需要选用。多用于动物肢体、尾、角、蹄及小动物的胸、腹部包扎。基本包扎法如下：

1. 环形绷带 用于系部、掌部、趾部等较小创口的包扎或用于其他形式包扎的起始和结尾。其方法是在患部重叠缠绕数周，最后将绷带末端剪开打结（图4-33A）。

2. 螺旋绷带 以环形绷带开始，再以螺旋形由下向上缠绕，每后一圈遮盖前一圈的1/3～1/2。最后再以环形绷带结束。用于粗细一致的掌部、趾部等的包扎（图4-33B）。

3. 折转绷带（回返绷带） 用于上粗下细，径围不一致的部位。如前臂、小腿部。方法是环形绷带开始，由下向上螺旋形缠绕，每圈绕到肢体外侧都要向下回折继续缠绕并遮盖前一圈的 1/3～1/2，最后环形绷带结束（图 4-33C）。

4. 交叉绷带（8 字绷带） 用于腕关节、跗关节、系关节等部位的包扎。方法是在关节上、下做 8 字形交叉缠绕包扎，开始和结尾均用环形绷带（图 4-33E）。

5. 蛇形绷带 用于夹板绷带内衬材料的固定。方法是斜行向上缠绕，每圈互不遮盖（图 4-33D）。

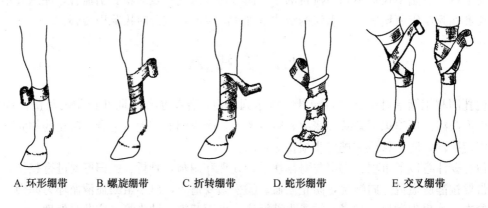

A. 环形绷带　　B. 螺旋绷带　　C. 折转绷带　　D. 蛇形绷带　　E. 交叉绷带

图 4-33　卷轴绷带

（三）各部位包扎法

1. 尾绷带 主要用于后躯、肛门、会阴等部施术前、后的尾部固定。先在尾根环形绷带开始，向尾尖方向做螺旋绷带，每绕一圈将背侧尾毛向上折转一次，由螺旋绷带压住，缠至距尾端 30 cm 左右将整个尾毛折转做环形绷带，绷带游离端由尾毛折转所形成的环内穿出，拉紧后固定于颈部（图 4-34）。

2. 竖耳包扎法 多用于耳成形术，先用纱布或其他材料制成圆柱形支撑物填塞于两耳廓内，再分别用短胶带从耳根背侧向内缠绕，每条胶带断端相交于耳内侧支撑物上，依次向上贴紧，最后用胶带在两耳间 8 字形包扎，将两耳拉紧竖直（图 4-35）。

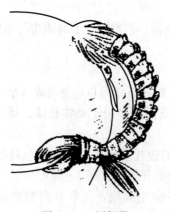
图 4-34　尾绷带

图 4-35　竖耳包扎

3. 结系绷带（缝合绷带） 是用缝线代替绷带固定敷料的一种保护手术创口及减轻创口张力的绷带。其方法是利用圆枕缝合的游离线尾或其他方法将若干层灭菌纱布固定于创口上（图4-36）。

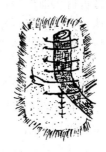

图4-36 结系绷带

4. 复绷带 是按畜体一定部位的形状缝制而成的，具有一定结构、大小的双层盖布。在盖布上缝合若干布条，以便打结固定。常用的是复绷带。

5. 石膏绷带 是在淀粉液中浆制过的大网眼纱布上加煅制石膏粉制成的。经水浸后质地柔软，可塑制成任何形状敷于患肢，十几分钟开始硬化，干燥后变成坚硬石膏夹。常用于骨折、脱臼整复后的固定或矫形。

（1）石膏绷带的包扎方法：用于治疗骨折时，可分为无衬垫和有衬垫两种。根据包扎的速度将石膏绷带卷逐个放于30～40℃温水中淹没，待气泡出完后，两手握住石膏绷带卷两端取出后轻轻对挤，除去多余水分。从患肢下端开始先做环形包扎，后做螺旋包扎，向上缠绕至预定部位。每缠一圈都要均匀涂抹石膏泥，使绷带紧密结合。包扎前在石膏绷带上下端应放置衬垫物，当包扎到最后一层时，应将上下衬垫物向外翻转包住石膏绷带缘，并在表面涂以石膏泥。一般情况下，大动物缠绕6～8层，小动物缠绕2～4层，待15～30 min硬化成型。使用电风吹可加快硬化速度。为了加强石膏绷带的硬度和固定作用，可在石膏绷带缠绕一半层数时，放置夹板材料，再继续缠绕至结束，称为夹板石膏绷带（图4-37）。

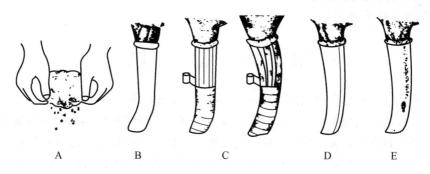

图4-37 石膏绷带

若石膏绷带包扎的患肢有创伤时，在包扎前对创伤进行处理，并在创伤处扣上口径大小适宜的杯子再包扎。包扎结束后，待石膏绷带未干前取下杯子，留出创伤处理窗口。

（2）石膏绷带的拆除：石膏绷带的拆除时间，应根据不同的病畜和病理过程而定。一般大动物6～8周，小动物3～4周。在下列情况下应提前拆除处理：①石膏绷带内有大出血或严重感染；②病畜出现不明原因的高热；③包扎过紧，影响血液循环；④肢体萎缩，石膏夹过大或严重损坏失去作用。

6. 骨折的外固定 外固定是利用一定物品，如夹板、石膏、绷带、钢针，或牵引等将伤肢保持或控制在一定的位置，减轻伤痛，并有利于损伤的恢复。在骨折的治疗中，固定是保持已复位的骨折持续地维持在良好的位置，防止再移位，直至骨折愈合为止。因此要求固定既要准确迅速，更要确定可靠。下面介绍较常用的是夹板外固定法。夹板固定的适应证为四肢闭合性骨折、四肢开放性骨折（创面小或经过处理已愈合者），陈旧性四肢骨折适合于手法复位时。

应用夹板固定骨折，可以随时调整松紧度，比较灵活、方便。另外，夹板固定不超过骨折的上、下关节，并能在骨折固定期间进行功能锻炼，符合动静结合的原则。目前，中西医结合治疗骨折主要采用木制小夹板，并根据骨折类型、局部解剖特点和生物力学原则，合理应用各种加压垫，从而提高固定效果。

固定用夹板必须是质轻、韧性好，一般制作材料应选用弹性较好的柳木或椴木。一般多用4块板，每块板都具有固定的厚度，但有宽窄、长短之不同，并根据局部解剖特点塑成一定的形状。夹板与肢体皮肤相接触的一侧贴一层纸压垫（毡垫），外用软性布料包裹。目前，国内应用的医用夹板不够规范，有些夹板还存在一些问题，如塑形不够合理，质量不过关等，何况兽用的夹板产品就更少。因此需临床医生不断研究改进，使夹板的制作更符合实际应用的需要。肢体各部位的夹板都要制成大、中、小号，配合成套，包捆备用。纸压垫是木板的着力点，是防止或矫正成角及侧方移位的有效固定力。纸压垫的大小厚薄必须适宜，形状需与肢体相吻合，放置的位置要正确，位置放错则起相反作用，使骨折再移位。一般常用柔韧而能维持一定形状，又有一定支持能力，能吸水以及散热，对皮肤无刺激性的材料做成，宜用毛头纸、棉纸或棉花做成。夹板固定后的注意事项：

① 密切观察患肢的血运情况，1~4d内注意患肢的动脉搏动、温度、颜色、感觉、肿胀程度等。

② 出现固定的痛点时应及时拆开外固定检查，以防发生压迫性溃疡。

③ 注意调整夹板的松紧度。

④ 定期做X线检查。

第十节 输 血

输血是利用输入正常生理机能的血液进行补血、止血、解毒的一种治疗措施。输血分为输全血、输红细胞和输血浆3种。许多研究显示，输血疗法是兽医临床治疗的一种重要方法，主要使用全血进行输血。输血疗法是抢救由于外伤及某些疾病引起的大失血、脱水导致大量体液丧失、营养性贫血、溶血性贫血、再生障碍性贫血、蛋白质缺乏症、恶病质、中毒性休克、血细胞减少症、血友病、白血病、败血症及细菌或病毒引起的危重病例最有效的方法。

一、血 型

关于犬的血型研究，早在1911年国外有过报道，当时的研究发现了红细胞凝集素。

1940年日本井关和寺岛用犬红细胞免疫获得 D_1、D_2 及 D_1D_2 3 种抗体,随后陆续有人报道过犬血型分 6、7 或 8 种。截至目前,国际上较为公认的血型有 8 种,分别为 A_1、A_2、B、C、D、F、Tr 和 He。其中 A_1、A_2 和 Tr 3 型的抗原性强,容易产生输血问题。因此作为供血犬最好选择 A_1、A_2、Tr 阴性的犬较安全。由于家畜血液中天然存在的同种抗体不如人的常见,且红细胞表面抗原性较弱。因此对家畜进行首次输血发生输血反应的并不多见,但重复输血容易引起强烈的输血反应。

犬的血液遗传性还不明确,但 A、B、C、D 血型可能是显性遗传。猫的抗原系统还处于研究阶段。

二、适应证与禁忌证

输血疗法主要用于犬外伤及某些疾病引起的大量内出血、外出血、外伤性休克、严重烧伤、各种类型的贫血、白细胞减少、凝血不良、恶病质、败血症和危重传染病、严重中毒、体质极度衰竭等。若临床上循环血减少量超过总血量的 30%、红细胞压积小于 20%、有持续性出血症状、黏膜苍白、毛细血管充盈时间大于 2 s、呼吸急促和心动过速等症状,则必须紧急输血。

1. **输全血适应证**　大失血、外伤性休克、血友病或一氧化碳中毒等。
2. **输红细胞适应证**　溶血性贫血、败血症或脓毒血症等。
3. **输血浆适应证**　烧伤、腹泻、双香豆素中毒或弥漫性血管内凝血等。
4. **禁忌证**　严重的心肺疾病、急性肾炎、肺气肿、脑血肿及白血病。

三、供血犬的选择

作为供血犬,应选择年龄在 2~8 岁,健康无病、体质好、温顺、体型大、免疫完全,体重为 10~20 kg 的成年犬,最好与输血犬为同一品种或品系。如德国牧羊犬、大丹犬等都是很好的供血犬。如有条件可以饲养这类供血犬,便于管理和采血,以确保血源的质量。为采血方便,对供血动物可使用镇静剂(如安定、氯胺酮等),但不能使用氯丙嗪类药物,因为这类药物可降低血压,影响采血。

四、血液的采集和保存

为保证犬血质量,每只犬的采血量不超过每千克体重 20 mL,一般间隔 3 周采血一次。作为永久供血犬,可从犬的颈静脉或前肢桡侧皮静脉采血。目前,普遍采用装有抗凝剂的血袋直接采集血液,血袋一般是 200 mL 的规格,内装抗凝剂 28 mL,可根据实际情况调整抗凝剂,决定采血量,一般血液和抗凝剂的比例为 9∶1。

犬的全血制品应保存在 4 ℃条件下,另外,应使抗凝剂和采血袋在采血前保持在 5 ℃左右,以防止溶血。采血过程中必须轻轻晃动采血袋,采集的血液保存一周后。为保证输血安全,应废弃不用。

五、配血试验

输血前应进行交叉配血试验,但在紧急输血情况下,若犬是第一次输血,也可以不做配血试验。受血犬过去曾被输过不明血型的血液或多次输血,必须进行配血试验,否则易产生输血反应。重复输血前必须进行配血试验。简便的配血方法为三滴法,供血犬血液适量,以生理盐水做5～10倍稀释(A),受血犬的血液分离血清(B),然后取A、B各一滴于玻片上充分混合,在约20 ℃时,静置10～15 min,于显微镜下观察红细胞反应,然后进行结果判定。结果判定:红细胞堆积在一起的为血红细胞凝集。不能用于输血;若视野下几乎看不到红细胞或红细胞有破裂现象,则是红细胞溶解,也不能用于输血;若红细胞分布均匀、细胞膜界限清楚,可用于输血。

简易的"三滴法"配血试验:方法为取供血犬血液一滴、受血犬血液一滴及抗凝剂一滴于载玻片上,混合后肉眼观察有无凝集,若无凝集,则可输血。

六、输血方法

(一)输血方法

常用的方法是静脉输血,在特殊情况下也可进行腹腔输血和骨髓内输血。但腹腔输血的作用较慢,腹腔输血24 h后,有50%血细胞被吸收进入循环系统,2～3 d后,约70%的血细胞进入循环血液。对慢性疾病(如慢性贫血)效果较好。若幼犬静脉输血失败,则可以进行用消毒后的20号针头或骨髓穿刺针刺入股骨或肱骨近端,输血后约95%的血细胞可被吸收进入血液循环系统。

(二)输血的量

血量的计算公式为:所输血量=2.2×受血犬的体重(kg)×40×(正常血细胞比容-受血犬血细胞比容/供血犬血细胞比容),临床上静脉输血的剂量一般为每千克体重10～20 mL,最大输血量为400～500 mL,效果较好。

(三)输血速度

血速度与疾病种类、心肺功能状态密切相关。一般情况下,输血速度不宜太快,特别在开始输血前15 min速度应慢,以后可增加输血速度,通常犬以5 mL/min为宜。

(四)输血注意事项

输血前应对病犬及供血犬做详细的病史调查,尤其要弄清有无输血史,第一次输血后,于3～10 d产生抗体,若反复输血,可间隔24 h进行,但是一般只能重复3～4次。血液配型试验以室温18～20 ℃为宜,过低(<8 ℃)或过高(>24 ℃)均会影响试验结果的准确性;观察时间不超过30 min,以免液体蒸发而发生假凝集;所用玻片、吸管等器材必须清洁。整个采血过程要进行无菌操作,并轻轻摇动贮血瓶,以防止出现血凝块、破坏血球和产生气泡。输血过程中若出现异常反应,应立即停止输血。冷藏保存的血液不需加热,否则容易血浆蛋白凝固或变性及红细胞破坏。当犬患有严重的心脏病、肾脏病、肺水肿、肺气肿、脑水肿和白血病等时应禁止输血。犬的红细胞比容低于0.15时，输血后可能出现预后不良。

（五）输血反应及处理

犬的输血反应虽不如人类的强烈和多见，但会在输血过程中和输血后发生。因此，为保证输血顺利进行，对输血反应必须予以重视，并及时处理。

1. 发热反应 发热反应轻者，先减慢输血速度，若症状继续加重，应立即停止输血并通知医生，拔下输血器注明输血反应，查究原因并对症处理（高热给予物理降温，寒战者保温），遵医嘱应用抗过敏药物，如地塞米松等，严密观察体温、脉搏、呼吸和血压的变化。

2. 过敏反应 除按发热反应处理外，按过敏性休克抢救；呼吸困难者，给高流量吸氧，喉头严重水肿者，协助医生做气管切开。

3. 溶血反应 溶血反应是输血反应中最严重的一种，是由错误血型或配伍禁忌的血液，或因血液在输血前处理不当所致，一旦发现，应立即停止输血并通知医生，重做配血试验。对尿少、尿闭者，应按急性肾功能衰竭处理，纠正水电解质紊乱，防止血钾增高，酌情行血浆交换（严重贫血者先输同型血）；严密观察血压、尿量、尿色的变化。静脉输碳酸氢钠，皮下注射肾上腺素，并使用强心利尿剂进行抢救。

4. 循环负荷过重 若发生循环负荷过重反应，应按急性肺水肿的原则处理，停止输血，有效减少静脉回心血量；高流量输氧，以改善肺部气体交换；同时应用镇静、镇痛、扩张血管、强心、利尿等药物，以减轻心脏负荷。

第十一节　危症急救

犬、猫由于原发性或继发性病因，突然在短时间内陷入病危状态，或已陷入病危状态，对这种病态处理的统称为危症急救，对危重疾病应尽量在早期采取适当方法，否则多以死亡转归。

一、病　　因

交通事故、外伤等造成中枢神经系统、内脏器官损伤或骨折、大出血、气胸、血胸和横膈膜疝等；原发性心脏疾病，如心肌疾病、心肌梗塞、二尖瓣闭锁不全、急性淤血性心功能不全等；严重贫血、酸碱平衡失调及电解质紊乱；气管麻痹、急性肺出血；急性胰腺炎、胃扩张、胃捻转等急性腹部疾病；排尿障碍或急性肾功能不全；烫伤、败血症、中毒性休克、过敏反应、麻醉及手术失宜等。

二、症　　状

各种危症都表现为心、肺功能降低或丧失。异常呼吸，如呼吸浅表、不均、用力呼吸、深呼吸及呼吸停止；心功能不全或心跳停止，严重的心律不齐，出现颈静脉搏动，黏膜苍白或发绀，脉搏微弱或消失，心室纤颤以及心跳停止，收缩压低于50 mmHg；意识或反射机能减弱或消失。

三、急救方法

通常抢救顺序为保证呼吸道畅通，拉出舌头，清理呼吸道，气管切开，气管内插管等，必要时进行人工呼吸，输氧；输血，输液，以维持血压；外伤的应急处理，使用镇静剂解除疼痛。对病因不明的要进行系统检查。

（一）一般检查

检查体态有无异常，有无出血，皮肤颜色，呼吸、脉搏和体温的变化；口腔有无异常臭味等；头颈部有无损伤，有无疼痛和强直，瞳孔反射情况和耳鼻有无出血，咽部有无损伤，胸部有无骨折，创伤程度，叩诊或听诊胸腔有无液体或气体，呼吸的种类，心率变化，心杂音，胸部浊音界变化等；腹部有无外伤、紧张及疼痛，有无肠蠕动音，触诊膀胱和肾脏；四肢有无骨折、脱臼，触诊及直肠检查确定骨盆有无骨折；神经系统，深在和浅表反射反应，四肢有无强直、迟缓和麻痹。

（二）心跳停止的抢救

心跳停止抢救成功与否，取决于3.5 min内，具体步骤如下。

（1）气管插管，开人工气道，使呼气与吸气的时间各占1∶1，速度为20～40次/min。

（2）胸外按压心脏：犬、猫仰卧保定，从上部按压胸骨，按压60次/min。按压和放松的时间各占2/3和1/3，直至触摸股动脉出现明显波动为止。

（3）心跳停止还是心室纤颤，可用心电图确定。

（4）胸外按压心脏无效而心脏尚有不全收缩时，可心脏内注射0.1%肾上腺素0.1～0.5 mL，继续按压，同时静脉输入加碳酸氢钠的乳酸林格氏液。

（5）心脏内注射肾上腺素无效时，用10%氯化钙或葡萄糖酸钙以每千克体重10 mL剂量注入心脏内，继续按压。如果心波动恢复，则可静脉输入异丙肾上腺素，使心搏动维持在80～140次/min。

（6）如果心脏出现纤颤，有条件的可用除颤器除颤，或反复注射肾上腺素，同时心脏内注射10～20 mOsm的碳酸氢钠。

（7）胸内按压心脏，股动脉仍触不到脉搏以及用除颤器仍不能出现正常的心跳节律时，可迅速开胸直接按压心脏。在左侧第六肋间打开胸腔，抓住心脏以70～90次/min压迫心脏。

（三）休克的抢救

休克是急性循环功能不全综合征，通常是临床各种严重疾病的并发症。其发生的基本原因是有效循环血容量不足，引起组织器官的微循环灌注量不良。临床上表现四肢厥冷，口腔黏膜苍白或发绀，血压下降，脉搏快而弱，尿量减少或无尿，衰弱，昏睡。常见原因有出血、脱水、创伤等血容量减少，药物性、中枢性、过敏性的末梢血管抵抗异常及败血症。

1. 低血容量性休克　主要原因有脱水、出血、创伤等。急救方法如下。

(1) 保证呼吸畅通，必要时输氧。

(2) 埋置流置针迅速注入乳酸林格氏液每千克体重 30～50 mL，同时静脉注射地塞米松每千克体重 0.1 mg，氯丙嗪每千克体重 0.55 mg、青霉素每千克体重 4 万 U 和链霉素每千克体重 22 mg。

(3) 放置导尿管，监测尿量。正常尿量每千克体重 1.1～1.2 mL/h。

(4) 注意保暖，使体温维持在 35.4 ℃ 以上。注意观察末梢血管。每隔 20～30 min 测量一次尿量、脉搏、血压、呼吸、体温等，有条件的可测红细胞压积、血液 pH、二氧化碳分压和氧分压。

(5) 疑似心源性休克时，可考虑用肾上腺素，以 1∶250 倍稀释后静脉注射，使心率保持在 80～140 次/min。

(6) 重度休克时，可给碳酸氢钠，每千克体重以 2.2 mOsm/h 静脉输入。根据病情反复使用上述药物。

2. 败血性休克 常见于各种休克的后期。主要表现为重度酸中毒、低氧分压、红细胞压积值增高和弥漫性血管内凝血的症候群，可静脉注射肝素每千克体重 1.1 mg。

3. 过敏性休克 主要表现为衰竭、昏睡、速脉和弱脉，血管抵抗力降低，血管容积增大 3～4 倍。皮肤呈异常的桃红色，皮温增高。治疗时按如下方法：

(1) 直接注射 0.1‰ 盐酸肾上腺素 0.5～1.0 mL，根据情况，20～30 min 后可重复使用。

(2) 保证呼吸畅通或输氧。

(3) 注射速效性类固醇和苯海拉明每千克体重 1.1～2.2 mg。

(4) 按上述方法处置后，注意观察患病犬、猫，若 5～10 min 内症状缓解，则预后一般良好。

(四) 肺水肿的抢救

(1) 输氧，减少静脉回心血量。

(2) 镇静，盐酸吗啡每千克体重 0.2～0.5 mg，静脉注射、肌肉注射或皮下注射，乙酰丙嗪每千克体重 0.1～0.5 mg 肌肉注射或皮下注射，或安定 5～10 mg 静脉注射。

(3) 改善气体交换，采取 40% 乙醇溶液喷雾或氨基嘌呤每千克体重 6～10 mg 间隔 6 h 静脉注射、皮下注射或口服，也可气管内吸氧或气管内插管加压呼吸。

(4) 减少毛细血管压，投与呋喃苯胺酸每千克体重 2～4 mg，每隔 6～8 h 肌肉或静脉注射。出现淤血性心脏功能障碍时，投与洋地黄制剂。

(5) 大量使用皮质类固醇药物，强的松龙每千克体重 2 mg，每隔 12 h 重复使用。

(五) 头部外伤的抢救

(1) 镇静：安定 5～10 mg 静脉注射，或苯巴比妥每千克体重 2.2～4.4 mg 静脉注射。

(2) 低血氧症时：应输氧。

(3) 注意止血，防止脑出血。

(4) 脑水肿时：20% 甘露醇每千克体重 2.2 g 静脉注射，或地塞米松每千克体重 2.2～4.4 mg，每隔 6 h 重复静脉注射。

(5) 保持周围环境安静。

第十二节　鼻饲管的安置

一、适 应 证

(1) 头部外伤引起的上呼吸道阻塞或呼吸衰竭、气管插管以及气管切开后呼吸机辅助通气的犬、猫。

(2) 脑血管病或其他原因导致的吞咽困难的犬、猫。

(3) 胃肠以外手术后不能正常进食的犬、猫。

(4) 胃肠手术后 2～3 d 及胃肠造瘘术后的犬、猫。

二、鼻胃管插入法

(1) 在鼻孔中滴入 4～5 滴局部麻醉药，滴入麻药时令鼻孔朝天。

(2) 等待 2～3 min 后再滴入麻药 2～3 滴于同一鼻孔。

(3) 将鼻胃管润滑，减少创伤。

(4) 一手扶住头部，另一手将导管由已滴入麻药鼻孔之腹正中面插入。将导管送至胃中，若前进困难，可一边旋转一边前进，但动作要轻。

(5) 用 1 mL 生理盐水注入管中以确定位置是否正确。若咳嗽反射发生，则导管已误入气管，需抽出后重新插入。

(6) 依处方给予药物或营养物质后，以 1～2 mL 的水灌洗导管。

(7) 若较长时间留置导管，则可将其包扎。

(8) 抽出导管时，末端开口处要封住后才能抽出。

复习思考题

1. 叙述犬、猫静脉采血的主要静脉血管名称和部位。
2. 气管注射时有哪些注意事项？
3. 麻醉前应做好哪些准备工作？
4. 输血时应注意哪些反应？如何处理？

第五章

传染病

一、犬瘟热

犬瘟热是由犬瘟热病毒引起犬科和鼬科动物的一种高度接触性传染病。主要特征是双相热、白细胞减少、结膜炎、支气管炎、卡他性肺炎、胃肠炎和皮炎及神经症状,病犬的脚垫高度角质化。该病在全世界普遍存在。

1. 病原 犬瘟热病毒属副黏病毒科麻疹病毒属 RNA 病毒。对干燥和寒冷有较强的抵抗力,30% 氢氧化钠溶液、3% 福尔马林、5% 石炭酸溶液 5 min 内均可灭活,日光照射 14 h 可将病毒杀死,对有机溶剂敏感。

2. 流行病学 自然条件下,犬科及浣熊科中的动物对本病均有易感性。患病动物是主要传染源,带毒期一般为 5~6 月。通过眼、鼻分泌物、唾液、尿和粪便排出病毒,污染饲料、水源及用具等,经消化道感染其他易感动物,也可通过飞沫经呼吸道而传播。若经胎盘感染,引起流产和死胎。

本病一年四季均可发生,但多见于冬季。不同年龄、不同性别的易感动物均可感染,常呈周期性流行。

3. 临床症状 犬自然感染的潜伏期通常为 3~4 d。最急性型病犬常表现出突然高热,不明显的临床症状,在 1~2 d 死亡。2~6 月龄幼犬病死率达 80%。

病犬倦怠,食欲不振,鼻和眼流出水样分泌物,体温升高至 39~41 ℃,持续 1~3 d,降至接近常温,(此时病犬似已好转)体温第二次升高,持续 7 d 以上。病情加重或继发感染,病犬出现鼻炎、结膜炎、包皮炎、卡他性喉炎、支气管炎或支气管肺炎、咽炎和胃卡他等。个别病例在下腹部、大腿内侧和外耳道发生水疱和脓性皮疹。若出现神经症状,病犬站立困难,共济失调,或做圆圈运动,全身呈强直性阵发痉挛或惊厥和昏迷,耐过病例常有后遗症。

4. 病理变化 犬瘟热病毒对上皮细胞和淋巴细胞均具有亲和力,病变广泛。典型病例可见水疱性和化脓性皮炎,皮屑脱落,鼻、唇、眼、肛门皮肤增厚,母犬外阴部等处肿胀,爪掌内部肿大坚硬。眼、鼻黏膜呈浆液性、黏液性及化脓性炎症。

呼吸道黏膜有泡沫状的黏液性或化脓性分泌物。肺呈小叶性或大叶性肺炎;胃肠呈卡他性炎症;脑有非化脓性脑膜炎;在胃、肠、心外膜、肾包膜及膀胱黏膜有出血点或出血斑;脾微肿,如继发细菌感染则肿大;肾脂肪变性,呈局灶性坏死。有的病例有轻微间质性的附睾炎及睾丸炎。幼犬胸腺萎缩,呈胶冻样。

5. 诊断　根据流行情况、临床症状及剖检变化可怀疑本病，该病病型复杂，易与多杀性巴氏杆菌、支气管败血波特氏杆菌、沙门氏杆菌、犬传染性肝炎、犬细小病毒混合感染，注意鉴别。最后确诊有赖于实验室的检查结果，包涵体检查，动物接种、病毒分离和血清学检查可应用中和试验等。

6. 防治　发现病犬，应及时隔离、确诊，采取有效防治措施。早期应用抗生素治疗继发感染，进行疫苗紧急预防接种。其康复犬可终生获得免疫。

治疗：原则是抗病毒、防止继发感染和对症治疗。

（1）抗病毒：可选用犬瘟热病毒单克隆抗体、犬用干扰素、利巴韦林、双黄连等。

（2）抗菌消炎：可选用氨苄西林、头孢唑啉钠、恩诺沙星等。

（3）清热解毒：柴胡注射液；止吐，甲氧氯普胺；缓解呼吸症状：氨茶碱、喷托维林；镇静：氯丙嗪、苯妥英钠、西地泮。

（4）补液：可选用林格氏液、葡萄糖盐水、生理盐水等。

预防：

（1）平时：选择高效价的疫苗，对犬进行常规的、有计划的预防注射，可防止本病的发生，对宠物犬尤其重要。

（2）养犬场所应及时清扫粪便，定期消毒。

（3）犬场中严禁工作人员串岗。场外车辆和人员进入犬场时应严格消毒。

（4）防止野犬、野鼠进入犬场，消灭犬场中的家鼠和昆虫。

二、犬细小病毒感染

犬细小病毒感染是由犬细小病毒引起的以出血性肠炎或非化脓性心肌炎为主要特征的急性传染病。本病传播快，死亡率高。在我国和其他许多国家都有发生。

1. 病原　犬细小病毒为细小病毒科、细小病毒属单股DNA病毒，犬细小病毒能较强凝集人、猴、豚鼠、小鼠及鸡的红细胞。对1‰甲醛溶液、1‰～1.5‰氢氧化钠敏感。本病毒耐热性强，56 ℃ 48 h，80 ℃ 5 min才失去感染力和血凝活性。对乙醚、氯仿不敏感。

2. 流行病学　主要感染犬，尤其2～4月龄幼犬多发，小于2月龄或大于5周龄犬极少发生，但纯种犬比杂种犬及土种犬易感性高。成年犬发病较轻微。还可感染犬科动物中的野犬、郊狼、鬣狗、食蟹狐、浣熊及狐狸等。

病犬及病愈后带毒犬是主要传染源。病犬通过分泌物和排泄物排出病毒，经消化道而感染其他易感动物，也可能经胎盘垂直感染。人、苍蝇和蟑螂可成为本病毒的机械携带者。

该病一年四季均可发生，以春、秋多发。天气变化、饲养条件不好以及继发感染和混合感染等，使病情加重。

3. 临床症状　本病在临床上主要表现肠炎和心肌炎两型，也有混合型病例。

（1）肠炎型：潜伏期7～14 d。病犬突然发病，呕吐，精神沉郁，食欲废绝，体温升高达40～41 ℃，腹泻，粪便呈灰色或灰黄色，有多量黏液及伪膜，呈酱油色或血样，恶臭。病犬迅速脱水。

在无继发感染时，白细胞数减少。一般病犬多在7～10 d恢复，但幼龄犬常发病死亡。病死率通常随日龄的增长而降低。

（2）心肌炎型：主要发生于3~6周龄的幼犬。病犬常离群呆立，可视黏膜苍白，脉搏快而弱，呼吸困难，心区听诊有心内返流性杂音。死前心电图R波降低，S-T波升高。病犬因心力衰竭而死亡。

4. 病理变化

（1）肠炎型：肉眼变化主要表现小肠黏膜增厚，肠腔变窄，呈皱褶或有溃疡灶。肠内容物为红色粥样或混有紫黑色凝块，恶臭。空肠和回肠黏膜严重出血。肠系膜淋巴结肿大，充血。胃黏膜潮红，有蛋清样黏液。肝肿大呈红色，有淡黄色病灶，切面流出不凝固的血液。胆囊扩张，有多量黄绿色胆汁。脾肿大，表面有紫色斑点（出血性梗死）或有灰白色坏死灶。肾呈灰黄色，表面有灰白色斑点。膀胱颈部黏膜出血。

（2）心肌炎型：肉眼变化为心脏扩张，心肌和心内膜有非化脓性坏死灶。肺呈严重水肿或实变。

5. 诊断 根据流行病学、临床症状及病理变化可作出初步诊断。确诊依赖于实验室病毒分离、血清学检查、血凝和血凝抑制试验、免疫荧光试验、斑点酶联免疫吸附试验。犬细小病毒快速诊断试纸已在宠物门诊广泛使用。

6. 防治 本病毒感染犬后能产生较好的免疫力。无论何种疫苗，对体内已有抗体的犬，免疫效果都不好，只有采取连续多次注苗的方法来提高犬的免疫效果。高免血清与抗生素联合应用，有一定的治疗效果。

治疗：原则是抗病毒、防止继发感染、对症治疗和支持疗法。

（1）抗病毒：用犬细小病毒单克隆抗体、利巴韦林、双黄连。

（2）抗菌消炎：氨苄西林、头孢唑啉钠、恩诺沙星、地塞米松。

（3）止吐：甲氧氯普胺（胃复安）、爱茂尔；止血：酚磺乙酸、维生素K。

（4）补液：三磷酸腺苷（ATP）、辅酶A、维生素C、葡萄糖盐水、林格液、乳酸林格液、5%葡萄糖等。

预防和治疗可借鉴犬瘟热。

三、犬传染性肝炎

犬传染性肝炎是由犬腺病毒Ⅰ型引起犬的一种急性、接触性败血性传染病。临床以发热、黄疸、白细胞减少和出血性肝小叶中心坏死为特征。犬传染性肝炎分布于全世界。

1. 病原 犬腺病毒Ⅰ型（CAV-1型），属腺病毒科哺乳动物腺病毒属双股DNA病毒，抵抗力强，在0.2%甲醛中经24 h灭活，在50 ℃ 150 min或60 ℃ 3~5 min后灭活，对乙醚和氯仿有耐受性。腺病毒能凝集人O型和鸡、豚鼠的红细胞。但CAV-2型株不能凝集豚鼠的红细胞，对鸡红细胞的凝集性很差或缺如，不凝集犬、小鼠、兔、绵羊和牛的红细胞。犬腺病毒分CAV-1型引起传染性肝炎，CAV-2型引起传染性喉气管炎。但在免疫学上能交叉保护。

2. 流行病学 犬不分品种、年龄和性别，可以全年发生，但以刚离乳到1岁以内的幼犬的发病率和病死率最高。病犬及带毒犬是本病的传染源，通过分泌物和排泄物污染周围环境。特别是病后恢复的带毒犬，可在6~9个月内从尿中排出病毒，成为本病的主要传染源，主要通过消化道感染，也可通过胎盘感染。

3. 临床症状 自然感染的潜伏期为6～9 d。新断乳幼犬的症状明显，常突然死亡。病犬食欲不振，饮欲增高，水样鼻液和流泪，体温升高至41 ℃，呼吸和脉搏增数，腹泻，粪便或带血，呕吐，有出血和水肿等。多数病犬表现剑状软骨部位的腹痛。血液检查可见白细胞减少，血糖降低，很少出现黄疸。急性症状消失后几天，有康复犬的一眼或双眼出现暂时性角膜混浊（眼色素层炎），称为肝炎性蓝眼。病犬可视黏膜苍白，有时乳齿周围出血和产生自发性血肿，扁桃体发炎肿大。病犬出现蛋白尿，血凝时间延长。

4. 病理变化 主要病理剖检变化是肝脏，肿大，呈淡棕色至血红色，表面呈颗粒状，易碎。脾脏表现轻度充血性肿胀。皮下水肿，腹腔积液或含有血液。肠黏膜上有纤维蛋白渗出物，有时在肠、胃、胆囊和隔膜可见浆膜出血。胆囊壁增厚、水肿、出血，整个胆囊呈黑红色，胆囊黏膜有纤维蛋白沉着。

5. 诊断 突然发病和出血时间延长，一般可疑为犬传染性肝炎，确诊尚需依赖于特异性诊断。病毒分离、血清学诊断应用中和试验、免疫荧光试验、琼脂扩散试验、血凝抑制反应等。

鉴别诊断：本病早期症状与犬瘟热、钩端螺旋体病等相似，应注意加以鉴别。

6. 防治

治疗：最初的发热期可用抗传染性肝炎血清进行特异治疗来抑制病毒的扩散。对严重病犬，每天应输血和静脉注射含50％蛋白水解物的5％葡萄糖生理盐水250～500 mL。此外，还应对症治疗及应用抗生素防止继发感染。

治疗原则：抗病毒、防止继发感染、对症治疗和支持疗法。

（1）抗病毒：高免血清、利巴韦林、干扰素。

（2）抗菌：氨苄西林、头孢唑啉钠。

（3）保肝：蛋氨酸、肌酐。

（4）补液：三磷酸腺苷（ATP）、辅酶A、维生素C、葡萄糖盐水、5％葡萄糖等。

（5）治疗眼病：盐酸羟苄唑滴眼液等。

预防：

（1）紧急预防可使用同型或异型的双价或三价免疫血清或免疫丙种球蛋白，但保护期只限于2周之内。

（2）使用弱毒疫苗，混合疫苗，定期免疫有良好的效果。宠物犬必须同时做好母犬和仔犬的计划免疫。犬痊愈后可使机体终生免疫。

四、犬腺病毒Ⅱ型感染

犬腺病毒Ⅱ型感染可引起犬的传染性喉气管炎及肺炎。临床表现为持续性高热、咳嗽、浆液性或黏液性鼻液、扁桃体炎、喉气管炎和肺炎的症状。

1. 病原 犬腺病毒Ⅱ型（CAV-Ⅱ）属腺病毒科，哺乳动物腺病毒属。犬Ⅱ型腺病毒只凝集人O型红细胞，不凝集豚鼠红细胞及兔红细胞，这是区别Ⅰ型腺病毒的一个依据。用犬Ⅱ型腺病毒A-26株免疫的犬，可有效地产生对强毒犬传染性肝炎病毒的免疫力。

2. 流行病学 病犬、狐是本病的传染源，经呼吸道传播。只感染各年龄犬和狐，且常见于幼犬和幼狐，尤其是刚断奶的仔犬和仔狐最易发病，该病可造成4个月龄以下的幼犬成窝发病，死亡率高。犬感染本病后可长期带毒，可发生于任何季节，群体中一旦发生本病，不易根除。

3. 临床症状 主要症状为发热，持续性干咳，呼吸促迫，食欲不振，肌肉震颤，可视黏膜发绀，有的病例出现呕吐和腹泻，多死于肺炎。

4. 病理变化 主要病变为肺炎和支气管炎，肺膨胀不全、充血、实变，有时可见增生性腺瘤病灶，支气管淋巴结充血、出血。

5. 诊断 根据流行病学、临床症状、病理变化，可做出初步诊断，要进一步确诊必须依靠病毒分离和血清学检查（血清中和试验和血凝抑制试验）。

6. 防治

治疗：原则是抗病毒、防止继发感染、对症治疗和支持疗法。

（1）抗病毒：多联血清、利巴韦林、干扰素。

（2）抗菌：氨苄西林、头孢唑啉钠、恩诺沙星。

（3）镇咳、祛痰：碘化钾、咳平、磷酸可待因。

（4）补液：三磷酸腺苷（ATP）、辅酶A、维生素C、葡萄糖盐水、5％葡萄糖等。

预防：

（1）紧急预防可使用同型或异型的双价或三价免疫血清或免疫丙种球蛋白，但保护期只限于2周之内。

（2）使用弱毒疫苗或混合疫苗，定期免疫有良好的效果。宠物犬必须同时做好母犬和仔犬的计划免疫，犬痊愈后可使机体终生免疫。

（3）加强饲养管理，定期消毒，防止病毒传入。一旦发病应及时隔离病犬实施对症治疗。

五、犬冠状病毒感染

犬冠状病毒感染又称犬冠状病毒性腹泻，是由犬冠状病毒引起的以呕吐、腹泻、脱水为特征的急性传染病。1978年曾在世界各地暴发流行。

1. 病原 犬冠状病毒属冠状病毒科、冠状病毒属RNA病毒，对氯仿、乙醚、脱氧胆酸盐敏感，对热也敏感，用甲醛、紫外线能灭活。犬冠状病毒分为2个血清型。

2. 流行病学 病毒对犬、貂、狐狸等犬科动物有易感性，对幼犬最易感，犬的发病率几乎100％，病死率50％左右。病犬和带毒犬是主要传染源，经呼吸道和消化道向外界排出病毒污染饲料和饮水、用具、犬舍及运动场等，直接或间接传染健康犬和其他易感动物。

一年四季均可发生，但以冬季多发，气候突变、卫生条件差、犬群密度大、断奶转舍、长途运输等诱因可诱发此病。

3. 临床症状 本病传播速度快，几天后可蔓延全群，潜伏期为1～3 d。

临床表现有差异，有无明显临床症状或致死性胃肠炎症状。病犬嗜睡、衰弱、厌食，持续性呕吐后，出现腹泻，粪便呈稀粥样或水样，黄绿色或橘红色，恶臭，有时粪便中混有少量黏液或少量血液。病犬脱水严重，体温多无明显变化。

幼年犬发病有的死亡很快，成年犬发病一般不死亡，对症治疗后7～10 d可恢复。

4. 病理变化　主要表现为胃肠壁变薄，肠管内充满白色或黄绿色、紫红色血样液体，肠黏膜充血、出血和脱落，胃黏膜出血和脱落，胃内有黏液，胆囊肿大。

5. 诊断　根据流行病学、临床症状及剖检变化可怀疑本病。确诊有赖于实验室检查，电镜检查、病毒分离和鉴定、免疫荧光试验、反向免疫电泳、乳胶凝集和酶联免疫吸附试验等方法来检查本病。

6. 防治　发现病犬应及时隔离，尽快确诊，隔离病犬的场地要及时清除粪便，进行消毒处理。用次氯酸钠和漂白粉、0.2%～1%甲醛或用1：30的漂白粉消毒场地。对症疗法后大部分犬均可自愈。

治疗：补液、止吐、消炎、防止继发感染。

（1）抗菌：氨苄西林、头孢唑啉钠、复方新诺明。

（2）对症治疗：止吐，甲氧氯普胺；止泻，双八面体蒙脱石（思密达）、维迪康。

（3）补液：林格液或复方乳酸林格液与5%葡萄糖、ATP、辅酶A、维生素C等。

（4）胃肠黏膜保护：硫糖铝、铋制剂。

预防：加强饲养卫生管理，对犬群应给予新鲜、清洁、易消化的饲料。对犬舍用具、工作服等坚持定期消毒。禁止外人参观。目前已有疫苗预防本病。

六、犬疱疹病毒感染

犬疱疹病毒感染是由犬疱疹病毒引起新生幼年犬的急性、致死性传染病。2周龄以上的犬表现气管炎、支气管炎等呼吸道症状；母犬可引起不孕、流产和死胎；公犬以阴茎炎、包皮炎、精索炎症为特征。本病毒在繁殖犬群中广泛存在。

1. 病原　犬疱疹病毒Ⅰ型，属疱疹病毒科、甲疱疹病毒亚科、水痘病毒属双股DNA病毒。病毒对乙醚等脂溶剂敏感，对胰蛋白酶、酸性和碱性磷脂酶等也敏感。只有1个血清型，所有毒株都具有共同的抗原特性，毒力存在差异。

2. 流行病学　犬疱疹病毒只能感染犬，引起2周龄以内的幼年犬产生急性致死性呼吸道疾病，病死率可达80%。周龄较大的犬发病轻微或不明显。成年犬感染症状不明显，偶见轻度鼻炎、气管炎或阴道炎。

病犬和康复犬是主要传染源。感染犬从唾液、鼻分泌物和尿液排出病毒，仔犬主要是在分娩过程中与带毒母犬阴道接触或吸入母犬带毒飞沫而感染。仔犬间也能通过口、咽互相传染。

3. 临床症状　潜伏期3～8 d。病犬精神沉郁，食欲废绝，呼吸困难，按压腹部敏感疼痛，粪便稀软、色黄。无明显体温变化，犬异常吠叫、不安、颤抖。流浆液性鼻汁，鼻黏膜斑点状出血，股内侧皮肤有红色丘疹。病犬后期角弓反张、癫痫。康复犬有运动失调、失明等。

幼年犬主要出现咳嗽、打喷嚏。当继发混合感染时可引起肺炎症状。

成年母犬，以生殖道感染为主，妊娠母犬流产、死胎及不孕等。公犬可见阴茎和包皮慢性炎症，包皮内可有大量脓性分泌物。

4. 病理变化　肾、肝、肺等实质脏器表面散在多量的灰白色坏死灶和小出血点。肺出血和水肿，脾肿大，全身淋巴结炎，胸腹腔积液，混有血液。胃肠黏膜出血坏死。肾皮质弥漫性充血，在出血灶的中央有特征性灰色坏死点。呼吸道如鼻、气管、支气管有卡他性炎症。

5. 诊断 根据新生幼犬发病急，死亡率高。实质器官，肾的局灶性出血，能做初步诊断。确诊进行病原学检查，可用免疫荧光试验检查、血清中和抗体试验和回顾性诊断和流行病学调查。

6. 防治 发现病犬及时隔离，治疗，加强消毒；加强饲养。

治疗：原则是提高机体的抵抗力、增加环境温度和防止继发感染。

（1）流行期间幼年犬腹腔注射 1~2 mL 高免血清，减少死亡。

（2）防止继发感染，庆大霉素、恩诺沙星等。

（3）提高环境温度，利于病犬康复。

免疫：自然感染康复犬和人工接种耐过犬，均能产生水平不高的血清中和抗体，但对感染具有保护力。用含中和抗体母犬的血清给新生仔犬腹腔接种，能预防仔犬感染和死亡。

由于感染犬疱疹病毒的犬群通常可以产生自身免疫，因而在一窝仔犬发病后，随后的几窝可不受感染。初步研制成的多次接种加佐剂的灭活疫苗可使母犬产生一定水平的抗体。

七、犬副流感病毒感染

犬副流感病毒（CPIV）感染是犬主要的呼吸道传染病。临床表现发热、流涕和咳嗽。病理变化以卡他性鼻炎和支气管炎为特征。近年来研究认为，CPIV 也可引起急性脑脊髓炎和脑内积水，临床表现后躯麻痹和运动失调等症状。

1. 病原 CPIV 在分类上属副黏病毒科，副黏病毒属，核酸型为单股 RNA。病毒对热不稳定，在酸碱溶液中易破坏，对乙醚敏感。病毒在 4 ℃ 和 24 ℃ 条件下可凝集人 O 型及鸡、豚鼠、大鼠、兔、猫和羊的红细胞。

2. 流行病学 犬副流感病毒常与支气管败血性波氏杆菌合并感染引起犬支气管炎（成窝剧烈干咳）。各种年龄的犬都可感染，但幼年犬病情较重。此病在犬群中呈突然暴发、迅速传播的趋势特征。

3. 临床症状 感染犬主要表现为呼吸道症状，突然发热，鼻有大量黏液脓性分泌物，结膜炎。咳嗽，呼吸困难，厌食。与支气管败血波氏杆菌合并感染时，临床表现剧烈干咳（很少为痰咳），肺炎以及眼、鼻大量分泌物。该病是犬成窝咳嗽的最重要的原因，是引起 11~12 周龄幼年犬死亡的致死性疾病。成年犬患病症状较轻，常呈自限性，大部分病例可完全康复。有的犬感染表现后躯麻痹和运动失调。

4. 病理变化 剖检可见鼻孔周围有黏液脓性分泌物，结膜炎、气管炎、支气管炎和肺炎。神经型主要表现急性脑脊髓炎和脑积水。

5. 诊断 一般以临床症状和病理解剖变化可作初步诊断，但犬的呼吸道传染病的症状很相似，需注意鉴别，确诊必须做实验室检验，病毒分离，血清学试验，利用血清中和试验和血凝试验。

6. 防治 犬群中一旦发病，隔离病犬进行治疗，对重病犬应及时淘汰，其他犬进行疫苗接种。

治疗：原则是抗病毒、防止继发感染、止咳化痰和对症治疗。

(1) 抗病毒：阿昔洛韦、利巴韦林。

(2) 抗菌消炎：氨苄西林、头孢唑啉钠、阿米卡星、地塞米松。

(3) 缓解呼吸症状：氨茶碱、喷托维林。

预防：加强饲养管理，特别是对犬舍周边环境卫生的管理和控制。新购入的犬，进行检疫和预防接种。

八、狂 犬 病

狂犬病（Rabies）又称恐水症，俗称疯狗病，由狂犬病病毒所引起的一种人畜共患的急性接触性传染病。临床表现兴奋和麻痹。本病的发生遍及世界五大洲。我国各地均有不同程度的发生。

1. 病原 狂犬病病毒属弹状病毒科、狂犬病病毒属RNA病毒，在动物体内主要存在于中枢神经组织、唾液腺和唾液内，其他脏器、血液和乳汁中也存有少量病毒。从自然病例分离的狂犬病病毒称为街毒，把街毒接种在家兔脑内连续传代其毒力增强并稳定，称为固定毒。病毒通过实验动物继代后，对人和动物的毒力减弱，可用于制备疫苗。病毒被日光、超声波、紫外线、70%酒精、0.01%碘溶液、1%～2%肥皂水、乙醚或丙酮等灭活，对酸、碱、石炭酸、福尔马林、升汞等消毒药敏感，不耐湿热，56 ℃加热15 min、60℃数分钟和100 ℃ 2 min 均可灭活。

2. 流行病学 病毒能感染所有的哺乳动物和鸟类。病犬则为人和家畜的主要传染源，野生动物、犬和蝙蝠是本病的主要宿主。主要通过咬伤，病毒随唾液进入伤口而感染，也可通过含病毒的气溶胶微粒经呼吸道感染，当人误食有病动物的肉，或动物相互蚕食时，也可经消化道感染。

3. 临床症状 犬通常有狂暴型和麻痹型两种类型。

(1) 狂暴型：开始病犬精神沉郁，常喜卧于阴暗的角落及家具下，行动反常，不安，扬头吠叫。当受到光线、音响刺激或主人抚摸时，表现惊恐。食欲反常，喜吃泥土、石块、木片、毛发、干草、布块等异物。喉头麻痹，吞咽困难，唾液增多，后期软弱无力。

兴奋期，病犬高度兴奋，行为凶猛，攻击性强，不返主人家。狂暴和沉郁常交替出现。病犬疲劳，卧地不动，但又突然起来，惶恐不安，乱咬人和动物或自咬四肢、尾及阴部。病犬表现意识障碍，反射紊乱。当病犬看到水或听到流水声，呈现癫狂发作，故称恐水症。病犬消瘦，吠叫嘶哑，眼球凹陷，瞳孔散大或缩小。

麻痹期1～2 d，病犬下颌下垂，流涎，舌脱出口外，后躯麻痹，走路摇摆，卧地不起。

(2) 麻痹型：兴奋期极短，病犬从头部肌肉开始麻痹，表现吞咽困难、流涎、张口、卧地不起和恐水等，多经2～4 d死亡。

在本病长期流行的国家或地区，存在顿挫型感染。这种非典型的感染也排毒，但病程短，症状轻微，迅速消失，常可自愈。

4. 病理变化 肉眼病变常见犬体表有外伤。口腔和咽喉黏膜充血、出血和糜烂。胃内有毛发、石块、木片等异物，胃肠黏膜充血、出血和糜烂。肠道和呼吸道呈急性卡他性炎症变化。骨骼肌变性，如煮肉状，易从骨上剥离。脑软膜肿胀、充血和出血，第四脑室存有黄色粉红色液体。

5. 诊断　根据临床症状、咬伤病史及病理解剖变化可作出初步诊断。最后确诊须以实验室检查。组织学检查取病死动物的海马角，用载玻片制成印压标本镜检，阳性结果可见内基小体，或进行病毒分离鉴定。

6. 防治　发现病犬及其他患本病的动物应及时扑杀，对有感染可能的伴侣动物应采取紧急预防接种，首次注射后3~5 d再注射一次。对于危险性大的病例，在犬咬伤后3 d注射高免血清每千克体重0.5 mL，然后再注射疫苗。

犬和家畜感染本病后，能够产生免疫力，免疫期也较长。

（1）灭活疫苗主要用于犬类，犬颈侧或背侧注射5 mL。第一次注射后3~5 d再注射第二次，免疫期为6个月。

（2）弱毒疫苗专供犬应用，一律皮下或肌肉注射1 mL，免疫期一年以上。

（3）ERA弱毒株研制的疫苗，对牛、羊、犬及家兔进行免疫，均安全有效。同时该苗也可用于口服。

（4）加强公共卫生管理，坚决扑杀野犬和野猫。

（5）对于军犬、警犬、牧羊犬、护卫犬、海关用犬、家犬及伴侣动物等要加强管理，一律注射狂犬病疫苗。

九、猫泛白细胞减少症

猫泛白细胞减少症又称猫传染性肠炎或猫瘟热，是由猫泛白细胞减少症病毒引起的猫和猫科动物的一种急性、接触性传染病。特征是发热、腹泻、呕吐和白细胞减少。

1. 病原　猫细小病毒为细小病毒科、细小病毒属单股DNA病毒，猫细小病毒凝集人、猴、豚鼠、小鼠及鸡的红细胞能力较弱。对1%甲醛溶液1%~1.5%氢氧化钠敏感。本病毒耐热性强。

2. 流行病学　主要发生于猫，也可感染猫科动物中的虎、狮、豹、山猫、小灵猫和野猫等，各种年龄的猫均感染，但一岁以内的猫，尤其3~5月龄的猫最易感，一岁以上的猫较少发病，成病猫感染后不表现症状。

病猫是主要传染源，从粪便、尿、呕吐物、唾液、眼和鼻分泌物中将病毒排出，污染饲料、饮水、用具、垫料、笼子及猫舍等，然后再经口传染给健康猫或猫科动物。康复病猫通过粪便排毒，妊娠母猫也可将病毒通过胎盘直接传给胎儿，吸血昆虫也能传播本病。

3. 临床症状　潜伏期2~6 d。

最急性型无症状突然死亡；急性型症状轻微，在24 h内死亡。

亚急性型，病猫发热体温40 ℃，持续24 h左右，下降至正常；2~3 d后，再次升高达40 ℃或以上。精神不振、厌食、被毛粗乱、反复呕吐，大量持续性腹泻，混有血液，严重脱水、口渴、眼窝凹陷、结膜苍白，眼和鼻流出脓性分泌物。白细胞数减少至1.0×10^9/L以下，预后不良。经过7 d以上者有可能耐过。患病怀孕母猫出现流产或死胎。猫科动物中一年以内的幼龄虎、豹、狮等在病愈后易复发。

4. 病理变化　胃肠道空虚，胃肠道黏膜面有不同程度的充血、出血、水肿及被黏液纤维素性渗出物所覆盖，以空肠和回肠的病变明显，肠壁常呈乳胶管状。肠腔内有灰红或黄绿色纤维素性、坏死性伪膜或纤维素条索。肠系膜淋巴结肿大,切面湿润,呈灰红、白相间的大理石样花纹,或呈一致的鲜红或暗红色。长骨骨髓呈胶冻样。肝、肾等实质器官淤血变性。脾出血,肺充血、出血、水肿。

5. 诊断 根据流行病学、临床症状和剖检变化可作出初步诊断,确诊应以实验室检查为依据。如病毒分离与鉴定、血清学试验。

6. 防治 一旦发生本病,立即隔离病猫。早期病猫可用采取综合性措施进行抢救。中后期,病猫扑杀后和病死猫深埋。污染的料、水、用具和环境用1%福尔马林彻底消毒。病猫康复后可获得免疫。

治疗:原则是抗病毒、防止继发感染和对症治疗。

(1) 抗病毒:用猫泛白细胞减少症高免血清、利巴韦林、双黄连。

(2) 抗菌消炎:氨苄西林、头孢唑啉钠、恩诺沙星、地塞米松。

(3) 镇静,氯丙嗪;止吐,甲氧氯普胺。

(4) 补液:三磷酸腺苷(ATP)、辅酶A、维生素C、葡萄糖盐水等。

预防:

(1) 接种疫苗以预防其发生:有灭活疫苗,断奶后(8~10周龄)初免隔2~4周后进行二免。二免7d后即可产生坚强的免疫力,免疫保护期半年,以后每年免疫两次。

(2) 平时应搞好猫舍清洁卫生,对新引进的猫必须经过免疫接种并隔离,观察60 d,方可混群饲养。

十、猫病毒性鼻气管炎

猫的病毒性鼻气管炎又称传染性鼻气管炎,是由猫疱疹病毒Ⅰ型感染所致的一种急性接触性传染病。临床上以喷嚏、流泪、结膜炎和鼻炎为特征。主要感染猫及猫科动物。英国、日本、加拿大、瑞士等国都有发生。

1. 病原 猫疱疹病毒Ⅰ型属疱疹病毒科甲型疱疹病毒亚科中的DNA病毒。对乙醚敏感,甲醛和酚能灭活病毒。病毒能吸附和凝聚猫的红细胞,只有一个血清型。

2. 流行病学 主要侵害幼年猫,幼年猫病死率为20%~30%,成猫病死率低。病猫的鼻、眼及咽排出病原,经接触或飞沫传播而感染其他易感动物,传播迅速。病愈猫长期带毒并排毒。病猫能垂直传播病毒,并在分娩等应激时排毒。

3. 临床症状 猫突然发病症状复杂,体温升高至40 ℃左右,精神沉郁,食欲减少,体重减轻等,或主要表现呼吸道症状和结膜炎,病猫频频出现咳嗽、打喷嚏和鼻分泌物增多,眼有黏液性分泌物,因口腔炎、溃疡性舌炎而流涎,口臭,被毛粗乱,有的出现生殖器官病变,如阴道炎、流产等。重症病例主要呈现结膜炎、鼻炎、支气管炎等症状。

4. 病理变化 病变主要见于上呼吸道。鼻腔、鼻甲骨、喉头及气管黏膜弥漫性出血或鼻腔、鼻甲骨黏膜坏死。会厌软骨、喉头、气管、支气管及细支气管黏膜上皮发生局灶性坏死,有的发生结膜炎。当有细菌继发感染时,常可见到肺炎。有呼吸道症状的猫见有间质性肺炎,支气管和细支气管周围组织坏死,有的可见气管炎及支气管炎病变。也有的猫在支气管、细支气管及肺泡的间隔上皮见有炎性坏死。有的猫鼻甲骨吸收,骨质溶解。

5. 诊断 根据临床上的咳嗽、喷嚏、结膜炎、鼻炎等症状和剖检上的呼吸道病变可做出初步诊断。确诊必须进行实验室检查；病毒分离鉴定和进行包涵体染色检查。血清学诊断：血清进行中和试验，免疫荧光试验检查，如呈阳性结果，即可确诊本病。

鉴别诊断：猫杯状病毒感染及鹦鹉热衣原体感染的临床症状与本病十分相似，应加以区别。

6. 防治

治疗：原则是抗病毒，防止继发感染，对症疗法。

（1）抗病毒：病毒灵、阿昔洛韦、利巴韦林。

（2）抗菌：氨苄西林、头孢唑啉钠、恩诺沙星。

（3）治疗眼疾：5-碘氧尿嘧啶核苷治疗此病毒引起的溃疡性角膜炎；治疗鼻炎，用麻黄素。

（4）补液：可用等渗葡萄糖盐水，50～100 mL/d 口服或皮下注射，每天两次。

预防：

（1）对猫群应加强饲养管理，搞好环境卫生。给予一些新鲜、全价饲料。

（2）猫舍应通风良好，减少应激。每天应打扫卫生，对地面、用具、食槽和水盆等定期消毒。

（3）猫场内工作人员不许随便出入，外人禁止进入猫舍。

（4）对新引进的种猫应在外面隔离、观察、检疫，确无本病后才能入猫群。

（5）带毒猫不能作为种猫。在运输时，猫之间不能接触以防传播此病。

国外生产有单价弱毒疫苗或多联苗，都有较好的免疫效果。

十一、猫杯状病毒感染

猫杯状病毒感染（FCV）是由猫杯状病毒变种引起猫的一种呼吸道传染病。以双相热，上呼吸道症状，发病率高，病死率低为特征。

1. 病原 猫杯状病毒为嵌杯病毒科，嵌杯病毒病毒属单股 RNA 病毒。病毒的毒株之间没有明显的抗原差别，只有一个血清型，但存在多种血清型变种。加热 50 ℃ 30 min 即可灭活。

2. 流行病学 在自然条件下，只有猫易感。病猫和带毒猫是主要传染源，持续感染、长期排毒的猫是本病重要的传染源。病猫通过唾液、鼻和眼分泌物、粪便和尿大量排毒，通过直接接触污染物或气溶胶飞沫经口、鼻感染。患上部呼吸道感染的幼猫，死亡率约 30%。

3. 临床症状 潜伏期一般不超过 48 h，病程 5～7 d。最轻型的临床症状是发热、打喷嚏、流浆液性或黏液脓性眼和鼻分泌物，舌、硬腭和鼻联合处溃疡。毒力较强的毒株可引起严重的肺炎，易发生继发性感染，临床表现呼吸困难，沉郁，肺部有啰音、口腔溃疡等。特别是 4～8 周龄吃奶的幼猫死亡率高达 30% 以上。发生混合感染时，则症状严重，死亡率提高。

4. 病理变化 有上呼吸道症状的猫表现结膜炎、鼻炎、舌炎和气管炎，舌、腭黏膜可见溃疡，溃疡性胃炎。患肺炎的猫还可见肺的腹缘出现暗红色肺炎变区。

5. 诊断 由多种杯状病毒变种引起猫的呼吸道疾病，因症状相似，确诊较为困难。怀疑本病时，可采取眼结膜组织进行免疫荧光试验，检测抗原的存在，或者采取扁桃体活组织应用免疫荧光试验检测。

6. 防治

治疗：原则是防止继发感染，对症疗法，目前尚无特效治疗药物。

（1）抗病毒：病毒灵、阿昔洛韦、利巴韦林。

（2）抗菌：氨苄西林、头孢唑啉钠、恩诺沙星，补液等。

（3）治疗结膜炎：金霉素或氯霉素眼药水滴眼；治疗鼻炎，用麻黄素；口腔溃疡涂擦碘甘油。

预防：

（1）新购入的猫应隔离检疫30 d或至少2周内无呼吸道疾病才能入猫舍，各房舍的猫不应任意转群。

（2）用弱毒疫苗，对3周龄以上的幼年猫定期进行预防接种。每年接种一次，免疫期6个月以上，这是最有效的预防方法。

（3）也可使用猫泛白细胞减少症弱毒和猫鼻气管炎弱毒及猫嵌杯病毒弱毒组成的三联冻干活疫苗。免疫接种方法：2个月以上的猫需免疫（肌肉注射）2次，间隔3~4周；以后每年免疫注射一次。

（4）淘汰感染病毒的猫，消灭传染源；减少环境中病毒的浓度，定期冲洗笼具和设备。

十二、猫肠道冠状病毒感染

猫肠道冠状病毒感染（FCV）是由猫肠道冠状病毒引起的猫的一种的肠道传播病，主要引起42~84日龄幼猫肠炎。

1. 病原 猫肠道冠状病毒属冠状病毒科，冠状病毒属单股RNA病毒。该病毒与猫传染性腹膜炎病毒（FIPV）、犬冠状病毒（CCV）和猪传染性胃肠炎病毒（TGEV）具交叉免疫反应。猫肠道冠状病毒对外界理化因素抵抗力弱，一般消毒剂均可使其灭活。

2. 流行病学 猫肠道冠状病毒主要经消化道传染。由于母源抗体的作用，35日龄以下幼年猫很少发病。42~84日龄猫感染时表现为肠炎症状。成年猫则多呈隐性感染，也可出现致死性病例，病猫、健康带毒猫可经粪便排出大量病毒，经消化道感染。

3. 症状 常使断乳幼年猫发病，体温升高，食欲下降，呕吐，腹泻，肛门肿胀。较严重病例，可见脱水。死亡率一般较低。急性期，血液中嗜中性粒细胞降至50%以下。

4. 病理变化 本病与猪传染性胃肠炎的病变相似。自然感染的青年猫可见肠系膜淋巴结肿胀，肠壁水肿，粪便中有脱落的肠黏膜。

5. 诊断 肠炎明显时应怀疑本病，但确诊困难。检测病猫体内中和抗体的滴度有助于诊断：病毒主要存在于小肠和肠系膜淋巴结，可用冷冻切片荧光抗体法检测。有效的诊断方法是：电镜观察病猫粪便中有病毒粒子。

6. 防治

治疗：及时补液，对症治疗。

（1）抗菌消炎：黄连素注射液、卡拉霉素等。

（2）补液：葡萄糖生理盐水、5%葡萄糖、维生素C。

预防：该病毒广泛分布于猫群中，许多无临床症状的猫均可成为带毒者，并通过粪便排毒，因此，该病的预防较困难。加强饲养管理是预防防本病的根本措施，平时应注意猫舍卫生，各年龄猫分开饲养，对失去母源抗体保护的断奶仔猫，加强护理，以降低发病率。

十三、猫白血病

猫白血病又称猫白血病肉瘤复合症，是由猫白血病病毒（FeLV）和猫肉瘤病毒引起的一种恶性淋巴瘤病。主要以发生淋巴瘤、成红细胞性或成髓细胞性白血病、胸腺萎缩、淋巴细胞减少、中性粒细胞减少及骨髓红细胞发育障碍性贫血为特征。该病在世界许多国家的猫中发生，发病率和死亡率都很高，是猫的一种重要传染病。

1. 病原 病原是反转录病毒属的猫白血病病毒，中央有单股RNA和类核体，常用消毒剂可灭活。

2. 流行病学 不同品种不同性别的猫均可感染。幼猫比成猫更易感。可通过消化道和呼吸道传播，也可垂直传播，吸血昆虫如猫蚤也可作为传播媒介。污染的饲料、饮水、用具等也能传播病毒。

3. 临床症状 病猫出现贫血、嗜眠、食欲减少和消瘦等症状。在临床上可分4个型。

（1）消化道型：较为多见，病猫表现呕吐或下痢、肠阻塞、尿毒症、黄疸、贫血、黏膜苍白、食欲减少和消瘦等症状。在病猫的腹部可触摸到肿瘤块。

（2）胸腔型：在腹前两侧可触摸到肿块，主要在胸腔纵隔淋巴结和胸腺形成肿瘤，充满胸腔，包围心脏，压迫气管和食管，使肺移向其侧和后方，最后导致病猫吞咽和呼吸困难，恶心、虚脱，胸水和肺实变。青年猫多发。

（3）多中心型：用手可触摸到体表淋巴结肿，肝部也可摸到肿块。病猫表现精神沉郁，日渐消瘦。

（4）白血病型：猫表现黏膜苍白，黏膜和皮肤上有出血点，体温呈间歇热，食欲不振，机体消瘦，血检时白细胞大量增多。

4. 病理变化 消化器官型在肠系膜淋巴结、淋巴集结及胃肠道壁上有淋巴瘤，有的在肝、脾、肾上可见有浸润。多中心型所有淋巴结肿大，肝、脾也肿大。胸腔型肿瘤组织代替胸腺，末期在整个胸腔充满肿瘤。白血病型脾、肝明显肿大，淋巴结和骨髓增大。

5. 诊断 根据临床症状和剖检变化可做初步诊断。确诊需血清学检查。方法是用病猫的血液涂片做免疫荧光试验检查，可检出感染细胞中的抗原。此外也可采用酶联免疫吸附试验、聚集诱导测定试验、中和试验、补体结合试验和琼脂免疫扩散试验。

6. 防治 目前，尚无有效的治疗方法。但可用射线照射，对胸腺淋巴瘤等有一定疗效。
预防：

（1）加强饲养管理，搞好环境卫生。

（2）猫舍必须经常打扫，地面上的粪便应及时清除，定期消毒地面、用具、工作服等。

（3）用琼脂免疫扩散试验或免疫荧光试验等方法定期检查，培育无白血病健康猫群。

（4）在引进新猫时，必须隔离检测。

十四、钩端螺旋体病

钩端螺旋体病是由致病性钩端螺旋体引起的一种犬、猫、人畜共患，自然疫源性传染病，多呈隐性感染。临床特征为发热、黄疸、贫血、水肿、血红蛋白尿、出血性素质、流产及皮肤和黏膜坏死等。本病在世界大多数地区都有流行，尤其是热带、亚热带地区更加普遍。

1. 病原 钩端螺旋体，在暗视野或相差显微镜下，呈细长的丝状，圆柱形，菌体两端弯曲成钩状，通常呈C或S形弯曲，运动活泼，革兰染色阴性，常用姬姆萨染色和镀银法染色。我国有18个血清群、70种血清型。钩端螺旋体在一般的水田、池塘、沼泽里及淤泥中可以生存数天或更长，对干燥、冰冻、加热、胺盐消毒剂等敏感。0.05%来苏儿、3%石炭酸、0.05%升汞、70%酒精、0.2%甲醛等5 min内可杀死。

2. 流行病学 气候温暖、雨量较多的热带亚热带地区的江河两岸，湖泊、沼泽、池塘和水田地带广泛存在着致病性的钩端螺旋体。几乎所有温血动物都可感染，啮齿动物是最常见的储存宿主，其次是食肉动物。

钩端螺旋体主要通过动物的直接接触，经皮肤、黏膜和消化道传播，交配、咬伤、食入污染有钩端螺旋体的肉类等均可感染，亦可经胎盘垂直传播，某些吸血昆虫和其他非脊椎动物叮咬导致大批发病。患病犬可以从尿液间歇地或连续性排出钩端螺旋体，污染周围环境，如饲料、饮水、圈舍和其他用具。临床症状消失后，体内有较高滴度抗体，可通过尿液间歇性地排菌达数月至数年，使犬成为危险的带菌者。

本病流行有明显的季节性，一般夏秋季节为流行高峰，犬发病较多且幼犬明显，症状较严重，如饲养密度过大、饥饿或其机体衰弱时，能使隐性感染的动物出现临床症状，甚至死亡。犬主要由犬群、黄疸出血群、波摩那群及七日热群等所引起，多数呈隐性感染，少数表现急性、亚急性，严重者可发生死亡。

3. 症状 潜伏期为5～15 d。发热、嗜睡、呕吐、便血、黄疸及血红蛋白尿母犬流产和出血性素质为特征。

急性感染，表现发热、震颤和广泛性肌肉触痛。呕吐、迅速脱水和微循环障碍，呼吸急促，心率快，食欲减退甚至废绝，毛细血管充盈不良。呕血、鼻出血、便血。病犬体温下降，至死亡。

亚急性感染以发热、厌食、呕吐、脱水和渴欲增加为主要特征。病犬黏膜充血、淤血，并有出血斑点。干咳、呼吸困难，结膜炎、鼻炎和扁桃体炎。肾功能障碍，少尿或无尿。耐过亚急性感染的病犬，肾功能障碍症状可于发病后2～3周恢复。

由出血性黄疸型端螺旋体引起的犬急性或亚急性感染，常出现黄疸、肝炎，肝内胆汁淤积，粪便为灰色。严重表现肝衰竭症状，体重减轻、腹水、黄疸或肝性脑病。出现尿毒症，口腔恶臭、昏迷，或出现出血性胃肠炎、溃疡性胃肠炎等症状，最后多死亡。

4. 病理变化 急性病例肉眼所见的主要病变是皮肤、皮下组织、浆膜和黏膜明显黄染，心、肺、肾、肠系膜、肠和膀胱黏膜出血等。淋巴结肿大、出血。肝肿大，呈黄棕色。肾肿大，表面有灰白色坏死灶。皮肤发生坏死、皮下水肿。

5. 诊断 急性、亚急性病例临床症状较明显，根据发热、黏膜黄疸及出血、尿液黏稠呈黄色等，结合剖检时肾及肝不同程度的损害和流行病学特点，可做初步诊断。慢性病例由于症状不明显，病变亦不典型，诊断较为困难。确诊应结合下列检验进行综合诊断。

（1）微生物学检验：

① 在未使用抗生素、急性发病初期，常以血液、中后期以脊髓液和尿液作为病原检验

的分离材料。死后检验最好在动物死亡 1 h 内进行，最长不得超过 3 h。病料采集后立即用暗视野显微镜及荧光抗体染色后检验，病理组织中菌体常用姬姆萨及镀银染色检验。②分离培养；③动物接种；④应用 PCR 技术进行钩端螺旋体病早期诊断。该方法具有很高的敏感性和特异臭性。

(2) 血清学检验：常用微量凝集试验和补体结合试验。

6. 防治

治疗：原则是抗菌和对症治疗。

(1) 抗菌：氨苄西林、拜有利、青霉素、双氢链霉素对本病有较好的疗效。

(2) 对症治疗：脱水严重时给予补液，葡萄糖生理盐水、5%葡萄糖、维生素 C；腹泻时用收敛剂，思密达、次硝酸铋；口腔发生溃疡时，用 0.1%高锰酸钾液冲洗，再涂以碘甘油。

预防：

(1) 对犬群定期检疫，消灭犬舍中的啮齿动物等。

(2) 消毒和清理被污染的饮水、场地、用具，防止疾病传播。

(3) 进行预防接种，目前常用的有钩端螺旋体的多联菌苗，用于犬的包括犬钩端螺旋体和出血性黄疸钩端螺旋体二价菌苗以及流感、伤寒、钩端螺旋体和玻摩那钩端螺旋体的四价菌苗，通过间隔 2～3 周进行 3 次或 4 次注射，一般可保护 1 年。

(4) 做好接触病犬、病猫的人员搞好个人卫生防护工作。

十五、破 伤 风

破伤风是破伤风杆菌经伤口感染所引起的一种急性中毒性病，以全身肌肉或个别肌群强直性痉挛和神经反射性兴奋增高为特征，分布于全世界。

1. 病原 破伤风杆菌是梭状芽孢杆菌科、梭菌属，革兰氏染色阳性厌氧大杆菌。多数菌株有鞭毛，能运动，在动物体内外均可形成芽孢。芽孢呈圆形或椭圆形，位于菌体的末端，呈鼓槌状。但经过 48 h 的培养后即可失去革兰染色阳性，能产生破伤风痉挛毒素和破伤风溶血素毒素。

芽孢型破伤风杆菌的抵抗力很强，10%漂白粉和 10%碘酊 10 min、5%石炭酸 15 min、1%升汞和 1.0%盐酸 30 min 后杀死。生长型破伤风杆菌的抵抗力较弱，一般消毒药均可在短时间内杀死，经煮沸 5 min 即死亡。

2. 流行病学 破伤风杆菌在自然界广泛存在。通过创伤感染，特别是钉伤、刺伤、去势伤、断尾、脐带伤等，伴有组织损害较重、出血或渗出液集聚的情况下更易感染发病。

一切能降低自然抵抗力的因素都可促进本病的发生，如受凉、高温、受热、烧伤、去势、断尾等应激反应。

3. 临床症状 潜伏期与伤口的深度、污秽程度、部位有关，犬、猫一般 4～10 d，长的可达 2～4 周。犬、猫对破伤风毒素抵抗力较强，临床上局部性强直常见，表现为肢体强直和痉挛，暂时的牙关紧闭。也出现全身强直性痉挛，兴奋性和应激性增高，病犬呈典型木马样姿势；有时患病犬表现呼吸、咀嚼和吞咽困难，病犬或病猫一般神志清醒，体温不高，有食欲。局部强直的病犬一般预后良好。

4. 病理变化 剖检不见特殊变化,多见窒息死亡的病变。

5. 诊断 根据破伤风的特征性反射兴性增高、骨骼肌强直性痉挛以及体温正常,意识清楚等特点,在排除类似病症外,即可确诊。

鉴别诊断应注意与马钱子中毒、癫痫、脑膜炎、狂犬病及急性风湿症的鉴别。癫痫的痉挛呈间歇性且不出现牙关紧闭及反射兴奋性增高等。脑膜炎有颈部强直和反射兴奋性增高,精神沉郁,而牙关不紧闭,对外界刺激不出现远部肌肉的强直痉挛。狂犬病有反射兴奋性增高和吞咽困难,但狂犬病缺乏牙关紧闭和两耳竖立的症状。急性风湿症的患部常出现与破伤风相似的僵硬,但风湿症僵硬部位触之有疼痛而肿胀感,并不紧张,反射兴奋性不增高。

6. 防治

治疗原则:清除病原、中和毒素、镇静解痉、对症治疗及加强护理。

(1) 3%过氧化氢、1%高锰酸钾或2%碘酊进行伤口消毒,再撒布碘仿硼酸合剂或冰片散;创伤周围组织分点注射青霉素、链霉素,以消除感染,减少毒素的产生。

(2) 破伤风抗毒素,给 0.2 mL,皮下注射做皮试,观察 30 min;然后给 30 000~100 000 U(100~1 000 U/kg),肌肉注射/静脉滴注/皮下注射。或在创伤组织周围多点注射。

(3) 氯丙嗪 3 mg/kg 内服,2 次/d;1~2 mg/kg,肌肉注射,1 次/d。

(4) 补液、对症治疗:对症疗法采食和饮水困难者,应每天补液、补糖;酸中毒时,可静脉注射 5%碳酸氢钠以缓解症状。

预防:当动物发生创伤时,要及时进行治疗,对较大较深的创伤,除做外科处理外,应肌肉注射抗破伤风血清或采用联合免疫法,即用抗破伤风血清 1 万 U 和明矾沉降破伤风类毒素 1.0 mL,分别在不同部位皮下注射,在 4 周后,再注一次类毒素。

十六、肉毒梭菌毒素中毒

肉毒梭菌毒素中毒是由于摄入肉毒梭菌毒素引起人、犬、猫和多种动物的一种中毒性疾病,以运动神经麻痹为主要特征,分布于全世界。

1. 病原 肉毒梭菌是革兰氏染色阳性杆菌,能运动,常连成链状,能产生芽孢,无荚膜,芽孢位于菌体末端,严格厌氧,在有利条件下,能产生一种毒力极强的蛋白质神经毒素——肉毒毒素。液体中的毒素在 100 ℃经 15~20 min 即被破坏,在固体食物中则经 2 h 才可破坏。根据肉毒梭菌毒素抗原,分为 A、B、C_a、C_b、D、E、F、G 等 8 个型。肉毒梭菌芽孢的抵抗力极强,加热 80 ℃经 30 min 则能使之变性。

2. 流行病学 肉毒梭菌芽孢广泛分布于自然界,土壤、动物肠道内容物、粪便、腐败尸体、腐烂饲料及各种植物中都经常含有。在适宜的条件下,能繁殖产生外毒素。动物肉毒梭菌毒素中毒症状与其严重程度取决于摄入体内毒素量的多少及动物的敏感性。

3. 临床症状 潜伏期为 4~24 h 或数天,表现进行性、对称性肢体麻痹,从后肢向前延伸,引起四肢瘫痪。病犬体温一般不高,神志清醒。下颌下垂、吞咽困难、流涎,严重者出现两耳下垂、眼睑反射较差、视觉障碍、瞳孔散大。严重中毒时的犬呼吸困难、心率快且紊乱,便秘及尿潴留。发生肉毒梭菌毒素中毒的犬死亡率较高。

4. 病理变化　动物死后剖解无特征性病理变化。

5. 诊断　根据疾病临床特征，如典型的麻痹，体温、意识正常，死后剖检无明显变化等，结合流行病学特点可做初诊断。确诊则需在饲料、病死犬、猫尸体、血清及肠内容物内查到肉毒梭菌毒素。

取可疑饲料或胃肠内容物，进行动物实验，检查肉毒毒素。

6. 防治

治疗：原则为解毒和补液。

（1）C型抗毒素 3～5 mL，肌肉注射/静脉注射；A型肉毒抗毒素 1 万 U 与 B 型肉毒抗毒素 1 万 U 混合后肌肉注射，间隔 5～10 h 重复一次。

（2）5%葡萄糖注射液 100 mL、林格液 100 mL、25%维生素 C 注射液 2 mL，混合后静脉滴注，1 次/d，连用 2 d。

预防：肉毒梭菌毒素加热 80 ℃ 30 min 或 100 ℃ 10 min 就可失去活性，饲喂犬、猫的食物应尽量煮沸；不要让犬、猫接近腐肉。

复习思考题

1. 犬瘟热的临床诊断依据有哪些？临床上怎样防治犬瘟热？
2. 试述犬细小病毒感染和犬传染性肝炎的鉴别诊断依据有哪些。
3. 制订犬细小病毒感染的治疗方案。
4. 犬细小病毒感染与犬腺病毒Ⅱ型感染在病原特性和免疫上有什么关系？
5. 试述犬冠状病毒病、犬疱疹病毒感染、犬副流感病毒感染的鉴别诊断依据有哪些。
6. 简述犬狂犬病的预防措施。
7. 猫泛白细胞减少症的主要临床症状有哪些？
8. 怎样从临床上诊断猫病毒性鼻气管炎、猫杯状病毒感染、猫冠状病毒感染？
9. 猫白血病在临床上主要有几种表现型？
10. 制订宠物猫常见传染病的预防方案。
11. 简述犬钩端螺旋体病的临床特征。犬、猫为什么易患钩端螺旋体病？
12. 怎样预防犬、猫的破伤风？
13. 怎样预防犬、猫的发生肉毒梭菌中毒？
14. 犬发生肉毒梭菌中毒和破伤风的临床症状特点有哪些？
15. 制订宠物犬常见传染病的免疫程序。

第六章

寄 生 虫 病

第一节 蠕 虫 病

一、概 述

1. 吸虫的外部形态和基本发育过程 寄生于犬、猫的吸虫以复殖吸虫为主。虫体多数背腹扁平，呈叶状；少数似圆形或圆柱状、线状。大小不一，长度为 0.3~75.0 mm。体色一般为乳白色、淡红色或棕色。虫体前端有口吸盘和位于虫体腹部某处的腹吸盘，腹吸盘的位置不定或缺失。复殖吸虫通常分为7种基本形态。

复殖吸虫的发育过程需要中间宿主，（有的还需要补充宿主）需要更换一个或两个中间宿主，是复杂的间接发育型，发育过程经虫卵、毛蚴、胞蚴、雷蚴、尾蚴、囊蚴到成虫。

2. 绦虫的外部形态和基本发育过程 绦虫中属假叶目和圆叶目的对人和动物具有传染性。绦虫呈扁平带状，多为乳白色，虫体长数毫米至十米。完整的绦虫由头节、颈节和体节组成，头节为吸着和固定的器官，种类不同，结构和形态有差异；颈节，头节后的纤细部分，能不断生长出体节；体节由节片组成，节片数因种类而不同，可分成未成熟体节、成熟体节、孕卵体节。

假叶目绦虫虫卵可从子宫排出孕节，随宿主的粪便排出体外，经过六钩蚴（水中）、钩毛蚴或钩球蚴（第一中间宿主）、实尾蚴（第二中间宿主、又称裂头蚴）、成虫（终末宿主）4个时期。

圆叶目绦虫虫卵从母体（孕节）释放出时，六钩蚴已经成熟形成，孕节随粪便排出释放出虫卵，经过六钩蚴（中间宿主吞食）、绦虫蚴期或中绦期（中间宿主为哺乳动物有囊尾蚴、多头蚴、棘球蚴等；中间宿主为节肢动物为似囊尾蚴）、成虫（终末宿主）。

3. 线虫的外部形态和基本发育过程 通常为细长的圆柱形或纺锤形，也有线状或毛发状，前端钝圆、后端较细，小的仅1 mm多，最大的有1 m以上，雌雄异体，雌虫大，尾部较直，雄虫小，后端不同程度的弯曲。活体为乳白色或淡黄色，吸血的虫体为淡红色。

雌虫产卵，卵成熟后，经过五期幼虫，4次蜕皮，前两次在外界环境，后两次在宿主体内，根据线虫在发育过程中对中间宿主的需求分为无中间宿主线虫和有中宿主线虫；无中间宿主线虫幼虫在外界环境中如粪便和土壤中直接发育到感染阶段，又称直接发育型或土源性线虫；有中宿主线虫的幼虫需要在中间宿主如昆虫和软体动等体内发育到感染阶段，又称间接发育型或生物源性线虫。

二、蛔虫病

蛔虫病是幼年犬、猫常见寄生虫病，其病原主要为犬弓首蛔虫、猫弓首蛔虫和狮弓蛔虫，寄生于小肠内。蛔虫病分布于世界各地。

1. 病原 有犬弓首蛔虫（犬蛔虫）、猫弓首蛔虫（猫蛔虫）、狮弓首蛔虫（狮蛔虫）（图6-1）。

犬蛔虫，虫体浅黄色，头部向腹部弯曲。雄虫长50～110 mm，尾端弯曲；雌虫长90～180 mm，尾端直。虫卵近圆型，卵壳厚，表面呈蜂窝状，大小为 (68～85)μm×(64～72)μm。

猫蛔虫成虫与犬蛔虫相似，虫体前端如箭头状。雄虫长30～60 mm；雌虫长40～100 mm。虫卵结构与犬蛔虫相似，大小为64～70 μm。

狮弓首蛔虫，虫体头端常向背侧弯曲，雄虫长35～70 mm；雌虫长30～100 mm，尾直而尖细，虫卵近似圆形，卵壳光滑，大小为49～61 μm。

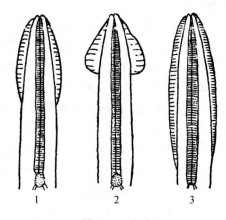

图6-1 蛔虫
1. 犬蛔虫 2. 猫蛔虫 3. 狮蛔虫

2. 流行特点 犬弓首蛔虫虫卵随粪便排出体外，在适宜条下发育为感染性虫卵。3月龄内的幼犬吞食感染性虫卵后，在消化道内孵出幼虫，幼虫通过血液循环系统经肝和肺移行，然后经咽又回到小肠发育为成虫。在宿主体内的发育需4～5周；成年母犬感染后，幼虫随血流到达体内各器官组织中，形成包囊，但不进一步发育。当母犬怀孕后，幼虫可经胎盘感染胎儿或产后经母乳感染幼犬。幼犬出生后23～40 d 小肠内即有成虫寄生。猫弓首蛔虫的发育过程与犬蛔虫类似。狮弓蛔虫发育简单，在体内不经移行，幼虫孵出后进入肠壁发育，然后返回肠腔，发育成熟。

犬、猫蛔虫的感染性虫卵可被转运宿主摄入，动物捕食转运宿主后发生感染。狮弓蛔虫的转运宿主多为啮齿类动物；猫弓首蛔虫的转运宿主多为蚯蚓、蟑螂、一些鸟类和啮齿类动物。

犬、猫蛔虫病主要发生于6月龄以下幼年犬，感染率在5%～80%，成年犬很少感染。常引起幼犬和幼猫发育不良，生长缓慢，严重时可引起死亡。

犬弓首蛔虫繁殖力很强，每条雌虫每天可随每克粪便中排出700个虫卵；虫卵对外界环境的抵抗力非常强，可在土壤中存活数年；怀孕母犬的体组织中隐匿着一些幼虫可抵抗蠕虫药的作用，而成为幼犬感染的一个重要来源。

3. 临床症状 幼虫移行引起腹膜炎、败血症、肝脏的损害和蛔虫性肺炎，严重者可见咳嗽、呼吸加快和泡沫状鼻液。成虫寄生于小肠，引起胃肠功能紊乱、生长缓慢、被毛粗乱、呕吐、腹泻或便秘与腹泻交替出现、贫血、神经症状、腹部膨胀，可在呕吐物和粪便中见完整虫体。大量感染时，引起肠阻塞、肠破裂、腹膜炎。成虫异常移行导致胆管阻塞、胆囊炎。其中犬弓首蛔虫能够引起幼犬死亡。

4. 诊断 根据临床症状、病史调查和病原检查做出综合诊断。2周龄幼年犬若出现肺炎症状可考虑为幼虫移行期症状；粪便中排出或吐出虫体；漂浮法检查粪便，检出虫卵；结合犬舍或猫舍的饲养管理状况判定。

5. 防治

治疗：常用的驱线虫药均能驱除犬、猫蛔虫。

（1）芬苯哒唑：犬、猫均按每千克体重50 mg/d，连续喂服3 d。用药后少数病例可能出现呕吐。

（2）甲苯咪唑：犬的总剂量为每千克体重22 mg，分3 d喂服。此药常引起呕吐、腹泻或软便，偶尔引起肝功能障碍（有时是致命的）。

（3）双羟萘酸噻嘧啶：犬每千克体重5.0 mg一次内服。

（4）左咪唑：每千克体重10 mg，一次内服。

（5）伊维菌素：每千克体重0.2～0.3 mg，皮下注射或口服。柯利犬及有柯利犬血统的犬，禁止使用。

预防：地面上的虫卵和母犬体内的幼虫是主要感染源。

（1）要注意环境、食具、食物的清洁卫生，及时清除粪便，并进行生物热处理。

（2）对犬、猫进行定期驱虫。

（3）母犬在怀孕后第四十天至产后14 d驱虫，减少围产期感染。

（4）幼犬应在2周龄进行首次驱虫，2周后再次驱虫，2月龄时进一步给药以驱除出生后感染的虫体；哺乳期母犬应与幼犬一起驱虫。

（5）阻止犬、猫摄食或杀灭转运宿主。

三、钩虫病

钩虫病是由钩口属线虫和弯口属线虫的一些虫种感染犬、猫而引起的，是犬、猫较为常见的重要线虫之一，有些虫种亦寄生于狐狸。发生于热带和亚热带地区，在我国华东、中南、西北和华北等温暖地区广泛流行。

1. 病原 犬钩口线虫体淡红色，头端稍向背侧弯曲，雄虫长10～16 mm；雌虫长14～16 mm，尾端尖锐。虫卵短椭圆形，浅褐色。新鲜虫卵内含有卵细胞，虫卵大小为60～40 μm（图6-2）。

狭头钩口线虫，虫体淡黄色，较犬钩虫小，两端尖细，口弯向背面，雄虫长6～11 mm；雌虫长7～12 mm，尾端尖细。虫卵与犬钩口线虫卵相似。

巴西钩口线虫，虫体长6～10 mm；虫卵80～400 μm。

2. 流行特点 主要为犬钩口线虫、巴西钩口线虫和狭头弯口线虫，均寄生于小肠，以十二指肠较多。虫卵随粪便排出体外，在适宜温度和湿度下，发育为感染性幼虫。感染途径有：①感染性幼虫经皮肤侵入，进入血液，经心脏、肺、呼吸道、喉头、咽部、食道和胃而进入小肠内定

图6-2 犬钩虫头部及虫卵

居，此途径较为常见；②经口感染，犬、猫食入感染性幼虫，幼虫侵入食道等处黏膜进入血液循环（哺乳幼犬的一个重要感染方式是吮乳感染，源于隐匿在母犬体组织内虫体）；③经胎盘感染，幼虫移行至肺静脉，经体循环进入胎盘，从而使胎狗感染。

弯口属线虫以经口感染为主，幼虫移行一般不经肺。

本病危害一岁以内的幼犬和幼猫，成年动物多由于年龄免疫而不发病。潮湿、阴暗环境有利于本病的流行。

3. 临床症状　幼虫侵入、移行和成虫寄生均可引起临床症状。

幼虫钻入皮肤时可引起瘙痒、皮炎，也可继发细菌感染，其病变常发生在趾间和腹下被毛较少处；幼虫移行阶段：一般不出现临床症状，有时大量幼虫移至肺引起肺炎。

成虫虫体吸附小肠黏膜上吸血，分泌抗凝素，延长凝血时间，虫体不断变换吸血部位，动物大量失血，表现贫血、倦怠、呼吸困难，哺乳期幼犬更为严重，常伴有血性或黏液性腹泻，粪便呈柏油状。白细胞总数增多，血色素下降，病畜营养不良，严重感染者可引起死亡。

4. 病理变化　尸体剖检可见于黏膜苍白，血液稀薄，小肠黏膜肿胀，黏膜上有出血点，肠内容物混有血液，小肠内可见许多虫体。

5. 诊断　根据流行病学资料、临床症状和病原学检查来进行综合诊断。临床症状主要有：贫血、黑色柏油状粪便、肠炎和有低蛋白血症病史。

病原检查方法主要有：粪便漂浮法检查虫卵和贝尔曼法分离犬、猫栖息地土壤或垫草内的幼虫。剖检发现虫体即可确诊。

6. 防治

治疗：常见的驱线虫药均可用于犬、猫钩虫病的治疗，详见蛔虫病。

预防：

（1）及时清理粪便，并进行生物热处理。

（2）注意清洁卫生，保持犬、猫舍的干燥。

（3）日光直射、干燥或加热杀死幼虫。

（4）用硼酸盐处理动物经常活动的路面。

（5）保护怀孕和哺乳动物，使其不接触幼虫。

（6）定期驱虫。

四、毛首线虫病

毛首线虫属于毛首科，毛首属，由于虫体前部细如毛发，故称为毛首线虫，整个虫体外形很像放羊鞭，又称鞭虫，犬鞭虫病是由狐毛首线虫寄生于犬的盲肠引起的。我国各地均有发生，此病主要危害幼犬，严重感染可引起死亡。

1. 病原　狐毛首线虫呈乳白色，虫体长 45～75 mm。雌虫后部钝直；雄虫尾端卷曲。虫卵呈腰鼓状，黄褐色，两端有卵塞，壳厚、光滑，大小为 70～89 μm（图 6-3）。

2. 流行特点　随粪便排出体外的虫卵，在外界适宜的条件下，约经 3 周，发育为感染性虫卵。犬吞食了感染性虫卵后，幼虫在肠中孵出后，钻入小肠前部黏膜内，停留 2～10 d，然后进入盲肠内发育为成虫；从吃进感染性虫卵到幼虫发育成熟经 11～12 周。

虫体寄生时将其头部深深地钻入黏膜内，可引起急性或慢性肠炎；虫体吸血常导致宿主贫血。

3. 临床症状　一般感染无临床症状表现。当严重感染时（虫体达百条到千条）常出现下痢，贫血，消瘦，食欲不振，粪便中常带黏膜和血液，幼年犬、猫发育障碍，可导致死亡。

4. 诊断　生前诊断除临床症状观察外，还必须进行虫卵检查；死后剖检见虫体建立诊断。

5. 防治

治疗：

（1）甲苯咪唑：犬总剂量为每千克体重 22 mg，内服 1 次/d，连用 3 d。

（2）硫苯咪唑：犬剂量为每千克体重 22 mg，内服 1 次/d，连用 3 d。

（3）左咪唑：犬剂量为每千克体重 5～11 mg，一次内服。

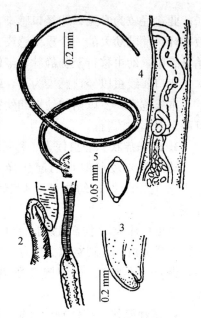

图 6-3　狐毛首线虫

1. 雄虫尾端　2. 贮精囊与射精管的接合处
3. 雄虫的后端　4. 阴道　5. 虫卵

（4）双羟萘酸酚嘧啶：犬用每千克体重 5～10 mg，一次内服。

（5）碘化噻唑青胺：犬用每千克体重 6～10 mg，1 次/d，连用 5 d。

预防：搞好犬窝卫生，及时清除粪便，严重污染的场地应保持干燥，让日光晒，以杀死虫卵。

五、犬心丝虫病

犬心丝虫病是由犬恶丝虫寄生于犬的右心室及肺动脉（少见于胸腔、支气管）引起循环障碍、呼吸困难及贫血等症状的一种丝虫病。犬、猫和其他野生肉食动物为终末宿主。人偶被感染。犬恶丝虫我国分布较广。

1. 病原　丝虫科的犬恶丝虫为细长白色。雄虫体长 12～16 cm，尾部短而钝，后端成螺旋状弯曲；雌虫体长 25～30 cm，尾端直，胎生，幼虫为微丝蚴，不带鞘（图 6-4）。

2. 流行特点　犬恶丝虫以犬蚤、按蚊或库蚊作为中间宿主。成虫寄生于右心室和肺动脉，微丝蚴随血流到全身，蚊子吸血时摄入微丝蚴，发育到感染阶段；当蚊子再次吸血时将感染性幼虫注入犬的体内，微丝蚴从侵入犬体到血液中再次出现微丝蚴需要 6 个月；成虫可在体内存活数年。该病的发生与蚊子的活动有关。

3. 临床症状　感染少量虫体时，一般不出现临床症状；重度感染犬主要表现为咳嗽，心悸，脉细而弱，心内有杂音，腹围增大，呼吸困难，运动后尤为显著，后期贫血明显，逐渐消瘦，衰竭至死。

4. 病理变化　犬常伴发以瘙痒和易发生破溃的多发性灶状结节为特征的皮肤病，皮肤结节有化脓性肉芽肿，在化脓性肉芽肿周围的血管内常见有微丝蚴（对犬心丝虫病治疗后，皮肤病变随之消失)。患犬常出现心内膜炎和增生性动脉炎，死亡虫体还可引起肺动脉栓塞；右心室肥大，心力衰竭，伴发肺水肿和腹水增多。

5. 诊断

(1) 根据临床症状：本病主要临床表现为心血管功能下降，多发生于 2 岁以上的犬，少见于 2 岁以内的犬。

(2) 检查血液中的微丝蚴，用全血涂片在显微镜下检查。

(3) 有条件的可进行血清学诊断，ELISA 试剂盒已经用于临床诊断。

6. 防治

治疗：在确诊本病的同时，应对患犬进行全面的检查，对于心脏功能障碍的病犬应给予对症治疗，再分别针对寄生成虫和微丝蚴进行治疗，同时对患犬进行严格的监护，药物驱虫具有一定的危险性。

(1) 驱除成虫：①硫乙砷胺钠：每千克体重 0.22 mL，静脉注射，2 次/d，连用 2 d。注射时严防药物漏出静脉。该药对患严重心丝虫病的犬是较危险的，可引起肝中毒和肾中毒。②菲拉松：每千克体重 1.0 mg，3 次/d，连用 10 d。③酒石酸锑钾：每千克体重 2～4 mg，溶于生理盐水静注，1 次/d，连用 3 次。

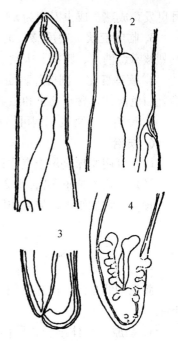

图 6-4　犬恶丝虫
1. 虫体前端　2. 阴门部
3. 雌虫后端　4. 雄虫后端

(2) 驱除微丝蚴：左咪唑按每千克体重 11.0 mg，1 次/d，口服，用 6～12 d。治疗后第六天开始检查血液，当血液中微丝蚴转为阴性时停止用药。该药不能和有机磷酸盐或氨基甲酸酯合用，也不能用于患有有慢性肾病和肝病的犬。

预防：有效的预防措施是药物预防。

(1) 苯乙烯吡啶海群生合剂按每千克体重 6 mg，1 次/d，连续应用。

(2) 硫乙砷胺钠：一次量按每千克体重 0.22 mL，2 次/d，连用 2 d，间隔 6 个月重复用药一次。如果某些犬不能耐受海群生，可用该药进行预防，一年用药 2 次。

(3) 伊维菌素：低剂量至少使用一个月可以达到有效的预防作用。

六、猫圆线虫病

猫圆线虫病由莫名猫圆线虫寄生于猫的细支气管和肺泡而引起。猫是唯一的终宿主，野生小鼠和其他啮齿动物常为转运宿主。

1. 病原　虫体乳白色，呈丝状。雄虫体长 7.5 mm，雌虫体长 9.86 mm；虫卵大小 80～70 μm；幼虫长 360 μm。

2. 流行特点　雌虫产卵于肺泡管，卵进入邻近的肺泡形成小结节。卵在结节边缘孵出第一期幼虫，上行到气管，经喉、咽被咽下，随粪便排到体外（幼虫在外界存活 2 周左右，蜗牛和蛞蝓作为中间宿主，啮齿动物、蛙、蜥蜴和鸟类可作转运宿主）。猫吃到含有感染性幼虫的中间宿主或转运宿主后而被感染，幼虫从胃通过腹膜和胸膜腔进入肺中，大约经一个月可发育成熟。成虫寿命为 4~9 个月。

3. 临床症状 中度感染时，病猫出现咳嗽、打喷嚏、厌食、呼吸急促。严重感染时，剧烈咳嗽、消瘦、腹泻、厌食、呼吸困难，常发生死亡。

4. 病理变化 剖检肺表面有直径 1~10 mm 的灰色结节，结节内含虫卵和幼虫，胸腔充满乳白色液体，含有幼虫和虫卵。

5. 诊断 对可疑病例可做贝尔曼法检验粪中的幼虫，发现大量幼虫即可确诊。

6. 防治

（1）可用左咪唑每千克体重 100 mg，口服隔天一次，共给 5~6 次药。

（2）苯硫咪唑每千克体重 20 mg，1 次/d，连用 5 d 为一疗程，间隔 5 d 后，再重复一疗程。

预防：定期驱虫，使用相同药物，减少饲喂次数。

七、肺毛细线虫病

肺毛细线虫病，由肺毛细线虫寄生于犬、猫的支气管和气管，少见于鼻腔和额窦而引起的。

1. 病原 虫体细长，乳白色。雄虫体长 15~25 mm；雌虫体长 20~40 mm。卵为短腰鼓状，呈淡绿色，壳厚上有纹理，两端各有卵塞，大小为 59~80 μm×30~40（图 6-5）。

2. 流行特点 雌虫在细支气管和气管中产卵，卵随痰液上行到喉、咽，被咽下后随粪便排到体外，在外界适宜条件下，经 5~7 周，发育为感染性虫卵，犬、猫吞食了感染性虫卵后，在小肠中孵出幼虫，幼虫钻入黏膜，随血液移行到肺，需 7~10 d，感染后 40 d 幼虫发育为成虫。

3. 症状 严重感染时，常引起鼻炎、慢性支气管炎、气管炎，病犬流涕、咳嗽、呼吸困难、消瘦、贫血、被毛粗糙。

4. 诊断 根据症状，结合粪便、鼻液虫卵检验。注意与狐毛首线虫卵进行区别，肺毛细线虫卵壳表面有明显的凹陷点。

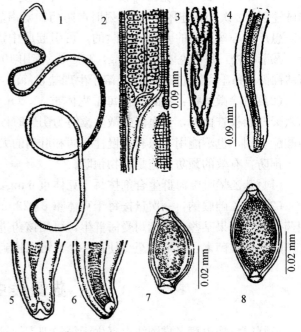

图 6-5 肺毛细线虫
1. 雌虫 2. 雌虫阴门 3. 雌虫后部
4、5、6. 雄虫后部 7、8. 虫卵

5. 防治

治疗：

（1）左咪唑：每千克体重 5 mg，1 次/d，连用 5 d，停药 9 d 后，再按上法重复治疗 2 次或每千克体重4.4 mg，皮下注射，1次/d，连用2 d，两周后每千克体重8.8 mg，皮下注射1次。

(2) 甲苯咪唑：每千克体重6 mg，2次/d，口服，连用5 d。

预防：可保持犬窝、猫舍的干燥，及时清除粪便。

八、肝吸虫病

犬、猫肝吸虫病是由中华枝睾吸虫和猫后睾吸虫引起，其中以中华枝睾吸虫更为常见。主要寄生于犬、猫、猪等动物和人的肝胆管和胆囊，引起肝脏肿大和其他肝病，是重要的人畜共患寄生虫病。主要分布于东亚诸国，在我国的大部分省区均有报道。

1. 病原 中华枝睾吸虫雌雄同体，虫体扁平，柔软，半透明，前端稍长，后端钝圆，葵花子状，体长10~25 mm，宽3~5 mm。口吸盘略大于腹吸盘；虫卵黄褐色，卵壳厚，形似灯泡，内含毛蚴，顶端有盖，盖的两旁有肩样小突起，底端有一小突起。虫卵大小为29~17 μm。

猫后睾吸虫与华支睾吸虫形态相似，新鲜虫体呈淡黄色，虫体长7~12 mm，宽2~3 mm，虫卵大小为（26~30）μm×115 μm，有卵盖，卵含有毛蚴。

2. 流行特点 两种吸虫的中间宿主相同，第一中间宿主为多种淡水螺，第二中间宿主为多种淡水鱼和淡水虾，中华枝睾吸虫的生活史包括：成虫、虫卵、毛蚴、胞蚴、雷蚴、尾蚴、囊蚴、童虫、成虫各个阶段。成虫寄生于终末宿主的肝胆管内，产卵随胆汁进入消化道内与粪便一起被排出体外，虫卵在水中被第一中间宿主淡水螺吞食后，在螺的消化道内孵出毛蚴，发育为胞蚴、雷蚴和尾蚴。成熟尾蚴逸出螺体落入水中，侵入第二中间宿主淡水鱼或虾，发育成囊蚴。犬、猫或人等终末宿主由于摄入含有囊蚴的生的或未煮熟的鱼、虾而感染。幼虫在十二指肠中破囊而出，经总胆管而进入胆管。幼虫也可以钻入十二指肠壁经血流到达胆管，幼虫约经一个月发育为成虫。

该病广泛流行我国大部分地区，主要感染人、猫、犬、猪、鼠和一些食鱼的野生动物。

3. 临床症状 少量寄生无明显症状；严重感染时，食欲减退，消瘦，腹泻，水肿，腹水，贫血，黄疸，可视黏膜、皮肤黄染；肝区叩诊有痛感；病程多为慢性经过，常继发其他疾病而死亡。

4. 病理变化 胆管上皮细胞脱落，结缔组织增生，管壁增厚，胆管阻塞，胆汁排出障碍，肝实质细胞发生变性、坏死。

5. 诊断 根据流行病学资料、临床症状和病原检查，进行综合诊断。

(1) 动物有生食或半生食淡水鱼史。

(2) 病原检查：主要是检获粪便内虫卵，一般用水洗沉淀法。

(3) 间接血凝试验和酶联免疫吸附试验可作为辅助诊断方法，但目前较少应用于临床。

6. 防治

治疗：

(1) 吡喹酮：犬、猫剂量均按每千克体重50~60 mg，一次给药，对犬可能有一定毒性。

(2) 六氯对二甲苯：犬、猫均以每次按每千克体重mg，3次/d，连服5 d总剂量不得超过 25 mg，以免药物引发毒性反应。猫用时要注意，出现反应后立即停药。

(3) 丙硫苯咪唑：按每千克体重 30 mg，口服，1 次/d，连用 12 d。

预防：

(1) 对犬、猫要定期检查和驱虫。

(2) 不以生的鱼、虾或鱼的内脏喂犬、猫。

(3) 对犬、猫的粪便进行堆积发酵，防止其污染水塘。

(4) 消灭第一中间宿主淡水螺。

九、肺吸虫病

并殖吸虫病，又称肺吸虫病，是一种重要的人兽共患寄生虫病。广泛分布于西部非洲、南美和亚洲。我国的东北、华北、华南、中南及西南等地区的 18 个省与自治区均有。

1. 病原 由并殖科卫氏并殖吸虫寄生在犬、猫、人和多种野生动物的肺而引起，虫体肥厚，棕色，外形似半粒赤豆，腹面扁平，背面隆起，体表有小刺，常成双生活在肺中。虫体长 7.5～16.0 mm，宽 4～8 mm，口吸盘位于体前端与腹吸盘大小相似，腹吸位于虫体中央稍前处。虫卵金黄色，呈椭圆形，大多有卵盖，卵壳厚薄不匀，卵内含 10 余个卵黄细胞及一个卵细胞。卵细胞常被卵黄细胞遮住，大小为 （75～118）μm×（42～67）μm。

2. 流行病学特点 卫氏并殖吸虫卵从终末宿主呼吸道咳出或被宿主吞咽后经由粪便排出，在水中孵化。发育需二个中间宿主；第一中间宿主为淡水螺类，第二中间宿主为甲壳类动物。哺乳动物在生食带囊蚴的甲壳类动物时而感染。犬、猫、食蟹猕猴、野生兽、家畜、人均可感染。实验动物、犬感染普遍。加热到 70 ℃ 3 min 则成虫 100% 死亡。

幼虫和成虫在动物体内移行和寄生期间可造成机械性损伤，虫体的代谢物可导致免疫病理反应，移行可引起腹膜炎、胸膜炎、肌炎及胸膜出血。引起慢性细支气管炎、肺炎，血流中的虫卵引起虫卵性栓塞。虫体异位寄生在脑或脊髓时，导致神经症状，其他的肺外异位寄生可见于皮肤、肌肉、睾丸、膀胱及小肠等。

3. 临床症状 因感染部位不同而有不同表现。发生在肺泡部：咳嗽、气喘、湿啰音、胸痛、血痰；在脑部：头痛、癫痫、瘫痪等；在脊髓：运动障碍、下肢瘫痪等；在腹部，腹痛、腹泻、便血、肝肿大等；在皮肤：皮下出现游走性结节，有痒感或痛感。

4. 诊断 检查患病动物的唾液、痰液及粪便中有虫卵即可确诊，也可做皮下包块活组织检查发现虫体即可确诊。皮内试验及间接血凝试验和酶联免疫吸附试验均有助于诊断本病，X 线检查可作为辅助诊断。

5. 防治

治疗：

(1) 硫双二氯酚：按每千克体重 50～100 mg，每日或隔日给药，10～20 个治疗日为一疗程。

(2) 硝氯酚：按每千克体重 3～4 mg，一次口服。

(3) 丙硫咪唑：按每千克体重 50～100 mg，连服 14～21 d。

(4) 吡喹酮：剂量为按每千克体重 50 mg，一次口服。

预防：在本病流行地区，应禁止和杜绝以新鲜的蟹等中间宿主作为实验动物及其他动物饲料，有条件的地区也可配合进行灭螺，定期预防性驱虫。

十、绦虫病

寄生于犬、猫的绦虫种类很多。这些绦虫成虫对犬、猫的健康危害很大，幼虫期多以其他家畜或人为中间宿主，严重危害家畜和人体健康。

1. 病原及流行特点

(1) 犬复孔绦虫病：犬复孔绦虫属双壳科复孔属，寄生于犬、猫的小肠内，偶见于人。卵呈圆形，透明，直径 35～50 μm，两层卵壳均薄，内含六钩蚴（图 6-6）。

中间宿主是犬、猫蚤和犬毛虱。孕卵节片自犬、猫的肛门逸出或随粪便排出体外。破裂后，虫卵散出，被蚤类幼虫食入，六钩蚴在其肠内孵出，移行发育，待蚤幼虫经蛹蜕化为成虫时，发育为似囊蚴。一个蚤体多达 56 个似囊尾蚴，当犬、猫咬食蚤而感染犬绦虫，约经 3 周后发育为成虫。儿童常因与犬、猫的密切接触，误食被感染的蚤和虱遭受感染。

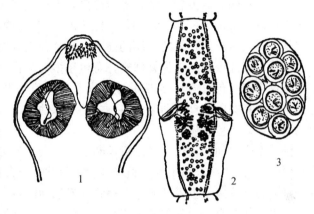

图 6-6　犬复孔绦虫
1. 头节　2. 成熟节片　3. 含有虫卵的卵囊

本病广泛分布于世界各地，无明显季节性，宿主范围非常广泛，犬和猫的感染率较高，狐和狼等野生动物也可感染；人体主要是儿童受到感染，轻度感染时不显症状，幼犬严重感染时可引起食欲不振，消化不良，腹泻或便秘，肛门瘙痒等症状。感染量特别大时还可能发生肠梗阻。

犬粪便中找到孕节后，在显微镜下观察到具有特征性的卵囊，即可确诊。

(2) 泡状带绦虫病：泡状带绦虫称为边缘绦虫属于带科带属，寄生于犬、猫的小肠。虫卵近似椭圆形，大小为 (38～39)mm×(0.3～0.035)mm。

泡状带绦虫寄生于犬、猫小肠。以猪、牛、羊、鹿等为中间宿主。其幼虫为细颈囊尾蚴，常寄生于猪、牛、羊的大网膜、肠系膜、肝脏、横膈膜等处，严重感染时可进入胸腔寄生于肺。

(3) 豆状带绦虫病：豆状带绦虫属带科带属，虫体节片边缘呈锯齿状，故又称锯齿带绦虫。虫卵圆形，直径为 32～37 mm。

豆状带绦虫寄生于犬的小肠，偶见于猫。以家兔、野兔等啮齿动物为中间宿主。其幼虫为豆状囊尾蚴，寄生于兔的肝脏、网膜、肠系膜等处，其数目常为数个、数十个，甚至达到 200 个之多，呈葡萄状。

(4) 多头绦虫病：多头绦虫属带科多头属，寄生于犬科动物小肠中的多头绦虫有 3 种。

多头绦虫,其幼虫为脑多头蚴。多头绦虫,虫体长 40～80 cm,200～250 节片组成。虫卵为圆形,直径 20～37 μm,其幼虫为脑多头蚴,寄生于绵羊、山羊、黄牛、牦牛、骆驼等的脑内,有时也能在延脑或骨髓中发现,人也偶然感染。

连续多头绦虫,虫体长 20～75 cm,顶突有 26～32 个钩,排成两列。幼虫为连续多头蚴,常寄生于野兔、家兔、松鼠等啮齿动物的皮下、肌肉间、腹腔脏器、心肌、肺等处,形成小儿拳大的包囊,含有多数头节。

斯氏多头绦虫,虫体长 20 cm,顶突上有两列小钩,共 32 个。虫卵近圆形,直径 32～36 μm。其幼虫为斯氏多头蚴,寄生于羊的肌肉、皮下、胸腔与食道等处,偶见于心脏与骨骼肌。

(5) 细粒棘球绦虫病:细粒棘球绦虫属带科棘球属,虫体由 1 个头节和 3 或 4 个节片组成,不超过 7 mm。头节不大,顶突上有 28～50 个钩。虫卵 (32～36)μm×(25～30)μm,外层是一层具有辐射状线的较厚的胚膜,其中为六钩蚴。

细粒棘球绦虫的幼虫为棘球蚴,寄生于多种动物和人的肝、肺及其他器官,引起危害严重的棘球蚴病(包虫病),终末宿主是犬、豺、狼等犬科的食肉动物,寄生于小肠,中间宿主是羊、牛和骆驼等食草动物和人。主要是以幼虫(棘球蚴)的形式危害中间宿主,引起严重的棘球蚴病(包虫病)。

随着寄生时间的延长,棘球蚴不断长大,最大的可达 30～40 cm。棘球蚴可在人体内存活 40 年以上。当终末宿主犬、狼等吞食了棘球蚴或含棘球蚴的动物尸体感染。

细粒棘球绦虫呈世界性分布,畜牧业发达地区较为流行,动物和人感染棘球蚴的主要来源是野犬和牧羊犬;而牧羊犬由于吃到羊的含有棘球蚴的动物内脏,造成棘球绦虫在羊和犬之间的传播。

(6) 中线绦虫病:中线绦虫属中绦属中绦科。虫体长 75～100 cm,头节上有 4 个很发达的吸盘,无顶突。卵为长圆形,大小为 (40～60)μm×(35～43)μm,两层膜内含六钩蚴。

中线绦虫成虫寄生于犬、猫的小肠中,以地螨为第一中间宿主,在其体内发育为似囊尾蚴;第二中间宿主为各种啮齿类、禽类、爬虫类和两栖类动物,它们吞食了含似囊尾蚴的地螨后发育为4盘蚴,中间宿主或四盘蚴被终末宿主吞食后,在其小肠发育为成虫。

(7) 曼氏迭宫绦虫病:曼氏迭宫绦虫属假叶目、裂头科、迭宫属,主要寄生于猫和犬的小肠中。虫体长约 100 cm,头节呈指形,背腹面各具有一个纵行的吸槽,颈节细长,节片一般宽大于长。虫卵近椭圆形,两端稍尖,浅灰褐色,一端有卵盖,卵壳薄,内含许多卵黄细胞和一个胚细胞,大小为 (52～68)μm×(32～43)μm。

曼氏迭宫绦虫,发育过程需要两个中间宿主,第一中间宿主为剑水蚤,在其体内发育为原尾蚴;第二中间宿主为蛙类、蛇类和鸟类(鱼类、鸟类甚至人可作为转运宿主),在其体内发育为裂头蚴。猫、犬以及虎、豹等肉食动物为终末宿主,猫、犬等终末宿主吞食了含有裂头蚴的第二中间宿主或转续宿主后,裂头蚴在小肠内发育为成虫。一般在感染后 3 周可在粪便中检出虫卵。成虫在猫体内的寿命为 3 年半。

(8) 宽节双叶槽绦虫病:宽节双叶槽绦虫发育史与曼氏迭宫绦虫相似,也需经两个中间宿主,第一中间宿主为剑水蚤,第二中间宿主为鱼。人以及犬、猫等肉食动物是终末宿主。终末宿主吃入含有裂头蚴的鱼感染,感染后经 5～6 周发育为成虫。成虫在人体内存活 5～

13年。

流行地区人或犬、猫粪便污染水源,是剑水蚤受感染一个重要原因。另外多种野生动物可以感染,成为该病的自然疫源地。

2. 临床症状　当大量虫体寄生时,虫体以其小钩和吸盘损伤宿主的肠黏膜,常引起炎症。虫体吸取营养,给宿主生长发育造成障碍;虫体分泌的毒素引起宿主中毒;虫体聚集成团,可堵小肠腔,导致腹痛、肠扭转甚至肠破裂。当其他哺乳动物和人作为中间宿主时,多寄生于内脏器官,引起严重疾病。

犬轻度感染时常不呈现症状。严重感染时,出现呕吐,慢性肠卡他,贪食,异嗜,病犬渐进性消瘦,营养不良,精神不振;有的呈现剧烈兴奋(假狂犬病),病犬扑人,有的发生痉挛或四肢麻痹。犬绦虫病常呈慢性经过。

3. 诊断　依据临床症状,结合粪检虫卵结果加以判定。如发现病犬肛门常夹着尚未落到地面的孕卵节片,以及粪便中夹杂短的绦虫节片,均可帮助确诊。

4. 防治

治疗:

(1) 氢溴酸槟榔素:犬按每千克体重1~2 mg,一次内服。

(2) 硫双二氯酚:犬、猫按每千克体重200 mg,一次内服,对带绦虫病有效。

(3) 盐酸丁萘脒:犬、猫按每千克体重25~50 mg,一次内服驱除细粒棘球绦虫时按每千克体重50 mg,一次内服,间隔48 h再服一次。

(4) 吡喹酮:犬按每千克体重5 mg,猫按每千克体重2 mg,一次内服。

(5) 丙硫咪唑:犬按每千克体重10~20 mg,每天口服一次,连用3~4 d。

预防:

(1) 为了保证犬、猫的健康,一年应进行4次预防性驱虫(每季度一次);特别是在繁殖基地等,其驱虫工作应在犬交配前3~4周内进行。

(2) 不以肉类加工的废弃物(其中往往有各种绦虫蚴病),特别是未经无害处理的正常肉及内脏食品喂犬、猫。

(3) 在裂头绦虫病流行地区捕捞的鱼、虾,最好不生喂犬、猫。

(4) 应用蝇毒灵、倍硫磷、溴氢菊酯等药物杀灭动物舍内和体上的蚤和虱等中间宿主。

第二节　原　虫　病

原虫是单细胞动物,虫体由一个细胞构成。外形有圆形、卵圆形、柳叶形或不规则等形状,不同的发育阶段,可有不同的形态。原虫的营养方式,一种是通过体表渗透,另一种是通过口孔或胞口摄取食物。原虫的繁殖分有性繁殖和无性繁殖,有的只进行无性繁殖的,也有的无性繁殖与有性繁殖交替进行。

一、球　虫　病

犬、猫等孢球虫病由犬等孢球虫、二联等孢球虫、芮氏等孢球虫和猫等孢球虫寄生于犬或猫的小肠(有时也寄生于盲肠和结肠)黏膜上皮细胞内引起的寄生虫病,主要症状为肠炎。前两种球虫主要寄生于犬,后两种球虫主要寄生于猫。等孢球虫为世界性分布。

1. 病原 艾美耳科等孢属的等孢球虫的孢子化卵囊内含有2个孢子囊,每个孢子囊内含4个子孢子。各种等孢球虫的新排出卵囊(未孢子化卵囊)形态如下:

(1)犬等孢球虫:卵囊宽椭圆形或卵圆形,无色,大小为(35～42)μm×(27～33)μm,壁薄而光滑,无微孔。

(2)二联等孢球虫:卵囊宽椭圆形、亚球形或球形,大小为(10～14)μm×(10～12)μm,其他形态和犬等孢球虫相似。

(3)芮氏等孢球虫:卵囊椭圆形至卵圆形,大小为(21～28)μm×(18～23)μm,无色,壁光滑,有微孔。

(4)猫等孢球虫:卵囊为卵圆形,大小为(32～53)μm×(26～43)μm,壁光滑,粉红色,其他形态和犬等孢球虫相似。

2. 流行特点 等孢球虫与其他球虫的发育过程相似,也需经过孢子生殖、裂殖生殖和配子生殖3个阶段。一般在温暖潮湿的季节多发,尤其是卫生条件差的圈舍更易发生。主要危害幼犬和幼猫。

3. 临床症状 等孢球虫轻度感染时不显症状;严重感染时,在幼犬或幼猫均表现消化道症状,腹泻,出现水样或黏液性或血性粪便,常继发细菌或病毒感染,临床表现为食欲降低、消化不良、消瘦、贫血和脱水,有时轻度发热。若无继发感染,一般不经治疗可自行康复。

4. 诊断

(1)根据上述临床症状。

(2)粪便漂浮法检获卵囊。

5. 防治

治疗:

(1)氨丙啉:按每千克体重110～220 mg的剂量混入食物,连用7～12 d。

(2)磺胺二甲氧嗪。每次按每千克体重554 mg,用药1 d或每次按每千克体重27.5 mg,用24 d或一直到症状消失。

(3)患球虫病的犬、猫往往继发或并发其他细菌或病毒感染,对症治疗(消炎、输液等)。

预防:

(1)药物预防:1～2大汤匙9.6%的氨丙啉溶液混于4.546 L水内,在母犬产仔前10 d内给犬自由饮用。

(2)搞好犬、猫舍及饮食具的卫生,及时清理粪便。

二、弓形虫病

犬、猫弓形虫病龚地弓形虫引起的一种原虫病。多数为隐性感染,但也有出现症状甚至死亡。

1. 病原 属弓形虫科、弓形虫属的龚地弓形虫,不同发育阶段,形态各异,滋养体和包囊出现在中间宿主体内;裂殖体、配子体和卵囊只出现在终宿主猫体内。

滋养体(又称速殖子)主要见于急性病例。滋养体的典型形态呈橘瓣状或新月状,一端较尖，另一端钝圆，经姬氏液或瑞氏液染色后胞浆呈蓝色，核为紫色。

包囊（又称组织囊）见于慢性病例的脑、眼、骨骼肌与心肌等处，是虫体在宿主体内的休眠阶段。通常呈亚球形或与宿主细胞的形状相适应。囊膜较厚而富有弹性，囊内含有数个到数千个滋养体（慢殖子），慢殖子的形态与速殖子相似，仅比前者的细胞核的位置稍偏后。

裂殖体呈长卵圆形，有许多条形的裂殖子。

配殖体呈卵圆形，有大小配殖体，均呈卵圆形。

卵囊见于猫粪内，呈圆形或椭圆形，卵壁两层，无色，无微孔。

2. 流行特点　弓形虫的发育过程需要两个宿主；在终宿主体内进行肠内期（又称球虫相）发育，在中间宿主体内进行肠外（又称弓形虫相）发育。

猫吞食了已孢子化的弓形虫卵囊或包囊和假囊后，子孢子或慢殖子和速殖子侵入小肠绒毛的上皮细胞内进行类似球虫发育的裂殖生殖和配子生殖，最后产生卵囊，随粪便排出体外，外界适宜条件下，经2~4 d，形成感染性卵囊。

弓形虫也可在猫体内进行弓形虫相发育，即被猫吞食的子孢子、慢殖子或速殖子有一些可以进入淋巴、血液循环，被带到全身各脏器和组织中，侵入有核细胞，以内出芽增殖进行无性繁殖，生成包囊（内含许多滋养体，又称假包囊），包囊破裂释放出许多滋养体，每个滋养体又能侵入新的细胞内重新进行内出芽增殖。

弓形虫可在细胞浆繁殖，也能侵入细胞核内繁殖。经一段时间的繁殖之后，由于宿主产生免疫力，或其他因素，使其繁殖变慢，一部分滋养体被消灭，一部分滋养体在宿主的脑和骨骼肌等处形成包囊，内含慢殖子，保存下来。

犬吞食了弓形虫感染性卵囊或包囊后，子孢子或慢殖子在其体内进行弓形虫相发育，最后形成包囊，存留在犬的一些脏器和组织中。

3. 症状　犬和猫患弓形虫病的症状，大都与中枢神经系统、视觉、呼吸、胃肠系统有关。犬的症状类似犬瘟热，包括发热，厌食，精神委顿，呼吸困难，咳嗽，贫血，下痢，妊娠早产或流产，运动共济失调等。

猫的症状包括发热，黄疸，呼吸急促，咳嗽，贫血，运动失调，后肢麻痹，肠梗阻等。也有出现脑炎症状和早产或流产的病例。

4. 诊断　对可疑病畜或尸体的组织或体液涂片、压片或切片，观察有无弓形虫。亦可用血清学诊断，如间接荧光抗体试验、间接血细胞凝集试验、补体结合反应试验、酶联免疫吸附试验等。还采用动物接种法，小鼠、天竺鼠和家兔等实验动物都对弓形虫高度敏感性，做动物接种。

进行尸检常可对弓形虫病做确切诊断。在急性病例中器官和组织出现坏死、出血和水肿为主要特征。慢性病例，器官组织细胞出现炎性反应。

5. 治疗　可用磺胺嘧啶和乙胺嘧啶治疗。磺胺嘧啶的剂量为每千克体重10 mg；乙胺嘧啶的剂量为每千克体重0.5~1 mg，每天分4~6次投服，连用14 d。这两种药单独使用时疗效低，同时使用获得很高疗效。

此两种药物有抑制叶酸盐的代谢作用，使用时应同时投服甲酰四氢叶醛，剂量每天为每千克体重1 mg，以防药物引起副作用如贫血等。磺胺氨苯砜（SDDS）剂量为每天每千克体重5 mg，连用5~7 d。

复习思考题

1. 怎样诊断犬心丝虫病？如何预防该病？
2. 制订综合预防犬、猫寄生虫病的方案。
3. 犬、猫感染绦虫病病原的种类有哪几种？其幼虫寄生的宿主是什么？如何有效的预防绦虫病的发生？
4. 简述犬、猫弓形虫病的诊断依据。猫在弓形虫病的传播和发生上有什么作用？怎样治疗该病？
5. 如何预防犬、猫球虫病？

第七章

内科疾病

第一节 消化系统疾病

一、口 炎

口炎是指口腔黏膜及其深部组织的炎症。按炎症的性质分为卡他性口炎、水泡性口炎、溃疡性口炎、霉菌性口炎和坏疽性口炎，按发病原因可分为原发性口炎和继发性口炎。

1. 病因

（1）原发性口炎：主要包括物理、化学刺激和感染。物理因素主要包括牙结石、钉子、铁丝、线、骨头、鱼刺等直接损伤口腔黏膜，继发感染而引起；化学因素主要指误食生石灰、强酸强碱，或经口腔投喂强腐蚀性药物；感染因素主要指某些细菌和真菌感染。

（2）继发性口炎：继发于传染病，如犬瘟热、犬传染性肝炎、猫传染性鼻气管炎、猫杯状病毒感染、冠状病毒感染、猫白血病、猫免疫缺陷病、钩端螺旋体感染等；继发于内分泌疾病，如糖尿病、甲状旁腺机能减退、肾病等；继发于代谢病，如某些微量元素、B族维生素缺乏；继发于免疫系统疾病，如系统性红斑狼疮、接触性皮炎、猫嗜酸性肉芽肿等。

2. 症状 犬、猫患原发性口炎时通常有食欲，但只能采食液体或较软的食物，不加咀嚼即行吞咽；大量流涎；口腔黏膜红、肿、热、痛，抗拒检查；有的在吃食时，突然尖声嚎叫，痛苦不堪；出气常带有难闻的口臭；下颌淋巴结肿大；有时轻度发热。

3. 治疗

治疗原则：确定并消除病因，控制炎症，对症治疗，加强护理。

（1）消除病因：首先应找出病因，并尽可能加以排除，必要时在全身麻醉后进行，如拔除口腔黏膜上的异物，修整锐齿等。

（2）继发性口炎应积极治疗原发病：细菌性口炎，选用有效的抗生素治疗。霉菌性口炎，选用保健、酮康唑、灰黄霉素或抗癣特片。坏疽性口炎，应全身应用抗生素。

（3）对症治疗：一般可用生理盐水、2%～3%硼酸溶液冲洗口腔，每日2～3次；口腔黏膜或舌面发生溃疡时，在冲洗口腔后，用5%碘甘油或1%龙胆紫涂布创面，每天1～2次。

（4）加强护理。

二、咽　　炎

咽炎是咽黏膜及其深层组织的炎症。

1. 病因

（1）原发性咽炎：犬、猫比较少见，多因物理性或化学性刺激引起。如犬、猫吞食骨头、鱼刺等异物刺伤，热食热水烫伤，吞食冰冻食物，刺激性强烈的药物等刺激所致。

（2）继发性咽炎：可继发于口炎、扁桃体炎、感冒或邻近组织器官的炎症。亦见于狂犬病、犬瘟热、犬钩端螺旋体病、犬传染性肝炎、猫泛白细胞减少症、猫尿毒症、维生素A缺乏症等。

2. 症状　初期食欲下降、吞咽困难、流涎、呕吐或干呕、咽部黏膜充血肿胀和下颌淋巴结肿大等症状。若疼痛严重，拒绝饮水。咽部触诊，敏感性增加，人工诱咳阳性。有的犬、猫出现全身症状而表现乏力、拒食、咳嗽和体温升高。

3. 诊断　根据病史调查和吞咽障碍，咽部肿胀及触压敏感等临床症状可以做出诊断。

4. 治疗

治疗原则：加强护理，对症治疗。

（1）加强护理：可给予流质易吞咽食物。

（2）对症治疗：可使用抗生素、止吐药、止痛药。

三、扁桃体炎

扁桃体炎是指腭扁桃体的炎症，根据病因可分为原发性和继发性炎症；根据病程可分为急性和慢性炎症。

1. 病因　原发性扁桃体炎常为某些细菌、病毒感染所致。物理或化学性刺激可引起本病。邻近器官炎症的蔓延、巨食道症、幽门痉挛、支气管炎等，可继发本病。

2. 症状

（1）急性扁桃体炎：食欲下降、流涎、干呕或呕吐、吞咽困难；重症犬体温升高，颌下淋巴结肿胀，常有轻度的咳嗽。扁桃体潮红肿胀，由隐窝向外突出，表面有白色渗出物，有的可见坏死灶或形成溃疡。

（2）慢性扁桃体炎：以反复发作为特征，隐窝上皮纤维组织增生，口径变窄或闭锁，扁桃体表面失去光泽，呈泥样。

3. 诊断　根据病史调查和临床检查可做出初步诊断，扁桃体的活组织检查可能确诊。

4. 治疗

（1）针对病因治疗。

（2）抗菌消炎，防止继发感染。

（3）局部处理：急性扁桃体炎初期，可在颈部冷敷。除去扁桃体黏膜上的渗出液，涂擦复方碘甘油溶液。

（4）支持疗法：对采食困难的犬、猫，可采用液体疗法，补充液体、能量、电解质。

（5）手术疗法：对反复发作的慢性炎症，应在炎症缓和期手术摘除扁桃体。

四、多涎症

大量唾液从口流出的现象称为多涎症,因唾液腺分泌亢进而表现出来的流涎状态称为真性流涎症,而因吞咽困难所致的流涎称为假性流涎症。犬在高温情况下分泌大量稀薄唾液,属生理现象。

1. 病因

(1) 真性流涎:常见于刺激唾液腺分泌的药物及毒物中毒;作用于副交感神经和交感神经的药物以及苦味药物的应用;口腔器官炎症、唾液腺感染;胃的反射性兴奋;神经系统疾病;痉挛、恐惧等心理性刺激;某些传染病的经过也可发生流涎。

(2) 假性流涎:常见于颅骨骨折、下颌骨骨折、换牙、下颌关节炎症、扁桃体炎、咽炎、食道炎,或因口、咽或食道异物及唇、舌或咽麻痹等,导致唾液吞咽障碍。

2. 症状 口唇周围有很多泡沫样唾液是最明显的症状。当分泌亢进而无吞咽障碍时,唾液全部咽下,胃呈膨胀状态,有的出现反射性呕吐。假性流涎常伴有唇下垂或舌脱出。

3. 治疗

(1) 首先治疗原发病:对药物或毒物中毒引起的流涎应催吐或洗胃,选用解毒剂。对神经性或反射障碍引起的流涎,应使用镇静剂、安定剂。

(2) 抑制唾液分泌:可使用硫酸阿托品每千克体重 0.03~0.05 mg,皮下注射。

五、食道梗阻

食道梗阻是指粗大的食团或异物停滞于食道内,致使吞咽障碍的一种疾病。食道梗阻分为完全梗阻和不完全梗阻。多发生于食管的胸腔入口与心基底部之间或心基底部与膈的食道裂孔之间。犬的食道梗阻发病率是猫的 6 倍。

1. 病因 粗大的饲料团块、混于饲料中的异物及由于嬉戏而误咽的物品都可使食管发生阻塞。饥饿过甚,采食过急,或采食中受到惊恐而突然扬头吞咽,或呕吐过程中从胃内返逆食物进入食道后突然滞留是发生本病的常见诱因。

2. 症状

(1) 不完全梗阻:动物有不太明显的骚动不安、呕吐和哽噎动作,摄食缓慢,拒食大块的食物,吞咽小心,有疼痛表现。仅能使液体食物通过食道入胃,而固体食物停滞于食道内或逆呕出来。

(2) 完全梗阻及尖锐异物或穿孔性异物引起的阻塞:患病动物突然停止采食,高度不安,头颈伸直,大量流涎,不断做哽噎或呕吐动作,吐出大量带泡沫的黏液和血性分泌物,常用后肢搔抓颈部,动物表现极度痛苦,呼吸困难,甚至窒息。尖锐异物或穿孔性异物易引起食道坏死或穿孔而伴发局部脓肿、胸膜炎、脓胸等,多预后不良。

3. 诊断 根据病史和特征性临床症状(多为进食时突发吞咽困难、流涎、哽噎或呕吐等),以及胃管插至梗塞部位不能前进等容易做出诊断。有条件的可做 X 线检查(图 7-1)或食道内窥镜检查以确定异物的位置和性质及食道损伤程度。

4. 治疗

治疗原则：除去食管内梗塞物及对症治疗。

临床上应根据阻塞物的种类采取不同的措施。

（1）上段食道阻塞：动物麻醉后，用钳子钳住异物小心取出，亦可用食道内窥镜和异物钳将异物取出。

（2）坚硬难消化异物阻塞：以催吐（非尖锐异物阻塞）或手术取出梗塞物为上策，因异物入胃后易引起肠梗阻。

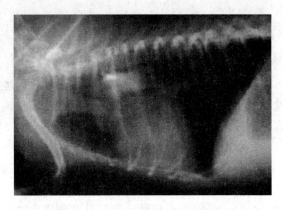

图 7-1　短骨引起心基部食道阻塞
（引自谢富强主译，犬猫X线与B超诊断技术，2006）

（3）饲料团块阻塞：催吐排除异物或用胃管将阻塞物送入胃中。

① 催吐。

② 胃管推送法，如果条件允许，可用食道内窥镜和异物钳将异物取出。

（4）尖锐物体或穿孔性的异物阻塞：应考虑手术治疗，切开部位取决于阻塞物体的大小和位置。

（5）控制继发感染：梗阻物排除后，选用有效的抗生素连续注射数日。同时补充营养和水分，如静脉注射糖盐水或行营养性灌肠，其后给予流质食物，逐渐恢复正常饮食。

六、胃　　炎

胃炎是胃黏膜的急性或慢性炎症，以呕吐、胃压痛及脱水为特征。临床以急性胃炎多见，慢性胃炎多见于老龄动物或急性胃炎未能及时治愈发展而来。

1. 病因

（1）外源性因素：①采食腐败变质的食物是最常见病因；②异物机械刺激（如包装材料、破布、木棒、毛发、石块、小玩具等）；③服用或误食某些药物（如阿斯匹林、消炎痛、保泰松等）和化学物质（如重金属、清洁剂、化肥、除草剂等）；④摄入青草和植物有时也会引起胃炎。

（2）内源性因素：①细菌感染：细菌感染可以引起胃炎，但细菌性胃炎发病率不高，因胃的酸性环境不利于细菌生长；②病毒感染：急性胃炎多见于犬瘟热、犬传染性肝炎、犬冠状病毒感染、犬细小病毒感染和猫泛白细胞减少症等的经过；③内寄生虫感染：见于蛔虫、绦虫、球虫、弓形体等。

（3）全身性疾病和过敏反应：如尿毒症、肝病、急性胰腺炎、肾炎、休克、脓毒症，甚至应激反应，都可以成为胃炎的发病原因；饲喂蛋、牛奶或鱼肉等，有时可引起个别犬、猫变态反应性胃炎。

（4）慢性胃炎：病因尚未完全查明。中枢神经机能失调，影响胃的功能，可能与本病有关。急性炎症因素的长期刺激、胃酸缺乏、营养不足、内分泌机能障碍等，均可引起本病。

2. 症状

(1) 急性胃炎：经常性急性呕吐、精神沉郁和腹痛是主要症状。动物拒食但有极度渴感，但饮水后即发生呕吐。若为腐蚀剂引起的胃炎，呕吐物中含有血液及胃黏膜碎片。常因腹痛而表现不安，腹部紧张，抗拒触诊前腹部，前肢向前伸展，体躯伏卧于凉地上。若持续呕吐，出现脱水、消瘦、电解质紊乱和碱中毒等。

(2) 慢性胃炎：主要表现为与采食无关的间歇性呕吐，呕吐物常混有少量血液。食欲不振，逐渐消瘦，轻度贫血，最后发展为恶病质状态。

3. 诊断 根据病史、临床症状可初步建立诊断。单纯性胃炎，特别是急性胃炎，一般经对症治疗多可奏效，可作为治疗性诊断。内窥镜检查胃黏膜的变化（充血、肿胀，表面附有黏液或黏膜皱缩、增厚等）即可确诊。胃液检查胃酸减少或缺乏，胃液中含有上皮细胞、白细胞、黏液及细菌是慢性胃炎的特点。临床上注意与胃内异物、急性胰腺炎鉴别。

4. 治疗

治疗原则：除去病因，保护胃黏膜，止吐，纠正脱水、电解质及酸碱平衡紊乱。

(1) 食饵疗法：首先应限制饮食，禁食 24 h 以上。此期间为防止一次性大量饮水后引起呕吐，可多次给予少量的饮水或让其舔食冰块。然后喂以高糖低脂低蛋白易消化的流质食物，应少食多餐，数日后逐步恢复正常饮食。

(2) 镇静止吐：对持久性、顽固性呕吐的犬、猫，应镇静止吐。

(3) 清理胃内容物：采用催吐剂。亦可口服胃黏膜保护剂。当有害物质进入肠道后，可用泻剂如蓖麻油 10~50 mL 内服。

(4) 制止脱水及维持酸碱平衡。

(5) 对症治疗。

(6) 健胃助消化。

七、胃扩张-扭转综合征

胃扩张是由于胃的分泌物、食物或气体聚积导致胃扩张的疾病。胃扭转是胃幽门部从右侧转向左侧，被挤压于肝脏、食管的末端和胃底之间，并导致贲门不通的病症。胃扭转后很快发生胃扩张（胃内蓄积的气体和液体既不能通过食管逆流，也不能通过十二指肠后送），因此称为胃扩张-扭转综合征。多见于大型犬、深胸犬，且多见于成年、中年或老龄犬，雄性比雌性发病率高，家猫也可发生胃扭转。本病经过急剧，如不及时治疗，会迅速引起死亡。

1. 病因

(1) 胃扩张：有两种类型，以深胸犬较为常见。

① 第一型（缓发型）：由于采食增加，经过较长时期，胃发生代偿性增大。其促发因素有寄生虫、不适当的饮食和胰液分泌减少。

② 第二型（速发型）：发病急剧，胃由于分泌物、食物和气体聚积而发生急性扩张，直接原因是采食大量干燥难消化或易发酵食物，继之剧烈运动并饮大量冷水。肠梗阻、便秘等机械阻塞亦可引起胃扩张。

(2) 胃扭转：犬的幽门移动性较大，如因胃内容物过多而使胃韧带松弛或断裂时，就可发生本病。往往发生于饱食后打滚、跳跃、迅速上下楼梯时的旋转、摇摆和滚动等情况下。胃扭转使胃的贲门和幽门发生闭锁，胃、脾血液循环受阻，导致急性胃扩张。

2. 症状

（1）过食性胃扩张：腹部显著增大，并出现急性腹痛症状。可见嗳气、流涎和呕吐，触诊腹前部增大变硬。严重者会发生虚脱。而继发于营养不足或胰腺炎的胃扩张，通常不产生胃部症状。

（2）急性胃扩张：不论有无胃扭转，动物首先呈现剧烈腹痛，卧地翻滚、号叫不安，然后迅速发生腹部膨大、大量流涎、干呕。腹部叩诊呈鼓音或金属音，急剧冲击胃下部，可听到拍水音。由于扩张的胃压迫横膈膜出现高度呼吸困难、心跳加快，严重者可窒息休克。

通过细致的腹部触诊，可在两侧肋下部摸到膨大呈球状囊袋的胃，并可确定胃内容物的性质（积液、积食、积气）。

3. 诊断 根据病史和体征及腹部触诊即可做出胃扩张的初步诊断。X线检查有助于确定胃内容物的性质（图7-2、图7-3）。胃扭转和急性胃扩张的临床症状相同，难以确切鉴别。若胃管能插入胃内，就可排除胃扭转。但有时无并发症的急性胃扩张病例，亦不能插入胃管，确诊需依赖手术及X线检查。

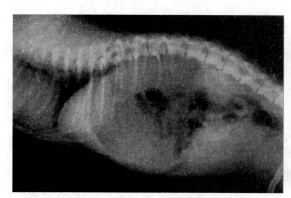 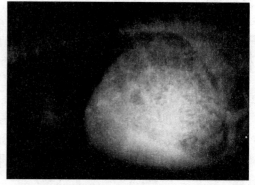

图7-2 气性胃扩张：低密度气体阴影　　　　　图7-3 积食性胃扩张
（引自谢富强主译，犬猫X线与B超诊断技术，2006）　　（引自谢富强主译，犬猫X线与B超诊断技术，2006）

4. 治疗 胃扩张-扭转综合征应做急症处理，治疗原则为排除胃内容物，镇痛，抗休克。胃扭转应尽早手术整复。

（1）放气催吐，排除胃内容物。

（2）镇痛。

（3）手术治疗。

（4）抗休克。

（5）加强饲养管理：急性期应禁食24 h，3 d后给予流质饮食，然后给予无刺激性的软食，每日至少给3次，同时给予健胃助消化药物，逐渐恢复常食。

八、肠　　炎

肠炎是小肠黏膜的急性或慢性炎症。本病既可作为仅侵害小肠的一种独立的疾病，但更常见的是涉及胃或结肠的更广泛的炎症性疾病。通常所说的"肠炎",是包括胃炎、小肠炎、结肠炎的统称。肠炎按其病因分为原发性和继发性两种类型。肠炎是犬、猫最常见的内科病。

1. 病因

(1) 原发性肠炎:主要是由于犬、猫采食腐败变质的食物、动物废弃物及病原微生物所污染的食物饮水;或者误食喷雾剂、毒饵、重金属、刺激性药物、异物等;饲喂大量难消化的蚕豆、豌豆和谷物(粟、玉米等)后常发生本病;某些特异性食物的过敏反应常导致急性肠炎;长期使用抗生素引起肠道菌群紊乱常呈现慢性肠炎。

(2) 继发性肠炎:常见于某些传染病,如犬瘟热、犬细小病毒病、犬传染性肝炎、犬冠状病毒感染、猫泛白细胞减少症等;钩端螺旋体、沙门氏菌、大肠杆菌、变形杆菌和弧菌是肠炎的常见病原菌。某些寄生虫感染,如绦虫、蛔虫、弓形虫、钩虫、球虫感染亦常伴发肠炎。

(3) 饲养管理不当:营养不良、过度疲劳、感冒等因素,降低了机体的抵抗力,使胃肠屏障机能减弱,平时在胃肠道内的不引起致病作用的细菌(如大肠杆菌、变形杆菌、沙门氏菌和弧菌等),由于毒力增强而致发本病。

2. 症状 肠炎的主要症状是腹泻、腹痛、呕吐、精神沉郁、食欲下降、发热和毒血症等。病初,主要表现消化不良及粪便带有黏液。当炎症波及黏膜下层组织时,呈现持续而剧烈腹痛、腹壁紧张、触诊敏感或抗拒腹检,经常伏卧于凉的地面或以肘及胸骨支于地面,后躯高起作"祈祷姿势",食欲废绝。

当以胃、小肠炎症为主时,频发呕吐,呕吐物初期为食糜,以后为泡沫样黏液。粪便常混有血液呈黑褐色或黑红色甚至混有黏膜碎片。口腔干燥、灼热、口臭、舌苔厚,结膜潮红或黄染。

以大肠炎症为主时,呈现剧烈腹泻,粪便稀软、水样或胶冻状,粪便恶臭,含有黏液、血液(粪便表面附血丝或血块)、黏膜组织,有时混有脓汁。病至后期,由于肛门松弛,呈现排便失禁或里急后重现象。听诊肠音增强,有时可闻带金属调高朗的肠音,后期肠音沉衰。

全身症状可见:体温升高,脉搏细数,黏膜发绀。脱水体征明显:眼球下陷,皮肤弹性减退,血液浓稠,尿量减少。自体中毒体征明显:虚弱无力,肢端发凉,脉搏细数,肌肉震颤,体温下降,昏迷等。

慢性病例,除反复腹泻或腹泻与便秘交替出现和轻度的营养不良之外,其他症状不明显。

3. 诊断 根据病史和临床症状,容易诊断,但病因诊断则需依靠实验室工作。粪便镜检可以证明有无寄生虫和原虫;进行粪便培养,可以确定有无病原菌。

4. 治疗

治疗原则:抗菌消炎、缓泻止泻、强心补液防止自体中毒。

(1) 饮食管理:首先应禁食24 h,只给少量饮水或口服补液盐。然后可喂以糖盐米汤100~500 mL,3次/d,恢复饮食初期应给予低脂易消化食物,直至恢复正常饮食为止。

(2) 抗菌消炎:控制和预防继发感染,是治疗肠炎的根本措施,适用于各种病型并应贯穿于整个病程。

(3) 缓泻止酵，清理胃肠。

(4) 收敛止泻。

(5) 强心补液防自体中毒。

(6) 对症治疗。

九、小肠梗阻

肠梗阻是犬、猫的一种急腹症，发生部位主要为小肠。包括机械性阻塞、肠变位及功能性因素引起的阻塞。本病发生急剧、发展迅速，预后慎重，治疗不及时，死亡率高。

1. 病因

(1) 异物阻塞及肠腔闭塞：多由果核、橡皮、弹性玩具、石块、木块、布条、塑料等异物引起；粪便秘结、肠道寄生虫等亦可引起阻塞。肠道内外肿瘤、肠道手术后形成疤痕及疝等，使肠腔闭塞，造成肠道内容物运转障碍。

(2) 肠变位：包括肠套叠、肠嵌闭、肠绞窄、肠扭转等。临床以肠套叠多发，是指一段肠管及其附着的肠系膜套入到邻近一段肠管内的肠变位。犬的肠套叠较多见，尤以幼犬发病率较高。多见于前段肠管套入后段肠管，以空肠、回肠套入结肠最多见，有时也发生盲肠套入结肠、十二指肠套入胃内。

主要由于过度活动和肠道的痉挛性蠕动所致。常见于犬细小病毒感染、急性肠炎、寄生虫病等，造成肠蠕动机能失调；食入大量冰冷食物或冷水，刺激肠道产生剧烈蠕动，引起近端肠道套入远端肠道；幼犬断乳后采食新的食物引起吸收不良、反复剧烈呕吐或腹泻、肠肿瘤和肠道局部增厚变形等，也能引起肠套叠。

(3) 功能性因素：支配肠壁的神经紊乱或发炎、坏死，导致肠蠕动减弱或消失；肠系膜血栓，导致肠血液循环发生障碍，继而肠壁肌肉麻痹，肠道内容物停留。

2. 症状 肠梗阻部位愈接近胃，其症状愈急剧，病程发展愈迅速。最为显著的症状是剧烈腹痛、持续性呕吐、精神沉郁、食欲废绝等。

初期表现腹部僵硬，抗拒腹部触诊。呕吐是早期症状，不完全梗阻仅在采食固体食物时发生呕吐，以慢性腹泻或便秘为主要症状。完全梗阻时，腹痛不安，饮欲亢进。呕吐，初期呕吐物中含有不消化食物和黏液，随后呕吐物中含有胆汁和胃内容物。排便减少，排出煤焦油样稀粪，以后排便停止，肠套叠时粪便多呈稀薄黏液性血便。

3. 诊断 根据病史、临床症状及腹部触诊可建立诊断。腹部紧张可施行浅麻醉或注射氯丙嗪以利于检查。

(1) X线检查：阻塞前部肠管扩张，有特征性气体象。站立位时，可见液体与气体之间的水平线，阻塞部以下的肠道呈空虚像。肠套叠可见两倍肠管粗细的圆筒状软组织阴影（图7-4），严重时，套叠部的肠壁间有气体阴影或出现双层结构。

(2) 肠道造影：投服钡剂或发泡剂后，肠道造影可确定阻塞部位。

(3) 必要时剖腹探查，以便及时治疗（图7-5）。

4. 治疗

(1) 手术疗法：立即进行外科手术治疗，补充体液和电解质、纠正酸碱平衡紊乱、应用广谱抗菌素控制感染等对症治疗措施。肠道切开（切除）病例，术后3d禁食禁水。

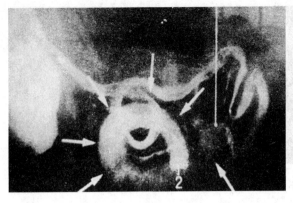 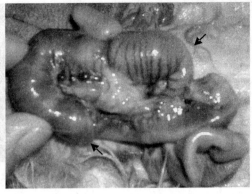

图7-4 肠套叠：两倍肠管粗细的圆筒状软组织阴影　　图7-5 剖腹探查肠套叠

（2）保守疗法：肠套叠初期可试用温肥皂水灌肠；有时用止痛药和麻醉药，可使初期肠套叠自然复位。亦可采用腹壁触诊整复：一只手握住套叠部肠管的前端往前牵引，另一只手从套入肠段的断端往前轻轻挤压，可望复位。

十、肠便秘

肠便秘是由于肠蠕动机能障碍，肠内容物不能及时后送而滞留于大肠内，水分逐渐被肠壁吸收，内容物变干、变硬，致使排便过少或排便困难的现象。便秘是犬、猫的常见病，多发于老龄犬、猫。

1. 病因

（1）饲料和环境因素：食入多量骨头、异物和毛发等，与粪便形成大的硬粪块。另外，环境突然改变、缺乏运动，也会打乱原有的排便习惯。

（2）直肠及肛门受到机械性压迫或阻挡：引起排便疼痛的各种肛门疾患，直肠狭窄及肠管内外梗阻，由于排便不畅及疼痛，使正常的排便反射减弱或消失。

（3）不能使动物采取正常排便姿势的疾患：如骨盆骨折，髋关节脱位或肢体骨折等。

（4）其他引起肠弛缓的因素：如老龄性肠弛缓；内分泌异常；某些慢性病经过中由于脱水和衰弱而引起便秘；许多药物（如抗胆碱能药、抗组胺药、硫酸钡等）也可引起便秘；某些神经原性疾患（如腰荐部脊髓或神经损伤）也会引起便秘。

2. 症状　主要表现为排便迟滞，反复努责而排不出粪便，常因疼痛而号叫，有时仅排少量附有血液和黏液的干粪球。初期精神、食欲多无变化，久之则出现食欲不振甚至废绝。动物腹围增大，腹痛，背腰拱起，有时呕吐。结肠梗阻有时可发生积粪性腹泻，排出褐色水样粪便。腹部触诊可触及肠管内成串的秘结粪块，肛门指检过敏，在直肠内有干燥、秘结的粪块。X线检查，清晰可见肠管扩张状态，其中含有高密度粪块的异物阴影（图7-6）。

3. 诊断　根据排便困难的病史和触诊摸到大肠内成串的干硬粪块，按压时有疼痛表现及肛门指检，不难确诊。

4. 治疗

治疗原则：疏通肠管，促进排便。

（1）单纯便秘：可采用灌肠。灌肠时需特别注意压力不可过高（尤其是对猫），否则极

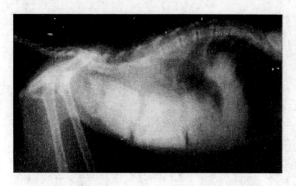 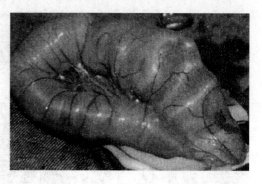

图 7-6 肠便秘 X 线及手术取出便秘粪球

易造成直肠壁穿透。

上述方法无效时，手术取出粪块，加强护理，采取补液，强心等措施。

粪便排出后的恢复期，可投服适当润滑性泻剂，促进肠内容物排出。适当运动，合理调配饲料，饮水要充足。

（2）继发性便秘：积极治疗原发病。

十一、胰腺炎

急性胰腺炎是由于胰腺酶消化胰腺自身所引起的急性炎症。胰腺腺泡组织的包囊内含有消化酶的酶原粒，如果酶原被激活，就会引起腺体自体消化，产生严重的炎症反应。另一方面，腺泡组织如不往小肠内分泌消化酶，就会影响消化和发生继发性营养不良。急性胰腺炎分为水肿型和出血型（败血型），前者早期治疗预后尚可，后者死亡率极高。

慢性胰腺炎是指胰腺的反复发作性或持续性炎症变化，胰腺呈广泛性纤维化、局灶性坏死、胰泡和胰岛组织的萎缩和消失、假囊肿形成和钙化。犬、猫的胰腺炎较多，但有临床症状的较少见，多在死后剖检时才能发现病变。犬发病率比猫高，雌犬多于雄犬。尽管各种年龄的犬都可患病，但以幼犬和中年肥胖雌犬更为常见。

1. 病因 胰腺炎有多种原因，损伤可能是主要因素。自然病例多为水肿型胰腺炎，实验发病的为急性出血性胰腺炎。

（1）肥胖：患急性胰腺炎的犬多为肥胖犬。饲喂高脂食物可以改变胰腺细胞内酶的含量而诱发急性胰腺炎，饮食中的脂肪含量和犬、猫的营养状况是急性胰腺炎发病的重要因素。

（2）高脂血症：在急性胰腺炎患犬中，多伴有高脂血症。高脂血症可以引起胰腺炎，反之，急性胰腺炎又可以诱发高脂血症，并改变血浆脂蛋白酶。脂肪饮食能产生明显的食饵性脂血症（乳糜微粒血症），继而发生胰腺炎，尤其当血液中清除乳糜微粒的机制受到损害时（如患甲状腺机能低下或糖尿病），更易发生急性胰腺炎。

脂血症导致胰腺炎的机理不详。有研究者认为，位于胰腺毛细血管床的酯酶能水解血液内的脂肪，释放出脂肪酸，可造成胰腺内局部酸中毒和血管收缩，由于局部缺血和炎症释放出更多的酯酶进入血液循环，从而造成胰腺炎。

（3）胆管疾患：由于胆管和胰腺间质的淋巴管互通，所以，胆管疾患可以通过淋巴管扩散至胰腺而发病。

（4）感染：胰腺炎可见于犬、猫某些传染性疾病过程中，犬传染性肝炎和犬、猫弓形虫病和猫传染性腹膜炎是涉及胰腺的传染病(因为可以引起胆管肝炎诱发胰腺炎)。中毒性疾病、腹膜炎、肾病、败血症等过程中,病毒、细菌或毒物等经血液、淋巴而侵害胰腺引起炎症。

(5) 十二指肠液或胆汁返流:十二指肠液或胆汁返流进入胰管和胰间质(因胆汁中的溶血卵磷脂和未结合的胆盐对胰腺的毒性甚大),是急性胰腺炎的原因之一。

(6) 慢性胰腺炎:多由急性局限性胰腺炎发展而来,或由胆管、十二指肠感染以及胰管狭窄等所致。

2. 症状

(1) 急性胰腺炎:多数患病动物表现严重呕吐和腹痛,病犬采取以肘及胸骨支地而后躯高起的"祈祷姿势",有的则找阴凉地方,腹部紧贴地面躺卧。精神沉郁、厌食、发热、黄疸。腹部膨胀,紧张有压痛。腹泻乃至血性腹泻。部分病例呈现烦渴,饮水后立即呕吐,呼吸急促,心动过速,脱水。严重病例出现昏迷或休克(胰岛素突然大量释放引起低血糖,或钙与血中的脂肪酸结合导致低血钙所致)。

急性出血型胰腺炎的临床症状与急性水肿型胰腺炎相似,但症状更严重。腹痛是经常出现的症状,比较弥漫而不局限于局部;腹胀、腹泻和呕吐都较急性水肿型胰腺炎严重,粪便常带血;常常发生休克。

(2) 慢性胰腺炎:特征是反复发作持续性呕吐和腹痛。常见症状是排便次数增多,粪便发油光,呈橙黄色或黏土色,有酸臭味,含有未完全消化的食物。由于吸收不良或并发糖尿病使动物表现贪食。因粪中含脂肪较多,使尾毛和会阴部污染呈油污样。触诊胰腺或周围脂肪(猫)不规则。生长停滞,明显消瘦。

3. 诊断

(1) 急性胰腺炎:无确定诊断的特定指征,确切诊断比较困难。只能通过实验性治疗来诊断。

① 实验室检查:白细胞总数和中性粒细胞增多,血清中淀粉酶及脂肪酶的浓度升高(达正常的2倍),但血清淀粉酶多于发病2~3 d后恢复正常。其他有助于胰腺炎诊断的实验室指标有低血钙、一时性的高血糖症和谷丙转氨酶升高,禁食时的高脂血症,可作为急性胰腺炎的诊断依据。严重胰腺炎病例由于胰腺和附近器官发炎引起液体渗出而有腹水,腹水中含有淀粉酶具有诊断意义。

② 必要时开腹探查和腹腔镜检查以确定诊断。

③ X线检查可发现上腹部密度增加,但放射学摄片正常也不能排除胰腺炎。

(2) 慢性胰腺炎或胰腺发育不全:由于缺乏胰蛋白酶,粪便中含有脂肪和不消化肌肉纤维可作为诊断依据。

① 胰蛋白酶活性检验:可以区别肠道内缺乏胰蛋白酶所致消化不良与肠道本身吸收机能障碍所致吸收不良。检验方法有X线照片消化试验和明胶试管试验。

② 粪便显微镜检查:在卢戈氏液中加少许新鲜粪便混合为乳浊液,取一滴在载玻片上,待稍干燥后在高倍镜下观察。不消化的肌肉纤维被染为褐色,或有大量的淀粉颗粒被染成蓝色,或有橘黄脂肪滴时说明缺乏脂肪酶。如与正常动物对比,可增加可靠性。

4. 治疗

(1) 急性胰腺炎:

① 避免刺激胰腺分泌:最重要的是禁止经口喂给食物、饮水和药物,同时维持水和电

解质平衡。

抗胆碱能药可抑制胰腺分泌。

② 抗菌消炎：以广谱抗生素或多种抗生素联合应用效果较好。

③ 镇痛抗休克。

④ 手术疗法：当胰腺坏死时，应立即手术切除坏死的胰腺。

⑤ 对症治疗。

(2) 慢性胰腺炎：

① 食饵疗法：应用高蛋白高碳水化合物和低脂肪食物，少食多餐，每日至少饲喂3次。

② 交换消化酶疗法：将胰蛋白酶或胰粉制剂混于食物中进行代替疗法，将胰酶与碳酸氢钠合用作用更强。同时补充维生素K、维生素A、维生素D、维生素B_{12}、叶酸及钙制剂。

十二、肝　炎

肝炎是肝细胞变性、坏死的一种急性病。

1. 病因

(1) 中毒：化学毒物（如四氯化碳、氯仿、鞣酸等）能直接损伤肝细胞，引起急性实质性肝炎或肝坏死。误食砷、汞、铜、硒、磷等毒物，农药，杀鼠剂，杀虫剂，或采食有毒植物、霉变食物等，也是引起肝炎的常见病因。猫对防腐剂比犬敏感，长期采食含防腐剂食物因蓄积而中毒。药物中毒（如反复投予氯丙嗪、睾酮、氟烷、阿司匹林、扑热息痛、酚类药物等），可引起中毒性肝炎。因猫肝中缺乏葡萄糖醛酸转移酶，因此猫的中毒性肝炎在临床上比犬多见。

(2) 病毒、细菌、寄生虫感染：如传染性肝炎病毒、疱疹病毒、猫传染性腹膜炎病毒、结核杆菌、化脓性细菌感染、钩端螺旋体病、肝吸虫病、巴贝斯虫病及胃肠炎等经过中，由于毒素刺激肝，常伴发实质性肝炎。

(3) 其他因素：心力衰竭时，由于血液循环障碍，门静脉和肝淤血，肝窦状隙内压增高，压迫肝实质，也可引起肝细胞营养不良而发生本病。有人认为，蛋氨酸缺乏可引起肝硬化，胱氨酸缺乏可引起急性肝坏死。

2. 症状　精神沉郁，全身无力，行动迟缓。有的则先兴奋，以后转为昏睡，甚至昏迷。眼结膜不同程度的黄染。常有微热（体温39.5℃左右）或体温不升高。心跳减慢、脉搏减少，常有轻微的腹痛，拱腰及皮肤瘙痒。

呈现慢性消化不良症状，食欲减退、呕吐，其特点是粪便起初干燥，随后稀软，臭味大，粪色淡，严重时呈灰白色。

急性肝炎在肝区触诊，有疼痛反应。肝区叩诊，肝肿大明显时肝浊音区增大。

尿色发暗或变黄，尿中可检出胆红素、蛋白质。血清胆红素增多，定性试验直接反应及间接反应均呈阳性。麝香草酚浊度、硫酸锌浊度均升高。血清酶活力改变，有意义诊断的指标是在肝损伤天门冬氨酸转移酶（AST）及丙氨酸氨基转移酶（ALT）的活性均升高。

急性肝炎如发现早，及时除去病因并适当治疗，可在短时间内康复。如转为慢性时，除经常伴发消化不良外，其他症状多不明显，当肝硬变时可出现腹水，预后大多不良。

3. 诊断　临床上，根据黄疸，消化紊乱，粪便干稀不定、恶臭、色淡，肝区触诊、叩诊的变化，以及按一般消化不良治疗效果不明显等，可初步诊断为急性肝炎。如肝功能和尿液检验结果有相应变化，则可确诊，但应注意与下列疾病相鉴别：

（1）犬传染性肝炎：常伴发热（达41℃），呈流行性，尤易侵袭幼犬，确诊需借助特异性诊断（如病毒分离、血清学反应等）。

（2）猫传染性腹膜炎：呈流行性，1～2岁猫多发，有持续性发热（39.5～41℃），呼吸困难，腹部膨大且有大量腹水（腹水相对密度高）。

（3）急性消化不良：无黄疸，多不发热，肝功能试验无变化，按消化不良治疗容易收效。

（4）钩端螺旋体病：多发于夏秋季节（7～9月多见）。血液、尿液中可检出病原体，血清学试验阳性。

4. 治疗

急性肝炎的治疗原则：除去病因、积极治疗原发病、保肝利胆、增强肝解毒机能等。

（1）食饵疗法：对患病动物喂以富含糖类、维生素和优质蛋白质的易消化食物，减少脂肪类食物。

（2）保肝利胆。

（3）控制感染：选用对肝损害较轻的抗生素配合糖皮质激素。

（4）对症治疗：根据病情，可适当选用清肠健胃剂。有出血倾向时，应用止血剂。多种维生素对恢复肝细胞功能有一定效果。

十三、猫肝脏脂质沉积综合征（脂肪肝）

猫肝脏脂质沉积综合征（FHL）是猫常见的肝脏疾病，是指肝细胞内沉积大量的脂质，影响了肝的正常功能。

1. 病因 本病分可分为原发性肝脏脂质沉积症（IHL）和继发性肝脏脂质沉积症。猫原发性脂质沉积综合征的病因还不清楚，目前认为主要与肥胖、应激和厌食等因素有关。猫继发性肝脏脂质沉积症与Ⅱ型糖尿病、肝病、肾病、心脏病、胰腺炎、肿瘤、甲状腺机能亢进、肾上腺机能亢进、猫的下泌尿道疾病和肠道疾病等有关。

2. 病理生理学 确切的机理尚不完全清楚。目前主要认为由于患猫持续性食欲减退或废绝，血糖下降，机体动员大量外周脂肪、蛋白质以提供能量，导致大量脂肪进入肝脏。脂代谢需要脂蛋白，由于摄入合成脂蛋白所需的胆碱、蛋白质、必需脂肪酸不足，影响了肝脏的脂代谢，导致脂肪在肝脏大量沉积，形成脂肪肝。肝细胞功能的下降导致肝功能的下降和紊乱。

3. 症状 患猫精神沉郁、食欲减退或废绝、脱水、呕吐、黄疸、体重下降、肌肉萎缩，部分患猫腹部触诊肝肿大。

4. 诊断

（1）病史调查：本病没有明显的品种倾向性，发病动物多为2岁以上的成年猫，有肥胖史，有由于应激引起的食欲减退或废绝经历。

（2）临床症状：患猫精神沉郁、厌食、体重下降、呕吐、可视黏膜黄染等。

（3）实验室检验：血常规检查可见红细胞变形，后期红细胞溶解，贫血严重。血常规检查可见丙氨酸氨基转移酶（ALT）、碱性磷酸酶（ALP）、天门冬氨酸氨基转移酶（AST）、谷氨酰转移酶（GGT）、总胆红素（T-Bili）、直接胆红素（T-Bili）升高，血糖升高，血钾、血磷降低。

（4）影像学诊断：X线片显示部分患猫肝肿大。超声波声像图显示肝普遍性增大，包膜光滑；肝实质回声显著增强，呈弥漫性细点状，肝内回声强度随深度递减，深部肝组织和横膈回声减弱或显示不清；肝内血管壁回声减弱或显示不清。

5. 治疗　治疗原则是营养支持和治疗并发症，目的是恢复蛋白质和脂肪的代谢，恢复肝功能。由于患猫不耐应激，因此应避免对猫的刺激，食物应通过鼻饲管投服，避免强行口服。喂给的食物应是高蛋白、高能量的全价饲料，应额外补充牛磺酸、精氨酸、维生素 B_1 和维生素 B_{12}，血钾低的病例应补钾。肉毒碱尚未被证实对 IHL 有治疗作用。出现肝脑病的患猫开始时应饲喂低蛋白食物，蛋白质的含量可随神经症状的缓解而增加。因有些患猫血液内乳酸含量高，故静脉输液时应避免使用乳酸钠林格液；因右旋糖酐可增加肝脏甘油三酯的聚积和利尿作用，故也应避免使用。

6. 预防　健康体重、良好的饮食习惯和好的性格可以减少本病的发生。

肥胖是本病的常见原因，但减肥时过度限制饮食，会诱发本病发生。胆小、过分依赖某个主人及挑食、偏食的猫在出现各种应激情况时更容易影响食欲，发生本病。

十四、腹　膜　炎

腹膜炎是由细菌感染或化学物质刺激所引起的腹膜炎症。根据临床表现分为急性腹膜炎和慢性腹膜炎；根据腹膜内有无感染病灶分为原发性腹膜炎和继发性腹膜炎；根据病因分为细菌性腹膜炎和非细菌性腹膜炎；根据炎症的范围或程度又分为局限性腹膜炎和弥漫性腹膜炎。犬多为继发性腹膜炎。

1. 病因

（1）急性腹膜炎：主要继发于下列疾病。

① 消化道穿孔：如消化道的异物、肠套叠及肠梗阻等时，由于肠破裂，消化道内容物漏入腹腔，使腹膜受到刺激和感染。

② 膀胱穿孔：主要发生于插入导尿管失误或尿道阻塞使膀胱破裂，尿液刺激腹膜。

③ 生殖器穿孔：常见于子宫蓄脓及子宫扭转等。

④ 腹壁穿透创、腹部挫伤、腹部外科手术感染、脏器与腹膜粘连以及肿瘤破裂或腹腔内注入刺激性药物等。

（2）慢性腹膜炎：多发生于腹腔脏器炎症的扩散或急性腹膜炎的持续发展，逐步转为慢性弥漫性腹膜炎。

2. 症状

（1）急性腹膜炎：主要表现剧烈的持续性腹痛，体温升高。呈弓背姿势，精神沉郁，食欲不振，反射性呕吐，呈胸式呼吸。触诊腹壁紧张卷缩，压痛明显处有温热感。腹腔积液时，下腹部向两侧对称性膨大，叩诊呈水平浊音，浊音区上方呈鼓音。

（2）慢性腹膜炎：常发生肠管粘连妨碍肠蠕动，表现消化不良和腹痛。

X线检查以腹部呈毛玻璃样、腹腔内阴影消失为特征。腹水中可见中性粒细胞和巨噬细胞（但初期不易发现）等。因此腹膜腔穿刺液的理化学检查和细胞学检查对腹膜炎和腹腔积水的鉴别诊断具有重要意义，其鉴别见表7-1。

表7-1 渗出液与漏出液的鉴别

项 目	渗出液	漏出液
色泽	白色、黄色或红色	无色水样或淡黄色
透明度	混浊不清	透明清亮
凝固性	易自行凝固	不凝固
相对密度	>1.016	<1.015
蛋白定性	阳性	阴性
蛋白含量	高，>30 g/L	极少，<25 g/L
胸腔液总蛋白/血清总蛋白	>0.5	<0.5
乳酸脱氢酶（LDH）	>2 000 U/L	<2 000 U/L
胸腔液LDH/血清LDH	>0.6	<0.6
葡萄糖	与血糖含量相近	低于血糖含量
细胞数	>1×10^9/L，主要是中性粒细胞，慢性炎症主要是淋巴细胞	<0.1×10^9/L，主要为内皮细胞

3. 治疗

（1）应用抗生素控制感染及抗休克。对于休克病犬，要改善循环，纠正脱水。

（2）穿刺放液：腹腔内渗出液过多，要及时穿刺放液，同时注入0.25%的普鲁卡因青霉素10 mL。

（3）制止渗出。

（4）中药利水：可参考腹腔积水的治疗，应用大腹皮25 g、桑白皮20 g、陈皮10 g、茯苓20 g、白术20 g、葶苈子25 g，水煎取汁，犬按每千克体重2 mL，直肠深部灌入，1次/d。

（5）对症治疗：对腹腔脏器穿孔、粘连及破裂的，行剖腹修复术。腹腔装置清洗导管，术后每天清洗。无并发感染时，可于第七天拆除清洗导管。

十五、肛门囊炎

肛门囊炎是肛门囊内的腺体分泌物潴留于囊内，刺激黏膜引起的炎症。若发生感染，可发展成脓肿，甚至破溃形成瘘管。小型犬易发本病，猫也可患此病。

在肛门两侧稍下方，相当于时钟4时和8时的位置，各有一个囊，称为肛门囊，呈球形。中型犬的肛门囊直径为1 cm左右。肛门囊以2～4 mm长的管道开口于肛门黏膜与皮肤交界部，把犬尾部上举时，开口部突出于肛门，易于看到。肛门囊壁内衬腺体，分泌灰色或褐色含有小颗粒的恶臭皮脂样分泌物，分泌物聚于囊内，然后经管道排出。

1. 病因 长期饲喂高脂肪性食物，使粪便松软或变稀。或肛门囊壁腺体分泌物分泌过多，肛门括约肌机能不良，肛门囊管道阻塞或脂溢性体质时，都能造成囊内分泌物的滞留，引起炎症，若细菌感染，囊内化脓，形成脓肿。

2. 症状 肛门囊肿胀，局部发痒，动物具有擦肛行为，并试图啃咬肛门部位。当肛门囊感染时，分泌物变得稀薄发黄，混有脓汁，气味难闻。

如果肛门囊排泄管口长期阻塞，腺体膨胀，突出其周围皮肤，使肛门向外突出，用手指触压有弹性。动物走路时，两后肢向外摆动不自然，排便困难，大便时烦躁不安，排便后常以肛门着地，两前肢拖动整个躯体前行。抗拒对肛门周围触压。

肛门囊化脓时，可自行破溃愈合，亦可反复发作使肛门囊肿与外界相通，肛门探诊可见瘘管。此外，由于肛门囊肿，排便时发生疼痛，往往成为继发便秘的原因。

3. 治疗

（1）排除内容物：单纯肛门囊排泄管口阻塞时，可用拇指和食指挤压肛门囊开口部或将戴手套的食指涂上石蜡油或肥皂水伸入肛门内，拇指在肛门外对准肿胀囊体轻轻挤压，使其内容物排空。

（2）局部消炎：排除肛门囊内容物后，向肛门囊内注入消炎软膏、抗菌药物或施行肛门周围封闭。对化脓囊体，应先排空囊内脓汁，再用生理盐水或0.1%高锰酸钾溶液冲洗，然后进行局部消炎处理，2～3次即可奏效。

（3）肛门囊切除术：已形成瘘管的肛门囊肿或难以治愈病例，可行外科摘除术。但应注意不要损伤肛门括约肌和肛提肌。

第二节　呼吸系统疾病

一、感　　冒

感冒是以上呼吸道黏膜炎症为主症的急性全身性疾病。本病多发生在早春晚秋气候多变的季节，是呼吸器官的常发病，尤以幼龄犬、猫多发。

1. 病因

（1）管理不当，突然遭受寒冷刺激是本病最常见的原因。如圈舍条件差，防寒保暖能力差，受贼风侵袭，潮湿阴冷，垫草长久不换，运动后被雨淋风吹等。

（2）长途运输，过度劳累，营养不良等，造成机体抵抗力下降，可促进本病的发生。

2. 症状 本病常在遭受寒冷作用后突然发病。精神沉郁，表情淡漠，食欲减退或废绝；眼半闭，结膜充血潮红伴轻度肿胀，羞明流泪多眵。体温升高，脉搏增数，呼吸加快，往往伴有咳嗽。初流水样鼻液，后变浓稠。鼻黏膜充血、肿胀，鼻黏膜作痒，常有前肢抓鼻等鼻炎症状。严重时畏寒怕冷，拱腰战栗。胸部听诊，肺泡呼吸音增强，心音增强，心跳加快。

3. 诊断 本病的诊断依据是受寒冷作用后突然发病，呈现体温升高、咳嗽及流鼻液等上呼吸道轻度炎症症状。必要时进行治疗性诊断，应用解热剂迅速治愈，即可诊断为感冒。

4. 治疗 解热镇痛，祛风散寒，防止继发感染。

二、鼻　　炎

鼻炎即鼻黏膜的炎症。按病程分为急性和慢性鼻炎；按病因分为原发性和继发性鼻炎。

以原发性浆液性鼻炎多见。

1. 病因

（1）原发性鼻炎：主要由于鼻黏膜受寒冷、化学、机械性因素刺激所致。

① 寒冷刺激：寒冷刺激引起的原发性鼻炎占很大比例。由于季节变换、气温骤降，耐寒能力差、抵抗力不强的动物，鼻黏膜在寒冷刺激下发生充血、渗出，鼻腔内条件性病原菌趁势繁殖而引起黏膜炎症。

② 化学因素：包括挥发性化工原料（如二氧化硫、氯化氢等泄漏）；饲养场产生的有害气体（如氨、硫化氢），以及某些环境污染物等直接刺激鼻黏膜引起炎症；战争中化学毒气也可致病。

③ 机械因素：包括粗暴的鼻腔检查，吸入粉尘、植物芒刺、昆虫、花粉及霉菌孢子，鼻部外伤等直接刺激鼻黏膜引起炎症。

（2）继发性鼻炎：

① 继发于某些传染病：如犬瘟热、副流感、腺病毒感染，猫泛白细胞减少症，猫大肠杆菌、β-溶血性链球菌感染，犬、猫支气管败血博氏杆菌、出血败血性巴氏杆菌感染。

② 继发于犬鼻螨、肺棘螨等寄生虫感染。

③ 某些过敏性疾病。

④ 邻近器官炎症蔓延：如咽喉炎、副鼻窦炎及齿槽骨膜炎、呕吐所致鼻腔污染等可波及鼻黏膜而发生炎症。

2. 症状

（1）急性鼻炎：病初鼻黏膜潮红、肿胀，因黏膜发痒而引起喷嚏，患病犬、猫摇头后退、以前爪抓搔鼻部。随着炎症的发展，自一侧或两侧鼻孔流出鼻液，初为水样透明浆液性鼻液，后变为黏液性或黏液脓性鼻液，若混有血液为血性鼻液。急性期患病犬、猫出现呼吸急促、张口呼吸及吸气性鼻呼吸杂音等呼吸困难症状。伴有结膜炎时，尚可见羞明流泪，有眼粪。下颌淋巴结明显肿胀时可引起吞咽困难。常并发扁桃体炎和咽喉炎。

（2）慢性鼻炎：病情发展缓慢，临床症状时轻时重，长期流黏液脓性鼻液，鼻腔黏膜有糜烂和溃疡。如伴有副鼻窦炎引起骨质坏死和组织崩解，鼻液有腐败气味并混有血丝。

3. 诊断 单纯鼻液，可根据鼻黏膜充血、肿胀、流浆液至脓性鼻液，喷嚏，吸气性鼻呼吸杂音等症状和体温、脉搏等全身症状变化不明显确立诊断。但需首先排除可疑的传染病，并注意区别其原发性或继发性。

4. 治疗

（1）首先除去病因，将患病犬、猫移置温暖、通风良好的场所。

（2）清洗鼻腔。

（3）局部给药：为消除局部炎症，可涂擦抗生素软膏。鼻黏膜严重充血时，促进局部血管收缩、减轻黏膜敏感性。

（4）积极治疗原发病。

三、气管支气管炎

气管支气管炎是由于感染或物理、化学因素刺激所引起的气管、支气管的炎症。若蔓延至肺实质成为支气管肺炎。

1. 病因

（1）寒冷刺激、化学及机械因素的刺激：

① 寒冷和潮湿空气的强烈刺激多为本病的诱因，如猎犬、警犬在冬季外出打猎或执行任务时极易发病。

② 机械因素：异物吸入气管，过度勒紧的项圈等。

③ 化学因素刺激：也可导致原发性气管支气管炎（参见鼻炎）。

（2）生物性因素：可见于某些病毒性传染病（如犬瘟热、犬副流感病毒、猫鼻气管炎病毒感染），细菌感染（肺炎双球菌、嗜血杆菌、链球菌、葡萄球菌等），寄生虫感染（肺丝虫、蛔虫等）或由上呼吸道或肺部炎症蔓延所致。

（3）其他因素：上呼吸道及肺部炎症的蔓延，心脏异常扩张，某些过敏性疾病（如花粉、有机粉尘等变应原所致的过敏）等。

2. 症状

（1）急性气管支气管炎：主要症状为剧烈咳嗽，病初为剧烈短而带痛的干咳，后转为湿咳，严重时为痉挛性咳嗽，在早晨尤为明显，人工诱咳阳性。随病程发展，两侧鼻孔流浆液性、黏液性乃至脓性鼻液。肺部听诊支气管呼吸音粗粝，发病2～3d后可听到干、湿啰音。叩诊无明显变化。发病初期体温轻度升高。若炎症蔓延到细支气管（弥漫性支气管炎），则体温持续升高，脉搏频速，呼吸困难明显，并出现食欲减退、精神委顿等全身症状。X线检查，无病灶性阴影，但有较粗纹理的支气管阴影。

（2）慢性气管支气管炎：在无并发症的情况下多无全身症状，且多数犬、猫表现肥胖。临床上多呈顽固咳嗽，可听到粗粝的、突然发作的痉挛性咳嗽，尤其在运动、采食、夜间和早晨更为严重。当支气管扩张时，咳嗽后有大量腐败鼻液外流，严重者呈现吸气性呼吸困难。X线检查可见支气管纹理增粗。支气管镜检查，在较后部的支气管内有呈线状或充满管腔的黏液，黏膜多粗糙增厚。

3. 诊断 主要依据咳嗽的变化，肺部听诊有干、湿啰音，胸部叩诊无明显变化，X线检查肺部有较粗纹理的支气管阴影而无病灶性阴影（图7-7）等临床症状确诊。注意与鼻炎、喉炎、肺炎等鉴别。鼻炎有鼻塞及鼻分泌物明显增多。喉炎有喉头狭窄音及明显的频咳。肺炎除肺部听诊有各种啰音外，肺区叩诊有局灶性浊音，X线检查可见局灶性阴影以及明显的全身症状。

4. 治疗

（1）去除病因、加强管理：将患病犬、猫放在干燥、保温、通风及清洁的环境中，避免敏感型的犬、猫长期处于寒冷潮湿的环境中，在过分干燥的圈舍内地面适当洒水，以提高空气湿度，减少黏液分泌。

（2）消除炎症：应用氨苄青霉素或链霉素，或青霉素和链霉素联合使用，或丁胺卡那霉素，

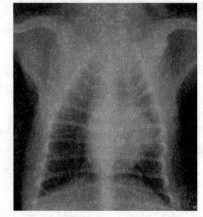

图7-7 犬支气管炎：气管纹理成树枝状，右心肥大

（引自谢富强主译，犬猫X线与B超诊断技术，2006）

或选用头孢类药物（如头孢唑啉钠等）。

(3) 镇咳、祛痰、解痉。

(4) 抗过敏。

(5) 强心补液。

(6) 慢性支气管炎：可内服碘化钾或碘化钠每千克体重 20 mg，每天 1~2 次。

四、肺　　炎

犬、猫肺炎通常指支气管或细支气管和肺小叶的急性或慢性炎症。本病多见于老龄及幼龄犬、猫，晚秋和早春易发。

1. 病因

(1) 饲养管理不当：受寒感冒、过劳、支气管炎日久失治，营养不良、饲养管理不当等使呼吸道防卫能力降低导致呼吸道常在菌大量繁殖或病原菌入侵而诱发本病。

(2) 生物性因素：

① 病毒感染：如犬瘟热病毒，副流感病毒，犬、猫疱疹病毒，猫传染性鼻气管炎病毒等都可诱发，猫杯状病毒能引起严重的肺部病变。

② 细菌感染：细菌感染是犬、猫肺炎的常见原因。常见的病原菌有绿脓杆菌、化脓杆菌、肺炎球菌、巴氏杆菌、葡萄球菌、链球菌等。

③ 霉菌感染：如组织胞浆菌、白色念珠菌、烟曲霉菌、球孢子菌等可引起霉菌性肺炎。

④ 寄生虫的侵袭：如肺毛细线虫、犬类丝虫、蛔虫、弓形虫，猫圆线虫和并殖吸虫也可引起肺炎。

(3) 异物吸入性肺炎：尘埃、异物、毒气等刺激性物质的吸入可直接引起肺炎，而且是造成细菌侵入的因素。

(4) 其他因素：支气管炎及一些化脓性疾病（如子宫炎、乳房炎等）的蔓延，某些过敏原引起的变态反应等。

2. 症状　病初常有流鼻涕、咳嗽等支气管炎的症状，但全身症状严重。精神沉郁，食欲减退或废绝，结膜潮红或蓝紫。呼吸浅表快速，以腹式呼吸为主，呼吸困难的程度随炎症范围的大小而不同。体温于发病后 2~3 d 可升至 40 ℃左右，多呈弛张热，脉搏增数可达 140~190 次/min。流鼻液初为浆液性，后为黏液性或脓性，有时可见到铁锈色鼻液。咳嗽多为短速的弱咳。肺区听诊病灶区肺泡呼吸音减弱，出现干啰音，随后可闻湿啰音、捻发音、粗糙的支气管呼吸音。叩诊呈现半浊音或浊音。血液学检查可见白细胞总数和中性粒细胞增多，并伴有核左移。X 线检查可见肺纹理增粗，炎症部位呈现大小不等似云雾状的阴影，甚至扩散融合成一片。如病原微生物感染，常伴有其他脏器的病变症状。

3. 诊断　根据流鼻液、咳嗽、呼吸困难、体温升高、肺部听叩诊变化及 X 线检查（图 7-8），不难确诊。但特异性原因则需对渗出物和黏液等进行实验室检查方能确定。病毒性肺炎，通常是白细胞总数减少，霉菌性肺炎一般呈慢性经过，用常规抗生素治疗效果较差或完全无效。在近期进行全身麻醉或有严重呕吐或强行灌服药物病史的动物，则可怀疑有吸入性肺炎。

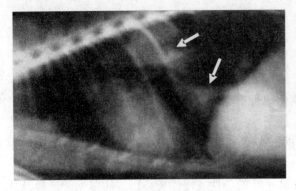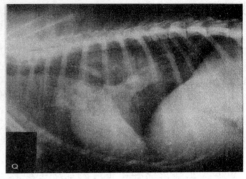

图 7-8　支气管肺炎影像
(引自谢富强主译，犬猫 X 线与 B 超诊断技术，2006)

4. 治疗

治疗原则：抗菌消炎、祛痰止咳、制止渗出、促进炎性渗出物的吸收。

（1）抗菌消炎：临床常用广谱抗生素和磺胺类药物。如果是由病毒和细菌混合感染引起，应选用抗病毒药物。在有条件情况下，应进行药敏试验，对症给药。抗生素胸腔注射或气管注射，疗效最佳。

（2）祛痰止咳：当咳嗽频繁，分泌物黏稠时，选用溶解性祛痰剂。剧烈频繁咳嗽，分泌物不多时，可用镇痛止咳剂。

（3）制止渗出：用 10% 葡萄糖酸钙。

（4）促进渗出物的吸收和排出：可给予利尿剂如速尿。

（5）积极实施对症疗法：体温升高时，可应用解热剂；改善心功能和补充体液注意输液量不宜过大，速度不宜过快。当动物表现严重缺氧时，应给予吸氧。

五、肺 水 肿

肺水肿是肺毛细血管内血液异常增加，血液的液体成分渗漏到肺泡、支气管及肺间质内的一种并发症。

1. 病因　分为心源性（左心房与肺静脉压升高）和非心源性（肺静脉压正常）两种。小动物的肺水肿多属心源性原因。

（1）肺毛细血管的静水压升高：见于各种原因引起的左心机能不全、肺静脉栓塞性疾病、输血及输液过量或过快等。

（2）血浆的胶体渗透压降低或间质的胶体渗透压升高：见于肝病时蛋白合成能力降低，肾小球肾炎及消化吸收不良时。

（3）肺泡毛细血管通透性改变：见于中毒、弥漫性血管内凝血、免疫反应、过敏性休克，此外还见于淋巴系统障碍如肿瘤性浸润。

（4）运动强度过大：毛细血管的血液灌注量增加，引起毛细血管的表面积及毛细血管外体液量也增加，导致肺水肿。

2. 症状　肺间质水肿时，表现为呼吸困难、呼吸动作浅表且快，初期只在运动或兴奋时发生，后期也发生于安静状态。

急性肺泡水肿时，呼吸窘迫更加明显，动物呼吸浅而快，黏膜发绀或苍白，头颈伸展，张口呼吸，发出水泡音（有时不用听诊器也可听到），可从口鼻流出浅粉红色泡沫状液体，前肢外展呈犬坐姿势以减少胸腔压力。脉搏细数，肺部听诊为湿性捻发性啰音，无法听清心音，胸部叩诊时，病变部是浊音。

胸部X线检查，肺视野模糊的云雾状阴影呈散在性增强，气管、支气管轮廓清晰。如为补液量过大引起的肺水肿，肺泡阴影呈弥漫性增强，大部分血管几乎难以发现。肺泡气肿所致的肺水肿，X线检查可见斑点状阴影。因左心机能不全并发的肺水肿，肺静脉较正常清晰，而肺门呈放射状。

3. 诊断 根据病史调查，突发高度呼吸困难等临床症状，配合X线检查，可以确诊。

4. 治疗 肺水肿进展迅速，必须尽快采取急救措施。治疗原则为：镇静；改善通气和换气功能；强心；利尿。遇到急性、突发性、渗透性肺水肿时，应立即输氧，并给予皮质类固醇、利尿针剂、支气管扩张剂、及镇静剂。有感染性时应使用抗生素，因充血性心力衰竭而发生肺水肿者，应慎用洋地黄针剂。

（1）输氧：严重的肺水肿，需要立即供给氧气以改善血氧过低的状况。

（2）强心：因心力衰竭而引发的肺水肿，可做静脉注射式的迅速洋地黄疗法。

（3）扩张支气管：氨茶碱做缓慢的静脉注射或深层肌肉注射。

（4）镇静：使动物安静下来，对治疗肺水肿很有帮助。

（5）利尿：对急性肺水肿，可选用呋塞米。

六、胸 膜 炎

胸膜炎是胸膜发生以纤维蛋白沉着和胸腔积聚大量炎性渗出物为特征的一种炎症性疾病。临床犬的胸腔纵隔不完整，因此多为双侧性胸膜炎。

1. 病因

（1）原发性胸膜炎：在犬、猫较少见，主要见于胸壁创伤或穿孔、肋骨或胸骨骨折、食道破裂、胸腔肿瘤等，剧烈运动、长途运输、外科手术及麻醉、寒冷侵袭及呼吸道病毒感染等应激因素可成为发病的诱因。

（2）继发性胸膜炎：较常见，往往是胸部器官疾病的蔓延或作为某些疾病的症状之一出现。各种肺炎、肺脓肿、胸部食管穿孔、肋骨骨折、脓毒败血症等过程中，由于炎症蔓延或感染常可引起胸膜炎。在某些传染病，如结核病、猫传染性腹膜炎、猫传染性鼻气管炎、犬传染性肝炎、钩端螺旋体病等经过中，也常继发胸膜炎。

胸膜炎的主要病原菌是巴氏杆菌、结核杆菌、化脓杆菌、支原体和纤毛菌等。

2. 症状 动物精神沉郁，体温升高，常达40℃以上。呼吸浅表、频数，多呈断续性呼吸和明显的腹式呼吸，咳嗽短弱带痛。常取站立或犬坐姿势。

发病初期，可听到胸膜摩擦音，以后随着液体的增多，胸膜摩擦音消失，出现胸腔拍水音，胸部叩诊呈水平浊音，其水平浊音可随患病体位变动而改变（图7-9）。浊音区内肺泡呼吸音减弱或消失，浊音区以上肺泡呼吸音增强。在恢复期，渗出液被吸收，又重新出现胸膜摩擦音。

当胸腔内积聚大量渗出液时，呈现呼吸困难，张口呼吸，胸前、胸下或腹下发生水肿。

胸腔穿刺可流出多量黄色或红黄色易凝固的液体。出血性胸膜炎，穿刺液呈红色，内含多量红细胞。

血液检查，白细胞数增多，中性粒细胞百分比增高，核左移，淋巴细胞相对减少。超声探查，渗出性胸膜炎可出现液平段，液平段的长短与积液量成正比。X线检查可发现积液阴影。

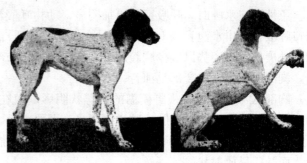

图 7-9　犬胸膜炎叩诊水平浊音区
（引自王小龙，兽医内科学，2004）

慢性胸膜炎，多发生广泛的粘连，胸部叩诊出现半浊音，听诊肺泡呼吸音减弱。全身症状往往不明显，仅出现呼吸促迫（尤以运动后明显），或反复出现微热。

3. 诊断　根据腹式呼吸，胸部听诊有摩擦音，渗出液积聚时胸部叩诊呈水平浊音，超声探查出液体平段，胸腔穿刺有多量渗出液，即可确诊。

本病须与胸腔积水相鉴别。胸腔积水多因慢性心脏病等血液循环障碍性疾病而引起，病情发展缓慢，体温不高，胸膜无炎症变化。胸腔穿刺时排出多量淡黄色澄清的液体，冰醋酸反应阴性。

4. 治疗

治疗原则：消除炎症，制止渗出，促进渗出液吸收和防止自体中毒。

（1）抗菌消炎：可参照肺炎的治疗用药，以胸腔注射疗效最佳。

（2）镇痛：疼痛期可用度冷丁肌肉注射。

（3）制止渗出、促进渗出液吸收。

（4）激素疗法：为减少纤维蛋白的沉积，可肌肉注射肾上腺皮质类药物。

（5）穿刺排液：胸腔积液过多引起呼吸困难时，可进行胸腔穿刺以排除积液。必要时，可反复施行。

第三节　循环系统疾病

一、心力衰竭

心力衰竭系指心肌收缩力减弱，心脏排血量减少，动脉系统供血不足，静脉回流受阻，而呈现全身血液循环障碍的一种临床综合征。心力衰竭也是各种心脏疾病中常见的一种症状或并发症。

1. 病因

（1）急性心力衰竭：

① 心脏一时负荷过重：是引起急性心力衰竭最常见的病因。如运动量过大和不当，特别是长期休闲的犬，突然剧烈运动，使各组织器官需血量和静脉血液回流量急剧增多，容量负荷增大，此时心脏为了排出更多的血液以便满足各组织器官的需要，必须加强收缩，这样就容易促进心肌储备能量过多的消耗而发生急性心力衰竭。

②心肌突然遭受剧烈刺激：如雷击，触电，刺激性药物（如钙制剂和砷制剂等）静脉注射速度过快、用量过大或输液过快、过量等，也易引起急性心力衰竭。

③急性继发性心力衰竭：多继发于急性传染病（如犬瘟热、犬细小病毒感染等）、某些内科病（如各种心脏疾病、胃肠炎等）、寄生虫病（如犬心丝虫病、弓形虫病）和各种中毒性疾病等，多因病原或毒素直接侵害心肌所致。

（2）慢性心力衰竭：多因长期重剧运动所造成（多见于警犬），也常继发或并发于心脏本身各种疾病（如心包炎、心肌炎和心肌变性、慢性心内膜炎即心脏瓣膜疾病），导致血液循环障碍的某些慢性病（如慢性肺气肿和慢性肾炎等），以及由硒、铜、维生素 B_1 缺乏所致的营养代谢病等。

2. 症状

（1）急性心力衰竭：多突然发生，表现高度呼吸困难，黏膜发绀，并常继发肺水肿。脉搏快速无力或不感于手，静脉高度怒张，出汗；心搏动亢进，第一心音增强，带金属音，第二心音减弱甚至只能听到1个心音（胎儿样心音），心律失常。神志不清，突然倒地痉挛，甚至死亡（心脏麻痹）；轻症病例，仅见中度呼吸困难，疲劳和乏力，脉弱而快，黏膜呈蓝紫色。

（2）慢性心力衰竭：病情发展缓慢，病程持久，常持续数月或数年。患病犬、猫精神沉郁，食欲减退，轻微活动即感疲劳，喘气、出汗。可视黏膜发绀，体表静脉怒张，听诊两心音减弱，二尖瓣、三尖瓣口常可闻缩期杂音（心室扩张致房室瓣相对闭锁不全），心律失常。四肢末端常发生水肿。初期，静息状态下，呼吸和脉搏无明显改变，稍事运动则呼吸急促、脉搏加快，呼吸和脉搏数的恢复比正常时缓慢得多。随病程发展，在静息状态下亦显呼吸和脉搏加快。

左心衰竭时，左心室和左心房淤血，肺静脉压升高，肺循环淤血，易发生肺水肿。患病动物出现咳嗽和呼吸困难，胸部听诊肺泡呼吸音粗粝，常出现湿啰音。

右心衰竭时，右心室和右心房淤血，静脉血液回流受阻，发生全身性静脉淤血和体腔积液，如胸腔积液，腹腔积液等。全身浅表静脉充盈，是静脉淤血的早期症状。尤其胃肠淤血，出现长期消化障碍，排便迟滞或腹泻，逐渐消瘦。肝、脾肿大，是全身静脉压长期升高的结果。常出现各实质器官（胃肠、肝、脾、肾、脑等）淤血症状。

3. 诊断　对急性心力衰竭，主要根据发病原因、临床症状（全身血液循环障碍和心音、脉搏的变化）综合分析而确定诊断。临床上有诱发急性心力衰竭的原因或原发病存在，并突然呈现心搏动亢进，第二心音减弱，心动过速或心动过缓及期前收缩等心律失常，脉细数，静脉怒张，呼吸困难，黏膜发绀，很快发生肺水肿以及心性晕厥，都是急性心力衰竭的指征。X线检查可见心影扩大。当肺部症状为主时，为左心衰竭；循环静脉血回流障碍时，为右心衰竭。

急性心力衰竭应与下列疾病相鉴别：

（1）中暑：有中暑病史，多在盛夏剧烈运动或环境闷热或车船运输过程中发病，体温显著升高，常在42℃以上。

（2）肺充血及肺水肿：多在剧烈运动或吸入刺激性气体后突然发病。呼吸困难，肺部有广泛的湿啰音，流细小泡沫样的鼻液，而心音和脉搏的变化比较轻微。

4. 治疗

治疗原则：加强护理，减轻心脏负担；缓解呼吸困难；增强心肌收缩力及对症治疗。

(1) 减轻心脏负担：安静休息。少量多次饲喂易消化的食物，适当限制食盐的摄入量。

(2) 缓解呼吸困难：为了缓解呼吸困难，应立即输氧进行氧气吸入等急救措施。

(3) 强心：急性心力衰竭应选用速效、高效的强心剂，以增强心肌收缩力。常用的有洋地黄毒甙。因感染、发热引起的心动过速而无心力衰竭的犬、猫不宜使用洋地黄制剂。

严重的急性心力衰竭，在发生肺水肿时，可用0.1%异丙肾上腺素。异丙肾上腺素能增强心肌收缩力，松弛毛细血管前括约肌，对缓解肺淤血和改善血液循环，效果较好。

(4) 利尿消除肺水肿。

(5) 对症治疗。

对原发性慢性心力衰竭，加强护理，低钠饮食。治疗要点在于减轻心脏负荷和增强心泵功能。

二、贫　　血

单位容积血液中红细胞数、红细胞压积容量（比容）及血红蛋白含量低于正常值的临床综合征称为贫血。贫血按病因分为溶血性、出血性、营养不良性及再生障碍性贫血。

（一）溶血性贫血

各种原因引起红细胞大量溶解导致的贫血称为溶血性贫血。

1. 病因

(1) 某些感染性疾病：如巴贝斯虫、锥虫、巴尔通氏体、钩端螺旋体、溶血性链球菌感染等均可引起红细胞溶解，导致溶血性贫血；产气荚膜梭菌产生强烈的溶血素也可致病。

(2) 中毒性疾病：铅、铜等重金属中毒；石炭酸、萘、酚、噻嗪类等药物中毒；蛇毒中毒；犬喂食大量洋葱及大葱等引起的中毒；某些警犬执行任务时吸入TNT炸药均可导致溶血性贫血。

(3) 抗原-抗体反应：见于新生幼犬的溶血性贫血（是由于母仔血型不同所致）；血型不配的输血。

(4) 其他因素：发热及大面积烧伤可使红细胞碎裂积聚并伴有机械性损伤，损伤的红细胞迅速从循环血液中外渗即发生溶血。此外，由于红细胞丙酮酸激酶缺乏，而发生遗传性溶血性贫血（先天性溶血性贫血、猫先天性卟啉症等）。

2. 症状　主要症状是黄疸，肝脾肿大，血红蛋白尿或胆红素尿。通常表现为昏睡，无力，食欲不振甚至废绝，体重减轻，黏膜黄白。犬体温升高而猫无明显变化。粪便颜色橘黄，偶有腹泻。犬大多出现黄疸，猫仅为18%。严重时心率加快，呼吸困难，极不耐运动。病猫晚期因疼痛而惨叫，体温降低。血检红细胞形态及大小正常，但数量和压积容量减少，网织红细胞增多，血中游离血红蛋白量增多，黄疸指数升高。尿中可见大量胆红素，粪便因胆红素代谢增强而变黄。

3. 诊断　主要依据临床症状、血检指标建立诊断。但确定病因需做特殊检验，如为感染性疾病，需检出病原体；中毒性疾病，需调查病史结合临床症状，并分析毒物；对疑为丙酮酸激酶缺乏的病例，还需测定红细胞中该酶的含量。

4. 治疗　确定病因后施行对因治疗。

若为原虫感染，给予杀虫药，如为巴贝斯虫感染，可用贝尼尔（每千克体重 12 mg，分 2 次肌肉注射）；中毒性疾病，排除毒物并给予解毒处理；感染因素引起的控制感染。溶血严重者还可输血。亦可进行肾上腺皮质激素疗法，肌肉或静脉注射强的松或地塞米松。

（二）出血性贫血

出血性贫血为红细胞或血红蛋白丧失过多所致。

1. 病因

（1）急性出血：外伤出血、内脏器官（如肝、脾血管）破裂、手术引起的大出血；赘生物或感染所产生的血管糜烂或血凝不全（如香豆素类杀鼠剂中毒、黄曲霉毒素中毒等）；特发性血小板减少性血斑病及脾脏机能亢进等造成的急性大出血可迅速导致缺血性贫血。

（2）慢性出血：慢性胃肠机能障碍、溃疡、胃肠道寄生虫及鼻腔、肺和泌尿生殖器官等内脏器官炎症造成长期、反复失血而致慢性出血性贫血。犬、猫常见的为肾或膀胱结石及赘生物引起的尿血。体腔及组织的出血性肿瘤（如犬的血管肉瘤），也可引起慢性出血性贫血。

2. 症状 常见症状为皮肤及可视黏膜苍白，心跳加快，肌肉无力。

（1）急性出血：发病急，可视黏膜迅速苍白，并表现虚弱、不安，脉搏细弱，心跳加快，心音高朗，呼吸加快，血压下降，步态不稳，四肢末端厥冷，肌肉震颤，后期嗜睡。若失血达体重的4‰～5‰时，多发生休克。

（2）慢性失血：发病缓慢，可视黏膜逐渐苍白，犬、猫日趋瘦弱，后期常伴浮肿及体腔积水。

血液检验：血红蛋白含量降低，血沉加快，红细胞总数减少，压积容量降低，网织红细胞比例上升，表现为低色素性贫血。

3. 治疗 治疗原则：制止出血，恢复血容量。

对急性出血立即急救，可用绷带结扎，填充法或药物止血。如组织内小血管出血，可在出血部位喷洒血管收缩剂（如肾上腺素），或全身应用止血药。

同时，针对原发病治疗各器官慢性炎症、溃疡或赘生物，如驱虫、消炎或摘除赘生物等。对失血严重者，可输给血液或血液代用品，以维持正常血容量，解除循环衰竭。

（三）营养不良性贫血

机体营养物质摄入不足或消化吸收不良，影响红细胞和血红蛋白的生成而引起的贫血称为营养不良性贫血。

1. 病因 主要由某些代谢物质缺乏和营养不足所致。常见病因有：

（1）微量元素缺乏：铁、铜、钴缺乏，尤其是缺铁性贫血最为常见，通常是由内外寄生虫，慢性尿血或胃肠道出血而引起铁的大量流失，又得不到及时补充所致。

（2）维生素缺乏：参与红细胞生成、血红蛋白合成的维生素如叶酸、烟酸、维生素 B_6、和 B_{12} 等摄入不足或代谢障碍，可导致贫血。其中叶酸主要影响细胞核成熟，若缺乏或代谢紊乱可引起猫巨红细胞贫血，犬较少见。大部分食物富含叶酸，但体内不能贮存，故吸收不良或长期衰弱的病猫最易缺乏。此外，长期使用某些叶酸拮抗剂，如氨甲喋呤、二苯乙内酰脲（苯妥英钠）、乙酰嘧啶和甲氧苄氨嘧啶等也可导致叶酸缺乏。

（3）血浆蛋白缺乏：由于蛋白质摄入不足或长期丧失，如出血、蛋白尿等，使血浆蛋白含量降低，影响血红蛋白合成，导致贫血。

2. 症状 基本同于慢性出血性贫血，但发展速度更慢。一般症状为虚弱无力，黏膜逐渐苍白，运动耐力差和呼吸困难等。

缺铁引起小细胞低色素性贫血：正常平均红细胞容积（MCV）犬为 60～77 fL、猫为 24～45 fL，缺铁性贫血初期 MCV 无异常，但后期犬常低于 60 fL，从而使平均红细胞血红蛋白浓度（MCHC）降低，当成年犬低于 290 g/L，猫低于 300 g/L 时，即为缺铁性贫血。患病犬、猫血清铁为 80～600 μg/L。红细胞像可见嗜铬性小红细胞。网织红细胞虽不明显，但超出正常范围。幼年犬、猫可导致发育迟缓，精神萎靡，食欲不振。心脏检查可发现心脏肥大，严重时可闻贫血性杂音。

叶酸缺乏引起巨红细胞贫血：猫的 MCV 可超过 60 fL，但缺乏网织红细胞，还可出现脑水肿或大肠炎等。

低蛋白性贫血：除一般症状外，尚伴有全身水肿和血红蛋白浓度降低。

3. 治疗 确定病因后补充所缺乏的造血必需营养物质。

（1）维生素缺乏可口服或肌肉注射维生素制剂或多喂富含维生素的饲料，如维生素 B_{12} 缺乏可多喂动物肝脏或注射维生素 B_{12}。叶酸缺乏可口服或注射叶酸制剂。

（2）铁缺乏可肌肉注射 25% 的葡聚糖铁溶液，或内服葡聚糖铁。钴缺乏可注射或内服葡聚糖铁钴溶液。

同时，加强营养及管理，给予全价饲料，以提高机体抵抗力。

（四）再生障碍性贫血

由于某种原因使机体造血机能发生障碍，从而导致贫血，称为再生障碍性贫血。

1. 病因

（1）中毒：某些重金属（如铅、砷、铋等）中毒及某些有机化合物（如苯、三氯乙烯等）中毒均可导致再生障碍性贫血。

（2）放射性损伤：由于核污染、过量 X 线照射，使骨髓细胞遭受不可逆损伤，造血机能丧失。

（3）某些疾病：慢性间质性肾炎和某些病毒病（如猫泛白细胞减少症、白血病病毒感染）及造血器官肿瘤等，均可并发再生障碍性贫血。另外，睾丸塞尔托利氏细胞瘤引起的雌激素过多等，也可使红细胞生成减少而贫血。

2. 症状及诊断 再生障碍性贫血的临床症状发展缓慢，呈现贫血的一般症状，但可视黏膜苍白有增无减，全身症状日趋增重，常发生难以控制的感染，伴有出血性素质综合征。血像变化明显，全血细胞减少（红细胞数和血红蛋白含量降低，粒细胞和血小板均显著减少），外周血液中网织红细胞消失。骨髓穿刺，无红细胞再生相。猫泛白细胞减少症还可见淋巴结肿大。如为中毒性再生障碍性贫血，除可见黏膜苍白外，还可见出血斑。

诊断应首先调查有无重金属及毒物接触史，所处环境是否被放射线污染，且血液学检验无细胞再生相，即可确诊。

3. 治疗 再生障碍性贫血不易治愈。若由于偶尔感染所致，经输血和抗感染治疗后，几周内可自行恢复造血机能。具体步骤为：

（1）消除病因：更换环境，杜绝接触毒物，停用可引起中毒的药物，即使有感染亦尽量避免使用氯霉素。

（2）促进骨髓造血机能：应用同化激素（如雄性激素）可刺激红细胞生成。

（3）输血疗法：输血有一定疗效。

第四节　泌尿系统疾病

一、肾　　炎

肾炎是指肾小球、肾小管或肾间质组织的炎症。临床上分为急性肾小球肾炎、慢性肾小球肾炎、间质性肾炎。多见于中年犬、猫，犬发病率高，其中母犬更为常见。

1. 病因　目前认为肾炎的发生与感染、中毒、变态反应等因素有关。

（1）感染因素：多继发于某些病毒（如犬瘟热病毒、犬传染性肝炎病毒、猫传染性腹膜炎病毒、猫白血病病毒）、细菌（溶血性链球菌、葡萄球菌、肺炎双球菌、犬钩端螺旋体、结核杆菌）、寄生虫（犬恶丝虫、弓形虫）等感染。病毒、细菌及其毒素作用于肾所引起，或是由于病愈后的变态反应所致。

（2）中毒因素：①内源性毒物中毒：胃肠道炎症、皮肤疾病、代谢障碍性疾病、皮肤大面积烧伤或烫伤时所产生的毒素、代谢产物或组织分解产物等。②外源性毒物：应用有强烈刺激性的药物（松节油、石炭酸、水杨酸等），误食有毒植物及被砷、汞、铅、磷等毒物污染的食物。

（3）邻近器官的炎症：膀胱炎、子宫内膜炎、阴道炎及乳腺炎等蔓延而引起本病。

（4）机械因素：因撞击、踢打等外力造成肾脏损伤所致。

（5）受寒感冒：由于机体遭受寒冷的刺激，引起全身血管发生反射性收缩（尤其是肾小球毛细血管的痉挛性收缩），导致肾血液循环及营养发生障碍，肾脏防御机能降低，病原微生物侵入，促使肾炎发生。

2. 症状

（1）急性肾小球肾炎：患病初期精神沉郁，体温升高，食欲减退。由于肾区敏感，犬、猫不愿活动。站立时背腰拱起，强迫行走时步态强拘，小步前进。肾区轻轻压迫表现不安，躲避或抗拒检查。频频排尿，但每次尿量较少，有的甚至无尿，尿的相对密度增高，并有血尿现象。出现肾性高血压、主动脉口第二心音增强。尿液检查发现尿中蛋白质含量增高，出现肾上皮细胞，并见有透明及颗粒管型、红细胞管型、上皮细胞管型、白细胞、病原菌等。血液生化检验呈现低蛋白血症。

严重病例由于大量含氮物质蓄积，使血中非蛋白氮含量增高，不同程度肾功能障碍，内生肌酐清除率或尿素清除率均显著降低，呈现尿毒症症状（如机体衰弱无力，昏迷，全身肌肉呈发作性痉挛，严重腹泻，呼吸困难等）。

（2）慢性肾小球肾炎：多由急性肾炎发展而来。初期表现全身衰弱，无力，食欲不定。继则出现食欲减退，消化机能障碍，间歇性呕吐和腹泻，逐渐消瘦。后期可见眼睑、胸腹下或四肢末端出现水肿，严重时发生肺水肿和体腔积水。早期多饮多尿，尿量为正常时 2 倍左右，相对密度降低；后期尿少，相对密度增高。尿液中有多量肾上皮细胞、管型及少量红细胞和白细胞。晚期尿蛋白反而减少。严重病例由于血中非蛋白氮大量蓄积，引起慢性氮质潴留性尿毒症。同时，心血管系统发生机能障碍。

（3）间质性肾炎：主要表现为初期尿量增多，后期减少。尿沉渣中亦见有少量红细胞、白细胞及肾上皮，一般无蛋白尿。压迫肾区时动物无疼痛表现。血压升高，心脏肥大，皮下水肿（心性水肿），最后可因肾功能障碍导致尿毒症而死亡。

3. 诊断　主要根据病史，典型临床症状，尿液化验结果进行诊断。同时，应注意与肾病相区别。肾病有明显的水肿，大量尿蛋白及低蛋白血症，但不见有血尿及肾性高血压现象。

4. 治疗

治疗原则：消除病因，抑制免疫反应，消炎利尿及对症治疗。

（1）加强饲养管理：首先在发病初期使患病犬、猫处于1～2 d的饥饿或半饥饿状态。动物置于温暖、干燥的房间中安静休养。在食物中酌情给予营养丰富、易消化的乳制品，适当限制肉和食盐的摄入量（急性肾小球肾炎少尿期及出现水肿的犬、猫），而慢性肾小球肾炎多尿期易造成低钠血症，可适当补给食盐。

（2）消除感染：可选用抗生素，氨苄青霉素，或硫酸链霉素，或氟苯尼考每千克体重10～20 mg，肌肉注射，每天2或3次。亦可肌肉或静脉注射环丙沙星、恩诺沙星、洛美沙星等。最好不用磺胺类药物，亦不宜使用卡那霉素或庆大霉素（对肾脏毒性较大）。

（3）抑制免疫反应：可应用肾上腺皮质激素。抗肿瘤药物因能抑制抗体蛋白的形成，亦具有免疫抑制效应。

（4）利尿消肿：当有明显水肿时，可选用利尿利水药，如双氢氯噻嗪、甘露醇。同时应注意补钾。

（5）对症治疗：心衰时强心；出现尿毒症时，用5％碳酸氢钠注射液（犬5～30 mL）静脉注射。有严重血尿时，用止血药物。

多尿的病例，补给乳酸林格氏液，适当补钾；少尿的病例（急性肾炎、慢性肾炎后期），要限制输液，不宜补钾。当脱水、高钙血症、代谢性酸中毒时，以5％葡萄糖与乳酸林格氏液按2∶1比例输液，同时补给维生素B_1。

（6）缓解尿毒症。

二、膀　胱　炎

膀胱炎是指膀胱黏膜或黏膜下层的炎症，常见于母犬、猫和老年犬、猫。

1. 病因

（1）细菌感染：膀胱炎多由变形杆菌、化脓杆菌、葡萄球菌、绿脓杆菌、大肠杆菌等所引起，这些细菌通过血液、淋巴或尿道侵入膀胱。

（2）邻近器官炎症蔓延：肾炎、输尿管炎、阴道炎、子宫内膜炎、前列腺炎蔓延至膀胱。

（3）机械性损伤及刺激：导尿管损伤膀胱黏膜；膀胱结石或新生物（肿瘤）、各种有毒物质或强烈刺激性药物（如松节油、甲醛、环磷酰胺等）的刺激；各种原因引起的尿潴留（如尿道结石、肿瘤及排尿神经障碍等）均可引起本病。

2. 症状

（1）急性膀胱炎：特征是排尿频繁和排尿疼痛。由于膀胱黏膜敏感性增高，患病动物频频排尿或作排尿姿势,但每次排出的尿量很少或呈点滴状流出,排尿时,表现疼痛不安,严重时由于膀胱颈黏膜肿胀或膀胱括约肌痉挛性收缩,引起尿闭,动物不时作排尿动作,但不见尿液排出。触诊膀胱时,表现疼痛不安,膀胱体积缩小。但在膀胱颈组织增厚或痉挛时或尿闭时,膀胱高度充盈。尿检时,见尿液混浊恶臭,间或含有黏膜絮片、脓液絮片、血液或血凝块及坏死组织碎片;尿沉渣中有大量白细胞、脓细胞、少量红细胞、膀胱上皮细胞、磷酸铵镁结晶及散在的细菌。全身症状一般不明显,当炎症波及深层组织时,体温升高,食欲降低,精神沉郁。严重的出血性膀胱炎,可出现贫血现象。

(2) 慢性膀胱炎:与急性膀胱炎相似,但程度轻,病程长,往往无排尿困难表现,膀胱壁增厚。

3. 治疗

治疗原则:改善饲养管理、抑菌消炎、防腐消毒及对症治疗。

(1) 改善饲养管理:首先使犬、猫安静。饲喂无刺激性、富营养且易消化的优质食物,如奶、蔬菜等,给予充足的饮水,并在饮水中添加适量的食盐,造成生理性利尿,有利于膀胱的净化和冲洗。适当限制高蛋白食物。

(2) 局部疗法:进行膀胱冲洗。冲洗前,先用导尿管经尿道外口插入膀胱内,使膀胱内积尿排出,然后用消毒或收敛性药液反复灌洗2或3次。严重的膀胱炎在继发膀胱麻痹而排尿困难时,导尿管先不拔出,留置于膀胱内以便随时将尿液放出,并每日用消毒液冲洗膀胱,直至膀胱炎消退,才拔出导尿管。

(3) 全身疗法:应用尿路消毒药或抗生素等。最好抽取尿液做细菌培养和药敏试验,选用最有效的抗菌药物。

(4) 净化尿液:口服氯化铵,每千克体重 50~100 mg,1 次/d,能使尿液酸化起到净化作用并可增强抗菌药物的效果。

(5) 止血。

三、尿道感染

尿道黏膜的细菌感染称为尿道感染,因主要表现为尿道黏膜的炎症变化,故称尿道炎。该病多发生于雄性犬、猫。

1. 病因

(1) 临近器官组织炎症的蔓延:见于膀胱炎、包皮炎、阴道炎、子宫内膜炎等。

(2) 其他原因:①外伤,如雄性犬、猫相互咬伤或骨盆骨折;②尿结石的机械刺激及药物的化学刺激;③导尿时由于导尿管消毒不彻底,无菌操作不严密,或导尿时操作粗鲁致使尿道黏膜损伤;④交配时过度舔舐或其他异物(如草刺等)刺入尿道等。

2. 症状 患病犬、猫常常表现疼痛性尿淋漓,排尿时由于炎性疼痛,使尿液呈断续状排出,此时,雄性动物阴茎频频勃起,雌性动物阴唇不断开张,严重时可见到黏液性或脓性分泌物不时自尿道口流出。开始排出阶段,尿液混浊,其中含有黏液、血液或脓汁,有时排出坏死、脱落的尿道黏膜。频频舔舐外阴部。

尿道口红肿,尿道探诊时动物表现疼痛不安,导尿管插入困难。触诊可见阴茎肿胀,敏感。

3. 治疗

治疗原则：消除病因、抑菌消炎和尿道消毒。

(1) 清洗尿道：选用膀胱冲洗药物进行尿道冲洗，每天 1~2 次。

(2) 抗菌消炎：在进行尿道冲洗的同时配合应用尿路消毒剂、磺胺类和抗生素药物。当尿液呈碱性时，可改用樟脑酸乌洛托品。

(3) 对症治疗。

四、尿结石

尿结石是由尿中的无机盐类析出形成结石，引起尿路黏膜发炎、出血和尿路阻塞的疾病，又称尿石症。根据尿结石形成和阻塞部位不同，可分为肾盂结石、输尿管结石、膀胱结石和尿道结石。

尿结石是在某些核心物质（如黏液、凝血块、脱落的上皮细胞、坏死组织片和异物等）的外周由矿物质盐类（如磷酸盐、碳酸盐、草酸盐、尿酸盐等）和保护性胶体物质（如黏蛋白、胱氨酸、核酸、黏多糖）环绕凝结而形成。临床以磷酸盐结石最多见（约占犬尿结石的 60%）。尿结石的形状很不相同，有的呈球形、椭圆形或多边形，有的呈细颗粒或沙石状，其大小也不一样。

该病多发生于老龄犬、猫。公犬、猫以尿道结石多见，母犬、猫以膀胱结石多见。

1. 病因 目前病因及机理不完全清楚。一般认为尿结石的形成乃是诸因素综合作用的结果，但主要与机体矿物质代谢障碍、泌尿器官疾病尤其是肾脏的机能活动密切相关。所以尿石症并非一种单纯的泌尿器官疾病，亦非某些矿物质的简单堆积，而是一种伴有泌尿器官病理状态的全身矿物质代谢紊乱的结果。

促使尿结石形成的因素主要有：①饮水不足引起尿液浓缩，致使盐类浓度过高；②食物不当（饲喂高蛋白、高镁饲料，易促进磷酸铵镁结石的形成）或食物饮水中矿物质含量过高（长期饲喂富含钙质的食物或饮水）；③维生素 A 缺乏或雌激素过剩（肾及尿路上皮不全角化及脱落，使尿结石的核心物增多）；④肾脏及尿路感染（尿中细菌和炎性产物积聚，可成为盐类晶体沉淀的核心）及尿液潴留（尿素分解而生成氨，使尿呈碱性，碱化的尿液有利于盐类结晶的沉淀）；⑤其他疾病，如甲状旁腺机能亢进（甲状旁腺激素分泌过多，血钙升高，致使肾脏排出的钙盐增多，尿液晶体浓度增高），磺胺类药物及某些重金属（如铅）中毒等，亦促进尿结石的形成。

2. 症状 当尿结石的体积细小而数量较少时，一般不显任何症状。当结石体积较大或阻塞尿路时，则出现明显的临床症状。

(1) 肾结石：结石位于肾盂时，称为肾结石。多呈现肾炎、肾盂肾炎症状，并有血尿、脓尿及肾区敏感现象。当结石移动时，引起短时间的急性疼痛，此时动物拱背缩腹，拉弓伸腰、运步强拘、步态紧张、大声悲叫，同时患病动物常作排尿姿势。触摸肾区发现肾肿大并有疼痛感。

(2) 输尿管结石：临床不常见，呈现剧烈持续性腹痛，输尿管部分阻塞时，可见尿频尿痛、血尿、蛋白尿，若两侧输尿管阻塞，出现尿闭现象，腹部触诊发现膀胱空虚。

(3) 膀胱结石：临床最常见，结石位于膀胱腔时，有时并不出现任何症状，但多有频尿、血尿，膀胱敏感性增高，类似膀胱炎的症状。当结石位于膀胱颈部时，可出现明显的疼痛和排尿障碍，动物频频作排尿姿势，强力努责，但尿量很少或无尿，腹部触诊膀胱轮廓十分明显，压迫不见尿液排出。腹壁触诊可摸到膀胱内结石。

（4）尿道结石：犬的尿道结石多发生于阴茎骨的后端。当尿道不完全阻塞时，动物排尿疼痛且排尿时间延长，尿液呈断续或点滴状流出，多排出血尿。当尿道完全阻塞时，则出现尿闭或肾性腹痛现象。拱背缩腹，屡做排尿姿势而无尿液排出。尿道探诊时，可触及结石部位，尿道外部触诊有疼痛感。腹壁触诊膀胱时，感到膀胱膨满，体积增大，按压也不能使尿液排出。当长期尿闭时，可引起尿毒症或发生膀胱破裂。

3. 诊断 根据尿频、尿痛等排尿障碍及血尿，提示有本病的可能。膀胱结石和尿道结石可经探诊和触诊发现结石部位。X线检查（图7-10）及超声探查可确定结石的部位和数量。

4. 治疗原则 加强护理，及时排出结石，控制感染。

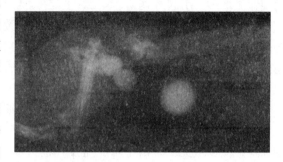

图7-10 膀胱结石
（引自邓俊良）

（1）加强饲养管理：应改善饲养，减少富含钙质的食物；大量饮水，以便形成大量稀释尿，借以冲淡尿液晶体浓度，减少析出并防止沉淀，起冲洗作用。

（2）手术疗法：肾结石，一般应切除肾。对体积较大的膀胱结石和尿道结石，特别是伴发尿路阻塞时，要施行膀胱或尿道切开取石术。

（3）激光、超声碎石：有条件的，可用激光、超声波碎石，然后排出结石。

（4）疏通尿路、排出结石：对于肾结石和输尿管结石，为了促进尿结石的排出，对犬可试用中药。同时应用利尿剂，促进细砂粒结石的排出。亦可用生理盐水冲洗尿路，扩张尿道，使体积细小的尿道结石随冲洗液排出。

（5）膀胱减压：当尿液潴留时，应及时减压（导尿管导尿或膀胱穿刺导尿），以防膀胱破裂引起尿毒症。

（6）防止和控制继发感染及对症治疗：应用抗生素等控制继发感染。

五、肾功能衰竭

肾功能衰竭是指肾组织发生的急慢性肾功能不全或肾衰竭或肾单位绝对数减少所致的临床综合征。可分为急性肾功能衰竭和慢性肾功能衰竭。

（一）急性肾功能衰竭

急性肾功能衰竭又称急性肾功能不全，是指由多种原因造成的急性肾实质性损害而导致的肾功能抑制。临床上以发病急、少尿或无尿、代谢紊乱和尿毒症等为主要特征。

1. 病因 多由外伤或手术造成的大出血、急性左心衰竭、严重脱水（呕吐、腹泻失去大量水分）等因素引起的肾脏严重缺血和由于某些化学毒物（如氯仿、磺胺类药物等）、生物毒素（如蛇毒、生鱼胆）等因素引起的肾中毒所致。

（1）肾前性急性肾衰：由于血液入肾前发生流通障碍造成急性缺血而引起肾衰。如心力衰竭时心输出量减少；大失血脱水或败血症所致的有效循环血量不足，血容量减少；药物麻醉或脊髓损伤等诱发的低血压；某些过敏性休克时，入肾小球动脉端的血压低于8 kPa，肾小球滤过作用濒临停止，尿量极少并含少量蛋白质，继而发生肾衰。

（2）肾性急性肾衰：由肾脏本身急性病变引起，多见于急性间质性肾炎和急性肾小管坏死，以及肾病变所致的急性局部缺血，偶见于严重的腹部创伤性双侧肾破裂。由于大部分肾小管基底膜损伤，溶解以至于坏死，所产生的管型与细胞碎片阻塞肾小管，尿液被重新吸收而使血氮增多，引起肾衰。

（3）肾后性急性肾衰：因尿液排出受阻所致，多见于双侧输尿管或尿道阻塞。由于尿液排出受阻，而肾仍正常泌尿，使尿液积聚，导致肾小管、肾小球内压力过高，不仅使肾小球滤过受阻，尿中积聚代谢产物，也可造成肾小管破裂或坏死，因而发生急性肾衰。

2. 症状

（1）急性肾功能衰竭的临床表现：可分3期。

① 少（无）尿期：多数病例此期可持续15 d左右。患病犬、猫在原发病症状的基础上，排尿明显减少或无尿。由于水、盐及代谢产物排泄障碍，而出现水肿、心力衰竭、高钾血症、低钠血症、代谢性酸中毒、氮血症，且易发生感染等。

② 多尿期：若能度过少尿期，则尿量开始增加。但水及氮质代谢产物潴留依然显著，由于钾排出过快而发生低钾血症，有些犬、猫出现心力衰竭，后肢瘫痪等症状。患病犬、猫多死于该期，亦称危险期。耐过者，水肿开始消退，症状逐渐好转。

③ 恢复期：经过多尿期后，尿量逐渐恢复正常。但由于患病犬、猫体力消耗严重，表现肌肉无力、萎缩等。恢复期的长短，取决于肾实质病变的程度。重症者，肾小球滤过功能长期不能恢复，可转变为慢性肾衰。

（2）实验室检验：

① 尿液检验：少尿期尿量少，尿相对密度初期高于1.025，尿钠浓度高，尿中可见红细胞、白细胞、各种管型及蛋白质。多尿期尿相对密度降低，尿中可见白细胞。

② 血液检验：白细胞总数及中性粒细胞比例增高；血中肌酐、尿素氮、磷酸盐、钾含量升高；血清钠、氯及CO_2结合力降低。

③ 肾造影：急性肾衰时，造影剂排泄缓慢，根据肾显影情况可判断肾衰程度。肾显影慢，逐渐加深，表明肾小球滤过率低；显影快而不易消退，表明造影剂在间质及肾小管内积聚；显影极淡，表明肾小球滤过几乎停止。

④ 超声波检查：可确定肾后性梗阻。

⑤ 液体补充试验：给少尿的犬补液200～1 000 mL后，静脉注射速尿，若仍无尿或尿相对密度低，可认为急性肾功能衰竭。

3. 诊断 根据发病史、临床症状结合实验室检验结果可做出诊断。

4. 治疗 防止休克和脱水，及时补液，纠正酸中毒和减缓氮质血症为治疗原则。

（1）少尿期治疗：治疗原发病并纠正高血钾和水钠潴留。

① 饮食疗法。

② 补液、纠正高血钾及氮血症：据红细胞压积容量和临床症状确定脱水程度及补液量

（参见液体疗法）。若伴酸中毒，可根据 CO_2-CP 静脉注射碳酸氢钠。对有肾小管坏死的危险病例，纠正脱水后可用渗透性利尿剂。

③ 对症疗法：为防止发生败血症，可肌肉注射氨苄青霉素。为防止休克，可肌肉注射地塞米松。解除痉挛，可肌肉注射氯丙嗪。

（2）多尿期治疗：多尿期开始时，为尿毒症高峰，仍需按少尿期治疗，随尿量渐多，水肿消退，转入多尿期治疗。

（3）恢复期：血尿素氮为 20 mg/dL，可作为恢复期开始的指标，此期应注意营养，加强护理并适当锻炼使之早日康复。

（二）慢性肾功能衰竭

慢性肾功能衰竭是由于功能性肾组织长期或严重丧失，承担肾功能的肾单位绝对数减少，不能维持机体环境的相对平衡所致。临床上以出现各种代谢紊乱为主要特征。

1. 病因 慢性肾功能衰竭多由急性肾功能衰竭转化而来。各种疾病引起的肾小球滤过率下降，约有75%肾单位进行性破坏是慢性肾衰产生的原因。由于肾排泄和调节机能失常，蛋白分解产物积聚于血中导致氮血症，若无其他症状，称为肾功能不全期。随血浆非蛋白氮积聚（高达 100 mg/dL）并出现酸碱平衡紊乱，即为尿毒症期，继而发生全身性疾病。

2. 症状及临床病理 本病根据临床发展过程，可分4期，见表7-2。

表7-2 慢性肾功能不全分期及有关指标

病期		Ⅰ期 （贮备能减少期）	Ⅱ期 （代偿期）	Ⅲ期 （氮质血症期）	Ⅳ期 （尿毒症期）
肾小球滤过率		>50%	50%～30%	30%～5%	<5%
尿量		正常	多尿	少尿	无尿
电解质	Na^+	正常	有时降低	多降低	降低
	K^+	正常	正常	有时降低	升高
	Ca^{2+}	正常	正常	降低	降低
	PO_4^{3-}	正常	正常	升高	升高
酸碱平衡		正常	正常	酸中毒	酸中毒
其他		血中肌酐及尿素氮轻度升高	轻度脱水、贫血、心力衰竭等	中至重度贫血，血中尿素氮（BUN）可高达 130 mg/dl 以上	呈现尿毒症临床症状，尤以神经症状和尿素氮升高明显，可高达 2～2.5 g/L

3. 诊断 对患病犬、猫，应密切注意肾功能变化，监测每天饮水量、排尿量、尿液与血浆中尿素氮（或肌酐）之比（低于30∶1时应引起警惕）。

4. 治疗 慢性肾衰的肾损害是不可逆的，故治疗原则为控制病程发展，恢复代偿，延长生命。

（1）加强护理：减少食饵中的蛋白质，必要时给予高生物价蛋白质。

（2）纠正水与电解质平衡紊乱：按脱水程度（见急性肾衰）予以补液，多给饮水。失钠多者可用3‰高渗盐水静脉滴注。有水肿及血压高者限制饮水和摄盐量。尿少时限制钾的摄入，而尿多者适当补钾。对慢性尿毒症并伴缺钙和肾性骨病者，给予维生素D和大剂量钙。

（3）纠正酸中毒：用乳酸林格氏液静脉注射，或口服碳酸氢钠。

（4）对症治疗：有感染者给予抗生素；出现抽搐、昏迷等神经症状者，可直接向腹腔内注射苯巴比妥溶液（常规量减半），但禁用镁盐；为促进患病犬、猫恢复代偿，可用腹膜透析疗法。

第五节 神经系统疾病

一、脑 炎

脑炎是指由于传染性或中毒性因素的侵害，引起脑膜与脑实质的炎症。根据病灶的性质分为化脓性脑炎和非化脓性脑炎。

1. 病因

（1）非化脓性脑炎：通常多起因于传染病，如犬瘟热在发病过程中或恢复后发生最多。也可由细菌毒素或某些化学物质（如铅等）中毒引起。

（2）化脓性脑炎：多由创伤后细菌感染或临近部位化脓灶波及引起；亦可由脓毒败血症及血栓引起（但不多见）；偶见于寄生的幼虫迷路误入脑内引起。

2. 症状 症状与病灶的部位、大小及动物性格有密切的关系。通常颅内压的变化和血液循环障碍导致脑症状的出现，进而出现呼吸系统、循环系统、消化系统及运动系统等各种各样的变化。神经症状从兴奋期开始向沉郁期发展。随病情发展，由于发生意识障碍，不认识主人，抚摸身体时鸣叫，或咬人，行为异常明显。此外，瞳孔缩小，结膜充血，步样不稳，有时呈现癫痫样发作及圆圈运动，视力逐渐减退，进而失明，进入昏睡状态。

化脓性脑炎伴随高热特征，单纯性脑炎通常无热。犬瘟热脑炎在运动障碍的同时，伴有膝反射亢进、斜视等；波及呼吸中枢时，会出现呼吸困难。病情朝好转方向发展，全身的痉挛会消失，但多留有头侧偏抽搐，病愈后也可能有后躯麻痹后遗症。

3. 诊断 除根据一般脑症状和灶性症状诊断外，可进行血液和脑脊髓液检验。血液检验主要是嗜中性粒细胞增多，核左移。脑脊髓液检验有重要意义，穿刺时由于颅内压升高，容易流出混浊的脑脊髓液，其中蛋白质和细胞数增多；若是化脓性脑炎，脑脊髓液中除嗜中性粒细胞增多外，还有病原微生物。

4. 治疗 不论哪种原因引起的脑炎，一般死亡率高，偶尔恢复也多有后遗症。对犬瘟热性脑炎，没有直接有效的药物。细菌性或继发感染者可用容易透过血脑屏障的药物（如磺胺类药物、氨苄青霉素、庆大霉素）。必要时可使用镇静剂，如苯巴比妥或氯丙嗪。为减轻脑水肿和消炎可用泼尼松。

二、癫 痫

癫痫是脑神经机能的突发性一过性障碍，表现为骤然发生，突然停止，以短时间的阵发性意识障碍（晕厥）和反复出现间歇性强直性痉挛为主要症候群。癫痫分为原发性和继发性两种。犬的发病率比猫高。

1. 病因 脑电活动的阵发性障碍是出现症状的原因。

（1）原发性癫痫（又称真性或自发性癫痫）：犬的原发性癫痫一般认为是由于中枢神经系统代谢机能异常，导致的家族性疾病，并具有遗传性。

（2）继发性症候型癫痫（又称后天性或器质性癫痫）：常由于缺氧（如一氧化碳中毒使脑供氧不足），低血糖症，肝功能降低，电解质失调（血钙、血镁含量过少和血钾含量过高），维生素缺乏，循环障碍（脑缺血、心肺功能不全、肾病、高蛋白血症、高脂血症和红细胞增多症）引起。也可由脑内器质性病变导致，如脑创伤、肿瘤、炎症，犬瘟热、脑部寄生虫及血管性脑病。外周神经损伤或极度刺激可引起继发性癫痫。过敏反应也能引起癫痫发作（称为反射性癫痫）。

2. 症状 癫痫的主要症状是意识丧失和强直性痉挛。癫痫分为既有意识丧失又有痉挛发生的定型大发作以及不伴发痉挛、仅发生短时间晕厥的非定型小发作两种类型。

（1）原发性癫痫：由4个阶段组成，即先兆期、前驱症状期、发作期和发作后期。

① 先兆期：动物表现不安、焦虑、表情茫然或其他不一定引起主人注意的行为改变。

② 前驱症状期：动物变得安静和知觉丧失。

③ 发作期：所有肌群紧张性突然增高，或稍后动物倒地，随之所有肌群伴发有节奏的或阵发性痉挛。阵发性痉挛发作时，大小便失禁、流涎、瞳孔散大，持续几秒到几分钟。

④ 发作后期：动物知觉恢复，但有些神经机能还不能完全恢复，如视觉障碍、共济失调、意识模糊、抑制、疲劳等，此期可持续数秒到数天。

（2）继发性癫痫：发作可能是原发病的症状之一，痉挛和肌紧张与原发性癫痫类似。颅内疾病引起的癫痫是大脑机能障碍的外部表现，出现局部神经障碍（对侧眼睛的视觉缺如，对侧面部的感觉迟钝，或向患侧做圆圈运动，轻度偏瘫）；颅外疾病导致的癫痫一般不引起局部神经障碍；低血钙及维生素缺乏所致癫痫，数分钟内重复间歇性痉挛；脑缺血及低血糖性痉挛以意识障碍为主。如果引起癫痫发作的大脑机能障碍扩散到整个中枢神经系统时，还可表现大脑之外的中枢神经系统其他部分失调的临床症状。

癫痫发作的时间间隔有长有短，有的一天发作数次，有的间隔数日、数月，甚至一年以上。在发作间隔期，与健康动物几乎完全一样。

3. 诊断 根据晕厥症状和间歇性痉挛的临床表现进行诊断，但要注意与脑肿瘤、脑外伤、脑积水、脑炎等疾病相区别。脑肿瘤可通过脑电图和X线、CT和核磁共振检查建立诊断。脑损伤有颅骨损伤的病史，还可做X线和超声波检查。脑积水通过脑电图和X线检查较易确诊。脑炎通过脑脊髓液检查进行鉴别。

4. 治疗

（1）加强管理：癫痫发作时，应设法使动物安静，避免外界刺激，最好蒙上眼睛抱在怀里，以防意外事故发生。

（2）抗痉挛疗法：原发性癫痫由于病因不清，主要应用抑制痉挛发作的药物进行对症治疗。对继发性癫痫，在对症治疗的同时，积极治疗原发病。

三、日射病及热射病

热射病是在高温潮湿环境下，机体产热和散热平衡失调，积热过多引起中枢神经机能紊乱的现象。而日射病是在高温季节头部受阳光直射，引起脑膜充血和脑实质的急性病变导致中枢神经系统机能严重障碍的现象。犬多发生，猫对热抵抗力强，较少发生。

1. 病因 多发生于关在通风换气不良的高温环境中的犬，如阳光直射的密闭汽车内、水泥地面的铁皮小屋、通风不良的饲养场所等；热性疾病、心血管系统及泌尿系统疾病、过度肥胖阻碍散热；手术中长时间的气管插管也是因素之一；容易发生上呼吸道疾病的短头品种犬及经常不安、神经质的犬容易发生。

2. 症状 通常没有前驱症状，突然出现特征性的高热（体温急剧升高到 41～42 ℃）；呼吸浅表急促，严重者并发肺充血和肺水肿，出现呼吸困难；心跳加快，末梢静脉怒张，黏膜开始鲜红随后发紫；皮肤发热、干燥，瞳孔散大；如不治疗则站立困难、出现肌肉痉挛和抽搐。

3. 诊断 根据发病史、热喘、高体温、脑神经症状容易诊断。血液检验 PCV 显著升高。蛋白尿、管型、血液尿素氮（BUN）上升反映肾机能障碍。出现弥散性血管内凝血时，纤维蛋白原减少，凝血时间、凝血酶原时间延长，纤维蛋白原降解产物 1,6-二磷酸果糖（FDP）增加。

4. 治疗

（1）迅速消除病因：将动物放在阴凉、通风良好的环境中安静休息。

（2）降温：采取冷水冲洗、灌肠或冰袋冷敷，灌服 0.2% 冷盐水等措施降温。

（3）维护心肺功能。

（4）抗凝血、抗休克。

第六节　营养代谢性疾病

一、低血糖症

低血糖症是由多种原因引起的血糖浓度过低所致的症候群，血糖值低于 500 mg/L 或更低时，称为低血糖症。本病多见于幼年犬和成年母犬。

1. 病因

（1）暂时性低血糖：

① 特发性新生犬、猫低血糖：多发生在 3 月龄前的玩具犬及小型品种犬，以贵妇犬、约克夏和吉娃娃犬发病率最高。一般多因受凉、饥饿或因仔多奶少、奶质差、胃肠功能紊乱、肠内寄生虫（包括原虫）、肝糖原合成酶不足等引起。

② 工作犬超负荷工作：多见于工作犬和猎犬（拉布拉多犬、塞特犬），病犬有工作前一天未增加饲喂量的病史。

③ 母犬、猫低血糖：妊娠母犬、猫妊娠后期和哺乳期严重营养不良，胎儿数过多，初生仔大量哺乳而致病。临床多见于分娩前后一周左右的母犬、猫。

④ 胰岛素使用过量。

（2）持久性低血糖：

① Ⅰ型糖原累积病（Von Gierke's 病）：因 6-磷酸葡萄糖酶先天性不足，最终导致肝脏累积糖原而发生低血糖症。多发于断乳前后（6～12 周龄）的玩具犬及小型犬，如波兰拉

尼亚犬、马耳他犬、吉娃娃犬等。

② 继发于胰岛瘤（β-细胞瘤）：犬的胰腺癌，发病率高达60%，且多见于右侧胰叶。β-细胞瘤（亦称胰岛瘤），是由于胰岛β-细胞产生过多的胰岛素，使血糖转入细胞增加，从而造成低血糖。多发生于成年犬、老龄犬（一般为6～13岁）。各品种犬均可发生，但拳师犬发病率高。

③ 非胰腺性肿瘤引起的低血糖症：多由肝癌、肺癌、胃肠癌、肾上腺癌、迁移性腹膜瘤及其他癌症性疾病引起。

④ 肝源性低血糖：肝疾病所致，因肝糖原的分解和合成异常而引起低血糖。

2. 症状 患低血糖症的犬、猫，可见全身性或局部性神经症状。轻者表现后肢无力、运动耐力差、共济失调、步态强拘，呈虚弱状态，甚至行为异常（烦躁不安、奔跑、吠叫），全身肌肉呈间歇性抽搐或强直性痉挛（严重低血糖出现癫痫样发作）。体温升高达41～42℃，呼吸急促，心搏加速。尿酮阳性，血酮达300 mg/L以上（母犬），血糖为1.68～2.24 mmol/L或更低。

幼龄期低血糖症多呈现虚弱、严重沉郁甚至昏迷，并伴有面部肌肉抽搐。血糖迅速降低所致的低血糖主要表现神经过敏、颤抖、摇摆、呕吐、心动过速等；而血糖缓慢降低主要引起神经系统的抑制、昏迷。

3. 诊断 根据病史、临床症状，结合血糖测定可对低血糖症建立诊断。病因学诊断需结合发病年龄、病史、原发病特点及对补糖的治疗性诊断综合分析。临床上本病与低钙血症（泌乳惊厥）相似，通过血糖、血钙及尿酮检测不难鉴别。

4. 治疗

（1）机能性低血糖：

① 补糖：50%葡萄糖或20%葡萄糖静脉注射，疗效显著。静脉注射困难时，亦可口服葡萄糖。

② 肾上腺皮质激素疗法：可用氢化可的松或地塞米松。

③ 镇静、保暖、加强管理：幼年犬、猫应注意保持体温正常，让其多吃母乳或替代性乳制品。

（2）胰岛β-细胞瘤所致的低血糖：

① 药物治疗：药物治疗只能减轻症状，短期恢复正常生命活动。作为辅助治疗，可用糖皮质激素和勤喂高碳水化合物食物的方法控制低血糖。

② 手术治疗：手术对功能性β-细胞瘤有明显效果。但β-细胞瘤多为恶性，往往在术前便转移到淋巴结、肝或脾，因此手术只对少数腺瘤有效，仅能起暂时缓解作用。

（3）Ⅰ型糖原累积病所致的低血糖：采取补糖、加强饲喂（应每2～3 h饲喂一次）外，可行门静脉吻合术，术后动物的生长发育、脂肪代谢等均可得到明显改善。

二、佝偻病（维生素D缺乏症）

佝偻病是犬、猫生长发育期，由于维生素D缺乏及钙、磷缺乏或比例不当，使钙磷代谢失常，钙盐不能正常地沉着所致发的一种营养性骨病。本病是一岁内的犬、猫，尤其是2～5月龄的幼犬常发的一种疾病。

1. 病因 犬、猫发生佝偻病常与下列因素有关:

(1) 食物中钙磷不足或比例不当,是导致该病发生的重要原因。犬、猫食物中最合适的钙磷比,犬为1.2:1~1.4:1,猫为0.9:1~1.1:1,并应占食物总成分的0.3%。生、熟肉中钙磷比为1:20,所以用去骨骼鱼和肉饲喂犬、猫时容易发生钙缺乏,导致钙磷比例不当致发本病。

(2) 食物中维生素D不足:由于喂养不当,母乳不足或早期断奶;幼犬、猫的饲料以淀粉食物为主体,缺乏矿物质、蛋白质和维生素D。

(3) 光照不足:幼年犬、猫长期家养,尤其是长毛品种,舍饲犬由于运动场狭小,运动不足,缺乏阳光照射,尤其冬季出生的犬更易发病。

(4) 需要量增加:生长迅速的犬(西德牧羊犬、藏獒犬)容易发生维生素D缺乏。

(5) 维生素A过量:犬、猫喜食肝脏(含大量维生素A),过量的维生素A竞争性抑制维生素D在肠道的吸收,影响骨骼的生长和代谢而发生骨质疏松。

(6) 先天性佝偻病:常由于怀孕母犬、猫营养失调或缺乏阳光照射,运动不足,饲料中缺乏矿物质、维生素D和蛋白质,以致胎儿发育不良。

(7) 其他因素:慢性腹泻可影响脂溶性维生素D的吸收;肝肾疾病不能使维生素D转化为活性维生素D;饲料中金属离子(铁、镁、锶、锰、铝)过多影响钙磷的吸收。

2. 症状

(1) 先天性佝偻病:出生后动物体质软弱,肢体有异常弯曲,出生数天仍不能站立。

(2) 后天性佝偻病:患病的初期往往被忽视,当关节肢体变形后才引起注意。

① 初期症状:不爱活动,精神不振,食欲减退,消化不良,逐渐消瘦,生长缓慢。X线检查尚无典型改变。

② 进行期症状:早期症状更为明显,发生异嗜,喜欢舔食墙壁、地板、泥土、砖石或自己的粪便,表现腹泻或便秘等消化障碍。随后动物常表现为四肢关节疼痛,站立时四肢频频交替负重,运步时四肢僵直,屈伸不灵活。严重时表现骨骼变形,出现跛行或卧地不能站立。

③ 骨骼出现特征性变形:a. 胸部畸形:肋骨与肋软骨交界处膨大呈串珠肿,由于肋骨内陷,胸廓变小,胸骨凸出,成为鸡胸;b. 四肢畸形:腕(跗)关节粗大,四肢负重时管骨逐渐变形,呈现各种异常姿势,呈O形腿或X形腿;c. 骨盆部左右压扁而变狭小;d. 脊柱畸形:脊柱向上凸起呈弓形弯曲。

④ 其他并发症:重症的佝偻病,患病动物骨骼异常疏松,常引起四肢、骨盆和脊柱的骨折,卧地不能站立。由于胸壁畸形影响肺扩张及肺循环,很容易合并肺炎和肺不张。因腹肌无力,常导致便秘、膀胱积尿或膀胱破裂。

早期轻型佝偻病如能及时治疗,可以完全恢复正常。重型佝偻病,至恢复期可遗留轻重不等的骨骼畸形。

3. 诊断 根据病史,临床上呈现异嗜为主的消化紊乱运动障碍、骨关节肿胀变形、生长发育不良等典型症状,结合X线检查骨骺板增宽(为正常的3~5倍)、结构疏松、骨髓腔扩大、骨骺小梁稀疏,血清钙和磷含量降低(血清钙低于90 mg/L,血磷低于25 mg/L),碱性磷酸酶活性显著升高而建立诊断。

4. 治疗 应重视早期治疗,发现佝偻病早期症状即应治疗。

(1) 加强管理:经常带犬、猫户外活动,进行日光浴。冬季舍内以紫外线灯照射。

(2) 服用维生素 D 制剂。

(3) 加强饲养管理，补充钙剂，防止钙磷比例不当。

附：维生素 D 过剩症

本病是由于供给的维生素 D 过量或犬接受紫外线照射过量而引起，又称维生素 D 中毒。主要以钙沉着于各脏器为特征。常见于幼龄犬。

1. 病因 正常成年犬的维生素 D 每日必需量为每千克体重 6.6 IU，发育期幼犬为每千克体重 20 IU。

常见的原因为治疗或预防佝偻病时，一次大剂量投予维生素 D 或长期连续应用。幼犬中毒剂量为每千克体重 30 万～50 万 IU 口服或一次肌肉注射量超过每千克体重 30 万 IU，犬长期投予必需量 100～1 000 倍的维生素 D，均可引起中毒。犬、猫（尤其是猫）过食富含维生素 D 的食物（如鱼肝油、肝等）可发病。运输和寒冷等应激条件下，即使投与少量维生素 D，也可发病。投与维生素 D 的同时，口服钙制剂，可加快、加重病情。

2. 症状 初期表现为精神沉郁，食欲不振并逐渐废绝，多饮，多尿。急性中毒的犬，表现为干呕、呕吐、腹泻、脱水，有的在数日内死亡。慢性中毒时，幼犬极度发育不良，成年犬体重明显减少。肺和肾发生钙沉着，表现出肺炎和急性肾功能不全的症候。实验室检查，血钙升高达 150～250 mg/L（正常为 95～120 mg/L）。由于钙沉积于肾皮质部，而出现蛋白尿、管型尿、血清尿素氮轻度或重度升高。死后解剖可见心、肺、肾、胃、肠等由于钙沉着而发白、变硬，消化道出现狭窄或闭塞部，肾明显混浊、坏死。

3. 诊断 根据症状和临床病理可初步诊断。

（1）X 线检查：严重病例，肺部 X 线摄影，整个肺部 X 线不易透过，呈高度污浊的肺炎像；心脏阴影由原来的圆形变成方形。

（2）心电图检查：高钙血症时，心电图的 T 波增高，ST 段上升。

4. 治疗 对疑似本病的犬要尽快确诊，及早停止投与钙剂和维生素 D，限制含钙多的食物，轻症犬即可逐渐恢复。

对急性重症病犬，目前尚无可靠治疗方法，可进行对症治疗。补液，改善脱水状况。给予对肾毒性低的抗生素，以防止细菌感染。加强饲养管理，减少应激刺激。

三、维生素 A 过剩症

本症是因长期饲喂维生素 A 或含大量动物肝脏的食物而引起的疾病，又称维生素 A 中毒。

1. 病因 动物肝含有大量维生素 A，犬长期大量摄取肝后，维生素 A 在体内发生蓄积，大量的维生素 A 可抑制成骨细胞的功能，使韧带或肌腱附着处的管状骨骨膜发生增生性变化。

此外长期大量投维生素 A 制剂，也可造成医源性维生素 A 中毒。

2. 症状 病犬食欲减退，体重减轻，感觉过敏，全身震颤，尿失禁及便秘。由于骨质疏松，颈椎和前肢关节周围生成外生骨疣，导致颈部发硬，前肢肘部及腕部骨骼融合，出现四肢骨肿胀、疼痛、跛行。当脊椎骨融合时，猫不能用舌梳理，此外还可引起齿龈炎和牙齿脱落。

3. 治疗 停止喂食维生素 A 以及富含维生素 A 的食物。对四肢疼痛和跛行的犬,用地塞米松肌肉注射,1 次/d,连用 3~5 d。注意护理,使犬保持安静。

四、泌乳惊厥

以低钙血症和产后突发全身强直性痉挛为特征的代谢性疾病称为泌乳惊厥,又称产后子痫、产后搐搦症。多发于分娩后 2~4 周(早发型多发于分娩后 2~4 d)的产仔数多的小型母犬,中型母犬亦可发病。

1. 病因 产后子痫的直接原因是分娩后血钙浓度的急剧降低。引起血钙浓度急剧降低的因素有以下 3 种:

(1) 产后大量泌乳,大量钙质进入初乳,是血钙浓度下降的主要原因。这是临床产仔数多的母犬发病率高的原因。当血钙低于 70 mg/L(正常为 84~112.7 mg/L),就会发病。

(2) 动用骨骼中储备钙能力的降低和骨骼中钙储备量减少,是血钙浓度下降的重要原因。

① 怀孕前甲状腺机能减退,甲状旁腺素分泌不足,动用骨骼中储备钙的能力降低。

② 怀孕末期饲喂高蛋白高钙日粮。

③ 分娩应激,大脑皮质受抑制,影响甲状旁腺机能,降钙素的分泌增加。

④ 怀孕后期由于胎儿发育,母体钙储备量减少。

(3) 分娩前后,母体从肠道吸收的钙量减少,也是引起本病的原因。

2. 症状 典型症状为全身肌肉强直、痉挛、抽搐。开始运步蹒跚、后躯僵硬、步态失调,以后表现烦躁不安、到处乱跑、易惊恐、对外界刺激表现敏感。站立不稳,倒地抽搐,呼吸急迫,口不停开合并流白色泡沫。多有呕吐、心跳加快及体温升高明显。病犬、猫瞳孔散大或昏睡。若未及时治疗,反复发作以至死亡。发病后经补钙治疗症状很快缓解或消失,如不坚持治疗或继续哺乳,数小时或数日后可复发,且第二次发作症状比上一次更明显。

3. 诊断 根据临床症状结合血钙水平降低、补钙后迅速收到疗效即可确诊(正常血钙值犬为 2.75 mmol/L,猫为 1.75 mmol/L)。

4. 治疗

(1) 补钙疗法:确诊后立即缓慢静脉注射 10% 葡萄糖酸钙溶液。若心律不齐者改服钙片,伴低血糖者同时静脉注射 50% 葡萄糖溶液,并口服维生素 D。

(2) 镇静。

(3) 肾上腺皮质激素治疗。

(4) 加强饲养管理:母犬发病后要与仔犬隔离,采取提早断奶,仔犬采用人工喂养。同时改善母犬的营养状态。

第七节 中毒性疾病

一、中毒性疾病的一般治疗措施

一般中毒性疾病,多呈突然急性发作,而且目前对多数毒物尚无特效的解毒药物,因此，采取一般治疗措施，对于缓解中毒症状，维持生命，从而使动物获得康复，具有极其重要的意义。

(一) 排出毒物

1. 排出消化道内毒物

(1) 催吐：经口食入毒物尚不超过1~2h，毒物未被吸收或吸收不多时，应用催吐，使毒物连同胃内容物吐出体外。

当毒物食入已久，并进入十二指肠已被吸收时，催吐治疗无效。此外，误食强酸、强碱、腐蚀性毒物时，不宜催吐，以防对食道和口腔黏膜损伤或使胃破裂。

(2) 洗胃：经口食入毒物不久尚未吸收时，可采取洗胃措施。

(3) 吸附毒物：经口食入毒物已超过1~2h，虽进入肠道但尚未完全吸收时，可服用活性炭吸附毒物，以减少肠道吸收，半小时后再灌服缓泻剂。

(4) 灌肠：促进肠道内有毒物质排除，选用灌肠法。

(5) 导泻：加速肠道内容物排出体外，以减少肠道对毒物的吸收。

2. 清除皮肤和黏膜上的毒物 对皮肤和黏膜上的毒物，应及时用冷水洗涤（为防止血管扩张，加速对毒物吸收，不宜用热水），洗涤愈早愈彻底愈好。

对不宜用水洗涤的毒物，可酌情使用酒精或油类物质迅速擦洗，并且边擦洗边用干毛巾擦净（因毒物溶解于酒精或油质后促进其吸收）。对已知毒物，最好选用具有中和或对抗作用的药物来清洗体表或黏膜的有毒物质。但注意选用洗涤药物时，不能使被清洗的毒物增加毒性，如敌百虫中毒时，严禁用碱性溶液清洗。

3. 加速毒物从体内排出 多数毒物通过肝代谢由肾排出，有的毒物通过肺或粪便等途径排出。保护肝，可给予葡萄糖（增加肝糖原和葡萄糖醛酸等，从而增强肝的解毒功能）。猫肝与犬不同，缺乏葡萄糖醛酸转移酶，因而某些化学物质不能及时与葡萄糖醛酸结合由肾排出，导致这些物质排泄缓慢，使其毒性增强。

投以利尿剂增加排尿量，以加速排毒。但必须在动物机体肾功能正常情况下方可投以利尿剂此外，改变尿液pH时，可促使某些毒物排出。当中毒动物发生少尿或无尿，甚至肾功能衰竭时，可进行腹膜透析，从而使体内代谢产物或某些毒物通过透析液排出体外。

(二) 解毒药物

1. 常用一般解毒药物

(1) 吸附剂：除氰化物毒物外，任何经口食入消化道的毒物，都可使用吸附剂解毒。使用吸附剂后配合泻下、洗胃、催吐，效果将会更好。常用吸附剂有：药用炭、木炭末等。

(2) 保护剂：常用黏浆剂和黏滑性保护剂（如蛋白水、牛乳、米汤和面粉糊等），不受剂量限制，对经口进入消化道内的毒物一般均可使用。应用黏浆剂时，首先用催吐剂或泻剂，以免使过多的毒物沉积于胃肠壁上不易清除，造成不良后果。黏浆剂可多次使用，但不宜同时或同其他药物混合使用。

(3) 凝固剂：只能应用于铅、铜、汞、石炭酸等易被凝固剂所凝固的毒物。常用凝固剂有蛋白水、花生油、菜油和猪油等。应用凝固剂后，再灌服盐类泻剂将更为安全。

(4) 中和剂：当毒物为已知酸性或碱性毒物时，使用中和剂是重要的解毒措施。常用弱酸性解毒剂有：食醋、酸奶、0.25%~0.5%稀盐酸和1.5%~3%稀醋酸等；弱碱性解毒剂有：氧化镁、石灰水上清液、小苏打水和肥皂水等。在用于灌肠或洗胃时，浓度可加大几倍，使之增强效果。

(5) 氧化剂：氧化剂只能用于能被氧化的毒物，如生物碱、氰化物、无机磷、巴比妥类药物、砷化物等。有的毒物如有机磷中毒应用氧化剂后其毒性增强，故禁止使用。氧化剂常用于洗胃或口服，以及深部灌肠。常用的氧化剂有：0.1%高锰酸钾和0.3%过氧化氢溶液等。前者有刺激性和腐蚀性，应用时注意药液的浓度；后者易产生气体，不宜用于腐蚀性毒物中毒。

(6) 沉淀剂：使毒物沉淀，以减少毒性或延缓吸收而达到解毒目的。常用沉淀剂有：鞣酸、浓茶、稀碘酒和蛋白水等。主要用于砷、汞等重金属，以及生物碱类中毒。

(7) 颉颃剂：利用药物与药物间，药物与毒物间，甚至毒物与毒物间的相互颉颃作用来达到解毒目的。常见颉颃剂有：①阿托品、莨菪碱类颉颃毛果芸香碱、槟榔及其制剂、新斯的明等，阿托品还对有机磷、西维因、吗啡类药物和毒蕈碱等有一定的颉颃解毒作用；②水合氯醛、巴比妥类药物颉颃士的宁、美解眠等；③氯丙嗪、奋乃静颉颃盐酸苯海拉明等（对抗肌肉震颤等）；④阿片、吗啡、度冷丁和其他阿片类药物等颉颃盐酸丙烯去甲吗啡、麻黄碱、戊四氮、尼可刹米、安钠咖、回苏灵、山梗茶碱等；⑤巴比妥类药物、水合氯醛颉颃麻黄碱、苯丙胺、戊四氮、尼可刹米、山梗茶碱、安钠咖、美解眠等。

2. 特效解毒药 对中毒毒物具有特殊颉颃作用和解毒功能的药物称为特效解毒药。常用的有以下几种。

(1) 亚甲基蓝：1%亚甲基蓝溶液，剂量为每千克体重0.5~1 mL，静脉注射，应用于氢氰酸中毒；剂量为每千克体重0.1~0.2 mL，静脉注射，可解除亚硝酸盐、非那西丁、安替比林、硝基苯等中毒。

(2) 解磷定、氯磷定、双复磷等：用于有机磷中毒，如配合阿托品使用，效果更佳。

(3) 依地酸钙钠、青霉胺、二巯基丙醇、硫代硫酸钠等：主要用于铅、汞、砷、铍等重金属和类金属中毒。

(4) 葡萄糖醛酸内酯（肝泰乐）：是石炭酸、来苏儿、煤焦油等芳香族碳氢化合物中毒的特效解毒药，但主要用于犬而不宜应用于猫。

3. 对症治疗 对症治疗又称支持疗法，在中毒病治疗中具有非常重要的意义。它为缓解中毒症状，抢救中毒动物生命赢得了时间。当前仍有许多毒物中毒后无特效解毒药，多通过对症治疗，增强机体的代谢和调节功能，降低毒性作用，从而获得康复。补充体液和能量、调节酸碱平衡、强心、利尿、止痛、中枢神经过度兴奋给予镇静药、过度抑制给予兴奋药，均是中毒治疗中不可忽视的重要措施。

二、有机磷杀虫药中毒

有机磷杀虫药有上百种，用于植物和动物杀灭害虫，按毒性分为剧毒类：有对硫磷（一六〇五）、内吸磷（一〇五九）、甲拌磷（三九一一）、硫特普等；强毒类：有敌敌畏、甲基一〇五九等；低毒类：有敌百虫、乐果、马拉硫磷（四〇四九）等。犬、猫对有机磷杀虫药比其他动物敏感。

1. 病因 有机磷杀虫药能经犬、猫消化道、呼吸道和皮肤进入体内，引起中毒。

(1) 误食撒布有机磷杀虫药的食物，误饮撒布有药物的饮水，或舔舐沾有药物的用具和被毛或灭蝇纸。

(2) 误用配药用具做犬、猫食盆或饮水盆。

(3) 滥用或误用于杀灭犬、猫体内外寄生虫，或将犬、猫留放在喷有药液的房间等。

2. 症状 有机磷杀虫药中毒，主要表现为副交感神经过度兴奋，包括3种类型：

(1) 毒蕈碱样症状：唾液分泌增多，瞳孔缩小，呕吐，腹泻，尿频，腹痛，由于支气管收缩和分泌物增多引起呼吸困难；

(2) 烟碱样症状：肌肉无力或自发性收缩，引起肌肉震颤；

(3) 中枢神经系统症状：表现神经质，兴奋，运动失调，惊恐，逐渐发展成惊厥或癫痫等。

中毒症状多在毒物进入机体后几小时内出现，中毒轻重受毒物量多少和进入机体途径影响。急性严重中毒，表现呼吸困难，呼吸衰竭，最后死于呼吸麻痹。

3. 诊断 根据接触有机磷杀虫药史、临床症状、胃内容物毒物检验和血液胆碱酯酶活性降低即可诊断。

4. 治疗

(1) 避免犬、猫再接触有机磷杀虫药。

(2) 口服中毒：未超过2 h，用催吐疗法。口服活性炭，吸附胃肠内毒物，然后随粪便排出。

(3) 皮肤接触中毒：可用清洁水冲洗。

(4) 药物治疗：解磷定或氯磷啶或双复磷与阿托品联合疗法。

(5) 对症治疗：中毒严重休克时，进行人工呼吸、吸氧等措施。呕吐、腹泻严重者需静脉输液治疗。

三、氟乙酰胺中毒

有机氟化物主要有氟乙酰胺（敌芽胺）、氟乙酸钠和N-甲基-N-萘基氟乙酸盐等剧毒农药，通常用于杀灭农林蚜螨和鼠害。由于有机氟对人、畜、禽有剧毒，国家1992年明文规定不许再生产和使用有机氟化物，特别不许使用氟乙酰胺作为杀鼠药使用，但目前市场仍有售。因此，有造成犬、猫和畜禽发生中毒的可能。

1. 病因 最常见的原因是犬、猫吃了用氟乙酰胺毒死的鼠和其他动物引起中毒。误食了有机氟化物（尤其是氟乙酰胺）污染的食物、毒饵、饮水等，也常引起中毒。氟乙酰胺可经过消化道、呼吸道和皮肤进入机体。犬、猫最敏感，每千克体重0.05～0.2 mg便可致死。

2. 症状 氟乙酰胺进入机体，30 min后就可中毒发病，毒物主要毒害犬、猫中枢神经系统和猫心脏。急性中毒表现精神沉郁，呕吐和频排粪尿（犬粪尿失禁）。严重中毒主要表现为兴奋、狂暴、号叫、狂奔、跳跃和爬墙，不久倒地打滚、抽搐、角弓反张、呼吸加快，猫心搏快而弱。安静片刻后又重复发作，发作数次后，强直而死亡。病程只有十几分钟至1 h左右。

尸体剖解病变为脑膜充血、出血，心肌变性松软，心包及心内膜有出血点。肝和肾肿大淤血，有卡他性或出血性胃肠炎。

实验室检验：血液中柠檬酸含量增多，经口食入的毒物，食物和胃内容物中含有氟乙酰胺毒物。

3. 诊断 根据病史，临床症状，实验室检验和尸体剖检等做出中毒诊断。

4. 治疗

（1）脱离毒物现场，更换可疑食物或饮水。

（2）一般措施：见本节"中毒性疾病一般治疗措施"。首先催吐，也可用1∶5 000高锰酸钾溶液洗胃，然后口服鸡蛋清，保护胃黏膜，最后用硫酸钠，犬每只10～25 g，猫5～10 g，配成5％～10％溶液，口服导泻。

（3）应用特效解毒药。

（4）对症治疗：镇静用氯丙嗪。解除呼吸抑制用尼可刹米。解除痉挛可静脉输注钙制剂和葡萄糖溶液。控制脑水肿，可静脉输注甘露醇溶液等。可应用维生素C、地塞米松等缓解病情。

四、抗凝血杀鼠药中毒

抗凝血杀鼠药种类较多，一般用于杀灭鼠害的有：华法令钠（杀鼠灵）、敌鼠钠盐、溴敌隆（溴敌鼠）、杀鼠隆、克灭鼠、杀鼠迷、双杀鼠灵（敌害鼠）、杀它仗、氯敌鼠（氯鼠酮）等。以动物全身各个部位自发性大出血，创伤、手术或针扎后出血不止为特征。

1. 病因 犬、猫中毒多发于以下病因。

①犬、猫采食了凝血杀鼠药杀死的老鼠，发生二次性中毒。

②犬、猫误食了抗凝血杀鼠药。

③用华法令钠等抗凝血药物，防治血栓性疾病，用药量大或用药时间过长，或者在用华法令钠时，同时应用能增强其毒性的保泰松、阿司匹林、广谱抗生素和氯丙嗪等。

2. 症状

（1）急性中毒：无任何症状表现而死亡。尸体剖检多见脑内、心包内、胸腹腔内有出血。

（2）亚急性中毒：从吃入毒物到引起动物死亡，一般需经2～4 d。中毒初期精神不振，厌食，稍后不愿活动，出现跛行，厌站喜卧，呼吸费力，眼结膜发白有出血点，齿龈、唇黏膜等出血，心搏快而失调。继续发展，表现共济失调、贫血、血肿、血便、眼前房出血、血尿、吐血和衄血等，最后痉挛、昏迷而死亡。死后尸检，全身器官组织呈现泛发性出血。

实验室检验：凝血因子Ⅱ、Ⅶ、Ⅸ、Ⅹ减少，凝血时间延长。

3. 诊断 根据接触抗凝血杀鼠药史，广泛性出血症状，可做初步诊断。确诊需检验血液的凝血时间、凝血酶原及香豆素含量。

4. 治疗

（1）维生素K是治疗抗凝血杀鼠药中毒的特效药物，尤其是维生素K_1，最初可用维生素K_1。

（2）如果出血过多，应输血治疗，再配合一些支持疗法。

（3）已中毒的犬、猫，不能行手术或放血；皮下或胸腹腔的血液，如果不危及生命，可让其慢慢吸收。

（4）病愈恢复期，应加强饲养管理，多饲喂些有营养的食物，最好是犬、猫商品性食品。

五、铅 中 毒

铅中毒是世界范围的常见中毒病，多发生于幼年犬、猫，犬比猫多发。美国波士顿一家动物医院统计，6月龄以下的犬，4%有铅中毒。当前西方国家常以犬、猫铅中毒来监测对儿童的危害。当家养犬、猫血液含铅量超过 100 μg/L 时，喜欢和犬、猫相伴的儿童也有铅中毒的可能。联合国世界卫生组织规定正常血液铅含量不超过 100 μg/L。超过 100 μg/L，将对犬、猫和儿童造成危害。

1. 病因 在人类和动物周围环境中，铅和含铅物质普遍存在。汽油中的铅经燃烧散布于空气和土壤，城市远高于农村。其他含铅物有油画颜料、膝布、铅玩具、油漆、玻璃油泥、铅锤、焊锡、油毡、电池、滑润油、子弹，以及铅厂烟灰及污物等。铅和含铅物经消化道、呼吸道和皮肤进入动物机体，引起中毒。犬、猫铅中毒量为每千克体重 10～20 mg。

铅和含铅物经口进入胃肠道，在食物中缺钙、锌、铁和蛋白时，或在酸性环境下，更利于铅的吸收，一般成年犬可吸收食入铅的 10%，而幼年犬吸收率高达 90%，所以幼年犬、猫易发生中毒。肠道吸收的铅由红细胞携带进入软组织，如肝脏、肾脏、中枢神经系统和骨髓，还能通过胎盘和进入乳中。铅自然从机体排出很慢，从尿中排泄量也很小，但和治疗药物形成螯合物后，排泄加快。

2. 症状 犬、猫铅中毒分急性和慢性两种，以慢性中毒多见。急性中毒表现厌食，流涎，贫血，腹痛，呕吐和腹泻。神经症状表现神经过敏，呈现歇斯底里狂叫，咬牙，乱跑，运动失调，发抖、痉挛及麻痹，进一步出现耳聋、眼瞎和痴呆。慢性铅中毒表现贫血，多动，好斗和易激怒，反复发生呼吸道和泌尿系统感染等。

实验室检验：血铅水平超过 300 μg/L，肝（湿重）高达 5 mg/kg（正常为 3.5 mg/kg）。血液红细胞数减少，出现贫血性有核红细胞、低色素性小红细胞和嗜碱性彩点红细胞等，尿中 γ-酮基-δ 氨基戊酸（ALA）增多。

3. 诊断 根据有接触铅或含铅物的病史，临床症状，血液和尿液检验，以及用依地酸钙钠治疗有效，治疗 24 h 后尿中排铅增多（可达治疗前的 6 倍）。

注意与犬瘟热、癫痫、脑炎、狂犬病和胃肠道疾病的鉴别诊断。

4. 治疗

治疗原则：清除胃肠道的铅，防止进一步吸收；从血液和机体组织中尽快排出铅；积极治疗铅中毒的神经症状。

（1）排出毒物：如果发现较早时，可采用催吐、洗胃和导泻等措施，以促进毒物从机体清除。

（2）解毒：经过治疗仍不能控制神经症状，预后不良。

用依地酸钙钠治疗的同时，配合应用青霉胺效果更好。用量为每千克体重 100 mg/d，分 4 次口服，连用 1～2 周。如果出现呕吐、不安和厌食时，可空腹时口服，或服药前半小时口服茶苯拉明每千克体重 2～4 mg。

(3) 镇静。

(4) 支持疗法：包括输液，补充电解质，调节酸碱平衡等。

六、蛇毒中毒

蛇毒中毒是犬、猫被毒蛇咬伤引起。世界上现有 3 000 多种蛇类，其中毒蛇 650 多种，我国约有 160 种蛇，毒蛇 47 种，其中较常见并危害较大的毒蛇，主要有眼镜蛇科：眼镜蛇、眼镜王蛇、银环蛇、金环蛇；海蛇科：海蛇；蝰蛇科：蝰蛇、蝮蛇、五步蛇、竹叶青、龟壳花蛇等。毒蛇多分布在长江以南及东南沿海诸省，长江以北由于气候较冷，毒蛇相对较少，只有蝰蛇、蝮蛇、龟壳花蛇、菜花烙铁头等几种。

1. 病因　犬、猫为了狩猎、配种、觅食、玩耍或活动，常到野外、草地、森林等处，被毒蛇咬伤后引起中毒。毒蛇的生活有一定规律，在长江以南地区活动期为 4~11 月，7~9 月最活跃，不同毒蛇每天活动规律不同，以白天活动为主的有眼镜蛇和眼镜王蛇；白天晚上都活动的有蝮蛇、五步蛇、竹叶青，它们在闷热天气活动更盛，五步蛇还喜欢在雷雨前后出来活动。最活跃的月份和爱活动的时间，也是犬、猫最易被咬伤的月份和时间。

毒蛇都有毒牙和毒腺，它们咬伤犬、猫后，把毒液注入犬、猫体内，引发中毒。蛇毒进入动物体内后，有两种扩散方式：一是随血液扩散，很快散布到全身，使犬、猫很快中毒死亡；二是蛇毒随淋巴扩散，散布速度缓慢，有利于吸出蛇毒和急救。

2. 症状　犬、猫被毒蛇咬伤后，局部有两个特征性的毒牙穿刺孔。

(1) 神经毒中毒：咬伤局部一般无明显反应，只有眼镜蛇咬伤后，局部组织坏死和溃烂，不易愈合；临床表现为流涎或呕吐，声音嘶哑，牙关紧闭，吞咽困难，呼吸急迫，四肢无力，共济失调，全身震颤或痉挛等。严重中毒时，动物出现肢体瘫痪，惊厥后昏迷，心力衰竭，呼吸中枢麻痹而死亡。

(2) 血液毒中毒：咬伤局部红肿、发硬、灼热和剧痛，并不断扩延（向心性扩散）。局部淋巴结肿大有压痛。皮下出血，有时有水疱或血液，组织溃烂坏死；全身表现烦躁不安、呕吐及腹泻，黏膜和皮肤呈现广泛性出血，排尿减少或无尿，甚至血尿或蛋白尿。有溶血性黄疸和贫血，呼吸急迫，心率失常，有的犬、猫出现休克，严重者几小时内死亡。

(3) 神经血液混合毒中毒：临床症状为两种蛇毒的综合，常死于呼吸肌麻痹的窒息或心力衰竭性休克。

实验室检验：血清肌酸激酶活性增加，中毒越严重，活性增大得越明显。

3. 诊断　根据病史、咬伤局部、全身症状和肌酸激酶活性增加进行综合诊断。

4. 治疗

治疗原则：防止蛇毒扩散，排毒和解毒，配合对症治疗。

(1) 防止蛇毒扩散：让被咬伤犬、猫安静。咬伤四肢时，立即在伤口上方 2~3 cm 处缠束一止血带，防止带蛇毒的血液和淋巴回流，必要时每 20 min 松带 1~2 min。

(2) 冲洗伤口和扩创：可用清水、肥皂水、过氧化氢溶液或 0.1%高锰酸钾溶液冲洗伤口，洗去蛇毒和污物。冲洗伤口后，用小刀或三棱针挑破伤口或扩创（将伤口周围组织切除），然后挤压排毒，再用 3%过氧化氢溶液或 0.1%高锰酸钾溶液冲洗伤口。在扩创的同时，可用 0.5%普鲁卡因伤口局部封闭。

（3）解毒：早期可注射多价抗蛇毒血清，同时内服和外用南通蛇药片（季德生蛇药片）、上海蛇药或群用蛇药片等，4次/d。

（4）对症疗法：可应用大剂量糖皮质激素（如强的松、地塞米松等），以增强抗蛇毒和抗休克作用；同时要应用咖啡因或樟脑等强心药物。必要时再静脉注射复方氯化钠、葡萄糖或葡萄糖酸钙等。

七、洋葱和大葱中毒

洋葱和大葱都属百合科，葱属。犬、猫采食后易引起中毒，主要表现为排红色或红棕色尿液。犬发病较多，猫少见。动物洋葱中毒世界各国均有报道，我国1998年首次报道了犬大葱中毒。

1. 病因 犬、猫采食了含有洋葱或大葱的食物后可引起中毒。实验性投喂一个中等大小的熟洋葱即可引起犬中毒，中毒剂量为每千克体重15～20 g。研究证明，洋葱和大葱中含有具有辛香味挥发油N-丙基二硫化物或硫化丙烯（此类物质不易被蒸煮、烘干等加热破坏，越老的洋葱或大葱其含量越多），能降低红细胞内葡萄糖-6-磷酸脱氢酶（G6PD）的活性（G6PD能保护红细胞内血红蛋白免受氧化变性破坏），从而使红细胞更易氧化变性溶解。红细胞溶解后，从尿中排出血红蛋白，使尿液变红，严重溶血时，尿液呈红棕色。

2. 症状 犬、猫采食洋葱或大葱中毒1～2 d后，最特征性表现为排红色或红棕色尿液。中毒轻者，症状不明显，有时精神欠佳，食欲差，排淡红色尿液。中毒较严重犬，表现精神沉郁，食欲减退或废绝，走路蹒跚，不愿活动，喜卧，眼结膜或口腔黏膜发黄，心搏增快，喘气，虚弱，排深红色或红棕色尿液，体温正常或降低，严重中毒可导致死亡。

血液检验：血液随中毒程度轻重，逐渐变的稀薄，红细胞数、血细胞比容和血红蛋白减少，白细胞数增多。红细胞内或边缘上有海恩茨氏小体。

生化检验：血清总蛋白、总胆红素、直接及间接胆红素、尿素氮和天门冬氨酸氨基转移酶活性均呈不同程度增加。

尿液检验：尿液颜色呈红色或红棕色，相对密度增加，尿潜血，尿蛋白和尿血红蛋白检验阳性。尿沉渣中红细胞少见或没有。

3. 诊断 根据有采食洋葱或大葱食物史；尿液红色或红棕色，内含大量血红蛋白；红细胞内或边缘上有海恩茨氏小体等建立诊断。引起血红蛋白尿有多种原因，注意鉴别。

4. 治疗 立即停止饲喂洋葱或大葱性食物；应用抗氧化剂维生素E；支持疗法进行输液，补充营养；给以适量利尿剂，促进体内血红蛋白排出；溶血引起贫血严重的犬、猫，可进行输血治疗。

八、变质食物中毒

变质食物中毒指犬、猫采食变质食物后引起的中毒病。

1. 病因 在温暖季节，所有食物，尤其是肉类、奶及其制品、蛋和鱼等富含营养和水分食品，极易腐败变质。在夏季即使放在冰箱里的食物，时间长了也会变质。变质食物不再适合人类食用，常用来饲喂犬、猫，便会引起中毒。变质食物引起中毒的毒素，包括肠毒素、内毒素和真菌毒素等。

食物中的链球菌、葡萄球菌、沙门氏菌和其他杆菌等，在温暖条件下，能大量繁殖产生肠毒素。犬、猫采食后，肠毒素刺激和腐蚀胃肠上皮，引起损伤和坏死，导致呕吐，胃肠分泌增多甚至出血，肠蠕动增强发生腹泻。发病后10～72 h，肠管蠕动变弱，甚至停滞，出现肚胀。在节假日会餐，主人或客人大量饲喂或犬、猫自己采食了大量肉鱼类食物，肠道内微生物也能大量繁殖，产生肠毒素，引起犬、猫自身中毒综合征。由肉毒梭菌毒素和真菌毒素引起的犬、猫中毒，在临床上罕见。

在变质食物中繁殖的革兰氏阴性细菌，死后崩解后，细胞壁释放出大量内毒素（类脂多糖体），内毒素进入胃肠道引起胃肠炎，吸收后毒害心血管系统，产生弥散性血管内凝血，使血容量减少，引起休克。内毒素通常和肠毒素一起，引起犬、猫中毒。

2. 症状 犬、猫采食变质食物后，一般0.1～3 h就发生呕吐，采食量少，呕吐完变质食物后便康复。严重中毒者，出现腹泻，便中带血，腹壁紧张，触压疼痛。随后肠蠕动变弱，肠内充气，肚腹膨胀，更有利于革兰氏阴性菌生长繁殖，释放内毒素，使病情进一步恶化，甚至发生内毒素性休克。

内毒素中毒，体温常在采食后2～24 h升高，同时发生呕吐，腹泻排水样便。腹部膨大，腹壁紧张，触压疼痛。毛细血管再充盈时间延长，心搏增快，脉搏细弱，精神朦胧，最后休克。实验室检验，白细胞和嗜中性粒细胞减少，多形核细胞增多，血糖升高。

尸体剖解可见胃肠炎，肝脏、肾脏和心脏浊肿等。

3. 诊断 根据病史和临床症状，可做出初步诊断，确诊必须对食物进行实验室检验。

4. 治疗 变质食物中毒尚无特效药物治疗，一般治疗如下。

（1）一般解毒措施：发病初期，呕吐有利于排出食入的变质食物，等呕吐完后，才可应用止吐药物。应用止吐药物同时，还应使用吸附剂。

（2）止泻：腹泻初期，不要止泻，在肠内容物基本排空后，才用止泻药物。

（3）抗菌消炎：为了防止肠道内细菌继续生长繁殖，产生毒素，应用广谱抗生素。

（4）维持水、电解质和酸碱平衡：静脉输液，补充水分和电解质，调节酸碱平衡失调。

（5）防止休克：应用皮质类固醇，如静脉或肌肉注射地塞米松，或应用强的松或强的松龙。

（6）不用腐败变质食物饲喂犬、猫，不要让犬、猫采食过量鱼及肉食品。

第八节 内分泌系统疾病

一、甲状腺机能减退

甲状腺机能减退是由于甲状腺激素合成或分泌不足，导致犬、猫全身一切活动呈现进行性减慢为特征的疾病。临床上犬比猫多发。德国牧羊犬、爱尔兰塞特犬、寻猎犬、拳师犬和阿富汗犬等多发。

1. 病因

（1）原发性甲状腺机能减退：多由慢性淋巴细胞性甲状腺炎、肿瘤和非炎性甲状腺萎缩引起，约占甲状腺机能减退的90%。

① 慢性淋巴细胞性甲状腺炎可能是自身免疫引起，多发生在7月龄至4岁的犬，患犬的甲状腺腺泡表现进行性破坏，波及3/4腺泡破坏后，临床上才会出现甲状腺机能减退症状。在甲状腺组织病理切片上，可看到甲状腺被淋巴细胞、浆细胞、中性粒细胞及类腺泡细胞浸润。

② 非炎性甲状腺萎缩的原因至今还不清楚，临床上出现甲状腺机能减退时，甲状腺萎缩至几乎消失。

另外，还见于碘缺乏、甲状腺切除、抗甲状腺药物应用等。

(2) 继发性甲状腺机能减退：由于垂体损伤，分泌促甲状腺激素不足引起。分先天性和后天性两种，前者与垂体性侏儒症有关，后者是垂体肿瘤压迫或取代垂体所致，常伴有一种或多种垂体激素分泌减少。

(3) 第三种甲状腺机能减退：是由下丘脑分泌的促甲状腺激素释放激素不足引起，可分为先天性与后天性，或为两种结合型，但至今还不知其引起促甲状腺激素释放激素缺乏的原因。

2. 症状

(1) 原发性甲状腺机能减退：通常发生在4~10岁的大中型犬，两岁以下犬发病较少。病初易于疲劳，嗜睡，喜欢温暖地方，脑反应迟钝，体重增加，甚至呕吐或腹泻。皮毛干燥，被毛呈对称性大量脱落，再生延迟，皮肤色素增多，出现皮脂溢和瘙痒。因黏液性头面部皮肤增厚有皱褶，触知有肥厚感但无指压痕。眼睑下垂，外貌丑陋。母犬发情减少或不发情，公犬睾丸萎缩无精子。血清学检验胆固醇、肌酐激酶、甘油三酯和脂蛋白浓度升高，出现正色素性贫血。

(2) 继发性甲状腺机能减退：先天性继发性甲状腺机能减退的症状类似垂体性侏儒症。后天性继发性甲状腺机能减退多由肿瘤引起，临床上以沉郁、嗜睡、厌食、运动失调和癫痫发作等神经症状为主。

(3) 第三种甲状腺机能减退：先天性第三种甲状腺机能减退临床上类似于先天性继发性甲状腺机能减退，患犬痴呆，行为迟钝，生长发育缓慢。头颅增大变宽，腿短，产下几周后生长速度明显变慢。后天性第三种甲状腺机能减退，患犬精神差，嗜睡，但机智和反应基本正常。

3. 诊断 甲状腺机能减退无任何特异性症状，因此，不能单凭症状做出病性诊断。测定血浆中甲状腺素（T_4）和三碘甲腺原氨酸（T_3）浓度降低（正常值分别为T_4 15~40 μg/L，T_3 1~2 μg/L），在排除多种非甲状腺素因素影响的前提下（低蛋白血症、常用药物、肾上腺机能亢进等，都可引起T_4减少，但甲状腺机能正常），有一定诊断价值。另外，可应用促甲状腺激素对血浆中甲状腺素的影响，以及甲状腺活组织切片来诊断。测定血液中抗甲状腺球蛋白抗体对甲状腺炎的早期诊断有一定的参考作用。

原发性和继发性甲状腺机能减退的鉴别，可用促甲状腺激素刺激甲状腺，甲状腺对促甲状腺激素有反应的是继发性甲状腺机能减退。继发性和第三种甲状腺机能减退的鉴别，应用促甲状腺激素释放激素刺激垂体，垂体对其有反应的是第三种甲状腺机能减退。甲状腺活组织切片，对三种甲状腺机能减退的鉴别也有意义。

4. 治疗 应用L-甲状腺素治疗，每千克体重20 μg，加入食物中饲喂，1次/d。甲状腺干粉，5～20 mg/d，分 3 次饲喂，以后每 2 周增加 10～20 mg，最多不能超过 80 mg，维持量为 30～60 mg。甲状腺素或甲状腺干粉剂量过大，可发生类似甲状腺机能亢进症状，呈现多尿、烦渴、不安及喘气。大剂量长期应用还出现消瘦和心搏增快等症状。

二、甲状腺机能亢进

甲状腺机能亢进是由于甲状腺激素分泌过多，基础代谢亢进的一种内分泌疾病。

（一）犬甲状腺机能亢进

犬甲状腺机能亢进多发于 4～18 岁，拳师犬、比格犬和金毛寻猎犬易发。

1. 病因　犬甲状腺机能亢进系甲状腺肿瘤（位于颈部腹侧咽至胸口处）引起。犬甲状腺原发性肿瘤的 1/3 是腺瘤，2/3 是腺癌。甲状腺原发性腺瘤的 15% 和腺癌的 60% 呈现临床症状，其余只有在尸体剖解时才能发现。甲状腺腺瘤通常直径小于 2 cm，很薄，呈透明囊样。个别的较大，具有厚的纤维囊，囊内充满黄褐色液体。甲状腺腺癌常转移到肺和咽背淋巴结。拳师犬最易患甲状腺腺瘤。

2. 症状　甲状腺机能亢进初期，出现多尿，烦渴，食欲增强，随后体重减轻、消瘦。心搏和脉性亢盛，心电图电压升高。喜欢冷的地方，烦躁不安，喘气和容易疲劳。从咽到胸口沿气管两侧进行颈下触诊，可摸到肿大的甲状腺肿瘤（正常摸不到）。

实验室检验：血浆中甲状腺素和三碘甲腺原氨酸浓度升高。当肿瘤肿大或发现后 1～2 个月内肿块生长迅速，可以基本上诊断为甲状腺腺癌。

3. 治疗　早期尚未转移的甲状腺癌采用外科摘除术。已转移或难以完全摘除的甲状腺腺癌，不要手术摘除，可进行放射碘疗法。严重甲状腺机能亢进的患犬，在手术摘除甲状腺腺瘤前，应先用碘或抗甲状腺药物治疗一段时间。

甲状腺腺瘤通常个体小，生长慢。如果影响了甲状腺机能时，也行摘除术。两个甲状腺都被摘除的犬需终生饲喂甲状腺粉。

（二）猫甲状腺机能亢进

在剖解猫尸体中发现：90% 的老龄猫甲状腺发生腺瘤或腺瘤性增殖。甲状腺腺瘤通常是两侧性的，而分散性腺瘤和腺癌则是单侧性的，并且很少转移，6～20 岁猫多发。

1. 症状　猫甲状腺机能亢进发生缓慢，9 岁以下的患猫很少出现临床症状。9 岁以上的患猫突出症状是消瘦和食欲旺盛。排便次数增多和量大，粪便发软，多尿和烦渴，烦躁不安，喜欢走动，经常嘶叫，讨厌日常的被毛梳理。心脏增大，心搏增快，心律不齐有杂音，心电图电压升高。

甲状腺瘤性增殖发生在一侧或两侧甲状腺，呈中等程度肿大，而甲状腺腺瘤和腺癌通常呈块状明显肿大。在咽至胸口的颈腹侧，用手指仔细触诊，常可摸到肿大的甲状腺。实验室检验：血浆中 T_4 和 T_3 浓度升高，谷氨酸氨基转移酶（ALT）、天门冬氨酸氨基转移酶（AST）和碱性磷酸酶（ALP）活性也升高。

2. 治疗　采用外科手术摘除肿大的甲状腺。如甲状腺机能严重亢进，并有一系列心脏合并症，为了减少危险性，手术前可用丙硫氧嘧啶治疗（50 mg/d，分 3 次口服），或用甲巯基咪唑（5 mg/d，分 2 或 3 次口服），一般治疗 1~2 周，能使血浆中 T_4 和 T_3 浓度降低。心脏功能好转后再行手术摘除。应用碘化钠 1~2 mg，水溶后口服，也能降低甲状腺的分泌或把放射碘注入甲状腺内，一次注射治愈率可达 97%。

三、糖 尿 病

糖尿病（DM）是由胰岛 β-细胞分泌机能降低，胰岛素绝对（Ⅰ型糖尿病）或相对不足（Ⅱ型糖尿病）引起碳水化合物、蛋白、脂肪代谢紊乱的综合征。Ⅰ型糖尿病是遗传性或先天完全缺乏 β-细胞，没有胰岛素，是胰岛素依赖性糖尿病（IDDM），对胰岛素治疗反应理想。Ⅱ型糖尿病是 β-细胞可产生胰岛素，但是有胰岛素耐受性，是非胰岛素依赖性糖尿病（NIDDM），可发展成Ⅰ型糖尿病；非胰岛素依赖性糖尿病用胰岛素治疗可能很困难。本病临床上以多饮、多尿、多食、体重减轻、血糖升高、运动耐受性下降为特征，是猫的常见内分泌疾病之一，多发于 5 岁以上的短毛猫，性别差异不大。犬的发病率可达 0.5%，雌犬是雄犬的 3 倍，主要发生在 4~14 岁，其中 7~9 岁的肥胖犬发病率较高，多于发情后发病。

1. 病因 所有犬的糖尿病均是 IDDM，约 70% 猫的糖尿病是 IDDM，约 30% 是 NIDDM。本病目前病因不清，现在普遍认为与基因倾向、感染、胰岛素拮抗疾病和药物、肥胖、免疫介导性胰岛炎和胰腺炎有关。糖尿病引发的高血糖和糖尿会引起多饮、多尿、多食和体重下降。为弥补血糖利用不足而生成酮体时，会引起糖尿病酮症酸中毒。IDDM 患犬 β 细胞功能的丧失是不可逆的，须终生注射胰岛素以控制血糖。

（1）食物性肥胖：长期摄食高热量食物和长期营养过剩，过度肥胖，从而导致可逆性胰岛素分泌减少。

（2）激素异常：某些药物的应用与糖尿病的发生有着密切的联系。

① 糖皮质激素和孕激素等的应用：类固醇能使肝脏糖异生作用加强，拮抗胰岛素，减少组织对葡萄糖利用从而提高血糖水平，但多数情况下，停止用药后，糖尿症即恢复正常；孕激素也能引起可逆性糖尿症，猫尤其敏感。

② 应用促肾上腺皮质激素、胰高血糖素、雌激素、肾上腺素等，也能诱发犬糖尿症。

③ 非类固醇药物（氯丙嗪、二苯基乙内酰脲、大仑丁等）亦可引起高糖血症。

内源性肾上腺皮质激素分泌过多与犬糖尿病发生有较大关系，但猫很少发生。母犬发情时释放的雌激素和孕激素能降低胰岛素的作用。因此，母犬发情期间可出现糖尿症。

（3）胰岛 β 细胞损伤：是糖尿病发生的主要原因，最常见的损伤原因是胰腺炎，其他还有外伤、手术损伤和肿瘤等。

（4）应激：是另一种引起糖尿病的主要原因，包括创伤、感染、妊娠等。应激可使与胰岛素呈拮抗作用的激素，如皮质醇、胰高血糖素、生长激素和肾上腺素分泌机能增强，胰岛素分泌减少，从而血糖升高。

（5）遗传因素：遗传因素引起的犬、猫糖尿病，临床上并不多见。近年来对犬糖尿病流行病学研究发现，除有些品种犬，如德国牧羊犬、北京犬、可卡犬、柯利犬和拳师犬等家族性糖尿病少见外，凯恩更和小多伯曼犬都具有家族性糖尿病。因此，遗传因素与某些品种犬糖尿病的发生有一定关系。

2. 症状　糖尿病典型症状是多尿、多饮、多食和体重减轻。有50% 糖尿病患犬由于高血糖导致白内障，使犬失明。

长期严重糖尿病可发展为糖尿病性酮症酸中毒，此时动物厌食，沉郁，不耐运动，呼吸急促，呕吐和腹泻，饮水减少或拒饮，呼出气体具有烂苹果味（丙酮味）。

实验室检验：血糖升高达 8.4 mmol/L 以上（正常 3.9～6.2 mmol/L）；血液酸碱平衡失调，CO_2-CP 降低；尿糖呈强阳性，尿中丙酮检验阳性，尿相对密度升高达 1.060～1.068（正常为 1.015～1.045）。血浆中甘油三酯、胆固醇、脂蛋白、游离脂肪酸和乳糜微粒增多，呈现脂血症。由于肝脂肪浸润，血清丙氨酸氨基转移酶和碱性磷酸酶活性增加，磺溴酞钠（BSP）滞留时间延长，血液尿素氮浓度升高。糖尿病常伴发感染，血检白细胞总数增多。

3. 诊断　根据病史、临床症状（三多一少）和实验室检验（高血糖、尿糖）基本可以做出诊断。如犬、猫处于高血糖无尿糖的潜在性糖尿病或疑似遗传性糖尿病时，可进行葡萄糖耐量试验进行诊断。但是，葡萄糖耐量试验不是测定胰岛 β 细胞分泌机能的特异性试验，且常受到饮食、药物、惧怕、非胰性疾病等影响。

葡萄糖耐量试验：用葡萄糖每千克体重 1.75 g，配成 25% 溶液口服。试验前饥饿 24 h，口服前及口服后 30、60、90、120 和 180 min 分别采血，测定其血糖水平。正常犬口服葡萄糖溶液 30～60 min 出现血糖值高峰，90 min 后血糖恢复到正常范围（空腹水平），而糖尿病患犬 60 min 后血糖值高达 1.5 g/L（正常犬为 0.60～1.0 g/L、猫为 0.64～1.18 g/L），且需要较长时间才能恢复到正常范围即空腹水平（图 7-11）。

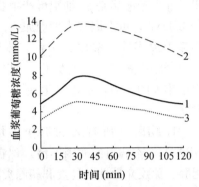

图 7-11　口服葡萄糖耐量试验
（引自高得仪，犬猫疾病学，2001）
1. 正常犬的典型曲线
2. 糖尿病患犬的典型曲线
3. 胰岛细胞瘤患犬的典型曲线

4. 治疗

（1）纠正代谢紊乱，降低血糖。

① 通常每天注射胰岛素以控制病情。常用胰岛素及其作用时间见表 7-3。中性鱼精蛋白锌胰岛素（NPH）是兽医上应用最广的胰岛素制剂（下文所提到的胰岛素均指这种药物），药效达到最高程度时，可使血糖浓度大幅度下降。犬的首次皮下注射剂量为每千克体重 0.5～1 IU，猫为每千克体重 0.25 IU（猫对外源性胰岛素敏感）。

表 7-3　常用胰岛素及其作用时间

胰岛素类型	皮下注射后的作用时间（h）		
	开始	最强	持续时间
正规胰岛素	1～4	2～4	6～8
NPH(中性鱼精蛋白锌胰岛素)	1～3	4～8	12～24
Lente(慢胰岛素锌悬液)	3	10～12	18～28
PZI(鱼精蛋白锌胰岛素)	3～4	14～20	24～36

注：因胰岛素吸收、降解等受多因素影响，表中时间供参考。剂量较大者，作用可延长。

为了充分发挥药效,又避免急性低血糖出现,每天早晨应检验尿液中酮体和葡萄糖,然后再治疗和饲喂(表7-4)。如何根据尿液中糖含量来调整胰岛素剂量,可参考体重10 kg犬的调整方法(表7-5),体重小的犬和猫,适当减量,体重大及处于发情期的犬、猫适当增加胰岛素剂量。未采集到尿样时按上一天的剂量重复一次。

表7-4 对犬、猫糖尿病最初治疗计划

时 间	采 取 措 施
8:00	采集尿液,测定尿液中葡萄糖和酮体
8:15	皮下注射胰岛素
8:30	饲喂日食量的1/8到1/4,或不喂食物
16:00~17:00	饲喂日食量的3/4

表7-5 10 kg体重犬每日胰岛素剂量调节

尿糖水平	胰岛素剂量
2%	增加1 IU
1%~0.5%	增加0.5 IU
0.1%~0.25%	按上一天剂量用药
阴性	减少1 IU

有时即使增大了胰岛素剂量,早晨尿液中仍含有糖。因用药后的12~24 h内,药物已被充分代谢,血液中胰岛素含量降低或消失,血糖会随之升高而发生糖尿,早晨的尿样中就会发现大量葡萄糖。通过使用慢胰岛素锌悬液(Lente)即可解决上述问题,因为该剂型的作用期稍长(表7-4)。鱼精蛋白锌胰岛素(PZI)因为药效持续时间过长,每天用药一次便可使药物在体内蓄积,对机体不利,因此不常应用。

当增加到每千克体重2 IU时,用药后3~7 h可能出现低血糖现象,动物表现虚弱和疲倦,此时应立即口服葡萄糖浆。如动物发生搐搦,可将糖浆涂在手指上,摸入动物口颊部黏膜上,或静脉注射50%葡萄糖每千克体重1 mL。

② 投服降血糖药:如氯磺丙脲每千克体重2~5 mg,1次/d,能直接刺激胰腺β细胞分泌胰岛素。口服降糖灵(0.2~1 g/次,3次/d)或优福糖(每千克体重0.2 mg,1次/d)可促进葡萄糖的利用。

(2)补充体液,纠正酸中毒:

① 补充丢失的液体:补充液体最好是等渗溶液,如生理盐水、林格氏液和5%葡萄糖生理盐水,静脉输注。

② 补碱:糖尿病动物出现酮酸中毒(经测定血浆碳酸氢根低于12 mmol/L)时,为了缓解酸中毒,宜用碳酸氢钠治疗。应补5%碳酸氢钠(mL)=体重(kg)×0.4×[24mmol/L(正常值)-实际测定的血浆碳酸氢根 mmol/L]/0.6 mmol(式中0.4是碳酸氢盐在体内分布的部分,为体重的40%;0.6即每毫升5%碳酸氢钠溶液中含有0.6 mmol碳酸氢钠)。

治疗开始先用计算量的1/4,加入其他液体中在1~6 h内输注,治疗后6 h再测碳酸氢根,然后按上述计算方法计算应输注的碳酸氢钠溶液量。临床上亦可按每千克体重1.5 mL

输注 5%的碳酸氢钠。

③适时补钾：糖尿病酮酸中毒时，血清钾浓度可能降低、正常或升高。血钾正常或升高是由于酸中毒和高血糖使细胞内钾离子移到细胞外，细胞外氢离子进到细胞内的结果，此时实际上动物缺钾；应用碱性药物纠正酸中毒，以及胰岛素治疗高糖血症后，血清中钾离子又移到细胞内，血钾浓度降低。动物在血清钾浓度正常或低于 4 mmol/L，又不是无尿或少尿时，就应在静脉注射液中补钾；最初可在 250 mL 液体中添加 10 mmoL 钾（1 g 氯化钾＝14 mmoL 钾），以后补钾量的增减，主要根据血清钾高低和心电图变化而定。现在认为心电图是一种监测血钾浓度高低的主要手段，尤其在补钾治疗中，为了防止高钾血症，每 2~4 h 测绘一次心电图。如血清钾浓度低于 2 mmol/L 时，心电图的 QT 间期延长，ST 段阻抑，P 波降低或向下及 T 波阻抑；如果血清钾高于 6.5 mmol/L 时，QT 间期缩短，T 波峰降低，PR 间期和 QRS 综合波延长。

(3) 加强护理：糖尿病动物一旦确诊后，应饲喂单糖或双糖比例小的耐消化食物，如含高纤维或低碳水化合物性食物。每日以 80％的肉和 20％的米饭按每千克体重 25 g 的量分 3 次饲喂。治疗期间，运动宜减少，如果患犬活动量大，胰岛素剂量要适当减少。为防止脂肪肝，在食物中每日加入氯化胆碱 0.5~2.5 g。

糖尿病对母犬、猫的发情和妊娠将产生不良影响，因此在病情处于稳定阶段时，宜将卵巢和子宫全部切除。

四、胰岛素过剩症

本病是胰腺的胰岛 β-细胞瘤使胰岛素分泌过剩，血糖浓度降低而表现神经功能障碍的疾病。通常发生于 5 岁以上的犬，特别是老龄犬。拳狮犬发病率高，性别与品种的差异尚不清楚。

1. 病因 本病发生于胰岛的肥大细胞增生。但犬多为功能性胰岛细胞肿瘤，偶见胰岛细胞癌致病的。过多的胰岛素使血液中的葡萄糖进入细胞内而造成低血糖。

2. 症状 轻症病犬表现不安，常常边走边叫。颜面肌肉痉挛，后肢无力，四处排便、排尿。重症病犬恶心、呕吐、心跳加快，全身间歇性或强直性痉挛，神志不清，视力障碍，昏睡等。血浆胰岛素为 54 μU/mL 以上（正常空腹时为 20 μU/mL），血糖 60 g/L 以下。

3. 诊断 主要在于区别自发性低血糖症（参见本章第六节低血糖症）。

4. 治疗 胰岛素过剩症的治疗措施可参考本章第六节低血糖症的治疗。同时可用 10％~20％葡萄糖每千克体重 0.5~1 g，快速静脉滴注（重症犬可用 50％葡萄糖）；泼尼松每千克体重 4 mg 或地塞米松 0.5~2 mg 肌肉注射；长期口服苯妥英钠每千克体重 10 mg，1 次/d。高胰岛素血症的根本治疗是对释放胰岛素亢进的功能性腺肿（β-细胞瘤）行外科切除。

五、肾上腺皮质机能亢进

肾上腺皮质机能亢进，又称库兴氏综合征，是由于糖皮质激素长期过多引起的临床症候群。Harvey Cushing 1932 年首先报道了人的这种病。犬库兴氏综合征是兽医临床上比较多见的一种内分泌机能紊乱，多发生于 7~9 岁犬。

1. 病因 在正常情况下,肾上腺皮质只有在促肾上腺皮质激素(ACTH)作用下才分泌皮质醇,当皮质醇超过生理水平时,ACTH 分泌就停止。库兴氏综合征多是由于皮质醇或 ACTH 分泌失控引起:即肾上腺不受 ACTH 作用能自行分泌皮质醇,或皮质醇对 ACTH 分泌不能发挥正常的抑制作用。库兴氏综合征原因有 4 种:

① 肾上腺皮质肿瘤能在无 ACTH 释放的情况下,自动分泌皮质醇,如皮质腺瘤和癌。肾上腺皮质肿瘤可占自发性库兴氏综合征的 7%~15%。

② 垂体性库兴氏综合征:即垂体肿瘤性机能异常,大量分泌 ACTH,使两侧肾上腺皮质增生,皮质醇分泌过多。这种垂体肿瘤生长缓慢,个体极小,尸体解剖时垂体外观正常,内含嗜碱性粒细胞腺瘤或厌色腺瘤,或两种腺瘤同时存在,占库兴氏综合征 80% 以上。

③ 由于大量使用糖皮质激素或 ACTH 医治动物疾病引起。

④ 某些垂体新生瘤分泌 ACTH,促使肾上腺皮质大量分泌皮质醇,称为异位 ACTH 综合征,主要见于人。

2. 症状 犬库存兴氏综合征所有的症状,都与血液中糖皮质激素浓度升高有关。由于糖皮质激素升高发展过程缓慢,因此,通常需要 1~6 年时间,才能发现动物患了库兴氏综合征。

病犬最初表现烦渴、多尿和贪食,喝水量为正常犬的 2~10 倍,食量增大,爱偷食和偏嗜垃圾。腹部增大下垂呈壶腹状,躯干肥胖,肌肉松软,不爱跑跳和爬高活动,嗜眠,活动耐力降低。个别患犬发生肌肉强直。呼吸短而快,严重病例出现呼吸困难。

库兴氏综合征与甲状腺、卵巢、睾丸和生长激素等内分泌机能紊乱一样,也出现内分泌性脱毛:对称性脱毛,以颈部、躯干、会阴和腹部明显,病情严重动物,全身被毛大部分脱光,只剩下头和四肢上部被毛。皮肤萎缩变薄呈纤细的砂纸样,容易形成皱褶。毛囊内充满角蛋白和碎片,颜色变黑,成为黑头粉刺。异常的毛皮和毛囊,抵抗力降低极易损伤感染,发生局限性或弥漫性脓皮病。颞部、背中线、颈部、腹下和腹股沟的真皮和皮下常有钙质沉着,称为异位钙质沉着。

库兴氏综合征由于垂体促性腺激素释放减少,患病母犬发情周期延长或不发情,公犬睾丸萎缩。当肾上腺皮质增生或肿瘤时,产生过量雄激素,使母犬阴蒂增大。

实验室检验:中性粒细胞和单核细胞增多,淋巴细胞和嗜酸性粒细胞减少。血糖和血钠浓度升高,血尿素氮和血钾浓度降低,血浆皮质醇浓度通常升高。丙氨酸氨基转移酶和碱性磷酸酶活性升高,BSp 滞留时间延长,血浆胆固醇浓度升高,并出现脂血症。患犬尿液稀薄,相对密度低于 1.007,但停止给水后,仍有浓缩尿能力。犬常伴发尿道感染,因此进行尿中微生物培养和药敏试验,需用膀胱穿刺采集的尿液。

腹部 X 线照片,可见肝肿大,腰椎骨质疏松,有时真皮和皮下有钙质沉着。胸部 X 线照片,可见气管环和支气管壁上有异位钙沉着,胸椎骨质疏松。

3. 诊断 根据病史和症状可做出初步诊断,进一步诊断需进行 CT 扫描、ACTH 激发试验或内源性 ACTH 测定。外源性 ACTH 激发试验:首先饥饿动物,并在 8:00~10:00 时采血测定皮质醇浓度,然后肌肉注射促肾上腺皮质激素凝胶每千克体重 2 IU,注射后 2 h 再采血,测定皮质醇浓度。如注射 ACTH 后皮质醇浓度高于注射前值,即确诊为垂体库兴氏综合征;如低于注射前值,可诊断为机能性肾上腺皮质肿瘤性库兴氏综合征。内源性 ACTH 测定:垂体性库兴氏综合征 ACTH 浓度升高,肾上腺皮质肿瘤性库兴氏综合征

ACTH浓度降低。还可进一步做地塞米松抑制试验确诊。

诸多疾病，如糖尿病、尿崩症、肾功能衰竭、肝脏疾病、甲状腺机能减退、睾丸足细胞瘤和高钙血症等，都与库兴氏综合征有相似之处，临床上应注意鉴别诊断。

4. 治疗 库兴氏综合征治疗的主要目的是使血液中皮质醇降到正常水平。如由肿瘤引起，应予切除；肿瘤切除后注意防止激素缺乏。由垂体或肾上腺皮质肿瘤引起的库兴氏综合征，可行垂体或肾上腺切除术，动物切除垂体后无ACTH分泌，切除肾上腺后，无糖皮质激素分泌，它们终生需要糖皮质激素治疗。

药物治疗可用氯苯二氯乙烷，主要用于治疗垂体性或肾上腺皮质增生性库兴氏综合征。治疗开始按每千克体重25 mg，口服2次/d，直到动物每日需水量降到每千克体重60 mL以下后，改为每7～14 d给药一次，以防复发。此药对胃有刺激作用，用药3～4 d后如出现食欲减少、呕吐等反应，可将药物分成少量多次服用或停止几天给药。也可用酮康唑，开始按每千克体重5 mg，2次/d，连用7 d，然后按每千克体重10 mg，2次/d，连用7～14 d，酮康唑能阻断肾上腺皮质合成和分泌皮质醇。也可试用放射治疗肿瘤。

六、肾上腺皮质机能不全

肾上腺皮质机能不全又称阿狄森氏病（Addison's disease），是由于皮质类固醇产生不足引起的内分泌疾病。多发生在5岁以内的雌性犬，猫少见。

1. 病因

（1）原发性阿狄森氏病：多见于特发性肾上腺皮质萎缩（可能是自体免疫的结果）；其次是由于组织胞浆菌病、芽生菌病、结核病、出血性梗塞、肾上腺癌和肾上腺皮质淀粉样变性等引起的肾上腺皮质损伤；第三是治疗肾上腺皮质机能亢进药物（如氯苯二氯乙烷）损害了肾上腺皮质，减少了盐皮质和糖皮质激素的合成。

（2）继发性阿狄森氏病：通常是由于垂体或下丘脑受到损伤破坏，ACTH分泌减少的结果；或长期应用皮质类固醇（或治疗中突然停药），抑制了垂体-肾上腺体系或垂体机能减弱等。

2. 症状 精神沉郁，体质衰弱，肌肉松软，脉搏细弱，心搏徐缓。厌食，嗜睡，进行性消瘦，腹痛，有时呕吐或腹泻，机体脱水，齿龈毛细血管再充盈时间延长（正常值为1.0～1.5 s）。

实验室检验：白细胞增多，血液尿素氮浓度升高（0.28～1 g/L或更高），呈现肾前性氮血症。血氯和血钠浓度降低（低氯低钠血症），血钾浓度升高（高钾血症），血钠与血钾之比低于27∶1（正常为27∶1～40∶1）。血浆碳酸氢盐浓度降低，呈现中等程度酸中毒。X线照片心脏缩小。

患犬常因高钾血症，心电图发生异常，当血清钾超过5.5 mmol/L时，T波高竖，Q-T间期缩短；血钾超过7.0 mmol/L时，P波振幅缩小，持续时间延长，P-R间期延长；血钾超过8.5 mmol/L时，P波缺失，QRS综合波短而宽。

3. 诊断 根据临床症状和实验室检验，以及ACTH激发试验（见库兴氏综合征诊断部分）和内源性ACTH测定。ACTH激发试验先在正常犬进行试验，得出标准数据后，再在病犬进行试验。试验前病犬血浆皮质醇浓度正常或稍低于正常，ACTH激发后的血浆皮质醇浓度，不管是原发性或继发性阿狄森氏病都低于正常。内源性 ACTH 测定，继发性阿狄森氏病血浆 ACTH 浓度降低。

4. 治疗

（1）急性阿狄森氏病：治疗原则是抗休克治疗（纠正动物脱水和酸中毒、维持电解质平衡）。

在急性脱水休克情况下，首先静脉输注生理盐水（不可用高渗盐水以免引起细胞内脱水），第一小时按每千克体重 20～80 mL，并加入琥珀酸钠脱氢皮质醇（每千克体重 2～10 mg），或皮质醇激素（如氢化可的松 50～100 mg）混合输注。病情严重时，需用大剂量皮质醇类皮质激素。如出现低血糖时，可加输 5% 葡萄糖生理盐水；为了纠正酸中毒需输注碳酸氢钠溶液（输入量参照糖尿病计算方法）。以后可根据实验室检验结果，输注液体、电解质和纠正酸中毒，但要每隔 2～6 h 输注一次地塞米松（每千克体重 2～4 mg），或肌肉注射新戊酸盐脱氧皮质酮（每千克体重 2.2 mg，每 25 d 一次）。

当动物处于稳定状况时，改用口服醋酸氟氢考的松片（每片含 0.1 mg）维持治疗，20 kg 体重的犬，每天服用 2～4 片，不宜间断，但可按犬体重大小适当增减，也可应用皮下植入醋酸脱氢皮质酮丸（125 mg），每丸可维持 10 个月，10 个月后取出旧丸另植新丸。在进行上述治疗的同时，还要多补饲食盐，每隔 3 个月应进行一次体检和实验室检验。

（2）慢性阿狄森氏病：采取替代疗法。用盐皮质酮三甲基醋酸酯的微晶形悬液（每天注射 25 mL 可保证吸收到 1 mg 的醛固酮类皮质激素，这样就能保持电解质平衡），其有效期大约为 3 周。也可改用醋酸去氧皮质酮丸剂进行治疗：通过外科无菌手术，在局部麻醉下沿背中线皮下植入一丸（每丸约含醛固酮类皮质激素 125 mg，每天可释放 0.5 mg 去氧皮质酮），每植一丸平均能维持 6～8 个月。同时每日早晨口服糖皮质激素（可用泼尼松 2.5～5 mg）和氯化物（氯化钠 1 g/d），出现紧急情况时按上述剂量 2～4 倍服用。患病动物每 6 个月复查一次，再植一丸醋酸去氧皮质酮（不要等上一丸完全耗尽再植）。

第九节 免疫性疾病

动物体的免疫系统包括：淋巴网状器官（如骨髓、淋巴结、脾、肝、胸腺及消化道、呼吸道、生殖道、泌尿道的黏膜等）；细胞（如淋巴细胞、巨噬细胞等）；分子成分（如抗体、淋巴因子）。免疫系统的基本功能是：识别外来物质并消灭它们。这种功能通常都会正常而有效地发挥，而且对动物个体也毫无损害。但是，有时候会发生一些功能障碍与混乱，从而导致自发性免疫疾病、免疫不全疾病、免疫增生性疾病。

一、食物过敏

食物过敏（Food Allergy）是某些特异性食物抗原刺激机体引起的变态反应性疾病，常表现为急性或慢性的皮肤和胃肠道疾病（症状）。食物过敏反应包括由 IgE 介导的 I 型变态反应和非 IgE 介导的 I 型变态反应，由 IgE 介导的 I 型变态反应常见于食物过敏中。本病以犬、猫皮肤瘙痒及胃肠炎为特征。

1. 病因 本病是由过敏原通过黏膜进入机体而引起的过敏反应。引起食物过敏的食物种类主要有牛奶、鸡蛋、鱼、甲壳类水产动物、花生、大豆、坚果、小麦。目前普遍认为食物过敏原的成分是蛋白质,它们广泛地存在于动物性食品中。

2. 症状 过敏性肠炎表现通常在进食后1~2 h发生,表现为呕吐、腹泻、胀气、腹痛;皮肤型过敏通常为进食后4h发生,也可能在1~2年后发生,表现为皮肤瘙痒、皮肤粉红色,或出现红斑丘疹,脱毛,外耳炎等。

3. 诊断与鉴别诊断 饲喂低过敏性处方粮3~4个月,如临床症状消失,再改为原饲料,症状再次出现时,可以做出诊断。

4. 防治 食物过敏治疗无特效方法,严格避免饲喂含有过敏成分的粮食是最有效的疗法,但目前尚不能生产出不含过敏原的粮食。

二、自身免疫性溶血性贫血

自身免疫性溶血性贫血(AIHA)是由于免疫功能紊乱产生自身红细胞抗体,导致大量红细胞破坏加速而产生的溶血性贫血。AIHA主要发生于2岁以上雌性犬,猫很少发生。

1. 病因 自身抗体的产生机制尚不清楚。继发性AIHA可以继发于其他自身免疫性疾病、肿瘤性疾病和感染等因素。

2. 症状 急性贫血、可视黏膜苍白、厌食、精神沉郁、多饮、呕吐、下痢、体温升高、脾肿大等。血常规检查红细胞增多,红细胞压积下降。

3. 诊断与鉴别诊断
(1) 根据临床急性贫血症状。
(2) 末梢血液抹片出现大量的未成熟红细胞。
(3) 球状红细胞明显增多。
(4) 血红素值与血比容值很低。
(5) 有自体性红血球凝集作用。
(6) 血液常规检查出现贫血征象。
(7) 直接Coombs试验阳性。
(8) 免疫荧光法测定红细胞抗体。

4. 治疗 目前主要是使用皮质类固醇、血浆置换、给予免疫抑制剂。
(1) 给予大剂量皮质类固醇以抑制红细胞被吞噬及抗红细胞抗体的产生,如强的松龙每千克体重1~2 mg,2次/d,口服。
(2) 严重贫血时,可以输血。
(3) 中医疗法:急性发作期以清热凉血为主,缓解后以健脾益气、滋阴养血为主。

三、系统性红斑狼疮

系统性红斑狼疮(SLE)是由于血清中存在以抗核抗体为主的多种自身抗体所引起的一种多系统非化脓性炎症性自身免疫疾病。本病主要侵害关节、皮肤、造血系统、肾脏、肌肉、胸膜和心肌等,主要发生于犬,而在猫则很少见,多预后不良。

1. 病因 目前病因尚未明确，一般认为与下列因素有关。

（1）遗传因素：SLE的发生有明显的家族性倾向。

（2）病毒感染：主要与副黏病毒感染有关。

（3）化学药物：长期服用某些药物，如磺胺类药物、苯妥英钠等可诱发SLE。

（4）与阳光、紫外线的照射有关。

具有遗传性免疫缺陷的动物，在以上因素的诱导下，产生多种自身抗体，出现细胞溶解型和免疫复合物型超敏反应，导致血细胞和相应器官组织的免疫学损伤。

2. 症状 表现为多器官、系统的损伤。可引起自体免疫性溶血性贫血、血小板减少性紫癜、类风湿性关节炎、膜性肾小球性肾炎、胸膜炎、多株免疫球蛋白增多症、皮肤变化等。源于严重肾小球性肾炎的肾衰竭，通常是病犬致死的原因。

3. 诊断与鉴别诊断 根据临床症状、红斑狼疮（LE）细胞试验、抗细胞核抗体试验可以确诊。LE细胞试验是可靠、简单的诊断方法。

4. 治疗 通常使用肾上腺皮质激素疗法，以减少炎症的发生，抑制免疫损伤进一步发展。泼尼松每千克体重1.5～3.0 mg，口服，1次/d。血小板减少时，可用长春新碱每千克体重0.02 mg，静脉注射，每周一次。

四、特应性皮炎

特应性皮炎又称异位性皮炎、遗传过敏性皮炎，是一种发生于多种动物的瘙痒性、慢性皮肤病，约10%的犬易患本病，麦町犬发病率较高。目前认为本病的发生与遗传、免疫功能紊乱、药理生理学异常有关。

1. 病因 犬的特应性皮炎通常是由于吸入变应原如尘螨、花粉、霉菌、羽毛、人和动物的皮屑等引起。猫的特应性皮炎以食物性过敏原更为常见。

2. 症状 剧烈瘙痒和皮肤出现疹和鳞片是本病的主要症状，病变常出现在指（趾）部、面部、腹部、腋下等处，皮肤的损害因为动物的舔咬、抓搔引起继发感染而加重。猫的特应性皮炎表现为粟疹或局部炎症反应。

3. 诊断与鉴别诊断 根据皮肤损伤特点初步诊断，皮内试验、血清测试可以确诊。

4. 治疗

（1）最理想的方法是加强饲养管理，避开过敏原。如果与食物有关，则饲喂低过敏处方粮。

（2）脱敏治法：每隔一个月肌肉注射一次适量的诱发变应原，直到改善为止。

（3）肾上腺皮质激素疗法：泼尼松每千克体重1.0 mg，口服，1次/d。连续服用5～7 d，然后，每千克体重0.5 mg/d，连续服用7 d，以后隔日服用每千克体重0.5 mg。

五、过敏性休克

过敏性休克是外界抗原性物质进入机体后，通过免疫机制短时间内发生的一种强烈的多脏器累及症群，是由IgE介导的Ⅰ型超敏反应的严重表现类型。包括IgE介导的过敏性休克和非IgE介导的过敏性休克。过敏性休克的表现程度，与抗原进入量、途径、机体反应等不同而有很大差别。

1. 病因及发病机制　大多数过敏性休克是典型的第Ⅰ型变态反应在全身多器官,尤其是循环系统的表现。外界的抗原性物质进入体内后刺激免疫系统产生相应的抗体,其中IgE的产量,因体质不同而有较大差异。这些特异性IgE有较强的亲细胞性质,能与皮肤、支气管、血管壁等的靶细胞结合。此后,当同一抗原再次与已致敏的个体接触时,就能激活机体潜在体液或细胞介导的反应系统(包括交感-肾上腺髓质系统、补体系统、激肽系统、凝血与纤溶系统等)产生各种生物活性物质,组胺、5-羟色胺、血小板激活因子等相互作用引起微循环功能障碍。微循环障碍是休克的重要病理生理基础。

2. 症状　发生突然,初期往往表现为红斑、瘙痒,随后的症状表现有所侧重,可表现为由于喉头、气管水肿、支气管痉挛、肺水肿引起的呼吸道阻塞;由于心肌收缩乏力、心律紊乱、外周血管扩张、血压下降引起的循环衰竭症状;由于脑缺氧、脑水肿引起意识不清、昏迷、抽搐等神经症状及广泛的荨麻疹或血管神经性水肿等。

3. 诊断　通过病史调查及临床发病迅速、病情严重的症状不难做出诊断。

4. 治疗　采用肾上腺素静脉或心内注射,以抗支气管痉挛和后肠系膜血管扩张。血压和呼吸的辅助支持治疗也是必要的。由于症状出现急,抗组胺药疗效不大。

六、免疫缺陷综合征

免疫缺陷病又称免疫缺陷综合征是机体对各种抗原刺激的免疫应答不足或缺乏而引起的一系列病症。反映着免疫系统主要成分的一种或多种发生损害,包括非特异性免疫的吞噬细胞、多形核中性球、补体;特异性免疫的体液系统与细胞介导的免疫系统。

1. 病因　特异性免疫的免疫缺陷病分为原发与继发两种。原发性有下列3类:体液免疫缺陷引起的低γ-球蛋白血症;细胞免疫缺陷引起的胸腺发育不全;两系统联合缺陷引起的淋巴细胞减少性无丙种球蛋白血症。这些先天性的免疫缺陷病不常发生,至今在犬、猫尚未有报道,只出现过犬可能由于免疫缺陷而感染卡氏肺囊虫的病例。

继发性(获得性)免疫缺陷病通常继发于感染性疾病、肿瘤、老龄动物、某些药物治疗对免疫系统的损伤等。继发性免疫缺陷病可发生于犬和猫。

2. 症状　不同原因引起的免疫缺陷病,症状差别较大,主要特征是:抗感染能力低下、免疫力低下、易形成肿瘤。

3. 治疗　先天性免疫缺陷病,目前尚无有效的治疗药物,关键是检出病理基因,做好选育工作。继发性免疫缺陷病,在查清其原发病后,积极治疗原发病,有助于改善免疫机能。

七、寻常性天疱疮

天疱疮是由于表皮棘层细胞间抗体沉积引起棘层细胞可分解、表皮内水疱成为特征的自身免疫性皮肤黏膜大疱病。寻常性天疱疮是天疱疮中较常见、较严重的一个类型。本病常见于成年犬,发病率无性别和品种差异。

1. 病因和发病机制　病因不明,其发病机制也不完全清楚,目前较多的证据说明它是一种自身免疫性疾病。一般认为病毒附着、化学药物或酶的作用，使自身组织的抗原性发生改变；侵入的微生物与某些组织有共同抗原，可起交叉免疫反应；免疫活性细胞的突变和免疫稳定功能失调等，都可产生自身抗体而发生免疫性疾病。

2. 症状 多呈急性经过，初期病犬表现口腔黏膜糜烂、齿龈炎，并且不易愈合。随后，黏膜和皮肤交界部，（如口唇、眼睑、肛门、外阴、包皮、鼻孔）及指（趾）间很快出现浆液性水疱。水疱破裂后易发生继发感染，表现严重的皮肤炎症变化。皮肤出现尼克尔斯基氏（Nikolsky）征（即病变周围外观正常的皮肤一擦即破），具有诊断价值。

3. 诊断与鉴别诊断

（1）根据典型临床症状，如发病早期口腔黏膜损伤，正常皮肤发生松弛性水泡。

（2）尼克尔斯基氏征阳性。

（3）直接免疫荧光检查发现 IgG 沉积于表皮细胞间，血清学检查天疱疮抗体阳性，抗体滴度与疾病程度平行。

4. 治疗

（1）皮质激素：是目前治疗本病的首选药物。发病初期泼尼松每千克体重 1～3 mg，2 次/d，口服，若效果不明显，则以每千克体重 4～8 mg，口服，连用 5 d，再以每千克体重 0.5～1.0 mg 的维持量口服。

（2）支持疗法：静脉补充体液、电解质，口服补充蛋白质食物、维生素等。

（3）防止继发感染，使用广谱抗生素制剂 1～2 周。

（4）可使用免疫抑制剂环磷酰胺及硫唑嘌呤等。环磷酰胺每千克体重 1.5～2.0 mg，口服，每周 4 次，停药 3 d，然后，每周一次；硫唑嘌呤，每千克体重 1.5～2.0 mg/d，口服，连续服用 30 d。硫唑嘌呤的不良反应较少。

（5）加强管理，防止外伤的发生。

八、落叶状天疱疮

落叶状天疱疮与寻常性天疱疮相同，属于自身免疫性皮肤病。落叶状天疱疮与寻常性天疱疮主要区别是症状轻，黏膜与皮肤交界处病变少，通常无口腔黏膜损害。本病除犬外，猫也发生。犬的发病率无品种、年龄及性别的差异。预后较寻常性天疱疮为佳。

1. 病因 本病是机体对自身表皮细胞的间质物质和部分表皮细胞壁发生的免疫反应。

2. 症状 皮肤与黏膜处突然形成水疱，因为病变原发于表皮细胞，故短时间内即破溃形成痂皮，以后取慢性经过。早期病变损害常局限于头面部，尤其是鼻、眼周围及耳部，而后向全身发展。病变呈水疱性、溃疡性、脓疱性变化。患部脱毛、发红、渗出，形成大范围痂皮。本病无全身症状，也很少有细菌感染，但表现出程度不同的瘙痒。

3. 诊断与鉴别诊断

（1）根据典型临床症状：如早期病变损害常局限于头面部，而后向全身发展，病变部位广泛，通常无口腔黏膜损害。

（2）尼克尔斯基氏征阳性。

（3）直接免疫荧光检查：发现 IgG 沉积于表皮细胞间，血清学检查天疱疮抗体阳性，抗体滴度与疾病程度平行。

（4）根据临床病理变化，结合临床症状，可以确诊。

（5）活检可见脓疱形成于表皮的角质下层或颗粒层，棘细胞层发生融合角化。嗜酸性细胞浸润，通常炎性反应较弱。

4. 治疗 参照寻常性天疱疮的治疗方法。

复习思考题

1. 食道梗阻、胃炎、肠炎、小肠梗阻、肝炎、胰腺炎、肺炎、心力衰竭、糖尿病、贫血和尿石症各有何临床特征？如何建立诊断，怎样治疗？

2. 如何对肾功能衰竭建立诊断？对不同时期的肾功能衰竭应如何防治？

3. 母犬低血糖症与产后搐搦症在临床诊疗中如何鉴别？

4. 犬、猫为何容易发生佝偻病？应如何防治？

5. 中毒性疾病有哪些一般治疗措施？

6. 有机磷杀虫剂、氟乙酰胺、抗凝血杀鼠剂、铅和洋葱等中毒各有何临床特征？如何治疗？

第八章

外产科疾病

第一节 创伤与外科感染

一、创 伤

(一) 概念

由外界各种因素作用于机体所引起的组织和器官形态及机能的破坏,伴有局部和全身反应,称为损伤。皮肤或黏膜的完整性受到破坏的损伤,称为开放性损伤。反之,称为非开放性损伤。

创伤是指由锐性外力或强大的钝性外力作用于机体所引起的开放性损伤。创伤一般由创围、创缘、创口、创面、创底、创腔等组成(图8-1)。

(二) 病因

引起创伤的病因较多,常见的有锐性物体(如铁钉、树杈、骨刺等)的刺入;锐利刀片,玻璃片、金属片等的切割;互相打斗时咬伤,车辆碾压或撞击,棍棒打击,弹弓或枪弹致伤,摔跌在地上致伤等。

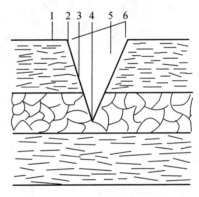

图8-1 创伤各部名称
1.创围 2.创缘 3.创面
4.创底 5.创腔 6.创口

(三) 症状

常因致伤因素不同,受伤的部位和组织损伤的程度不同,临床症状也不尽相同。

1. 一般临床症状 常表现为疼痛、肿胀、创口裂开、出血、感染化脓、肉芽形成及机能障碍等。严重者则出现体温、呼吸、脉搏的变化,精神沉郁,食欲减退等全身症状,更严重者则发生创伤性休克。

2. 常见几种创伤的临床症状

(1) 刺伤:常由尖锐细长的物体(钉子、钢丝、树枝、铁叉、竹签等)刺入组织内引起。其特征是创口较小、但是创道较深,呈直形,出血较少。刺入时异物被带入深部组织极易引起感染化脓,并且容易感染破伤风,有时形成化脓性窦道。当刺伤物体刺入体腔内常形成透创,如刺伤重要器官时易导致死亡,应特别注意。

(2) 切割伤：是由锐利的刀具、铁片、玻璃片等物所致的创伤（图8-2）。其特征是伤口可浅可深，创缘及创壁较平整，组织损伤较轻，但出血较多，常造成神经、肌肉、血管及肌腱的断裂。若无感染，及时经外科处理及缝合，愈合较快。

(3) 枪伤：是由弹弓、猎枪、鸟枪的枪弹引起的创伤。其症状随致伤物的大小、形状、接触体表面积、速度和撞击部位不同而有差异。一般低速致伤物引起的创伤只局限于弹道周围组织遭受破坏，而高速发射物由于其冲击波撞击组织，使弹道周围组织崩裂，组织损伤面积更大。其特点是损伤严重，受伤部位多，范围广，感染快。如只有入口而无出口，则形成盲管创，常有异物存留于内。既有入口又有出口，常为贯通创。如枪弹穿透体腔，则为穿透创。

(4) 咬伤：是由犬、猫相互撕咬造成的创伤（图8-3）。常发生在头、颈、背及四肢部位，轻度咬伤只在皮肤表层留下齿痕，重者创伤内挫灭组织较多。一般因齿孔小，出血较少，但常因口腔细菌进入组织，很容易感染，常继发蜂窝织炎。

图8-2 创伤（刀伤）（胡发硕摄）

图8-3 创伤（撕咬伤）（胡发硕摄）

(5) 压伤：由车轮碾压或重物挤压所致的创伤。特征是创缘不整齐，常有大量的挫灭或缺损组织，往往伴有粉碎性骨折。尤以汽车碾压的车祸伤，对组织器官的损伤很大，极易发生创伤性休克。

(6) 挫伤：由钝性外力（打击、冲撞、压挤、踢蹴和跌倒等）作用于机体所引起的创伤。其特征是受伤面积较大，并伤及大量深部组织，创缘不平整，常肿胀并外翻。出血虽少但污染严重，极易感染化脓。挫伤的疼痛反应剧烈。

（四）创伤的检查

1. 一般检查 询问病史，了解创伤发生的原因、时间、受伤部位、受伤当时的情况、受伤后的表现等；然后检查体温、脉搏、呼吸、可视黏膜的颜色和精神状态等。

2. 创伤局部检查 详细观察受伤部位的状况、伤口的大小、形状、性质、出血情况、有无渗出物；伤口周围的温度、有无肿胀及被毛情况等；触诊有无疼痛、骨折、关节扭伤等；必要时可做体腔穿刺检查有无内脏出血等。然后清除创围被毛，消毒，用消毒的探针或戴乳胶手套的手指探明创壁、创道、创底等组织的损伤情况。

3. 辅助检查 对严重创伤，需借助X线检查创伤深部有无内脏器官或骨的损伤。同时借助实验室诊断，检查血常规、红细胞压积、体液及尿常规有无变化，以判断有无贫血、血浓缩或感染、泌尿系统的损伤等。

（五）治疗

1. 治疗原则 考虑局部和全身的关系。根据创伤的严重程度，如大失血、胸壁创或腹壁透创、车祸引起的开放性骨折等重度创伤，首先需要急救并抗休克，快速进行局部创伤处理；其次进行清创术，并配合应用抗生素防止感染；然后彻底处理创伤，促进创伤愈合，并增强机体的抵抗力。

2. 治疗方法

（1）清洁创围及创口：先用灭菌纱布覆盖创口，剪除创围被毛，用肥皂水清洗创口周围皮肤，洗净后用灭菌纱布擦干，再用0.1％新洁尔灭清洗；揭去覆盖的纱布块，用3％过氧化氢溶液清洗创口；用灭菌纱布擦干创口皮肤，用2％碘酊和75％酒精涂擦创口及其周围皮肤。

（2）清创术：创口处铺盖灭菌创巾，清除创内的异物、凝血块，修整创缘皮肤，切除挫灭或坏死组织以及污染严重的皮下组织，如创口较深，可扩大创口，充分暴露创道及创腔，使排液畅通。然后用0.1％新洁尔灭或3％过氧化氢溶液冲洗创腔。

（3）创内用药：彻底清创后，创内撒布抗生素粉或灌注抗生素液，也可撒布磺胺结晶粉、1∶9的碘仿磺胺粉或1∶9的碘仿硼酸粉。

（4）创口缝合：创口的缝合根据受伤时间而定。一般在伤后6～8 h，清创较彻底，创缘较整齐，应行密闭缝合，如组织缺损面较大，难以直接缝合，可行部分缝合，缝合时注意组织层的对合，避免残留死腔。如受伤时间较长，超过12～24 h未及时处理且有感染的创伤，应注意为使排液畅通，可安置引流物，创口做部分缝合。如感染较重，则不能缝合，应尽快消除感染因素，保证脓汁彻底排出，行开放疗法。

（5）创伤包扎：创伤处理结束后，为防止舔咬创口和缝线，预防感染，一般都应进行包扎。对于感染化脓的创伤，一般行开放疗法。但病犬、猫应放在干净的地方，并保持局部清洁。

3. 全身治疗 视创伤轻重而定。轻度创伤时，一般不需全身治疗。严重创伤时，必须进行全身治疗，如大出血后，血容量不足，需用血浆代用品或全血，也可用晶体溶液以补充血容量和维持代谢，常用等渗葡萄糖溶液、乳酸林格氏液，然后用右旋糖酐和全血等。为防止感染，伤后及早应用抗生素。如局部炎症严重，在应用广谱抗生素的同时，可配合用肾上腺皮质激素类药物，以减轻炎症反应，还可用阿司匹林或保泰松等消炎止痛，为减轻剧烈疼痛对机体的应激反应，可适当应用镇痛药，如哌替啶、卓比林等。对严重化脓性炎症的病例，为减少炎性渗出和防止酸中毒，可静注氯化钙或葡萄糖酸钙和碳酸氢钠溶液。为预防破伤风还应注意注射破伤风抗毒素。

二、外科感染

外科感染是指在一定的条件下，病原微生物侵入机体后，在其生长、繁殖、分泌毒素过程中所造成的损害的一种病理反应过程。也就是病原微生物引起的一种炎症。除了引起局部炎症外，严重感染还能引起全身反应。

（一）脓肿

组织器官内有化脓病灶并有脓汁潴留，外有包膜包裹的局限性脓腔称为脓肿。犬、猫多发生在头部、颈部、胸部和股内侧的皮下组织。如果在解剖腔内（胸膜腔、关节腔、子宫、鼻窦等）有脓汁潴留时则称为蓄脓。

1. 病因 常因各种损伤，如刺伤、擦伤、抓伤，尤以咬伤后，细菌侵入机体感染所致。也可继发于邻近组织炎症、脓毒血症或淋巴结炎。常见的致病菌有葡萄球菌、链球菌、大肠杆菌、化脓性棒状杆菌和绿脓杆菌等。此外静脉注射某些刺激性药物（如10％氯化钙溶液、10％氯化钠溶液）漏于皮下也会引起皮下的无菌性脓肿。

2. 症状 浅在性脓肿常发生于皮下、筋膜下及浅部肌肉间的组织。幼年犬常发生颌下脓肿，猫常发生面部和颈部脓肿，初期局部呈浸润性肿胀，稍高于皮肤表面，触局部温度增高，疼痛明显，中央坚实，全身无明显变化。以后脓肿局限、界限明显，组织坏死液化，中央有大量脓汁积聚，触诊脓肿中央柔软，波动明显，周围坚实。这时常出现全身症状，体温增高，精神沉郁。时间过久则脓肿膜溶解，皮肤坏死变薄，脓肿自溃，排出脓汁，全身症状缓解。

深在性脓肿常发生于筋膜下及深层肌肉、肌间、内脏器官。因部位深，局部症状不明显，但全身症状明显；脓肿表层及其周围组织常出现炎性水肿，触诊有疼痛；脓肿破溃后脓汁流入临近组织，形成转移性脓肿，甚至继发蜂窝织炎，败血症而出现明显全身症状和组织器官功能障碍。

3. 诊断 根据临床症状，对浅在性脓肿易诊断。深在性脓肿可行穿刺检查，如有脓汁抽出即可确诊。临床上应与血肿、淋巴外渗、疝和肿瘤等进行鉴别诊断。

4. 治疗 治疗原则是依据脓肿发展过程采取消除病因，抗菌消炎，抑制渗出，增强机体抵抗力等治疗措施。脓肿初期以抗感染、止痛、促进炎症消散为主。全身使用抗生素，局部可用0.5％普鲁卡因和青霉素做病灶周围封闭，外涂刺激剂，如樟脑软膏、复方醋酸铅散等。当炎性渗出停止后，可用温热疗法或局部涂擦强刺激剂，如5％的碘酊或鱼石脂软膏，以促进炎性产物吸收或促使脓肿形成。当脓肿成熟，应及时切开使脓汁彻底顺利地排出，以防止毒素扩散吸收。切开后可用0.1％新洁尔灭或3％过氧化氢溶液冲洗脓腔，然后安置引流管或纱布条进行引流，必要时，也可以通过手术将整个脓肿摘除。

（二）蜂窝织炎

疏松结缔组织内发生的急性弥漫性化脓性炎症，称为蜂窝织炎。多发生于皮下、筋膜下及肌肉间的疏松结缔组织内。其特征是局部呈现浆液性、化脓性甚至腐败性渗出，全身症状严重。犬、猫常发生在臀部、大腿、腋部、胸部和尾部。

1. 病因 犬、猫多以咬伤、抓伤或静脉内注射刺激性药物（如葡萄糖酸钙溶液或10％氯化钠溶液）漏入皮下等所致，也可因邻近组织化脓性感染直接扩散或血源性感染引起。致病菌多为化脓菌，如金黄色葡萄球菌、溶血性链球菌和腐败菌。

2. 症状 蜂窝织炎时病程发展迅速，局部和全身症状均很明显。其局部症状主要表现为大面积肿胀，局部温度增高，疼痛剧烈和机能障碍。其全身症状主要表现为患病犬、猫精神沉郁，体温升高，食欲不振并出现各系统的机能紊乱。但因其发生部位不同，其临床症状也有差异。

（1）皮下蜂窝织炎：局部出现弥漫性肿胀，界限不清，呈水肿样，触诊坚实，局部温度增高，疼痛明显，并有体温升高，精神沉郁，食欲减退等全身症状。由于细菌作用，局部组织坏死、溶解、液化，皮肤破溃，流出腐败酸臭味的脓汁。

（2）深部蜂窝织炎：多发于筋膜及肌间组织内，局部肿胀不明显，界限不清，触诊局部温度增高，疼痛剧烈，坚实，机能障碍。有明显的全身症状。如不及时治疗，很易发生化脓性感染而导致死亡。

3. 治疗 发病2d内，为减少炎性渗出，可用醋酸铅明矾液、90%酒精冷敷，或用0.5%盐酸普鲁卡因和抗生素做病灶周围封闭。3～4d后炎性渗出物减少，改为温敷。局部肿胀和全身症状明显时，应尽早应用大剂量抗生素或化学抗菌药进行全身治疗。为减轻组织内压，排除炎性产物，应立即多处切开，止血后安装引流，切口应有足够的长度和深度，必要时也可做反对孔，以保证渗出液顺利排出。有时还需将坏死的筋膜、皮下组织一并切除，直达健康组织。

（三）全身化脓性感染

全身化脓性感染又称败血症，是指机体从局部感染病灶吸收致病菌及其活动产物和分解产物所引起的全身性病理过程。

1. 病因 全身化脓性感染一般是开放性损伤、局部炎症及手术后的严重并发症。如脓肿、蜂窝织炎、大面积烧伤、泌尿系统感染和手术感染等。致病菌主要有金黄色葡萄球菌、溶血性链球菌、绿脓杆菌、化脓性棒状杆菌等。

2. 症状 全身化脓性感染时，发病急，病初即出现寒战，体温升高，精神沉郁，食欲废绝，呕吐，脉搏弱而快，不感于手，呼吸加快，眼结膜潮红或黄染，有出血斑。肌肉颤抖，胸部躺卧于地面，两前肢前外展，有时出现疝痛和腹泻，白细胞和多形核细胞增加，核左移，尿中出现蛋白。局部出现浸润性肿胀，温度增高，疼痛剧烈，创内坏死组织增多，从创口流出稀薄、污秽、恶臭的脓汁，如病情进一步恶化，可导致死亡。

3. 诊断 根据局部和全身症状即可确诊。临床上应与急性炎症过程时发生的中毒症状进行鉴别诊断。如对局部化脓灶处理后，消除了感染中毒源，病犬、猫体温即可明显下降，食欲恢复正常。但全身化脓性感染时，即使将病灶进行细致的外科处理后，也不能控制其病理过程的发展，全身状态无明显变化，体温仍不能下降，白细胞相继续左移。

4. 治疗 尽早消除原发和继发感染的病灶，如及时切开脓肿，彻底消除坏死组织，使脓汁彻底畅通排除，可进行引流，以减少毒素的吸收。局部可行日光和光疗法，病灶周围封闭，使脓肿局限，可皮下注射1‰肾上腺素溶液。全身早期大剂量静脉滴注抗生素，并可联合使用磺胺类药物治疗。每天全身和局部行对症疗法。如减轻中毒，强心护肾，纠正水、电解质及酸碱平衡失调等。

第二节 休 克

休克是机体受到各种致病因素的作用，引起有效循环血量锐减、微循环障碍、组织血液灌流量不足和细胞缺氧而出现的全身反应的综合征。临床上主要表现为急性有效循环衰竭和中枢神经系统机能活动降低。

1. 病因与分类 临床上常见的休克病因较多，如严重的创伤、大出血、外科感染、中毒、大面积烧伤等。临床上常按病因分类。

(1) 创伤性休克：犬、猫常发生此类休克，如骨折、胸壁透创、挫伤、火器伤、挤压伤及大面积烧伤的早期。由于损伤产生剧烈疼痛，强烈刺激中枢神经系统，引起心血管中枢兴奋，反射性地引起末梢血管收缩后再扩张，血管容积增大，血管外周阻力下降，血液淤滞于循环中，使有效循环血量不足而产生休克。损伤时由于出血、丢失大量体液和坏死组织分解产物的毒素被吸收，更加重了休克的产生。

(2) 失血性休克：创伤时大出血，挤压伤或物体撞击造成内脏（肝、脾、肾）破裂引起的大出血，手术不慎造成大血管出血，这些急性大出血使血容量急剧减少，有效循环血量减少，组织血液灌流量不足引起休克。犬、猫的胃、肠阻塞，常引起呕吐或腹泻，丢失大量体液造成严重脱水，使血容量锐减，有效循环血量不足而发生休克。

(3) 中毒性休克：严重感染，如脓毒败血症，化脓性腹膜炎，子宫积脓，大面积烧伤，外科感染创等。感染发炎后，由于坏死组织分解产物和细菌毒素被吸收所致。

(4) 过敏性休克：常由于药物或注射异种血清引起的过敏反应。因致敏原使细胞释放大量组织胺等引起血管扩张，血液淤滞，毛细血管通透性增高，血浆渗出，血容量减少，导致有效循环血量不足而引起休克。

2. 症状 休克的临床表现与其病程和严重程度有关。休克的初期又称休克代偿期，主要表现为兴奋不安，心搏快而弱，呼吸加快，可视黏膜苍白，无意识排尿、排粪，此期时间较短。兴奋不安后，转为精神抑制，又称休克抑制期，表现为精神沉郁，心动过速，脉细弱，可视黏膜苍白或发绀，四肢发凉，肌肉无力，毛细血管充盈时间延长，呼吸困难，口渴，呕吐，饮欲、食欲废绝，反应迟钝（痛觉、视觉、听觉反应完全消失），瞳孔扩大，血压下降，最后昏迷，易导致死亡。

3. 诊断 根据临床症状诊断并不困难，但其病程急，需要快速有效地进行治疗，还需配合血液检查进行诊断、治疗。

(1) 测定血压：休克初期，血压变化不明显；休克期，血压下降。犬、猫正常的血压为 12～18.67 kPa，如平均动脉压低于 6.0～6.67 kPa 时，意识消失，如继续下降至 4.0～4.67 kPa 持续 2 h，则表现为昏迷，最后死亡。也可触摸股动脉，估测动脉压。脉搏弱则平均动脉压在 6.67～9.93 kPa；如脉搏不明显，动脉压则低于 6.0～6.67 kPa；脉搏充实有力，血压则大于 10.67 kPa。

(2) 测定心率或脉率：心率快，犬一般达 160 次/min 以上，猫一般达 150 次/min 以上。

(3) 测定中心静脉压：中心静脉压是反映当时的血容量、心功能和血管张力情况的指标。除心源性休克外，犬和猫在休克期的心静脉压一般都低于 490 Pa。

(4) 毛细血管再充盈时间：用手指轻压齿龈或舌边缘，观察松压后血液再充盈时间，犬、猫在休克状态时，毛细血管再充盈时间都超过 1 s 的正常值。

(5) 测定尿量：尿量是反映肾脏毛细血管的灌流量，也是内脏血液灌流量的一个重要指标。正常犬、猫每小时尿量每千克体重为 0.5～1.0 mL。如每小时尿量每千克体重少于 0.5～1.0 mL，表明肾脏血流量减少，即全身血容量不足。如无尿或补液后仍无好转，表明肾脏血管收缩仍未解除，或血容量仍不足。

4. 治疗 休克发展急剧，应早发现早治疗，采取综合性治疗措施。

(1) 抢救：使呼吸道通畅，保证病犬、猫有足够的通气量和输氧。

（2）补充血容量：补充血容量是治疗休克最基本的措施。补充血容量的液体有生理盐水溶液、林格氏盐溶液、乳酸盐林格氏溶液、葡萄糖溶液、全血和血浆或血浆代用品（如右旋糖酐）。

如是出血性休克，应及时止血，立即输全血或补充液体，输液量必须达出血量2～3倍的血容量。如是中毒性休克，因组织缺氧而产生酸中毒，应及时纠正酸中毒，一般测定血气值来确定中毒程度，常用碳酸氢钠溶液进行治疗。

（3）肾上腺皮质激素疗法：休克早期大剂量静脉注射肾上腺皮质激素，常用的有甲基强的松龙，每千克体重15～30 mg；或地塞米松，每千克体重5～15 mg。还可注射强的松龙丁二酸钠，每千克体重5～10 mg。初次可用大剂量，每隔4～6 h注射一次，注意必须与抗生素合用。

（4）广谱抗生素疗法：抗生素对各种休克都是必要的，尤以对感染引起的中毒性休克更为重要，因其可控制感染。初次应用剂量要大，且静脉滴注，待病情稳定后可改用肌肉注射，除此还可选用磺胺类药物。

第三节 肿　　瘤

肿瘤是机体在各种致瘤因素作用下，局部易感细胞发生异常的反应性增生所形成的病理性新生物。肿瘤细胞是由正常细胞获得了新的生物学遗传特性转变而来的，伴有分化和调控的障碍，当致瘤因素停止作用后，它仍可继续生长。肿瘤细胞与受连累组织的生理需要无关，无规律生长，丧失正常细胞功能，破坏原器官结构，有的转移到其他部位，危及生命。

1. 病因　迄今尚未完全清楚，根据大量实验研究和临床观察认为与外界环境因素有关，其中主要是化学因素，其次是病毒和放射线。另一方面是机体的内因，如免疫状态、内分泌系统、遗传因子、神经系统、营养因素、微量元素和年龄等。现在已知的病理学说和某些致瘤因子，只能解释不同肿瘤的发生，而不能用一种学说来解释各种肿瘤的病因，因此肿瘤的致病因素是多方面的。肿瘤的发生和发展，可能是很长时间内接受许多致瘤因素综合作用的结果。

2. 分类　根据肿瘤对机体的影响，可分为良性肿瘤与恶性肿瘤两大类。

（1）良性肿瘤：良性肿瘤多呈膨胀性生长，发展缓慢，有包膜，因而与周围组织之间有明显界限，而瘤细胞分化程度较高，其细胞形态和组织结构与其起源的组织细胞形态和结构很相似，细胞比较成熟。其瘤体多呈圆形或椭圆形，表面光滑，有活动性，在生长或手术后不发生转移。但也有少数良性肿瘤可发生恶变。

良性肿瘤通常称为瘤，冠以组织来源和部位的名称，如皮肤纤维瘤、直肠腺瘤等。

（2）恶性肿瘤：恶性肿瘤生长快，以浸润性生长方式不断地增长，侵入周围的正常组织或器官，肿瘤周围无包膜，或不完整，可沿淋巴或血管转移，瘤细胞分化程度较低，与其起源组织细胞形态和结构很少相似，一般细胞较幼稚和不成熟。瘤体形状不规则，呈菜花样、蕈状，表面粗糙，凹凸不平，常有破溃。

恶性肿瘤通常可分为3种。①凡来自上皮组织的恶性肿瘤称为癌，加上组织来源和部位的名称，如眼鳞状细胞癌、腺癌；②凡来自叶间组织、淋巴组织、网状组织和骨骼的恶性肿瘤称为肉瘤，同样加上组织来源和部位的名称，如纤维肉瘤、淋巴肉瘤、脂肪肉瘤等；③对部分的恶性肿瘤，因其组织来源不单一或者无法肯定，则加上"恶性"二字，如恶性畸胎瘤、恶性淋巴瘤（白血病）。

3. 症状 肿瘤症状决定于其性质、发生组织、部位和发展程度。肿瘤早期多无明显临床症状。但如果发生在特定的组织器官上，可能有明显症状出现。

（1）局部症状：

① 肿块（瘤体）：发生于体表的浅在肿瘤，肿块是主要症状，常伴有相关静脉扩张、增粗。肿块的硬度、可动性和有无包膜创与肿瘤种类各有不同。

② 疼痛：肿块膨胀生长、损伤、破溃、感染时，使神经受刺激或压迫，有不同程度的疼痛。

③ 溃疡：体表、消化道肿瘤，若生长过快，引起供血不足继发坏死，或感染导致溃疡。恶性肿瘤呈菜花状，肿块表面常有溃疡，并有恶臭和血性分泌物。

④ 出血：浅表性肿瘤，易损伤、破溃、出血。消化道肿瘤，可能呕血或便血；泌尿系统肿瘤，可能出现血尿。

⑤ 功能障碍：肠道肿瘤可致肠梗阻；乳头状瘤发生于上部食管，可引起吞咽困难；睾丸肿瘤可引起生殖机能障碍。

（2）全身症状：良性和早期恶性肿瘤，一般无明显全身症状，或有贫血、低热、消瘦、无力等症状。如肿瘤影响营养摄取或并发出血与感染时，可出现明显全身症状。恶病质是恶性肿瘤晚期全身衰竭的主要表现，肿瘤发生部位不同恶病质出现迟早各异。

4. 诊断 诊断的目的在于查明有无肿瘤及其性质、程度，以便拟定治疗方案和判断预后。肿瘤的现代诊断方法包括病史调查、患部检查、全身检查、病理检查（活检与尸体剖检）、X线检查、超声检查、放射性同位素标记及免疫诊断等。还有血清学检查及电子计算机断层扫描（CT）等。一般肿瘤特别是浅表性肿瘤，通过上述某些诊断方法，可以确诊。恶性肿瘤的早期诊断难度较大，必须进行系统全面检查。

5. 治疗

（1）良性肿瘤：

① 手术切除：此法效果良好，即切开皮肤后剥离瘤体与周围连接组织，尽可能将瘤体组织剥净，以免复发（图8-4）。

② 结扎法：用于有蒂的瘤体，即在瘤体蒂根部紧贴体表处，用缝合线进行结扎，使瘤体失去血液供应，经一段时间后瘤体可脱落。

③ 烧烙法：多用于有蒂的瘤体，即瘤体组织不能完全被切除干净或用于止血时，可用烧烙法。

④ 冷冻疗法：适用于大小犬、猫，可直接破坏瘤体，以致短时间内阻塞血管而破坏细胞，被冷冻的肿瘤日益缩小乃至消失。

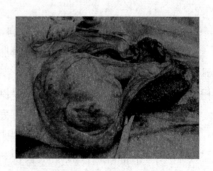

图8-4 手术摘除睾丸肿瘤
（胡发硕摄）

（2）恶性肿瘤：如能及早发现与诊断则可望获得临床治愈。

① 手术早期切除：迄今为止仍不失为一种治疗手段，前提是肿瘤尚未扩散或转移，手术切除病灶，连同部分周围的健康组织，应注意切除附近淋巴结。

② 放射疗法、激光治疗、化学疗法、免疫疗法等，可根据具体情况适当选用。

6. 常见的体表肿瘤

（1）纤维瘤：纤维瘤是由结缔组织发生的良性肿瘤，是临床常见的一种肿瘤。其好发部位为头部、胸腹侧或下部、四肢上部等处。纤维瘤的外形呈圆形或椭圆形。如以间质为主的纤维瘤，质硬，生长缓慢；如间质少的纤维瘤，是由疏松的结缔组织组成，内混有脂肪组织，质较软；黏液性纤维瘤，瘤体内含有一定量的黏液物质，触诊较软，有一定活动性。

（2）脂肪瘤：脂肪瘤是局限性脂肪组织增生形成的良性肿瘤，凡有脂肪组织的部位均可发生。多发生于眼睑、上下唇、颈部下侧、胸腹下侧以及肠管、网膜等处。肿瘤生长缓慢，瘤体一般较小而软，常呈圆形、椭圆形，或大小不一的结节状，活动性大。

（3）乳头状瘤：是由动物的皮肤和黏膜上皮细胞增生形成的良性肿瘤，它分别发生于基底细胞和皮肤乳头层，前者称为基底细胞瘤，后者称为乳头状瘤。常发生于头颈下侧部、腹侧、四肢下部等处。瘤体生长数目、大小不等，通常以密集形式生长，形成菜花状新生物（图8-5）。瘤体损伤后可引起出血或形成溃疡。

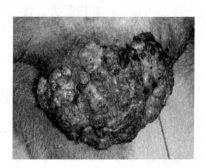

图8-5　乳头状瘤
（胡发硕摄）

（4）皮肤癌：皮肤癌是由皮肤、黏膜和腺体上皮组织增生而形成的恶性肿瘤。常见的有两种，即鳞状上皮癌和柱状细胞癌。瘤体呈浸润性生长，与周围组织界限不清，瘤体多呈结节状，常发生破溃，引起继发性感染，有恶臭分泌物，局部易出血。常发生于动物的头、眼睑、鼻腔、颈部、肛门、阴道、阴茎和包皮等部位，以老年犬多见。

（5）淋巴肉瘤：淋巴肉瘤是淋巴样组织的恶性肿瘤。发病后有许多淋巴结显著增大，尤其以肩前淋巴结肿大较多见。肿瘤细胞可转到全身组织器官，病情发展到后期，患病犬、猫迅速消瘦而倒毙。发病初期白血球显著增多。

第四节　骨骼疾病

一、骨　折

骨的连续性和完整性遭到破坏，称为骨折。骨折是宠物常见的骨骼疾病之一，尤其是现代交通的快速发展，骨骼的发生率不断上升，骨折常伴发周围软组织不同程度的损伤。

1. 病因

（1）直接暴力：车祸为最常见的病因，此外还见于枪击、打击、高空坠落等。

（2）间接暴力：暴力通过骨骼或肌肉传导到远处发生骨折。多见于奔跑、跳跃、急停、急转、失足踏空、突然潜入洞穴或裂缝等。

（3）骨骼疾病：宠物患骨营养不良、骨髓炎、骨软症、佝偻病、骨肿瘤时在较小外力作用下易发生骨折。

（4）应激作用：宠物前后肢最常发生疲劳性（应激因素）骨折，如猫指爪疲劳性骨折就属于这种类型。

2. 骨折类型 根据不同的分类方法常见的骨折类型有以下几种。

(1) 开放性骨折和闭合性骨折：根据骨折处皮肤、黏膜的完整性划分。

(2) 全骨折和不全骨折：根据骨折断端是否完全分离划分。全骨折根据骨折线的方向分为横骨折、纵骨折、斜骨折、螺旋形骨折等；如果骨断离成两段以上，称为粉碎性骨折；不完全骨折可分为青枝骨折（幼年动物）和骨裂。

(3) 骨干骨折和骨骺骨折：根据骨折部位划分。幼年动物多为骨骺骨折，成年动物多为干骺骨折。

(4) 外伤性骨折和病理性骨折：按骨折病因划分。

(5) 稳定性骨折和非稳定性骨折：根据骨折复位后的稳定性划分。稳定性骨折经适当固定后不易再移位，如横骨折、青枝骨折、嵌入骨折等；非稳定性骨折复位后易发生再移位，如斜骨折、粉碎性骨折、螺旋骨折等。

3. 症状

(1) 特有症状：

① 骨变形：完全骨折后骨断端发生成角、旋转、伸长、重叠等移位，使患肢弯曲、扭转、伸长或缩短。

② 骨摩擦音：活动骨折断端可听到断端间摩擦音，但不全骨折或骨折端分离较远时无骨摩擦音。

③ 异常活动：四肢长骨全骨折后，骨干可在骨折点异常伸屈扭转。

(2) 其他症状：

① 疼痛：犬、猫骨折后表现不安、痛叫，局部敏感或顽抗。直接触诊不易区别软组织痛和骨痛，间接触诊即握住骨长轴两端向中央压迫引起的疼痛表明是骨痛。

② 局部肿胀：骨折时骨膜、骨髓及周围软组织的血管破裂出血，经创口流出或在局部发生淤血或血肿。由于软组织损伤、水肿，使局部肿胀更明显。但在四肢远端骨折，局部肿胀不甚明显。

③ 机能障碍：骨折后由于构成肢体支架的骨骼断裂和疼痛，使肢体出现部分或全部功能障碍，例如四肢骨折引起跛行，椎体骨折可引起瘫痪，颅骨骨折可引起意识障碍，颌骨骨折引起咀嚼障碍等。

另外，骨折如伴有内出血或内脏损伤，可发生失血性休克。1～2 d 后血肿分解或开放性骨折继发感染可引起体温升高、食欲减退等症状。有时还可见骨折点局部组织缺血性坏死、外周神经麻痹等症状。

4. 诊断 依据病史和上述症状一般不难做出初步诊断，但确诊需进行 X 线诊断。X 线检查可见骨折处有骨折线（压缩、嵌入、凹陷性骨折除外）见图 8-6、骨骼变形和软组织肿胀等征象。X 线诊断不仅可确定骨折类型及程度，而且还能指导整复、监测愈合情况。

5. 急救 骨折引发的危重病例应及时采取急救措施。包括限制宠物活动，维持呼吸畅通（必要时做气管插管）和血循环容量；防治休克、控制感染、整复胸腹透创和内脏破裂等。如开放性骨折大血管损伤，应在骨

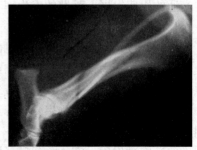

图 8-6 犬小腿骨骨折
（胡发硕图）

折部上端安装止血带或在创口填塞纱布止血。对骨折局部，止血消肿，保护创口，临时固定或保护患肢，然后再深入检查，以防局部软组织损伤加重或骨折加重。

6. 治疗 在骨折发生后，应根据骨折部位及骨折性质制订相应的治疗方案。骨折端的整复、固定方法一般分为两种，即闭合性整复与外固定和开放性整复与内固定。

(1) 闭合性整复与外固定：骨骺、肘、膝关节以下的骨折经手整复易复位者，可施加一定的外固定材料进行固定。闭合性整复应尽早实施，一般不晚于骨折后24 h，以免血肿及水肿过重而影响整复。整复前病犬、猫应全身麻醉或局部麻醉配合镇痛或镇静，确保肌肉松弛和减少疼痛。整复时，术者手持近侧骨折段，助手沿纵轴牵引远侧段，保持一定的对抗牵引力，使骨断端对合复位，有条件者，可在X线监视下进行整复。整复完成后立即进行外固定。常用夹板绷带、石膏绷带、金属支架等。固定部位剪毛，衬垫棉花。固定范围一般应包括骨折部上、下两个关节。

(2) 开放性整复与内固定：包括开放性骨折和某些复杂的闭合性骨折，如粉碎性骨折、嵌入骨折等。该方法能使骨断端达到解剖对位，促进愈合。根据骨折性质和骨折部位不同，常选用髓内针、骨螺钉、接骨板、金属丝等内固定材料进行内固定。为加强内固定，在内固定之后，配合外固定。新鲜开放性骨折或新鲜闭合性骨折做开放性处理时，应彻底清除创内凝血块、碎骨片。骨折断端缺损大，应进行自体骨移植（多取自肋骨或髂骨结节网质骨或网质皮质骨），以填充缺陷，加速愈合。对陈旧开放性骨折，应按感染创处理，清除坏死组织和死骨片，安置外固定器以整复固定骨折，或用石膏绷带固定，保留创口开放，便于术后清洗。

(3) 术后护理：①全身应用抗生素预防或控制感染；②适当应用消炎止痛药，加强营养，补充维生素A、维生素D、鱼肝油及钙剂等；③限制犬、猫活动，保持内、外固定材料牢固固定；④医嘱主人适当对患肢进行功能恢复锻炼，防止肌肉萎缩、关节僵硬及骨质疏松等；⑤外固定时，术后及时观察固定远端，如有肿胀、皮温下降，应解除绷带，重新包扎固定；⑥定期进行X线检查，掌握骨折愈合情况，适时拆除内、外固定材料。

二、骨 髓 炎

骨髓炎是骨及骨髓的炎症。按其病因，骨髓炎可分为细菌性骨髓炎、真菌性骨髓炎和非感染性骨髓炎。临床上以细菌性骨髓炎多见。

1. 病因

(1) 外源性感染：多数骨髓炎病例经此途径感染。病原菌经创口或手术切口感染骨组织，多见于直接伤及骨的咬创、深刺创、枪伤和开放性骨折、骨矫形手术后等。感染也可经骨周围软组织的化脓性炎症蔓延引起。

(2) 血源性感染：主要发生于幼年犬、猫，系身体其他部位感染灶的病原菌通过血液循环转移到骨组织后引起的感染，常见原发性感染灶有脐带炎、肺炎、胃肠炎、关节炎等。

2. 症状 急性骨髓炎全身症状急剧。患部热、痛、肿胀，患肢跛行，血液分析中性粒细胞增多，核左移，血沉加快。严重病例可转为败血症。久不愈者可转为慢性，患部肿胀变软有波动感，切开或自行破溃后形成脓窦，此时全身症状一般减轻，疼痛和跛行减弱，但经常有脓汁流出。

创伤直接引起的骨髓炎创口常有脓汁外流，无自愈倾向，骨愈合延迟或不愈合。血源性骨髓炎的病灶位于干骺端，且常呈多肢发病或同一肢多处发病。

3. 诊断 结合病史、症状、X 线征象及病原分离鉴定可做出诊断。

有脓窦的，探诊可感知骨表面粗糙，甚至可探入骨髓腔，冲洗可能冲出骨碎屑。

注意与骨肿瘤、其他类型的骨髓炎鉴别。

4. 治疗

（1）全身应用大剂量抗生素，如头孢菌素等，疗程 4~6 周或用药至炎症消失后一周。

（2）局部出现脓肿或持续数日用药无效者应扩创排脓，冲洗引流。疑有髓腔积脓者应手术钻通骨皮质排脓减压。探诊或 X 线检查发现有死骨片或洞腔者手术取除死骨，匙刮窦壁。

（3）若系骨折内固定感染，不应除去内固定材料，固定不稳者应加强固定。

（4）四肢骨髓炎如无法控制炎症或阻止炎症蔓延者可考虑从病灶近端截肢。

三、关节脱位

关节脱位是指关节因受到机械外力、病理性作用引起骨间关节面失去正常的对合称为关节脱位，又称脱臼。犬、猫最常发生髋关节、髌骨脱位；肘关节、肩关节也有发生。

1. 病因 分先天性和外伤性两种。前者与遗传有关，因出生时或出生后关节发育异常而容易发生脱位，犬较常见，如髌骨脱位。后者多因强烈的外力作用，包括间接和直接作用，犬、猫多见于直接外力作用。

2. 症状 关节脱位的一般症状是因原来解剖学上的隆起与凹陷发生改变，出现关节变形；由于关节错位，加之肌肉和韧带异常牵引，关节活动受到限制，称为异常固定；脱的关节下方发生肢势改变，如内收、外展、伸展和屈曲等；若伴有严重外伤和周围软组织受损，关节肿胀和疼痛；出现机能障碍如跛行等。犬、猫常见的髋关节、髌骨脱位特殊症状如下。

（1）髋关节脱位：依据股骨头变位方向，有前上方、内侧和后方脱位。患肢似缩短或变长，并呈内收、外展或外旋，站立时悬提或趾尖着地，行走是呈混合跛行。观察或触摸患关节可能异常突出或低下，与对侧比较容易发现异常变化。

（2）髌骨脱位：依据髌骨变位方向，有上方、外侧和内侧脱位，多见于小型品种犬，以内方或外方脱位多见。发生内、外方脱位后，患肢膝关节高度屈曲，患肢似明显缩短，重度跛行或三脚跳跃着行进。

3. 诊断 根据临床症状可做出初步诊断，确诊需经 X 线检查，并了解关节变位程度，有无骨折和关节畸形等。

4. 治疗 有保守疗法和手术治疗两种，其治疗原则是整复、固定和功能锻炼等。为减少肌肉、韧带的张力和疼痛，整复时应全身麻醉。

（1）保守疗法：不全脱或轻度全脱位，应尽早采用保守疗法，即闭合性整复与外固定。一般将动物侧卧保定，患肢在上，采用牵拉、按压、内旋、外展、伸屈等方法，使关节复位。如复位正确，手可触觉或听到一种声响。整复后，为防止再发，应立即进行外固定。常选择夹板绷带、可塑型绷带（包括石膏绷带）、托马斯支架和外固定器等。

（2）手术疗法：中度或严重的关节脱位和慢性不全脱位，多采用手术疗法，即开放性整复与内固定。犬、猫常因肥胖、体重和活泼，保守疗法无效时，也可施开放性整复与内固定。根据不同的关节脱位,使用不同的手术径路。通过牵引、旋转患肢,伸展和按压关节或利用杠杆作用,使关节复位。根据脱位性质,选择髓内针、钢针和钢丝等进行内固定,有的韧带断裂,应尽可能的将其缝合固定。内固定完成后常配合外固定以加强内固定。

有些关节脱位,如先天性髌骨脱位,可通过关节矫形术,恢复关节功能。如非创伤性颞下颌关节脱位,可施部分颧弓切除术,防止颌骨被锁。

四、关 节 炎

关节炎是关节囊滑膜层的渗出性炎症。按病原性质可分为无菌性和感染性滑膜炎。按渗出物性质可分为浆液性、浆液纤维素性、纤维素性、化脓性和化脓腐败性滑膜炎。按临床经过可分为急性、亚急性和慢性滑膜炎。

1. 病因 关节滑膜炎一般是由外伤和某些传染病感染及化脓灶的转移引起。也常继发于关节扭伤、关节挫伤及关节脱位等。此外,风湿病也可引发关节滑膜炎。

2. 症状

(1) 浆液性关节滑膜炎:急性浆液性关节滑膜炎时,关节腔积聚大量浆液性炎性渗出物,或因关节周围水肿,患关节肿大,热痛,指压关节憩室突出部位,有明显的波动。被动运动患病关节时疼痛明显,站立时患关节屈曲,不负重。运动时,表现以支跛为主的混合跛行。慢性浆液性关节滑膜炎时,关节腔也蓄积大量渗出物,关节囊高度膨大,触诊有波动而无热痛。一般无明显跛行,但在运动时患病关节不灵活,关节外形随关节腔内积液串动而改变。

(2) 纤维素性关节滑膜炎:纤维素性关节滑膜炎的症状表现基本上与浆液性关节滑膜炎相同。被动运动检查时,有捻发音。

(3) 化脓性关节滑膜炎:化脓性关节滑膜炎比浆液性滑膜炎的症状剧烈,常有明显的全身症状,体温升高、精神沉郁、食欲减退或废绝。患关节热痛、肿胀关节囊高度紧张,有波动。站立时患肢屈曲,运动时呈混合跛行。

3. 诊断 X线检查对诊断本病很重要。早期X线显示关节滑膜和关节囊增厚、关节腔增宽。随着病情加重,则出现关节损坏,关节周围组织稀疏,关节面不规则,有的则表现纤维性或骨性关节僵硬。

关节穿刺见有变性滑液及白细胞数增多,可达($4 \times 10^{10} \sim 2 \times 10^{11}$ 个/L),且多数为中性粒细胞,也可做穿刺细菌培养,以确定细菌感染类型,但经过抗生素治疗者,细菌培养难检出结果。

4. 治疗

治疗原则:镇痛消炎、制止渗出、促进吸收、排出积液、恢复功能。

对于浆液性或浆液纤维素性关节滑膜炎在急性炎症阶段应保持病畜安静。使用镇痛药物,萘普生或2%利多卡因患关节周围注射,0.5%盐酸普鲁卡因青霉素关节内注入。关节液过多,药物治疗无效时,可穿刺排液,然后再向关节腔注射普鲁卡因青霉素液。

肾上腺糖皮质激素对急、慢性关节滑膜炎有较好疗效,常用地塞米松5～20 mg加青霉素20万～80万U,以0.5%盐酸普鲁卡因溶液1～2 mL稀释后于患关节内注射,隔日一次,连用3～4次。在注药前先抽出渗出液适量,然后再注射。

对于化脓性关节滑膜炎应及早控制与消灭感染,排出脓液。根据细菌培养和药敏试验,可选用细菌敏感的抗生素，连用数周，直至感染消退。开始48 h可静脉给药，以迅速控制感染。适当活动关节，防止关节粘连，但3～4个月内不宜负重，以免关节软骨磨损破坏。当关节内脓液积聚过多时，可穿刺或切开安置引流管，便于排出脓性分泌物和冲洗。冲洗液用灭菌等渗溶液，1次/d。病程长者，关节软骨和关节骨一般破坏较严重，炎症控制后易转为退行性关节病，功能难以恢复。

对于疼痛严重的病例可喂服卓比林（替泊沙林冻干片）或萘普生缓释片。

五、关节扭伤

在间接的机械外力作用下，关节发生瞬间的过度伸展、屈曲或扭转，引起韧带和关节囊的损伤，称为关节扭伤。此病为关节多发病，以犬最常见。

1. 病因 在执行任务、参加比赛或奔跑等活动中由于失步蹬空、滑走、急转、急跑骤停、跳跃、跌倒、一肢陷入洞穴而急速拔出等，使关节的伸、屈或扭转超越了生理活动范围，引起关节周围韧带和关节囊的纤维剧伸，发生部分断裂或全断裂所致。

2. 症状

(1) 扭伤后立即出现跛行，上部关节扭伤时为悬跛，见图8-7。下部关节扭伤时为支跛。

(2) 患部肿胀，但四肢上部关节扭伤时，因肌肉丰满而肿胀不显著。

(3) 患部热痛，触诊被损伤的关节侧韧带有明显压痛点。被动运动使受伤韧带紧张时，疼痛剧烈。

(4) 当转为慢性经过时，可继发骨化性骨膜炎，常在韧带、关节囊与骨的结合部受损伤时形成骨赘。

图8-7 膝关节扭伤：悬跛
（胡发硕图）

3. 治疗 治疗原则是制止溢血和渗出，促进吸收，镇痛消炎，防止增生，避免关节机能障碍。

(1) 制止溢血和渗出：急性炎症初期1～2 d内，用压迫绷带配合冷敷疗法，如用饱和硫酸镁盐水或10%～20%硫酸镁溶液以及2%醋酸铅溶液等。亦可用冷醋泥贴敷（黄土用醋调成泥，加20%食盐），必要时可静脉注射10%葡萄糖酸钙注射液、肌肉注射维生素K_3或酚磺乙胺等。

(2) 促进吸收：当急性炎症缓和，渗出减轻后，及时改用温热疗法，如温敷、温脚浴等，每日2～3次，每次1～2 h。可用鱼石脂酒精溶液、10%～20%硫酸镁溶液、热酒精绷带等。亦可涂抹中药四三一合剂（大黄4份、雄黄3份、冰片一份，研成细末，蛋清调和）、扭伤散（膏）、鱼石脂软膏、用热醋泥疗法等。

如关节内积血过多不能吸收时，在严格消毒无菌条件下，可行关节腔穿刺排出，同时向腔内注入0.5%氢化可的松溶液或1%～2%盐酸普鲁卡因溶液2～4 mL加入青霉素20万～80万U，而后进行温敷，配合压迫绷带；不穿刺排液，直接向关节腔内注入上述药液亦可。

(3) 镇痛消炎：局部疗法同时配合封闭疗法，用0.25%～0.5%盐酸普鲁卡因溶液10～

20 mL，加入青霉素 40 万～160 万 U，在患肢上方穴位（前肢抢风、后肢巴山和汗沟等）注射；也可肌肉或穴位注射复方氨基比林或萘普生 2～3 mL。

（4）局部疗法：局部炎症转为慢性时，除继续使用上述疗法外，亦可涂擦刺激剂，如碘樟脑醚合剂（碘片 20 g、95％酒精 100 mL、乙醚 60 mL、精制樟脑 20 g、薄荷脑 3 mL、蓖麻油 25 mL）、松节油、四三一合剂等，用毛刷在患部涂擦 5～10 min，若能配合温敷，则效果更好。

（5）其他疗法：韧带断裂、关节囊损伤严重时可包扎石膏绷带，此外，应用红外线或氦-氖激光照射及特定电磁波疗法等均有良好效果。

六、骨软骨病

骨软骨病又称软骨发育异常，是一种关节软骨和骺软骨的软骨内骨化障碍性疾病。该病主要发生在快速生长（4～8 月龄）的大型犬和巨型犬，如圣伯纳犬、德国牧羊犬、纽芬兰犬等犬种。全身很多关节软骨和骺软骨都可发病。其特征为无血管的软骨停留在长骨和干骨骺生长区。临床上以无外伤史、跛行、疼痛为特征。

1. 骨软骨病的分类

（1）分离性骨软骨病：关节软骨异常增厚、龟裂，进而与软骨下骨分离，形成软骨瓣或游离软骨片。主要发生于肩关节的肱骨头后缘、肘关节的肱骨内髁、膝关节股骨内外髁和跗关节距骨滑车。

（2）肘突不闭合：肘突骨化中心与尺骨近端干骺端久不闭合（骺生长板软骨不骨化），使肘关节不稳定，易继发肘关节退行性关节病。

（3）尺骨冠状突分裂：尺骨冠状突分裂成数块而未与尺骨愈合，易诱发退行性关节病。

（4）骺生长骨板迟滞：长骨的次组骨化中心迟闭合，如尺骨远端骨化中心闭合迟延而桡骨远端骨化中心正常闭合，结果桡尺骨生长不同步，导致桡尺骨成角畸形或肘关节半脱位。

2. 病因 目前还不十分清楚，损伤可能是一种因素，引起软骨局限性损害。营养过渡性高、降钙素、激素失调及其他关节疾病所致的骨坏死也可引起本病。也可能与生长速度有关，生长过快容易引起软骨损伤性缺血，致使发育受阻。也可能与遗传有关。虽然有的无损伤史，但有家族史，因本病多发生于某些大型品种犬。

3. 症状 无损伤病史的跛行、疼痛。跛行逐渐加重，呈持久性跛行，跛行于被动运动后加重，长期休息后加重，运动后加重。多为一肢关节发病，也可几个关节同时发病。患肢关节伸曲可引起疼痛反应，其中肩关节疼痛更明显。慢性病例，关节可听到"咔嚓"声响，肌肉萎缩，如不及时治疗，持续跛行可继发退行性关节病。

4. 诊断 根据体形、年龄、病史及临床症状做初步诊断，确诊需做 X 线检查。发病早期（4～6 月龄），由于分离的软骨还未钙化，X 线检查可见一扁平的软骨下骨，随着骨骺进一步生长，其缺损部呈浅蝶形（此时 6～7 月龄），随后软骨瓣开始钙化，但其仍停留在关节面缺损处（7～8 月龄或更大），严重者，钙化的软骨瓣突出于肱骨头表面，甚或脱落至肱骨头后下方，即为关节鼠。

5. 治疗 临床症状较轻，病程未超过 1 个月，X 线检查未发现钙化软骨瓣，可采用保守疗法。动物强制休息 6 周，或患肢悬吊，限制活动。疼痛严重，可使用消炎镇痛药，但动物仍需强制休息，否则会加重病情。

X线检查已发现软骨瓣或已脱落，应尽早采用手术治疗，将其去除，并清除已坏死的肱骨头软骨缺陷组织。

七、椎间盘突出

椎间盘突出是指椎间盘变性、纤维环破坏、髓核向背侧突出压迫脊髓而引起运动障碍为主要特征的脊椎疾病。本病可发生于各品种犬，多见于体形小、年龄大的软骨营养不良样犬。如北京犬、腊肠犬、比格犬、西施犬、可卡犬等，非软骨营养障碍类犬也可发生。为犬、猫临床常见病，常发生于胸腰椎和颈椎，其发病率前者占85%，后者占15%。临床上以疼痛、共济失调、麻木、运动障碍或感觉运动麻痹为特征。

1. 病因 一般认为椎间盘突出是在椎间盘退变的基础上发生的，但引起其退变的诱因仍不明确，下列因素可能与本病的发生有关。

（1）外伤因素：外伤可能是本病的重要因素。尽管外伤对引起椎间盘退变并不重要，但可促使椎间盘突出。

（2）内分泌因素：内分泌失调（如甲状腺机能减退）在椎间盘退变过程中起重要作用。

（3）自身免疫因素：自身免疫现象可作为椎间盘退变的启动因子。

（4）遗传因素：对软骨营养障碍类品种犬（如腊肠犬），遗传因素可以加速椎间盘的退变过程。

（5）椎间盘因素：受异常脊椎应激的影响、椎间盘的营养（如缺钙）、溶酶体酶活性而引起椎间盘基质的变化。

2. 症状

（1）颈部椎间盘突出：初期病犬颈部、前肢过度敏感，颈部肌肉疼痛性痉挛，鼻尖抵地，腰背弓起，头颈不愿伸展、抬起，甚至嘴唇也难高过碗口；行走小心，耳竖起，触诊颈部可引起剧痛或肌肉极度紧张。重者，颈部、前肢麻木，共济失调或四肢截瘫。但多数病例即使椎间盘突出量多，也仅以疼痛为主。疼痛是颈椎间盘突出的示病症状，呈持续或间歇性发生。第2~3和第3~4椎间盘发病率最高。

（2）胸腹部椎间盘突出：初期严重疼痛、呻吟、不愿挪步或行动困难。有的犬、猫剧烈疼痛后突然发生两后肢运动障碍（麻木或麻痹）和感觉消失，但两前肢往往正常。病犬尿失禁，肛门反射迟钝。上运动原病变时，膀胱充满，张力大，难挤压，下运动原损伤时，膀胱松弛，容易挤压。

后肢有无深痛是重要的预后症候。感觉麻痹超过24 h意味着预后不良。

（3）颈、胸腰段椎间盘突出：X线检查可见椎间盘间隙狭窄，并有矿物质沉积团块，椎间孔狭小或灰暗，关节突异常间隙形成。如做脊髓造影术，可见脊索明显变细（被椎间盘突出物挤压），椎管内有大块矿物阴影。

3. 诊断 本病确切诊断除病史，一般检查外，主要取决于神经学检查和X线检查。

神经学检查包括姿势反应（本体意识反应、单侧肢伫立、行走），腱反射（股二头肌、三头肌、胫骨前肌、腓肠肌及髌骨等），膀胱功能试验，膜反射和疼痛敏感试验等。后两者有助于发现胸腰段脊髓病变程度。

X 线诊断应在动物全身麻醉的情况下进行。正位投照时采取腹背位姿势，侧位投照时，应使动物脊柱与摄影床平行，并将前肢向前拉，后肢向后拉。

4. 治疗

（1）保守疗法：适应证为疼痛、肌肉痉挛、疼痛性麻木及共济失调者。其目的在于减轻脊髓及神经根炎症，促使背侧纤维环愈合。常用强制休息、限制活动、镇静消炎等方法。糖皮质激素是缓解本病症状的常用药物。甲强龙每千克体重 40~80 mg，1 次/d，连续 2 d，静脉滴注；或泼尼松每千克体重 2~4 mg，口服，2 次/d；或地塞米松肌肉注射，剂量为每千克体重 0.2~0.4 mg，2 次/d，连用 2~3 d。尿失禁者每天定时挤压膀胱排尿 2~3 次，之后可采用白针、电针、按摩、温敷和穴位药物注射等疗法。

（2）手术疗法：适应证为严重的神经障碍，药物治疗无效，经常复发并且症状加剧，非感觉麻痹性截瘫及感觉运动麻痹不超过 24 h 者。手术包括开窗术和减压术两种。

八、罗-卡-佩氏病

罗-卡-佩氏病是以股骨头和股骨颈缺血性坏死为特征的一种综合征，也称幼年骨软骨炎、无血管性坏死和扁平髋等。3~13 月龄小型品种犬易发病，无性别差异，多为单侧性。

1. 病因 病因不详。一般认为是继发于股骨上端周围软组织的病变，导致股骨头部分或全部供血中断，产生股骨头缺血性坏死。凡能导致髋关节腔压力升高的因素，诸如暂时性滑膜炎、感染性关节炎、外伤性关节腔积血，以及影响滑液循环的伸展、内旋等，均可造成血管受压而危及股骨头股骺的供血。另外，环境、内分泌、代谢和遗传等因素均可发生本病。

2. 症状 开始病犬、猫常表现不安，不断啃咬腹部和臀部，尤其在后肢外展时，疼痛明显，以后可感觉或听到噼啪音。跛行逐渐加重，直至拖曳行走。同时患肢变短，活动范围变小。臀部肌肉和股四头肌萎缩。

3. 诊断 X 线检查是诊断股骨头缺血性坏死的主要手段和依据。X 线征象包括关节间隙增宽，股骨头和股骨颈局灶性骨密度降低，与髋臼缘接触的股骨头变平，随后不规则，干骺区股骨颈变短和增宽。有时股骨头和股骨颈可见骨刺、不全脱位和骨折等。

4. 治疗 股骨头未畸形者，可施保守疗法，每日口服消炎止痛药（如复方阿司匹林、卓比林、阿莫西林等）。患犬置入笼内限制活动，如股骨头、股骨颈畸形或发生退行性关节病，应施股骨头、股骨颈切除术。

九、髋关节发育不良

髋关节发育不良是一种髋关节发育或生长异常的疾病，以髋关节周围软组织不同程度松弛、关节不稳定（不全脱位）、股骨头和髋臼变形和退行性关节病为特征，并以大型或快速生长的幼年犬多见。

1. 病因 目前认为本病是一种多因子或基因遗传性疾病，即动物本身有许多基因缺陷，在受到不良环境或营养因素影响后，关节软组织与骨组织发生进行性病理变化，如关节松弛、髋臼窝变浅、圆韧带断裂、关节软骨磨损、不全脱位、关节周围骨赘形成等。

2. 症状 患犬出生时髋关节发育正常，到 4~12 月龄后，出现活动性减少和不同程度的关节疼痛，行走时步态不稳，逐渐发展为后肢拖地，而以前肢负重，起卧困难。触摸或活动髋关节，动物有明显的疼痛反应。久之，患侧臀部肌肉萎缩。

3. 诊断 依据无明显致病因素且表现以上临床症状，可怀疑本病。X线检查可发现髋关节发育异常。

4. 治疗 本病主要采保守疗法。为减轻关节疼痛，应限制患犬活动，同时投服复方阿司匹林（APC）0.5～2片/次或肌肉注射萘普生注射液，但不能阻止关节变形进一步发展。手术疗法是解除患肢跛行与疼痛的方法之一，临床可采用的手术有骨盆切开术、股骨头切除术和全髋关节置换术，但均有各自的适应证和禁忌症。幼年期可通过切开耻骨肌或腱以减轻其对关节囊的疼痛性压迫而解除疼痛。

对于肥胖犬，应限制食量和降低营养成分，以减轻体重和延缓疾病的发展。散步、游泳和慢跑有利于缓解病情。

第五节　疝

疝是指腹腔内脏器通过腹壁天然孔或病理性破裂孔脱至皮下或其他解剖腔的一种疾病，分为先天性和后天性两类。先天性疝主要有脐疝、腹股沟疝、阴囊疝，多发生于初生或幼年犬、猫；后天性疝主要有腹壁疝、会阴疝、膈疝，多发生于老年犬。

一、脐　疝

腹腔脏器经脐孔脱至脐部皮下所形成的局限性突起，称为脐疝。疝内容物多为网膜、镰状韧带或小肠等。本病是幼龄犬的常发病，猫较少发生。

1. 病因 本病的发生主要与遗传有关，先天性脐都发育缺陷，动物出生后脐孔闭合不全，以致腹腔脏器脱出，是犬、猫及其他动物发生脐疝的主要原因。此外母犬、猫分娩期间强力撕咬脐带可造成断脐过短，或分娩后过度舐仔犬、猫脐部，都易导致脐孔不能正常闭合而发生本病。也见于犬、猫出生后脐带化脓感染影响脐孔正常闭合逐渐发生本病。

2. 症状 脐部出现大小不等的局限性球形突起，触摸柔软，无热无痛。犬、猫脐疝大多偏小，疝孔直径一般不超过2～3 cm，疝内容物多为镰状韧带，有时是网膜或小肠。较大的脐疝，也有部分肝、脾脱入疝囊。脐疝多具可复性，将犬、猫直立或仰卧保定后挤压疝囊，容易将疝内容物还纳入腹腔，此时即可触及扩大的脐孔。患有脐疝的犬、猫一般无其他临床症状，精神、食欲、排便均正常。少数脐疝因内容物与疝囊或疝孔缘发生粘连或嵌闭，则不能还纳入腹腔，触诊囊壁紧张且富有弹性，并不易触及脐孔。若嵌闭的疝内容物是肠管，脐部很快出现肿胀、疼痛，犬、猫表现不安，食欲废绝，体温升高，脉搏加快，严重时可能发生休克。

3. 诊断 当脐部出现局限性突起，压挤突起部明显缩小，并触摸到脐孔，即可确诊。但当疝内容物发生嵌闭或粘连时，应注意与脐部脓肿鉴别。脐部脓肿也表现为局限性肿胀，触之热痛、坚实或有波动感，一般不表现精神、食欲、排便等异常变化，脐部穿刺排出脓液，与脐疝显然不同。

4. 治疗 犬、猫的小脐疝多无临床症状，一般不用治疗。母犬、母猫的小脐疝可在施行卵巢摘除术时顺便整复。较大的脐疝不能自愈,且随病程延长疝内容物往往发生粘连,故需尽快施行手术(图8-8)。具体方法为:全身麻醉,仰卧位保定,腹底部和疝囊周围剪毛、消毒。在近于疝囊基部皮肤上做纺锤形切口,然后将疝囊的皮肤和皮下组织实施钝性分离,确认疝囊和疝环。在疝囊较小时,可不切开腹膜进行还纳整复。如已与疝囊或脐孔缘发生粘连,需切开腹膜仔细剥离粘连,若为镰状韧带或网膜,也可将其切除。肠管发生嵌闭时,应判断肠管是否已坏死失活,对坏死的肠管必须切除后做肠管吻合术,此时往往需要适当扩大脐孔,才易将肠管还纳入腹腔。最后对脐孔进行修整,采用水平褥式或重叠褥式缝合法闭合脐孔,结节缝合皮肤切口。术后7~10 d内减少饮食,限制剧烈活动,以防腹压过大导致脐孔缝线过早断开,复发本病。

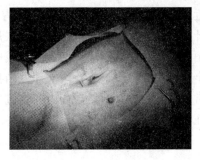

图8-8 犬脐疝
(胡发硕图)

二、腹股沟疝

腹腔脏器经腹股沟环脱出至腹股沟外侧皮下形成局限性隆起,称为腹股沟疝。疝内容物多为网膜或小肠,也可能是子宫、膀胱等脏器,母犬多发。公犬的腹股沟疝比较少见,多见于幼龄公犬的阴囊疝。

1. 病因 本病有先天性和后天性两类。先天性腹股沟疝的发生与遗传有关,即因腹股沟内环先天性扩大所致,如中国的北京犬和沙皮犬,以及国外的巴圣吉犬和巴赛特猎犬等都有较高的发病率。后天性的腹股沟疝常发生于成年犬、猫,多因妊娠、肥胖或剧烈运动等因素引起腹内压增高及腹股沟内环扩大,导致腹腔脏器落入腹股沟管而发生本病。

2. 症状 在股内侧腹股沟处出现大小不等的局限性卵圆形隆肿,疝内容物若为网膜或一小段肠管,隆肿直径为2~3 cm;若为妊娠子宫或膀胱,隆肿直径可达10~15 cm。疝的早期多具可复性,触之柔软有弹性,无热、痛。如将犬、猫倒立上下抖动或挤压隆肿部,疝内容物易还纳入腹腔,隆肿随之消失。当压挤隆肿或如前改变动物体位均不能使隆肿缩小时,多是由于疝内容物已与鞘膜发生粘连或被腹股沟内环嵌闭所致。嵌闭性腹股沟疝一般少见,但一旦发生肠管嵌闭,局部显著肿胀,皮肤紧张,疼痛剧烈,犬、猫迅即出现食欲废绝、体温升高等全身反应。如不及时修复,很快因嵌闭肠管发生坏死,转入中毒性休克而死亡。

3. 诊断 可复性腹股沟疝临床容易诊断。将两后肢提举并压挤隆肿部,隆肿缩小或消失,恢复正常体位后隆肿再次出现,即可确诊。当疝内容物不可复时,应考虑与腹股沟处可能发生的其他肿胀,如血肿、脓肿、肿瘤、淋巴结肿大等进行鉴别诊断。通过仔细询问病史、细致触摸肿胀部,并结合全身表现,不难与上述肿胀进行区别,同时也可对疝内容物做出初步判断。必要时应用X线平片或造影技术对隆肿部进行检查,有助于确定疝内容物的性质。

4. 治疗 本病一经确诊,宜尽早施行手术修复。术前先对皮肤切口定位,倒提犬、猫两后肢并压挤疝内容物使其返回腹腔,切口选在腹股沟环处(腹中线旁侧倒数第一对乳头附近），切口长度为 2~3 cm。若疝内容物不可复，切口应自腹股沟环向后适当延伸，以便切开疝囊后分离粘连。手术基本方法是：犬全身麻醉后仰卧或倒提保定，腹股沟环及其周围无菌准备，在腹股沟环处切开皮肤或皮下组织，向下分离以充分显露腹股沟管，将疝内容物完全还纳腹腔，靠近腹股沟外环处结扎疝囊颈部，切除多余疝囊。结节或螺旋缝合腹股沟环，常规闭合皮肤切口。若疝内容物过大或发生嵌闭难以还纳时，须适当扩大腹股沟环，于还纳疝内容物后缝合疝环和皮肤即可。术后适当控制犬、猫食量，防止腹压过高和减少活动。

三、阴囊疝

腹腔脏器经腹股沟环脱出并下降至阴囊鞘膜腔内，称为腹股沟阴囊疝或阴囊疝。疝内容物最常见是小肠，也可见网膜或前列腺脂肪，多见于幼年公犬。

1. 病因 阴囊疝的发生主要是腹股沟内环先天性扩大所致，一般认为与遗传有关。

2. 症状 阴囊疝多为一侧性发生，极少两侧同时发生。犬的阴囊疝多具可复性，临床可见患侧阴囊明显增大，皮肤紧张，触之柔软有弹性，无热、疼痛。提起两后肢并挤压增大的阴囊，疝内容物易还纳入腹腔，阴囊随即缩小，但患侧阴囊皮肤与健侧相比，显得松弛、下垂。病程较久时，因肠壁或肠系膜等与阴囊总鞘膜发生粘连，即呈不可复性阴囊疝，但一般并无全身症状。嵌闭性阴囊疝发生较少，一旦发生，即表现与嵌闭性腹股沟疝相同的临床症状。

3. 诊断 可复性阴囊疝依据阴囊一侧或两侧增大，触诊柔软，无热、痛，倒提并压挤阴囊疝内容物可还纳入腹腔，即可确诊。不可复性阴囊疝应注意与睾丸炎、阴囊肿瘤进行鉴别。急性睾丸炎也表现阴囊一侧或两侧增大，与阴囊疝外观相似，但触诊患侧阴囊为睾丸自身肿大，且热痛明显，阴囊内无其他实质性内容物，与阴囊疝不难区别。

4. 治疗 一经确诊，宜尽早施行手术修复。术前先对皮肤切口定位，倒提犬、猫两后肢并压挤疝内容物使其返回腹腔，切口选在腹股沟环处（腹中线旁侧倒数第一对乳头附近），切口长度为 2~3 cm。若疝内容物不可复，切口应自腹股沟环向后适当延伸，以便切开疝囊后分离粘连。手术基本方法是犬全身麻醉后仰卧或倒提保定，腹股沟环及其周围无菌准备，在腹股沟环处切开皮肤或皮下组织，向下分离以充分显露鞘膜管及腹股沟环，对不留作种用的公犬、公猫，将疝内容物完全还纳腹腔，靠近腹股沟外环处结扎疝囊颈部，同时施行去势术，结节或螺旋缝合腹股沟环，常规闭合皮肤切口。对欲留作种用的公犬、公猫，于还纳疝内容物后采用结节或螺旋缝合法适当缩小腹股沟环即可。若疝内容物过大或发生嵌闭难以还纳时，须适当扩大腹股沟环，然后接着进行处理。术后适当控制犬、猫食量，防止腹压过高和减少活动。

四、会阴疝

会阴疝是盆膈肌（包括肛提肌、尾肌、荐坐韧带、臀浅肌、闭孔内肌及肛外括约肌等）组织缺陷，不能支撑直肠，使盆腔及腹腔内容物经盆膈和直肠间脱出至会阴部皮下的一种疾病。疝内容物多为直肠，也见膀胱、前列腺或腹膜后脂肪。本病多发生于 7~9 岁的公犬，母犬发生本病甚少。

1. 病因 本病发生与多种因素有关，其中盆腔后结缔组织无力和肛提肌的变性或萎缩是发生本病的常见因素；性激素失调、前列腺肿大及慢性便秘等因素及相互影响，对本病的发生起着重要的促进作用。公犬的激素不平衡可引起前列腺增生、肿大，肿大的前列腺可引起便秘和持久性里急后重，长期的过度努责又可导致盆腔后结缔组织无力，从而促进了本病发生。

2. 症状 临床特征是在肛门侧方或下侧方出现局限性圆形或椭圆形突起，大多数患犬的疝内容物是直肠，触摸突起部柔软有弹性、无热、疼痛。用手指做直肠检查时发现，直肠扩张且积有多量粪便，并呈向外侧偏移状。当疝内容物为膀胱或前列腺时，触摸手感质地稍硬，按压时患犬有疼痛反应。若用力向前推压疝囊见动物排尿，或于突起部穿刺见多量淡黄色透明液体流出，表明疝内容物是膀胱。少数患犬的疝内容物为腹膜后脂肪组织，其疝囊一般较小，触之呈柔软可复的无痛性肿胀。患病犬、猫除表现排粪或排尿困难外，精神、食欲一般均无异常。

3. 治疗

（1）保守疗法：适用于前列腺肥大和直肠偏移积粪的病犬或作为手术的辅助疗法。单纯性药物治疗和加强饲养管理治愈本病的并不多见，但可使粪便变软，出现有规律地排便。

① 改换饲料：饲喂纤维素含量高的糠麸和稀糊饲料。

② 投服缓泻剂：如甲基纤维素或羧甲基纤维素钠和车前制剂（含麦芽粥浸膏和车前子壳粉）。这些药物有亲水和渗透特性，能使水分和电解质保留于肠道，粪便变软，增加排粪量。

③ 激素疗法：用小剂量雌激素可减轻临床症状。醋酸氯地孕酮是一种抗雄激素的孕激素，可减少前列腺的增生。雌激素治疗有一定的毒性作用，相比之下醋酸氯地孕酮即使长期使用也不会产生副作用。此外，患前列腺增生症也可选择去势疗法。

（2）手术疗法：手术疗法是根治本病的可靠方法。基本方法是：犬、猫禁食1~2 d，术前导尿和灌肠，全身麻醉后行胸卧位保定并保持前低后高姿势，尾巴拉向背侧；围绕疝囊剪毛、消毒，自尾根外侧至坐骨结节做弧形切口，向内分离以充分暴露并辨认疝内容物；用敷料钳或长柄止血钳夹持用生理盐水浸湿的纱布块将脱出的组织器官用力向前推抵，确认其复位后，将纱布块暂时填塞此处；接着做各条预置缝线，待全部穿好后取出填塞纱布，分别依次抽紧缝线打结；最后用适宜消毒液冲洗术部，常规闭合皮下组织与皮肤切口。也有分离疝囊下面部分半膜肌瓣向上翻转填塞疝囊的做法。疝修复手术结束后，可对犬、猫施行去势术，有利于防止因前列腺肥大所致本病的复发。术后2~3 d禁食不禁水，防止犬、猫排便引起疼痛，而以静脉输液给予抗生素和营养。

五、外伤性腹壁疝

腹壁外伤造成腹肌、腹膜破裂导致腹腔内脏器官脱至腹壁皮下，称为外伤性腹壁疝。疝内容物多为肠管和网膜，也可能是子宫或膀胱等脏器，犬比猫多发。

1. 病因 车辆冲撞、摔倒或从高处坠落等钝性外力引起腹壁肌层和腹膜破裂而表层皮肤仍保留完整，是发生本病的主要原因。犬、猫相互撕咬，腹壁强力收缩，也可引起腹肌和腹膜破裂而保留皮肤的完整，从而引发本病。此外，腹腔手术对腹壁肌层与腹膜的缝合如选择缝线过细或打结不牢，术后可能发生缝线断开或线结松脱，结果在腹壁切口处或其下方发生本病。

2. 症状 多在腹侧壁或腹底壁出现一个局限性柔软的扁平或半球形突起，其表现常有擦伤或挫伤痕迹。若疝囊位于腹侧壁，于犬、猫前方或后方观察，可看到左右腹侧壁明显不对称。在疝发生早期，局部出现炎性肿胀，触之温热疼痛，用力压迫突起部，疝内容物可还纳入腹腔，同时可摸到皮下的破裂孔。随着炎性肿胀消退和病程延长，触诊突起部无热、痛，疝囊柔软有弹性，疝孔光滑，疝内容物大多可复，但常疝孔周围腹膜、腹肌或皮下纤维组织发生粘连，很少有嵌闭现象。

3. 诊断 根据病史、典型的局部表现和触诊摸到疝孔，即可确诊。当疝孔偏小且疝内容物与疝孔缘及皮下结缔组织发生粘连而不可复时，往往难以摸到疝孔，此时应注意与腹壁脓肿、血肿或淋巴外渗等进行鉴别。腹壁疝无论其内容物可复或不可复，触诊疝囊大多柔软有弹性，此外听诊常能听到肠蠕动音。而脓肿早期触诊有坚实感，局部热痛反应强烈。触诊成熟的脓肿、血肿与淋巴外渗均呈含有液体的波动感，穿刺后分别排出脓液、血液或淋巴液，肿胀随之缩小或消失，并不存在疝孔，与腹壁疝性质完全不同。

4. 治疗 一经确诊，宜尽早施行手术修复。外伤性腹壁疝在发生同时往往伴发其他组织器官的损伤，所以于手术修复前应先对动物做全身检查，采用适宜治疗方法控制并稳定病情，提高机体抗病力，改善全身状况。腹壁疝的修复手术与脐疝的修复手术基本相同。术后适当控制动物食量，防止便秘和减少活动，以促进愈合。

六、膈　疝

腹腔内脏器官通过天然或外伤性横膈裂孔突入胸腔，称为膈疝。疝内容物以胃肝脏、网膜、脾脏和小肠等，犬、猫均有发生。

1. 病因 本病可分为先天性和后天性两类。先天性膈疝的发病率很低，是由于膈先天性发育不全或缺陷，腹膜腔与心包腔相通或膈的食道裂隙过大所致，大多数不具有遗传性。后天性膈疝最为多见，多因机动车辆冲撞，胸、腹壁受钝性物打击，从高处坠落或身体过度扭曲等因素致使腹内压突然增大，引起横膈某处破裂所致。膈疝的先天性和后天性分类有一定的局限性，两者界限并非十分清楚，因为膈的先天性发育不全或缺陷可成为后天性膈疝发生的因素，钝性外力引起腹内压增大只是诱因而已。

2. 症状 膈疝无特征性临床症状，其具体表现与进入胸腔内的腹腔内容物的多少及其在膈裂孔处有无嵌闭有密切关系。进入胸腔的腹腔脏器少时对心肺压迫影响不大。在膈裂孔处不发生嵌闭，一般不表现明显症状。当进入胸腔内的腹腔脏器较多时，便对心脏、肺产生压迫，引起呼吸困难，脉搏加快，黏膜发绀等表现，听诊心音低沉，肺听诊界明显缩小，有的在胸部听到肠蠕动音。进入胸腔的腹腔脏器如果在膈裂处发生嵌闭，即可引起明显的疼痛反应，表现头颈伸展，腹部蜷缩，不愿卧地，行走谨慎或保持犬坐姿势，同时精神沉郁，食欲废绝。当嵌闭的脏器因血液循环障碍发生坏死后，犬、猫即转入中毒性休克或死亡。

3. 诊断 根据犬、猫有外伤痛史并表现明显的呼吸困难，而体温正常且无肺炎特点，听诊心音低沉，肺界缩小和胸部出现肠音等，即可做出初步诊断。X线片可显示膈疝的典型影像：心膈角消失，膈线中断，心膈区内出现胃或肠段充气的影像，或心脏轮廓部分完全消失。必要时给动物投服20%～25%硫酸钡胶浆做胃小肠联合造影，可见胸腔有钡剂滞留的胃肠影像，从而确诊本病。

4. 治疗 本病一经确诊，宜尽早施行手术修复。术前应重视改善呼吸状态，稳定病情，提高犬、猫对手术的耐受性；考虑并拟定术中犬、猫出现气胸即缺氧状态的纠正方法，以及适应于不同膈缺损的多种修补预案。具体方法是，全身麻醉，气管内插管和正压呼吸。仰卧保定后，于腹中线上自剑状软骨至耻骨前缘做常规无菌准备。自剑状软骨向后至脐部打开腹腔，探查膈裂孔的位置、大小、进入胸腔的脏器及其多少，有无嵌闭。轻轻牵拉脱出的脏器，如有粘连应谨慎剥离，如有嵌闭可适当扩大膈裂孔再行牵拉。之后用灭菌生理盐水浸湿的大块纱布或毛巾将腹腔内脏向后隔离，充分显露膈裂孔。为便于缝合，先用两把组织钳将创缘拉近并用创巾钳固定，接着用10号丝线由远及近做间断水平纽扣缝合或连续锁边缝合法闭合膈裂孔。在缝合之前，应注意先将胸腹腔多量的积液抽吸干净。然后可利用提前放置的胸腔引流管或带长胶管的粗针头做胸膜腔穿刺，并于肺充气阶段抽尽胸腔积气，恢复胸膜腔负压。仔细检查和修补腹腔内脏可能发生的损伤，用生理盐水对腹腔进行冲洗，腹腔放入抗生素以预防感染，常规闭合腹壁切口。术后全身应用抗生素5 d，并需根据犬、猫精神、食欲的恢复情况采用适宜的液体支持疗法。

第六节 产科疾病

一、阴道炎

阴道是指子宫颈与阴道前庭结合处之间的生殖道，前庭是指尿道和生殖道的共同开口。阴道炎是阴道的感染性和非感染性炎症。本病在临床上较少见。

1. 病因 成年犬、猫阴道炎可由解剖异常（阴道与前庭结合处狭窄），分泌物或尿液在阴道内积聚所致；全身感染性疾病如疱疹病毒感染等，也可引起阴道炎。也可继发于子宫炎、膀胱炎、尿道炎等。发情过长、交配不洁、分娩时感染也可诱发阴道炎。

2. 症状 患病犬、猫尿频，外阴有大量排泄物，这些排泄物可分为浆液性、脓血性或脓性。由于瘙痒，犬、猫不时地舔其外阴部。公犬常追随母犬。阴道细胞学检查见有大量衰老的白细胞，细菌数量或多或少，慢性阴道炎时出现淋巴细胞和巨噬细胞。阴道镜检查，可见到充血、渗出物和黏膜病变，如水疱、溃疡、淋巴滤泡增生等。疱疹病毒感染时症状轻微，临床症状不明显。

3. 诊断 根据上述症状结合实验室检验可做出诊断。临床上应与尿道炎、前庭炎等疾病相区别。阴道镜与X线检查相对比，有助于区别异物、肿瘤、肉芽肿和输尿管异位。

4. 治疗 全身应用抗生素，药物种类可根据细菌培养、药敏试验的结果进行选择。初期，可进行阴道灌洗，以清除蓄积的分泌物及尿液，常用1%的过氧化氢，1∶5 000洗必泰，5%的醋酸等。阴道冲洗时，药液的体积应足以将阴道充满，每天冲洗1～2次。配种前72 h不宜用药，以防杀伤精子。若为病毒性阴道炎，应将有病犬、猫与健康犬、猫分开饲养。青春前期犬、猫患病后，需坚持治疗，否则易复发。大部分犬、猫在第一情期过后，症状自行消失。若长期治疗无效，可行子宫切除手术。

二、阴道脱出

阴道脱出是指阴道壁部分或全部脱出于阴门之外,本病多发生于拳师犬和波士顿梗等短头品种犬。

1. 病因 本病病因较复杂。遗传性阴道周壁组织无力可能是一种致病因素。便秘、公母犬交配时公犬强行分离、育种动物间个体差异太大以及难产均可引起本病的发生。另外,雌激素水平过高也可发生阴道脱出。

2. 症状 阴道部分脱出者,阴道周壁包括尿道乳头外翻,脱出于阴门;全阴道脱出者,子宫颈也外翻,呈轮胎形。外翻时间长时,阴道黏膜发绀、水肿、干燥和损伤。

3. 治疗 轻度阴道脱出,无需治疗,因为短期可自行消失。阴道严重脱出者,经全身麻醉,局部用2%明矾溶液或3%硼酸溶液清洗后进行整复。黏膜严重水肿,难以整复者,除用手压迫组织外,可针刺和用高渗溶液(50%葡萄糖液)外敷脱水,有助于减少肿胀;然后用手指或涂上润滑剂的塑料注射器活塞帮助整复。整复困难的,可行外阴上联合切开术或剖腹牵引子宫整复术。整复后需做阴门固定缝合(在阴门两侧做2~3个纽扣状缝合或做烟袋缝合)。如阴道脱出时间过长而引起感染和坏死的,或妊娠犬患阴道脱出而引起分娩困难可行阴道部分切除术,必要时也可以同时切除子宫和卵巢以防止复发。

三、子宫内膜炎

子宫内膜炎是指由于分娩时或产后子宫内膜发生细菌感染而引起的炎症。按病程可分为急性和慢性两种。

1. 病因 急性子宫内膜炎主要见于分娩或难产时消毒不严的助产、产道损伤、子宫破裂、胎盘及死胎滞留引起感染。也可因产后子宫复旧不良、长毛品种会阴不洁、过度交配或人工授精消毒不严所致,阴道炎上行感染也可诱发本病。慢性子宫内膜炎除由急性转化外,尚可见于休情期子宫内膜囊状增生。

2. 症状 急性子宫内膜炎的最初症状出现于分娩后12 h至4 d内,拒绝哺乳或伴发乳房炎,乳汁含有大量细菌。同时病犬、猫体温高达39.5 ℃以上,精神委顿,食欲不振或废绝,呕吐,腹泻,甚至脱水。阴道流出大量暗灰或暗红色黏稠分泌物,伴有恶臭,细菌培养可见大肠杆菌、链球菌或葡萄球菌等。腹部触诊可触知子宫松弛,继发腹膜炎时因疼痛而拒绝触诊。血液学检验,中性粒细胞轻度增多。慢性子宫内膜炎的临床特征为阴道长期流出脓性黏液,未产母犬、猫发情不规则或受孕后2~3周内流产或死胎,经产犬、猫产仔数减少或发情征兆不明显,子宫体增大。

3. 诊断 依据病史、临床症状并结合血液学检验。发情期可自子宫颈采取黏液或收集子宫内容物进行细菌培养确定诊断,对疑有死胎残留者可用X线检查。

4. 治疗与预防 使用抗生素进行全身治疗。子宫颈可开张者,冲洗子宫后注入抗生素,同时用催产素等使子宫收缩加速内容物排出。根据临床症状纠正水及电解质紊乱,必要时静脉注射营养液。对没有明显好转者,尽早切除子宫。存活幼仔进行人工喂养。慢性子宫内膜炎病例进行长期抗生素治疗,无效者摘除子宫及卵巢。

对有异常繁殖史犬、猫，产后2～3 d内严密监视以防感染。治愈后6个月内禁止交配。

四、子宫蓄脓

子宫蓄脓是母犬发情后期或产后多发的一种产科疾病，以子宫腔中蓄积大量脓性或黏脓性液体、腹围逐渐增大、患病犬和猫饮水及排尿显著增多为特征。多见于犬，猫也时有发生。按子宫颈开放与否可分为闭锁型与开放型两种类型。

1. 病因 正常母犬发情排卵后的9～12周内黄体产生孕酮，在孕酮持续作用下，容易发生囊肿性子宫内膜增生，子宫腺体分泌机能加强，使分泌物在子宫内蓄积增多；同时子宫的抗感染能力降低，阴道正常菌群中的某些细菌易造成子宫感染，尤其在子宫颈闭合不紧的病例。从子宫积脓临床病例中最常分离到大肠杆菌，还有葡萄球菌、链球菌、假单胞菌、变形杆菌等其他细菌。本病也可继发于急、慢性子宫内膜炎或化脓性子宫内膜炎。

2. 症状 发病常在发情后期，患病犬、猫体温急剧上升，慢性积脓时体温无变化，食欲不振，呕吐脱水。闭锁型病例腹围增大（图8-9），子宫角胀满，触诊可触及子宫。开放型病例阴道流出大量灰黄或红褐色脓液，无臭或有强烈腥臭味。中性粒细胞增多，核左移。不及时治疗可继发子宫溃疡或穿孔、贫血、肾小球肾炎及毒血症等而表现相应症状。

图8-9 子宫蓄脓：腹部膨大

3. 诊断 除依据病史、临床症状特别是腹部触诊外，结合X线检查、血液学检验或超声波判断子宫内是否积脓。注意与妊娠、膀胱炎、腹膜炎及猫传染性腹膜炎等相区别。继发肾衰时的多尿与烦渴应注意与糖尿病相区别。

4. 治疗 施行卵巢子宫全切除术是根除本病的最好方法。但若将患犬作为种用，只好采取保守疗法，促进子宫分泌物排出和子宫复旧。可以选用天然前列腺素$F_{2\alpha}$（合成的类似物可引起休克甚至死亡），犬为每千克体重0.2～1.0 mg，猫为每千克体重0.22～1.0 mg，皮下或肌肉注射；也可先肌肉注射苯甲酸雌二醇2～4 mg/次，4～6 h后肌肉注射催产素5～10 IU/次。若用药物无明显疗效，也可施行子宫穿刺排脓，但应尽量抽净，并向子宫内及腹腔内注射适量的抗生素。这种方法通常能够取得明显效果，但有复发可能。

五、假　　孕

假孕是指配种后未孕或未经配种的母犬、猫出现腹部膨大、乳房发育等妊娠症状。母犬经常发生，母猫少见。

1. 病因 由于排卵后黄体持续分泌孕激素和少量雌激素使子宫内膜和乳房发育所致。

2. 症状 主要症状是乳腺发育胀大并能泌乳（图8-10），行为发生变化。母犬自己吸食本身分泌的乳汁，或给其他母犬生产的犬崽哺乳，泌乳时间能持续2周或更长。行为变化包括设法搭窝、母性增强、表现不安和急躁。阴道中经常排出黏液，腹部扩张增大，子宫内膜增殖。少数母犬出现分娩样的腹肌收缩。假孕母犬多数出现呕吐、泻泄、多尿、喜欢饮水等现象。

3. 诊断 根据病史、腹部触诊和腹部的 X 线或超声波检查可以确诊。一般可于发情 42 d 后进行 X 线摄像排除怀孕。

4. 治疗 可给予睾酮制剂（每千克体重 1~2 mg）调节内分泌平衡，一般在较短的时间内即可使泌乳停止。对精神异常兴奋的犬，猫可给予镇静剂。若假孕反复发作，可施行卵巢子宫切除术。

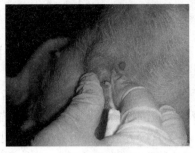

图 8-10 假孕：乳房泌乳
（胡发硕图）

六、流　产

流产是指各种原因所致的妊娠中断，表现为排出死亡的胎儿、胎儿被吸收或者胎儿腐败分解后从阴道排出腐败液体和分解产物。

1. 病因 流产分感染性与非感染性两大类。前者见于大肠杆菌、葡萄球菌、胎儿弯曲杆菌及流产布鲁氏菌等感染，亦可见于弓形虫、犬猫血巴尔通体感染及某些病毒（如猫细小病毒、白血病病毒）等感染。后者多见于孕激素不足，若黄体形成不足于妊娠 2~5 周流产；黄体消退过早 6~7 周流产，7 周以上流产多由胎盘机能不足所致。胎盘结构或胎儿本身异常，母体营养不良或年龄过大（犬超过 6 岁，猫超过 4 岁），妊娠毒血症，外伤及某些不明原因亦可造成流产。

2. 症状 流产是在无任何先兆的情况下产出不足月胎儿，若为妊娠毒血症引起，母犬、猫有贫血症状；习惯性流产可见阴道血样分泌物持续 5~6 d。流产母猫常因口渴吃掉胎儿，除注意观察外，亦可经 X 线检查，母猫体内可见有胎儿骨骼。

3. 诊断 主要依据临床症状，流产的病原需经血液学及寄生虫学检验才能确定。

4. 治疗 流产一般无保胎治疗价值，但需积极预防，如不与弓形虫阳性公犬、猫交配。做好繁殖犬、猫布鲁氏菌病的检验等。

七、难　产

难产是指产程延长，胎儿娩出困难。

1. 病因 难产的原因有母体与胎儿两方面。母体最常见的为硬产道即骨盆异常，如发育不全、骨折愈合等。软产道异常可见单角子宫、阴道狭窄或畸形等。母体营养不良及贫血使宫缩无力及过度肥胖或老龄子宫无力。分娩时子宫破裂或母体过于年幼均易难产。胎儿畸形如脑水肿、双头或双臂等，胎儿过大或胎位不正亦是造成难产的重要因素。

2. 症状及诊断 难产病犬、猫可由于产程过长痛苦鸣叫，精神不振，频频举尾排尿，分娩第一期后要经 4 h 才娩出第一个胎儿，间隙 4~6 h 娩出第二个。难产的诊断主要根据分娩时间判定。

3. 治疗 对难产犬、猫，宫颈开张后给予催产素或缓慢静脉注射 10% 葡萄糖酸钙，犬 10~30 mL，猫 5~10 mL 以增强子宫收缩力，宫颈未开者严禁用宫缩药。产道狭窄或胎位不正,羊水流失者,施行剖腹产术取出胎儿。对狂躁不安者给予少量镇静剂。胎死腹中者可用截胎术取出,同时需预防子宫内膜炎。

八、乳 房 炎

乳房炎为犬、猫一个或多个乳头的炎症过程,可分为急性、慢性及囊泡性乳房炎。除急性乳房炎外,均发生于产后较长时间。

1. 病因 急性乳房炎由幼犬、猫抓伤或咬伤后葡萄球菌、大肠杆菌及念珠菌等感染所致。慢性乳房炎则为乳汁滞留刺激乳腺的结果。囊泡性乳房炎相似于慢性乳房炎,但乳腺增生可形成囊泡样肿物。

2. 症状 急性乳房炎可出现发热、精神沉郁、食欲不振等全身症状。发炎部位温热、疼痛、乳房硬肿、压迫时有少量血样或水样分泌物流出,乳汁呈絮状,若为化脓菌感染,可挤出脓液并混有血丝。血液学检验,白细胞总数增多。

慢性乳房炎全身症状不明显,一个或多个乳房变硬,强压亦可挤出水样分泌物。囊泡性乳房炎多发于老年犬、猫,触诊变硬的乳房可触及增生囊泡。

3. 诊断 根据病史、临床症状与乳汁检验,必要时进行病原培养和分离进行诊断。

4. 治疗 发现乳房炎应立即隔离幼仔,按时清洗乳房并挤出乳汁,以缓解急性炎症的疼痛,外涂鱼石脂或樟脑醑制剂,可行局部普鲁卡因青霉素封闭注射,以消除炎症。对有感染者,应用抗生素进行全身治疗。

九、乳不足及无乳

乳不足及无乳是指母犬、母猫泌乳量减少甚至全无而使仔犬、仔猫不能获得足够乳汁。

1. 病因
(1) 母犬、母猫的饲养管理不良及营养低下(尤其怀孕期)。
(2) 产后严重疾病,如子宫疾病、胃肠道疾病。
(3) 乳房外伤、乳房炎。
(4) 母犬、母猫过早繁育,乳房发育不全,或母犬、母猫年龄太大,乳腺萎缩。
(5) 母犬、母猫哺乳期受惊,饲料突然变更,气候突然变化。
(6) 调节乳腺活动的激素分泌紊乱。

2. 症状 母犬、母猫乳房肿胀(有乳房炎时)或松软、缩小。仔犬、仔猫寻乳频繁,母犬、母猫屡屡躲让,不愿投乳。

3. 防治 一般实行综合性防治措施。改善饲养管理,注意补充营养;消除致病因素;积极治疗乳房炎及其他疾病,施以药物催乳。

十、不 育 症

不育症包括母犬、母猫不孕和公犬、公猫不育。前者是指母犬、母猫因生殖系统解剖结构或功能异常引起的暂时或永久不能繁殖的病理状态。如犬出生后12~24月龄,猫5~12

月龄未孕,或曾正常发情,但已有10~24个月无发情或异常发情——征兆不显或持续发情而又屡配不孕者。后者是指公犬、公猫不育,包括不能受精或精子不能使卵子受精。

1. 病因

(1) 不孕的常见病因:

① 生殖系统解剖结构异常:常见的有已达交配年龄而生殖器官不全或发育不良,称为幼稚病。而先天两性畸形常因性染色体结构异常所致。

② 营养不良:常见的营养不良为食饵长期单调、质劣或缺乏必要的氨基酸、矿物质和维生素等。其中以矿物质缺乏所致的不孕为最多。影响繁殖的维生素有维生素A、维生素D、维生素E及B族维生素。

③ 营养过剩及衰老:长期养于室内,过度肥胖的犬、猫因卵巢脂肪沉积,卵泡上皮脂肪变性而不孕或无明显发情征兆,同时,衰老或老龄犬、猫亦使生殖机能衰退而不孕。

④ 其他:环境变迁可造成气候性不孕,尤其是气候差异较大时。患某些疾病,如布鲁氏菌病、弓形虫、钩端螺旋体、上呼吸道病毒感染,以及卵巢、子宫疾病等造成疾病性不孕;种犬、猫场人工授精技术掌握不当,精液处理错误及发情判断失误均可导致不孕。

(2) 不育的常见病因:睾丸发育不全,生殖系统疾病,营养不良及衰老。睾丸发育不全除先天性隐睾外,还可见于辐射致伤;生殖系统疾病主要有睾丸炎、精囊炎、包皮过长及尿道炎;长期食饵单一或缺乏氨基酸、维生素及矿物质等影响精子生成,或营养过剩均可导致营养性不良;人工采精的犬、猫使用过度老龄可造成衰老性不育。

2. 症状　不孕的典型症状即不能受胎,先天性生殖系统异常者,检查可见外生殖器、阴门及阴道细小而无法交配,子宫角极小或无分支,卵巢未发育,有些一侧为卵巢,另一侧为睾丸样组织。营养不良性不孕者表现为性周期紊乱。其他类型不孕多为经产犬、猫,往往伴有流产、死胎等。

不育的基本症状为性欲下降或阳痿,精液品质低劣,过度采精者无精子排出,并伴有原发病症状。

3. 诊断　诊断主要依据临床症状,对由感染引起不育者,需进行血清学及精液细菌学检验。对无特征性症状者,应结合病史及饲料分析进行诊断。

4. 治疗　对于不孕的犬、猫,属发育不全或幼稚型的,不宜做种用,亦可用激素刺激生殖器官发育或与公犬、猫混养。犬可肌肉注射孕马促性腺素(PMSG)25~200 IU,猫可每8 h肌肉注射环戊雌二醇0.25~0.5 mg。营养不良性不孕者可确定缺乏物质后予以补充,可恢复生殖机能。若生殖器官已发生器质性变化者则不能恢复。引入种犬、猫时需在适当季节,最好安排在休情期以利其适应新环境,克服气候性不孕。疾病性不孕者,先治疗原发病。

对于不育的公犬、猫,确诊后主要治疗原发病和除去病因,先天发育不全者可考虑淘汰,必要时应用睾酮、孕马血清及性腺原激素治疗,睾酮20~50 mg,每2~3 d肌肉注射一次,以促进性腺发育。

十一、产后缺钙

产后缺钙是动物分娩后的代谢性疾病,常见于小型品种犬,中型母犬也可发病。其临床特征为全身强直性痉挛、运动失调和呼吸困难。

1. 病因 产后缺钙的直接原因是分娩后血钙浓度的急剧降低。引起血钙浓度急剧降低的因素有以下3种：

（1）产后大量泌乳，大量和钙质进入初乳，是血钙浓度下降的主要原因。这是临床产仔数多的母犬发病率高的原因。当血钙低于70 mg/L（正常为84～112.7 mg/L），就会发病。

（2）动用骨骼中储备钙能力的降低和骨骼中钙储备量减少，是血钙浓度下降的重要原因。

① 怀孕前甲状腺机能减退，甲状旁腺素分泌不足，动用骨骼中储备钙的能力降低。

② 怀孕末期饲喂高蛋白高钙日粮。

③ 分娩应激，大脑皮质受抑制，影响甲状旁腺机能，降钙素的分泌增加。

④ 怀孕后期由于胎儿发育，母体钙储备量减少。

（3）分娩前后，母体从肠道吸收的钙量减少，也是引起本病的原因。

2. 症状 典型症状为全身肌肉强直、痉挛、抽搐。开始运步蹒跚，后躯僵硬，步态失调，以后表现烦躁不安、到处乱跑、易惊恐、对外界刺激表现敏感。站立不稳，倒地抽搐，呼吸急迫，口不停开合并流白色泡沫。多有呕吐、心跳加快及体温升高明显。病犬、猫瞳孔散大或昏睡，若不及时治疗，反复发作以至死亡。发病后经补钙治疗症状很快缓解或消失，如不坚持治疗或继续哺乳，数小时或数日后可复发，且第二次发作症状比上一次更明显。

3. 诊断 根据临床症状结合血钙水平降低、补钙后迅速收到疗效即可确诊。

4. 治疗

（1）补钙疗法：确诊后立即缓慢静脉滴注10%葡萄糖酸钙溶液（以适量15%葡萄糖注射液稀释），犬10～30 mL、猫5～10 mL，必要时也可皮下注射维丁胶性钙注射液，症状可迅速缓解，经12 h后重复注射一次，多数病犬可康复，严重病犬重复注射3～4次亦可痊愈。

（2）镇静：补钙后症状无明显改善，可用戊巴比妥钠每千克体重20～30 mg，静脉注射。

（3）肾上腺皮质激素疗法：泼尼松每千克体重2 mg口服或皮下注射，2次/d，至幼年犬断乳为止。此法可不用给幼犬断乳。

（4）加强饲养管理：母犬发病后要与仔犬隔离，采取提早断奶，仔犬采用人工喂养。同时改善母犬的营养状态。

复习思考题

1. 名词解释：创伤 外科感染 脓肿 蜂窝织炎 休克 骨折 关节脱位 阴道炎 脐疝 阴囊疝 阴道脱出 子宫蓄脓 假孕 不孕症 不育症 产后缺钙。
2. 创伤一般由哪几部分组成？
3. 创伤一般临床症状有哪些？
4. 简述如何检查创伤。
5. 治疗创伤的原则是什么？
6. 治疗创伤的方法有哪些？

7. 怎样诊断和治疗脓肿、蜂窝织炎？
8. 休克按病因可分为哪几类？
9. 良性肿瘤与恶性肿瘤如何鉴别？
10. 良性肿瘤的治疗方法有哪些？
11. 常见的体表肿瘤有哪些？
12. 骨折的病因有哪些？
13. 骨折常见的症状有哪些？
14. 关节脱位的一般症状有哪些？
15. 如何对关节脱位的患犬进行保守治疗？
16. 关节炎的治疗原则是什么？
17. 简述如何治疗关节扭伤。
18. 常见的疝有哪些？
19. 脐疝有哪些临床症状？
20. 阴囊疝有哪些临床症状？
21. 子宫蓄脓有哪些临床症状，如何治疗？
22. 假孕的临床症状有哪些，如何治疗？
23. 产后缺钙的临床症状有哪些，如何治疗？

第九章

皮 肤 病

犬、猫的皮肤病发生率高，是最常见的临床疾病之一。由于病因复杂，种类繁多，受到化验设备和临床经验等多方面因素的影响，使犬、猫皮肤病的诊断与治疗存在较大差异。本章将介绍临床上主要犬、猫皮肤病的诊治知识。

第一节 犬、猫皮肤病诊断基础

一、犬、猫皮肤病的分类

根据实际情况明确犬、猫皮肤病的疾病类型是诊断和治疗的基础。因此，临床上将犬、猫的皮肤病分成多种类型，包括：寄生虫性皮肤病，细菌性皮肤病，真菌性皮肤病，病毒性皮肤病，与物理性因素有关的皮肤病，与化学性因素有关的皮肤病，皮肤过敏与药疹，自体免疫性皮肤病，激素性皮肤病，皮脂溢，中毒性皮炎，代谢性皮肤病，与遗传因素有关的皮肤病，皮肤肿瘤，猫的嗜酸性肉芽肿和其他皮肤病。

二、犬、猫皮肤病的影响因素

因为皮肤病与季节因素、环境因素、动物品种与个体因素、化验因素、临床用药因素、遗传因素等有关，因此属于比较复杂的临床疾病。

三、犬、猫皮肤损害的类型

犬、猫发生皮肤病时，皮肤上出现各种各样的变化，皮肤的损害被分为原发性损害和继发性损害两大类。

1. 原发性损伤 是那些由潜在的疾病直接引起并转化为某种特殊的皮肤病。

(1) 斑、点：点是圆形，不隆起，颜色出现变化的区域。当此区域直径小于 2 cm 时称为点，直径大于 2 cm 时称为斑。

(2) 丘疹、丘疹斑：丘疹是较小的表面坚硬的皮表突起，一般直径小于 1 cm，丘疹斑是由较大的但蔓延较广的丘疹构成，是顶部较平的损伤。

(3) 脓疱：皮肤表面小的隆起，内含脓汁，脓疱可以局限于表皮内或毛囊内。

(4) 结节：结节是较小的圆形坚硬突起，通常大于 1 cm，并往往延伸至皮肤深层。

(5) 肿瘤：肿瘤是皮肤与体表组织皆可生长的较大隆起。

(6) 疱、大疱：水疱是明显突出于体表在隆起，内含清亮液体。当水疱直径大于 1 cm 时称为大疱。

(7) 台状隆起：是内含水肿的大平台样突起。

2. 继发损伤　是由原发皮肤病或是由某些特殊因素，例如外伤时间的推移或药物而引起的病症。

(1) 鳞屑：鳞屑是一种松散的皮肤角质层结构的病理性堆积。

(2) 痂：是由渗出物、血清、脓汁、血液细胞、鳞屑或药物干燥后相混合而黏着于皮肤被毛之上的病理产物。

(3) 疤痕：是由结缔组织代替受损的皮肤及黏膜的组织区域。

(4) 糜烂、溃疡：溃疡是皮肤的连续性遭到破坏从而使皮下组织暴露于外。糜烂是损伤较浅的溃疡但未穿透基板区，因此预后往往无疤。

(5) 黑头粉刺：黑头粉刺是角化细胞与皮脂的混合物堵塞膨胀的毛囊而产生的。

(6) 裂：裂是呈线状的皮肤皲裂（有时延伸至真皮层），一般是由外伤引起。

(7) 表皮脱落：表皮脱落是表层皮肤的损伤，通常是由抓、咬或挫伤引起。

(8) 苔藓样变：皮肤表面增厚变硬、粗糙为特征的病理变化。

(9) 色素沉着、色素减退：色素沉着是皮肤黑色素堆积，而色素减退则是皮肤黑色素缺乏。

(10) 角化过度、硬皮病：角化过度是指角质层的过度堆积，硬皮病是当角化过度超过一定压力范围的区域。

四、犬、猫的皮肤病的诊断

诊断是皮肤病治疗的基础，临床上皮肤病的治愈率低与诊断水平不高造成盲目治疗有直接的原因。犬、猫皮肤病的一般症状是脱毛或掉毛，这种情况多因动物瘙痒，自己抓、咬、摩擦患部皮肤引起感染。兽医在诊断皮肤病时，一般采用临床检查和实验室检查，皮肤细胞学检查有助于皮肤病的诊断。

1. 问诊　首先要了解疾病初期动物的表现，是否用过药，用药后症状逐步减轻还是继续加重；犬、猫生活的环境，有无地毯、垫子，是否去草地戏耍；有无接触过病畜；用何种浴液，使用方法以及洗澡的方式和次数，水温是否过热；病损部位是否痛痒以及痛痒的程度等。

其次了解病史：以前是否患过同样的疾病，症状如何；患病有无季节性；是否患过螨虫感染、细菌感染；是否处于分娩后期；有无药物过敏史、接触性皮炎史和传染病史。

2. 一般检查　被毛是否逆立，有无光泽；是否脱毛，脱毛是否呈对称性的；局部皮肤的弹性、延展性、厚度、有无色素沉着；病变部位、大小、形状，集中或散在，单侧或对称，表面情况（隆起、扁平、凹陷、丘状），平滑或粗糙，湿润或干燥，硬或软，弹性大或小，局部的颜色。

3. 实验室检查

(1) 寄生虫检查：①玻璃纸带检查即用手贴透明胶带，逆毛采样，易发现寄生虫。

②刮取皮肤材料检查时，注意取样的深度，检查蠕形螨时应适当用力挤刮取处的皮肤，提高蠕形螨的检出率。③采用饱和盐水的方法进行粪便内寄生虫检查，在皮肤病诊断中十分必要。

（2）真菌检查：①病变部位剪毛要宽些，将皮肤挤皱后，用刀片刮到真皮，渗血后，将刮取物放到载玻片上，进行镜检。②Wood's 灯检查，对于犬小孢子菌感染的检出率高。③真菌培养，在健康与病灶交界处取毛，经过真菌培养基的培养，观察真菌的菌落、确定真菌的种类。

（3）细菌检查：直接涂片或触片标本进行染色检查，做细菌培养和药敏试验等。

（4）皮肤过敏试验：局部剪毛、剃毛消毒后，用装有皮肤过敏试剂的注射器分点做不同的过敏源试验，局部出现黄色丘疹则为过敏。

（5）病理组织学检查：直接涂片或活体组织检查。

（6）变态反应检查：皮内反应和斑贴试验。

（7）免疫学检查：免疫荧光检查法。

（8）内分泌功能检查：检查甲状腺、肾上腺和性腺的功能。

第二节　细菌性皮肤病

一、脓皮症

脓皮症是指皮肤感染化脓性细菌而引起的化脓性皮肤病。本病犬多发，猫少见。

1. 病因　常见的化脓性细菌有金黄色葡萄球菌、表皮葡萄球菌、链球菌（溶血性和非溶血性）、棒状杆菌、假单胞菌和寻常变形杆菌等。代谢性疾病、免疫缺陷、内分泌失调或各种变态反应也可引起脓皮病。皮肤干燥、裂伤、创伤、烧伤或皮炎等均易发生本病。

2. 症状　可分浅表、深部和幼年脓皮病。

（1）浅表脓皮病：特征为皮肤表面形成脓疱、滤泡样丘疹或蜀黍样红疹圈。后者最为常见，呈环形病变，其边缘脱落，常误认为癣。

（2）深部脓皮病：特征为皮肤深在性炎性水疱或脓疱，脓疱破溃，流出脓性液体或有脓性窦道。常发生于面部、四肢或指（趾）间等部位，亦可发生于全身。

（3）幼年脓皮病：又称幼犬腺疫。一般12周龄或更年幼的犬易发。特征为淋巴结肿大、耳、口及眼周围肿胀、脓疱及脱毛，常伴有发热、厌食、嗜睡等全身症状。

对于犬无论何种类型脓皮病，临床上应首先与犬毛囊蠕形螨病区别。

猫脓皮病临床症状与犬相同。猫可感染分支杆菌，如猫麻风病。

3. 治疗　早期用防腐剂如 30% 六氯酚或聚乙烯酮碘溶液热浴；浅表或皮肤皱襞脓皮病可用 2.5% 过氧化苯甲酸洗发剂常有效。也可用 5% 龙胆紫溶液或抗生素软膏，每日局部涂布；深部脓皮病进行局部和全身治疗。除去痂皮，再敷以敏感的抗生素软膏，以促进溃疡愈合；如脓液较多，应使患部保持干燥，可用收敛、杀菌剂。全身可选用敏感抗生素治疗。对于持久性或复发性的脓皮病可用免疫刺激剂如菌苗；幼年脓皮病（并非是细菌感染）治疗应包括开始大剂量地使用皮质类固醇如强的松或强的松龙（每千克体重 1 mg，2 次/d），以后逐渐减少，连用1个月。同时配合应用抗生素。

二、指（趾）间囊肿

指（趾）间囊肿是犬指（趾）间一种慢性炎症损害，临床上并不表现囊肿，实际以肉芽肿为特征的多形性小结节，故又称指（趾）间脓皮病、指（趾）间肉芽肿等。本病发病率约为 1.6%，发病年龄平均为 2.5 岁。常见于德国牧羊犬等。前肢第 3、4 指间为最常发部位。

1. 病因 病因复杂，包括毛囊细菌感染、皮脂腺阻塞、细菌或其他过敏反应、接触性变态反应、异物（如被毛、草芒、种子、沙粒等）、免疫缺陷、免疫复合病等。微生物分类最常见为金黄色葡萄球菌、也有 β-溶血性链球菌、大肠杆菌、寻常变形杆菌等。

2. 症状 发病初期表现为小丘疹，后来逐渐发展为结节，直径为 1～2 cm，呈现紫红色、闪亮和波动。挤压可破溃，流出血样渗出物。在一个或几个脚上，可发生一个或多个结节。由异物引起的通常在一个前脚单个发生，而细菌感染的结节常多个发生。局部疼痛，行走跛行，并常舔咬患部。

3. 治疗 对于异物性囊肿，应将异物除去，然后采用脚热浴疗法，每次 15～20 min，每天 3～4 次，持续 1～2 周，炎症可消除。如此法无效，可考虑手术切除。

因细菌感染的囊肿，应全身应用敏感的抗生素，但其剂量要大，治疗时间要长。也可将病变组织切除，敷以抗生素敷料，几日后，再每日用防腐剂进行浸泡或清洗。或用葡萄球菌苗和类毒素治疗。

对于慢性指（趾）间囊肿保守疗法无效时，需采用患指（趾）蹼全切除术。患肢无菌准备和肢端扎止血带后，切开指（趾）间蹼背、腹面及其邻近指（趾）的皮肤，然后将指（趾）间蹼全切除。切除的病变组织需进一步做组织病理学检查。电烙和结扎止血，用细的可吸收线结节闭合两指（趾）间空隙，以防死腔形成。将两指间皮肤创缘对齐，用非吸收线结节缝合。缝合后，两邻近指（趾）缝合在一起，无指（趾）间蹼。术后，患肢应包扎，防止舔咬和肿胀，其邻近两指（趾）用腹带缠绕在一起，以减少负重时缝线的张力。术后 10 d 拆除缝线。

第三节 皮肤真菌病

寄生于犬、猫等多种动物被毛、表皮、趾爪角质蛋白组织中的真菌所引起的各种皮肤疾病统称为皮肤真菌病（Dermatomycosis）。特征是在皮肤上出现界限明显的脱毛圆斑，潜在性皮肤损伤，具有渗出液、鳞屑或痂、发痒等。世界各国均有发生，本病为人兽共患病，人医称为"癣"。

1. 病原 犬、猫皮肤真菌病的病原性真菌有小孢子菌属和毛癣菌属两个属。小孢子菌属包括有犬小孢子菌和石膏样小孢子菌；毛癣菌属只有须毛癣菌。须毛癣菌又分为亲动物型和亲人型。猫皮肤真菌病病原 98% 是犬小孢子菌 2% 为石膏样小孢子菌和须毛癣菌。犬的皮肤真菌病病原 70% 是犬小孢子菌，20% 为石膏样小孢子菌，10% 为须毛癣菌。

2. 流行病学 犬、猫皮肤真菌病的流行和发病率受季节、气候、年龄、性成熟和营养状况等因素影响较大，炎热潮湿季节发病率比寒冷干燥季节高。犬小孢子菌能使猫全年感染发病。

感染猫90%不呈现临床症状，但成为重要传染源。年老、弱小及营养差的犬、猫比成年、体强及营养好的动物易受感染。

皮肤真菌主要是通过直接接触，或接触被污染的刷子、梳子、剪刀、铺垫物等媒介物而传染。犬、猫与人、其他动物能互相传染。

皮肤真菌生命力极强，能存活5～7年。石膏样小孢子菌不但能在土壤中长期存活，还能繁殖。因而动物和人，尤其是幼龄犬、猫和儿童易被感染发病。

皮肤真菌病愈后的动物，对同种和他种病原性真菌再感染具有抵抗力，通常维持几个月到一年半不再被感染。皮肤真菌病又是一种自限性疾病，患病动物在1～3个月内，由于自身因素可不加医治而自行减轻，直到自愈。

3. 症状 患病犬、猫的面部、耳朵、四肢、趾爪和躯干等部位皮肤常有典型病变。表现为被毛脱落，呈圆形、椭圆形、无规则的或弥漫状迅速向四周扩展（直径1～4 cm）。

通常急性感染病程为2～4周，若不及时治疗转为慢性，往往可持续数月甚至数年。

4. 病理变化 感染皮肤表面伴有鳞屑或呈红斑状隆起；有的形成痂，痂下继发细菌感染而化脓的，称为脓癣。痂下的圆形皮损呈蜂巢状，并有许多小的渗出孔。石膏样小孢子菌和须毛癣菌的慢性感染，有时会出现大面积皮肤损伤。

5. 诊断 根据病史、流行病学、临诊症状、病理变化等可做出初步诊断。确诊需进行实验室检验和真菌培养鉴定等。

（1）病原菌的检验：从患病皮肤边缘采集被毛或皮屑，放在载玻片上，滴加几滴10%～20%氢氧化钾溶液，在弱火焰上微热，待其软化透明后，覆以盖玻片，用低倍或高倍镜观察。犬小孢子菌感染，可见到许多呈棱状、厚壁、带刺，含有6个分隔的大分生孢子。石膏样小分孢子菌感染，可看到多呈椭圆形、带刺、多分隔的大分生孢子。须毛癣菌感染可看到毛干外呈链状的分生孢子。亲动物型的须毛癣菌产生圆形小分生孢子，它们沿菌丝排列成串状；而大分生孢子呈棒状，壁薄，光滑。有的品系产生螺旋菌丝。

（2）真菌培养：将病料接种在沙氏葡萄糖琼脂培养基上，在室温条件下培养。犬小孢子菌培养3～4 d，有白色到浅黄色菌落生长，1～2周后有羊毛状菌丝形成，表面浅黄色绒毛状，中间有粉末状菌丝，背面呈橘黄色为其特征。石膏样小孢子菌菌落生长快，浅黄色到黄棕色，表面平坦至颗粒状结构，背面呈浅黄色到黄棕色。须毛癣菌亲动物型的菌落，白色到淡黄色，表面平坦呈粉末状，背面一般呈棕色到黄棕色，也可能为深红色。亲人型的菌落表面为白色棉花样结构。

（3）动物接种：选择兔、猫、犬等易感动物，先剃掉接种处被毛、洗净，用细沙纸轻轻擦皮肤至轻微出血。再取病料或培养菌落抹擦皮肤使之感染。一般几天后就出现发炎、脱毛和结痂等病变。

6. 防治 通常有两种治疗方法。

（1）外用药物：每日1～2次涂皮康霜、克霉唑、硫黄等软膏或癣净直至痊愈。用前将患部及其周围剪毛，洗去皮屑和结痂等污物后，再涂软膏，也可用0.5%洗必泰每周洗2次。

（2）内服药物：内服药物有灰黄霉素和酮康唑等。

① 灰黄霉素：犬每千克体重40～120 mg/d，猫每千克体重20～50 mg/d，将药碾碎，一次或分几次拌食饲喂，连用几周，直到治愈。服药期间增饲脂肪性食物，可促进药物的吸

收。灰黄霉素会引起胎儿畸形，妊娠动物禁口服。

② 酮康唑：每千克体重 10～30 mg/d，分 3 次口服，连用 2～8 周。该药在酸性环境较易吸收，故用药期间不宜喝牛奶和饲喂碱性食物。其副作用是厌食、消瘦、呕吐、腹泻和妊娠动物死胎等。

对慢性和重剧的皮肤真菌病，必须内服药物治疗或内服和外用药物同时治疗。

(3) 预防：本病无特效措施，可采取以下措施。

① 加强营养：饲喂全价宠物食品，增强动物机体的抵抗力。

② 发现犬、猫患有皮肤真菌病，立即隔离，对用具应用洗必泰、次氯酸钠等溶液进行严格消毒杀菌。

③ 定期检疫，凡是阳性者，应隔离治疗。新引进的动物隔离观察 30d，确为阴性，方能混群饲养。

④ 兽医院平时应注意卫生以预防器械、用具有污染和控制病原性真菌的传染。

⑤ 兽医确诊犬、猫患皮肤真菌病后，要让主人了解此病对公共卫生的危害性并采取相应的防制措施。

⑥ 接触患病动物的人，要特别注意防护。患有皮肤真菌病的人，应及时治疗，以免散播并传染给犬、猫等动物。

第四节 寄生虫性皮肤病

一、疥螨病

1. 病原 犬疥螨呈圆形，微黄白色。背面稍隆起，腹面扁平，雌螨大小为 (0.33～0.45)mm×(0.25～0.35)mm，雄螨大小为 (0.2～0.23)mm×(0.14～0.19)mm。口器为假头，假头后方有一对粗短的垂直刚毛；胸腹部有 4 对足，粗而短；第 1、2 对足突出体缘，雄螨第 1、2、4 对足的末端有吸盘，第三对足的末端为刚毛；雌螨第 1、2 对足的末端有吸盘，第 3、4 对足的末端为刚毛，吸盘有柄。虫体背面有细横纹、锥突、鳞片和刚毛。虫卵呈椭圆形，大小为 150 μm×100 μm（图 9-1）。

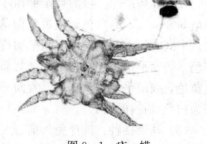

图 9-1 疥 螨

2. 生活史 螨属不完全变态。发育过程包括卵、幼虫、若虫和成虫四个阶段。雌雄虫交配后，雄虫死亡，雌虫在宿主表皮内挖凿隧道，在隧道内产卵，卵经 3～8 d 孵化为幼虫，幼虫移至皮肤表面，在毛间的皮肤上开凿小穴，在里面经 3～4 d 蜕化变为若虫。若虫再钻入皮肤形成浅穴道，并在里面经 3～4 d 蜕化变为成虫。整个发育过程为 2～3 周，雌虫产卵后 3～5 周死亡。

3. 症状 由于螨采食时直接刺激和分泌有毒物质的刺激，使皮肤出现剧痒和炎症。

幼犬症状严重，病变先起始于头部、口、鼻、眼及耳部和胸部，后遍及全身。病变部发红，有小丘疹和水泡或脓疱，或水泡、脓疱破溃后形成黄色痂皮。剧烈痒感，常因摩擦而使患部严重脱毛。

4. 诊断 根据临床症状结合皮肤刮取物检查发现螨虫,即可确诊。

皮肤刮取物检查法:在病变皮肤和健康皮肤交界处,剪去该部的被毛,用消过毒的外科手术刀的刀刃垂直刮取皮肤病料,一直刮到轻微出血为止,刮取的病料置于玻片上,滴加50%的甘油水溶液,加盖另一块载玻片,用手搓压玻片,使病料散开,置显微镜下检查,可见活螨。亦可采用其他检验方法。

5. 治疗 治疗螨虫的药物很多,在施用药物治疗前,应先用温肥皂水刷洗患部,除去污垢和痂皮。

(1) 伊维菌素:每千克体重 0.2mg,一次皮下注射。间隔 10 d,再注射一次。
(2) 5%溴氰菊酯:配成 0.005%~0.008%溶液,局部涂擦,间隔 7~10 d,再用一次。
(3) 10%硫黄软膏:涂于患部,1 次/d,连用多次。

6. 预防 保持饲养场光照充足,通风良好,干燥。对患病犬、猫及早隔离治疗。对同群的犬、猫进行预防性杀螨。被污染的场所及用具用杀螨剂处理。

二、耳痒螨病

犬、猫的耳痒螨病是由耳痒螨属的犬耳痒螨寄生于犬、猫的外耳道内引起的皮肤病。呈世界性分布。犬、猫感染较普遍。还可感染雪貂和红狐。

1. 病原 外形类似于痒螨和足螨。雄螨全部足和雌螨第 1、2 对足的末端有吸盘。雌螨第四对足不发达,不能伸出体缘。雄螨的尾突不发达(图 9-2)。

2. 生活史 与痒螨和足螨相似。其发育也经过卵、幼螨、若螨和成螨 4 个阶段。寄生于犬、猫外耳道,以脱落的上皮细胞为食。整个生活史约需 3 周,通过直接接触进行传播,犬、猫之间可相互传播。

3. 症状 剧烈瘙痒,病犬或猫常不断甩头和以前爪挠耳,造成耳部淋巴液外渗或出血,常见耳血肿和淋巴液积聚于皮肤下,耳部发炎或出现过敏

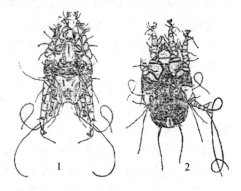

图 9-2 耳痒螨
1. 雌螨 2. 雄螨

反应,外耳道内有厚的棕黑色痂皮样渗出物堵塞。有时继发细菌性感染,病变可深入到中耳、内耳以及脑膜等处。

4. 诊断 根据病史以及同群动物有无发病,结合临床症状、耳内皮屑和渗出物检查,查出螨虫或螨卵即可确诊。

5. 治疗
(1) 在麻醉状态下清除耳道内渗出物。
(2) 耳内滴注或涂擦杀螨药,同时配合抗生素滴耳液辅助治疗。
(3) 全身应用杀螨剂。
(4) 伊维菌素:每千克体重 0.2 mg,一次皮下注射,间隔 10 d 再注射一次。

6. 预防 隔离患病犬、猫。对同群的所有动物进行药物预防性杀螨虫。

三、犬蠕形螨病

犬蠕形虫螨寄生于犬的毛囊和淋巴腺内,偶尔也能引起猫发病。

1. 病原 虫体细长,呈蠕虫状。体长为 0.25～0.3 mm,宽约 0.04 mm,分为前、中、后 3 部分。口器位于前部,中部有 4 对很短的足,后部细长,上有横纹密布。雄虫的生殖孔开口于背面,雌虫的生殖孔在腹面(图 9-3)。

2. 生活史 发育过程包括卵、幼虫、若虫和成虫阶段,全部在犬体上进行。雌虫在毛囊或皮脂腺内产卵,卵孵出幼虫,幼虫蜕皮变为前若虫,再蜕皮变为若虫,最后蜕皮变为成虫。全部发育期为 25～30 d。

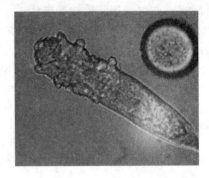

图 9-3 犬蠕形螨

3. 症状 本病多发生于 5～6 月龄的幼年犬。当犬的身体瘦弱,缺乏营养或某种维生素时,发病的可能性较大。

常寄生于面部与耳部,严重时可蔓延到全身。病部脱毛,皮肤增厚,发红并有糠皮状鳞屑,随后皮肤变淡蓝色或红铜色,如化脓菌感染,则产生小脓疱,流出脓汁和淋巴液,干涸后成为痂皮,重者因贫血及中毒而死亡。

4. 诊断 根据症状及镜检皮肤结节或脓疱内容物发现虫体确诊。

5. 治疗

(1) 5%碘酊:外用,每天 6～8 次。

(2) 苯甲酸苄酯:33 mL,软肥皂 16 g,95%酒精 51 mL,混合,间隔 1 h 涂擦 2 次,每日涂擦一次,连用 3 d。

(3) 伊维菌素:每千克体重 0.2 mg,皮下注射,间隔 10 d,再注射一次。

对重症病犬除局部应用杀虫剂外,还应全身应用抗生素,防止细菌继发感染。

6. 预防 患病犬隔离治疗,饲养场地用双甲脒、二嗪农等喷洒处理。

四、蚤 病

犬、猫常见的蚤有犬栉首蚤、猫栉首蚤。犬栉首蚤只寄生于犬及野生犬科动物身上;猫栉首蚤主要寄生于犬、猫,有时也寄生于其他多种温血动物。寄生时,常引起犬、猫皮炎。也是犬绦虫的传播者。

1. 病原 虫体呈深褐色,雄虫长不足 1.0 mm,雌虫长可超过 2.5 mm(图 9-4)。

2. 生活史 发育史属于完全变态。包括卵、幼虫、蛹、成虫 4 个阶段。雌蚤在宿主被毛上产卵,卵从毛上掉下来,在适宜的条件下经 2～4 d 孵化为幼虫,大约 2 周后化为蛹,

图 9-4 蚤

再经3~4 d变为成蚤。整个发育期需18~21 d或更长时间。成蚤在低温、高湿条件下，不吃食也能存活一年或更长时间，但在高温、低湿条件下，几天后死亡。

3. 症状 由于蚤寄生时刺激皮肤，引起瘙痒，犬、猫不停地蹭痒引起皮肤炎症，出现脱毛、皮肤破溃，被毛上有蚤的黑色排出物，下背部和脊柱部位有粟粒大小的结痂。

4. 诊断 根据临床症状，犬、猫体表上有跳蚤和黑色排泄物即可诊断。

5. 治疗 临床上许多有机磷酸盐类制剂、氨基甲酸酯类制剂对蚤类都非常有效，但都具有一定的毒性，用时一定要谨慎，特别是猫很敏感更要小心。

除虫菊酯类毒性较小，可用于幼犬、幼猫。伊维菌素和阿维菌素类药物毒性较小，是目前较好的杀跳蚤药。

现已有进口杀虫滴剂和杀蚤片剂，可以杀死成虫及阻断其繁殖过程。是目前较理想的杀蚤药。

6. 预防 及时清扫犬、猫饲养场所，保持干净、干燥；对周围环境用杀虫剂喷雾除虫；对患犬、猫进行驱虫治疗。

五、蜱 病

蜱包括硬蜱和软蜱两大类，寄生于许多种动物的体表。

1. 病原

（1）硬蜱：又称草爬子、狗豆子、壁虱、扁虱，是犬的一种重要外寄生虫。

寄生于犬身上的硬蜱主要有血红扇头蜱、二棘血蜱、长角血蜱、草原革蜱和微小牛蜱等。下面以血红扇头蜱为例讲述。

血红扇头蜱，雄虫长2.7~3.3 mm，宽1.6~1.9 mm。雌虫长约2.8 mm，宽约1.6 mm。呈长椭圆形，背腹扁平，由假头与躯体两部分组成。形态特征是：假头基呈三角形，盾板无花斑，有眼，气门板呈逗点状，有肛后沟。雄蜱腹面有肛侧板（图9-5）。

硬蜱是不完全变态的节肢动物，其发育过程包括卵、幼虫、若虫和成虫四个阶段。一般硬蜱在动物体上进行交配，交配后，吸饱血的雌蜱离开宿主落地，爬到缝隙内或土块下静伏不动，经4~8 d，待血液消化和卵发育后，开始产卵，经过2~3周或一个月以上，幼虫

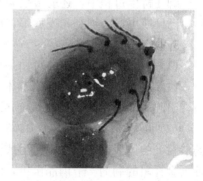

图9-5 吸血后硬蜱

孵出。幼虫爬到宿主体上吸血，经过2~7 d吸饱血后落到地面，蜕化变为若虫。若虫再侵袭动物，吸饱血后再落到地面，蛰伏数十天，蜕化变为性成熟的成蜱。雌虫产卵后1~2周内死亡，雄虫一般能活一个月左右。

血红扇头蜱主要生活在农区和野地，活动季节为每年的4~9月。

（2）软蜱：寄生于犬体表的软蜱主要有拉合尔钝缘蜱和乳突钝缘蜱等。

软蜱呈卵圆形，显著的特征是：躯体背面无盾板，由弹性的革状外皮构成，上有乳头状或颗粒状或圆的凹陷或星形的皱褶等结构。假头隐于虫体前端之下，背面看不到，大多无眼，腹面有肛前沟、肛后沟和生殖沟（图9-6）。

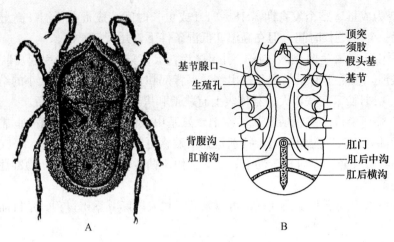

图 9-6 软 蜱
A. 背面　B. 腹面

其发育过程也包括卵、幼虫、若虫和成虫四个阶段，幼虫和若虫在犬体上吸血和蜕化，若虫阶段有 1～7 期，最后一期若虫吸饱血后离开犬体表蜕化变为成虫。整个发育过程一般需要 1～12 个月，寿命可达 15～25 年。耐饥饿能力强。

2. 致病性与症状　硬蜱、软蜱均是吸血动物，当它们寄生在动物体表时，损伤皮肤，病犬出现痛痒、烦躁不安，经常摩擦、抓挠或啃咬皮肤，导致寄生部位出血、水肿、发炎和角质增生，或继发伤口蛆病。

由于大量吸食血液，引起患犬贫血，消瘦，发育不良等。如大量寄生于犬后肢时，可引起后肢麻痹；如寄生在趾间，可引起跛行。

蜱在寄生过程中，还能传播病毒性、细菌性传染病和某些原虫病，如出血热、布鲁氏菌病、巴贝斯虫病、埃利希氏病等，可直接或间接地造成人、动物死亡。

3. 防治

(1) 消灭犬体上的蜱：可用手捉或用煤油、凡士林等油类涂于寄生部位，使蜱窒息后用镊子拔除之。拔出蜱时，应使蜱体与犬的皮肤成垂直地往上拔，以避免蜱的口器断落在犬体内，引起局部炎症。捉到的蜱应立即杀死。

(2) 可用 0.1％辛硫磷、0.05％蝇毒磷、1％敌百虫、0.5％毒杀芬、0.5％马拉硫磷等药液对犬的体表进行喷洒、药浴或洗刷，均能杀灭畜体上的蜱类，但要防止犬舔食。也可用苏云金杆菌的制剂——内晶菌灵，涂洒于犬的体表，能使蜱死亡率达 70％～90％。

(3) 消灭犬舍内的蜱：可以用泥巴堵塞犬舍内所有的缝隙和裂口，然后用石灰乳粉刷，或用 0.75％滴滴涕喷洒、用敌敌畏烟剂熏杀。

第五节　其他类型皮肤病

一、湿　疹

湿疹是皮肤的表皮细胞对致敏物质所引起的一种炎症反应。其特点是患部皮肤出现红斑、血疹、水泡、糜烂、结痂和鳞屑等损害。伴有热、痛、痒等症状。春、夏季多发。

1. 病因 引起湿疹的病因较多，也较复杂，至今仍未十分清楚，常有以下因素。

（1）外界因素：因皮肤不洁，污垢蓄积在被毛，使皮肤受到直接的刺激。犬、猫舍过于潮湿、各种化学物质的刺激、强烈日光照射、昆虫的叮咬、长期被脓性分泌物浸渍等都可导致湿疹的发生。

（2）内在因素：因消化道疾病，肠道腐败分解的产物被机体吸收、摄入致敏食物、某些抗原等均可引起机体的变态反应，也有因潮湿、日光、药物等引起的变态反应。营养失调、维生素缺乏、代谢紊乱等是诱发湿疹的主要因素。

2. 症状及诊断 按病程和皮肤损伤可分为急性和慢性湿疹两种。

（1）急性湿疹：多开始于耳下、颈部、背脊、腹外侧和肩部。病初在患部呈较小的圆形的疹面，经1～2 d融汇成手掌大或更大的疹面。疹面界限明显，呈橙黄色或红色，边缘有新鲜血疹和小水泡。再外侧为一较暗的红色圈。在疹面中央有一层黄绿色的薄痂，分泌浆液性至脓性渗出物。动物表现疼痛和极痒，由于搔、擦、舔、爪的机械刺激，炎症向真皮深部、皮下蔓延。皮肤肿胀，如不及时正确地处理，极易发生脓疮或脓肿。

（2）慢性湿疹：常发生背部、鼻、颊、眼眶等部位，犬尤易发生鼻梁湿疹。慢性湿疹表现被毛稀，皮肤出现不一致增厚而皱起、剧痒，病程较长。发生在鼻镜时，在鼻镜一侧或两侧出现无毛、无燥、呈灰色颗粒状。腕部和跗部的慢性疱疹主要表现痒感和形成鳞屑。阴囊、包皮或阴门湿疹可出现水泡、发痒。趾间湿疹开始形成水泡，以后流水、疼痛，病程较长。也有在耳廓和外耳道发生湿疹。

3. 治疗 治疗原则为除去病因、脱敏、消炎等。

（1）除去病因：保持皮肤清洁和干净。动物舍内通风良好、阳光充足、清洁和干燥。经常运动，及时治疗发生的疾病。

（2）脱敏止痒：口服或注射盐酸异丙嗪（每千克体重0.2～1.0 mg）或盐酸苯海拉明（口服，每千克体重2～4 mg，皮下注射，每千克体重5～50 mg）。

（3）消除炎症：根据湿疹的不同时期，采用不同的治疗方法。急性期无渗出时，剪去被毛，用炉甘石洗剂（炉甘石15.0、氧化锌5.0、甘油5.0、水加至100.0），或用麻油和石灰水等量混合涂于患部。有糜烂渗出时，小面积者可用皮质类固醇软膏，也可选用生理盐水、3%硼酸液冷湿敷。当渗液减少后，可外用氧化锌滑石粉（1∶1）、碘仿鞣酸粉（1∶9）或20%～40%氧化锌油等。慢性湿疹者，一般选用焦油类药较好，如煤焦油软膏、5%糖馏油等，也可用含有抗生素皮质类固醇软膏。

二、皮　炎

皮炎是指皮肤真皮和表皮的炎症。临床上以红斑、水泡、湿润、结痂、瘙痒等为特征。

1. 病因 皮炎的病因多种多样。外伤性皮炎是由于皮肤受到机械性的刺激，如犬颈环套的摩擦，经常搔痒抓伤引起；化学性皮炎是皮肤接触化学物质引起的，如给犬涂擦刺激性药物，洗澡用的洗涤剂、肥皂、洗衣粉等；物理性皮炎多因热伤、冻伤、日光及射线的损伤引起。某些细菌、真菌、寄生虫以及变态反应等也可引起皮炎。

2. 症状 皮炎的特点是先在接触部位发生病变。皮损的性质、疹形、范围和严重程度取决于机体的反应性、接触物的性质、浓度、接触方法和接触时间长短。皮肤损伤轻者局部呈红斑、丘疹并有时肿胀,重则发生水泡、糜烂和坏死等。早期皮损与接触物的部位较一致,呈局限性、潮红、轻度肿胀、增温、发痒和疼痛等。由于搔抓、摩擦,皮肤可继发感染,使病情加重。

3. 诊断 详细了解病史和结合临床症状有助于诊断。对怀疑过敏药物引起的皮炎应进一步做斑贴试验。

4. 治疗 皮炎的治疗原则应对症处理、尽量避免外用刺激性较强和易致敏的药物。症状较轻的红斑阶段时可用鱼石脂水杨酸油膏(鱼石脂 10.0、水杨酸 20.0、氧化锌油膏 200.0 混合),1 次/d,局部涂擦。对伴有感染、过度瘙痒的炎性病变,可用苯唑卡因油膏(苯唑卡因 1.0、硼酸 2.0、无水羊毛脂 10.0)。亦可用肤轻松软膏局部涂擦,效果较好。继发感染时应用抗生素予以控制。

三、脱 毛 症

脱毛症指皮肤在无明显可见病变的情况下发生的局部或全身被毛脱落,许多炎性皮肤疾病也可引起脱毛。

1. 病因 引起脱毛症的病因有先天性和后天性两种。

(1) 外界因素:皮肤不洁、机械性、物理性、化学性、生物性等因素刺激而引起。如 X 线、摩擦、涂脱毛剂等。

(2) 继发于全身性疾病:

① 营养失调:如碘、维生素、脂肪酸等物质的缺乏。

② 神经性、内分泌疾病:如甲状腺、垂体和性机能失调等。

③ 热性疾病:如肺炎、某些传染病(某些细菌、真菌)。

④ 慢性病:如寄生虫病,慢性消化器官的疾病。

⑤ 慢性中毒病:如碘、汞、铊、甲醛。

⑥ 其他:如恶痛质等疾病。

2. 症状及诊断 一般从局部开始脱毛,逐渐扩大,然后几个局部互相融合,变成较大面积的脱毛。常伴有皮屑脱落。如果神经性、内分泌性疾病引起脱毛,多呈对称性。其痒程度不一。

3. 治疗 查明病因,根据致病原因消除病因和对症治疗。

(1) 营养性:加强营养,补充某些缺乏的物质。注意其卫生,特别皮肤的卫生。

(2) 内分泌紊乱:如甲状腺机能减退,服甲状腺制剂;性机能失调应用性激素药物。

(3) 局部治疗:局部治疗效果可疑,只能用无刺激的并能迅速干燥的洗剂,常用间苯二酚 5.0 mL、蓖麻油 5.0 mL、乙醇 200.0 mL 混合而成;也可用水杨酸 5.0 mL、橄榄油 50.0 mL、秘鲁香脂 3.0 mL 混合涂患部;或用水杨酸 18.0 mL、鞣酸 18.0 mL、乙醇 600.0 mL 混合后涂患部。

复习思考题

1. 犬、猫皮肤损伤的主要类型有哪些?
2. 如何进行脓皮症的治疗?
3. 如何进行皮肤真菌病的检验?
4. 如何进行犬疥螨与蠕形螨的鉴别诊断?
5. 犬、猫外寄生虫病的预防措施有哪些?
6. 何谓湿疹?何谓皮炎?

第十章

水、电解质代谢和酸碱平衡失调

第一节 液体疗法

犬、猫很多疾病均可引起水、电解质和酸碱平衡紊乱,如得不到及时的纠正,病情往往迅速恶化,甚至导致死亡。因此,液体疗法在临床上非常重要。

一、犬、猫的水、电解质代谢紊乱

正常情况下,犬、猫体内水占体重的2/3左右,比较肥胖犬、猫占体重50%左右,未成年犬、猫占70%~75%。体内水分分为细胞内液和细胞外液两部分。细胞内液占44%,细胞外液占20%。细胞外液中血浆占5%,细胞间液占15%。体内还有一部分液,称为第三间隙液,存在于胃、肠道、膀胱、关节腔、脑脊髓腔、腹腔和胸腔内。严格地讲,这些液体不属于细胞外液范围,但是与细胞外液有非常密切的关系,可来自细胞外液,又可回到细胞外液中。若发生某些疾病如腹膜炎、肠梗阻等,可使大量液体丢失于第三间隙中。

正常犬、猫体液的含量相对稳定,即每日进水量和排水量相等。24 h内水源,犬每千克体重从食物和饮水得到51 mL水,内生水得到15 mL;猫每千克体重分别得到79 mL和13 mL水。犬每千克体重通过尿排出22 mL水,通过蒸发和粪便排出44 mL水。猫每千克体重从尿排出44 mL水,通过蒸发和粪便排出49 mL水。当吸收和排泄器官发生疾病后,就会发生脱水或水中毒。

水和电解质广泛分布在细胞内外,参与体内许多重要的功能和代谢活动,对正常生命活动的维持起着非常重要的作用。体内水和电解质的动态平衡是通过神经、体液的调节实现的。与血浆等渗的溶液浓度为300 mOsm/L,相当于0.9%氯化钠溶液。Na^+总量的45%存在于细胞外液,45%存在于骨骼中,而只有10%存在于细胞内液中。细胞外液中阳离子总浓度为154.5 mEq/L,而Na^+浓度为142 mEq/L,占阳离子的92%,因而,Na^+和相对应的阴离子所产生的渗透压,也占细胞外液渗透压的92%。因此,Na^+是维持细胞外液容量的重要因素。另外,血浆中的主要缓冲对碳酸氢钠,也受Na^+增减影响。Na^+主要来源来自食物,一天的需要量为1.0 mEq/L。K^+约98%存在于细胞内液中,为150 mEq/L,而细胞外液中K^+浓度极低。Cl^-主要存在于细胞外液中,占细胞外液阴离子的60%以上,在血浆中为105 mEq/L,细胞间液中为110 mEq/L,细胞内液中只为5 mEq/L,其主要来源是饲料,一天需要量为2 mEq/L,与Na^+协同维持细胞外液的渗透压。Na^+、K^+和Cl^-是维持体液渗透压的重要离子，其中 Na^+ 和 K^+ 丢失直接影响渗透压，更重要的是丢失后，不能为机体代偿，则电解质伴随水分丢失，机体即发生等渗性、高渗性和低渗性脱水。

二、水、电解质平衡紊乱的诊断

病犬、猫常因水或电解质的平衡发生紊乱，而超过了其自身的调节能力，甚至危及生命。液体疗法就是在这种情况下由静脉输入和补给机体一定的液体和电解质，充分调动机体对水盐代谢的调节能力，以恢复家畜机体水盐代谢的平衡，补充循环血量，维持血压，中和毒素，补充营养物质，对机体的恢复起重要作用。

在给犬、猫输液过程中发生过不少危急症状或死亡病例，大多数都有下列表现：轻微的或激烈的（大部分是轻微的）骚动不安；逐渐加重的呼吸急促；全身肌肉发抖或口、眼周围红肿；严重时发生抽搐，再严重就可能出现休克甚至死亡。为了避免这些问题的发生同时又取得好的治疗效果，在临床上应该根据病犬、猫的病史、体征和实验室诊断等进行正确诊断，采取综合治疗措施。

水、电解质平衡紊乱的诊断，依据病史和临床表现可以做出诊断。病史中主要注意消化液或其他体液的大量丧失。每日的失液量越大，持续时间越长，症状就越明显。实验室检查可发现有血液浓缩现象，包括红细胞计数、血红蛋白量和血细胞比容均明显升高；血清 Na^+、Cl^- 等一般无明显降低；尿相对密度增高；做动脉血气分析可判别是否有酸（碱）中毒存在，因此，更准确地提供脱水的性质，补液量的计算重要的依据。但一般常规输液不必进行实验室检验。当需要反复或经常输液时，应做血液生化检验以便使所选药物的种类和数量能够合理。

（一）了解病史

了解脱水的途径，病程长短和饮食情况。脱水途径一般有胃肠（呕吐或腹泻）、泌尿（多尿）、创伤、烧伤（失血和失血浆），非显性脱水（过度喘气和高热），体腔内积液（渗出性胸膜炎、肠梗阻）等。

（二）临床检查

1. 皮肤弹性检查 一般以检查腰背部皮肤为多见。方法是，犬、猫站立或侧卧，手指拎起皮肤形成皱褶，松开手指后，观察其复原时间。正常为 1.5～2 s，但恶病质的犬、猫即使不脱水皮肤弹性也降低，因此，不能只依据皮肤弹性降低就诊断为脱水。此外，过肥的犬、猫的皮肤比较紧张，轻度脱水时皮肤弹性变化不明显。

2. 检查黏膜湿润性、眼球下陷程度、心率和脉搏 根据黏膜湿润性、眼球下陷度、心率和脉搏的变化，能够大体判断出脱水程度，即体重的百分比（脱水 5%～15%）。

脱水小于 5%，临床上一般检查不出来；脱水 5%～6%，皮肤弹性稍降低；脱水 6%～8%，皮肤弹性明显下降，皮肤皱褶复原时间为 2～3 s，毛细血管再充盈时间延迟，眼球下陷，黏膜发绀；脱水 10%～12%，皮肤弹性显著降低，皮肤皱褶复原时间 3 s 以上，眼球明显下陷，毛细血管再充盈时间延迟，黏膜发绀，可能发生休克，心动缓慢，肢端冰冷，脉细弱；脱水 12%～15%，机体明显休克或生命垂危。

此外，还可根据体重下降变化来判断脱水程度，一般体重每减少 1 kg，脱水 1 000 mL。

（三）脱水的性质

1. 高渗性脱水 即水的丢失多于钠的丢失，主要见于摄水量不足或呼气中水分严重丢失，如热射病、咽喉疾病等。临床表现病犬、猫少尿而浓缩，唾液分泌少，口腔干燥，有口渴感，肌肉紧张，血浆渗透压及血钠浓度增高，血球容积（PCV）增高。

2. 低渗性脱水 即电解质的丢失多于水的丢失，主要见于慢性肾上腺功能降低或严重的腹泻以及等渗性脱水后，仅输给 5% 葡萄糖溶液。临床表现多尿及尿相对密度降低，皮肤温度降低，四肢厥冷，肌肉痉挛，无饮欲，血浆渗透压及血钠降低，血液浓缩，红细胞数、血红蛋白、红细胞压积增高。

3. 等渗性脱水 即水和电解质同比例丢失的脱水。见于急性肠梗阻、腹泻、外伤或手术大失血等。临床表现为口渴、口干、皮肤弹性降低，眼球内陷，尿少，毛细血管充盈时间延长，严重时发生代谢性酸中毒。如果以胃液丢失为主，可能发生代谢性碱中毒。血液浓缩，红细胞数、血红蛋白、红细胞压积均明显增高。

4. 钠过多 即体内钠的总量增高。见于食入的钠盐过多、静脉输入过多的钠离子、急性肾功能衰竭、长期使用肾上腺素皮质激素。临床表现强烈饮欲，类似高渗脱水的症状。严重则损害脑细胞，表现脑炎症状，如痉挛、兴奋、口吐白沫，四肢呈游泳状，血钠升高红细胞压积下降。

5. 高血钾症 即血清钾过高。见于急性肾功能衰竭、严重损伤、酸中毒、休克等。临床表现，早期症状被原发症状所掩盖，进一步发展则心率缓慢，节律不齐，肌肉无力，动作迟钝。

6. 低血钾症 多见于长期禁食，严重损伤，碱中毒，长期使用利尿剂等。临床上多见肌肉震颤，软弱无力，心律不齐，心搏加快等。

三、水、电解质平衡紊乱的纠正

水、电解质平衡紊乱的纠正主要通过输液来纠正。但在实际工作中，由于临床检验手段的限制，对确定输液的类型和剂量以及如何纠正电解质平衡紊乱，比较难确定。如果输入液体量和成分及速度不妥，不仅达不到治疗目的，反而使病情更加恶化，以至加速死亡。

在进行补液治疗的同时，必须消除病因，控制水、电解质的继续丧失。要遵循以下治疗原则：

根治原发，首先必抓；所失总量，分次补给。
首次半量，随时检测；每日需要，一定加上。
首选口服，其次静点；不急纠酸，容量先管。
先晶后胶，见尿加钾；先快后慢，速度有限。
先盐后糖，先浓后淡；严谨过量，边治边观。
纠酸补碱，低钙低钾；补钙无效，补镁看看。
预防为主，治疗全面；宁酸勿碱，疏漏避免。

(一) 补液途径

如果犬、猫消化功能正常时,尽可能地自由饮水;不能口服时可以静脉、腹腔注射或直肠补液。

(二) 补液量的计算

输液剂量的准确性很重要。如果补液量不足,患病动物得不到充分缓解或恢复。若补液超量则会加重病情甚至会出现一系列并发症。临诊工作中可根据以下几项确定输液量:①已丢失体液量;②生理需要量;③继续丢失量;④代谢水量;⑤水分摄入量。补液量=1/3×①+②+③-④-⑤。1/3是安全系数,加上这一安全系数的原因是:计算或推测的累积丢失量有可能大于实际丢失量;加速大量增加体液容量负荷容易促发心功能不全和肺水肿;不全量补充其缺乏量,有利于动员机体的自我调节能力。

1. 已丢失液体量 可根据化验室化验项目确定,也可根据临诊症状初步确定。后者简单易行,无需化验设备,较适合基层医生。

(1) 依据实验室化验项目确定:测定血细胞压积(PCV)、血清总蛋白量(TP)与血清尿素氮值有助于确定犬、猫是否脱水。一般细胞压积(PCV):每升高1%则液体的丢失量约为每千克体重10 mL。但是,当动物有贫血或低蛋白血症时,PCV或TP的数值也会起变化(即数值减少),在据此评估脱水的程度时,应加以考虑。

(2) 根据临诊脱水程度确定:已丢失液体量=体重(kg)×脱水程度。通过体检判定脱水程度,来确定脱水程度,也可根据皮肤弹性来估算。

2. 生理需要量 不同品种犬、不同年龄犬其生理需要量不一样。一般成年大型犬每千克体重44 mL;小型犬每千克体重66 mL;仔犬每千克体重66~110 mL。

3. 代谢水量 犬的代谢水量约为每千克体重4 mL。

4. 继续丢失量、水分摄入量 据临诊症状由医生估算。

5. 例如 一只3岁犬,体重为2.5 kg,胃肠炎,脱水程度为5%,日尿量为40 mL,呕吐2次约15 mL,禁食禁饮。

其补液量的计算为:补液量=1/3×已丢失液体量+生理需要量+继续丢失量-代谢水量-水分摄入量=1/3×(2 500×5%)+66×2.5+(40+15)-4×2.5-0=41.7+165+55-10-0=251.7 mL。

也可用以下公示计算:

1. 高渗性脱水 应先确定失水量,一般脱水程度按患病犬、猫体重百分比计算,即纠正脱水所需液体输入量(L)=体重(kg)×脱水程度或失水量=体重(kg)×液体占体重的百分比×(1-正常血清钠值/病中血清钠值);一般输入量:每千克体重40~60 mL;补液种类:可以给5%葡萄糖溶液或低渗盐水。

2. 低渗性脱水 采用输入高渗性盐水和补充血容量。补钠量(mEq/L)=(血清钠正常值-血清钠测定值)×体重(kg)×细胞外液占体重的百分比。将得到所需钠离子值换算成生理盐水=所需钠离子/生理盐水所含的钠离子量。

轻度缺钠可以只补充生理盐水或5%含糖盐水;较重时,按计算量补充钠离子,先以5%或10%氯化钠补给一半的量,再以5%含糖盐水或生理盐水补足。

3. 等渗性脱水 用等渗盐水补给丧失量和维持量。丧失量以临床脱水程度来估计，也可以测定红细胞压积，按此公式计算：补充等渗盐水量（L）=[（PCV 测得值－PCV 正常值）/PCV 正常值]×体重（kg）×细胞外液占体重的百分比。

输液种类以乳酸林格氏液为首选药。但要注意的是等渗溶液一般不能单独作为维持输液溶液而使用。这是因为机体以不知不觉蒸发或以排尿等形式丢失一部分水分。因此机体时刻存在着成为高渗性脱水的危险，而等渗溶液不含或含有极少的可以作为自由水而利用的水分。从而势必增加肾脏的溶质排泄负担，对肾浓缩功能以及心肺功能差的仔犬、幼年猫进行等渗输液时，极易出现电解质体内潴留和出现水肿等严重合并症。等渗溶液如 0.9％氯化钠的生理盐水是对离体的器官而言，而对活体内的器官则不是生理性的。因为与机体的血浆和细胞外液组成成分相比，Cl^- 的含量（氯化钠中占 154 mmol/L，林格氏液中占 159 mmol/L）大大超出机体中氯离子的含量（104 mmol/L），含量过多的氯离子进入血液后，必然要取代血中碳酸氢根，结果极易发生高氯性酸中毒。如果向等渗溶液中加入一定量的乳酸钠，可以使溶液中的 Cl^- 比率下降，而且乳酸钠在肝脏中可分解成碳酸氢钠，从而可以防止氯离子过多而可能引起的酸中毒。

另外，在手术过程中不宜输入等渗溶液，因为外伤可引起抗利尿激素分泌增加和肾上腺皮质功能亢进，从而影响正常的利尿过程，容易出现少尿、水中毒和肺水肿等合并症。腹泻和呕吐时输入无离子的等渗葡萄糖溶液，易引起水中毒。单独用 0.9％氯化钠溶液也不适宜，应把二者以 1∶2～3（等渗盐水∶葡萄糖溶液）混合应用，随葡萄糖分解成水和二氧化碳，也就由原来的等渗溶液变成低渗溶液。

4. 电解质失调的纠正 犬、猫剧烈呕吐时，随胃液丢失大量的 Cl^- 和 K^+，而 Na^+ 丢失的较少，因而体液呈低氯离子和低钾离子状态；而腹泻时，消化道内钠离子、氯离子、碳酸氢根丢失较多，同时钾离子也丢失；另外连续使用胰岛素、利尿剂和强心剂，会造成低钠血症和低血钾症。

（1）脱水性低血钠症和高血钠症的治疗：脱水性低血钠症可用高渗或等渗溶液补充；而高血钠症的治疗，口服清水，同时给予利尿剂和注意补钾。

（2）低血钾症的治疗：犬、猫的低血钾症经常发生，且对机体影响很大，但输入剂量、浓度和速度必须严格控制，否则很危险。补钾浓度随低血钾症的缺钾程度而增加，如果血钾浓度为 3.0～3.5 mmol/L，输钾浓度为 40 mmol/L；血钾浓度为 2.0～2.5 mmol/L，输钾浓度为 60 mmol/L；血钾浓度为 2.0 mmol/L 以下（重症），输钾浓度为 80 mmol/L。此外还应考虑犬、猫的体况不同，补钾的总量也应该增减。

补钾原则：①见尿补钾，因尿闭影响钾离子随尿正常排泄，容易发生高钾血症，造成危险。②少量缓输，浓度过高或输注过快，不仅对静脉刺激性大，而且因血钾短时间内显著增加，将明显抑制心肌收缩，造成死亡。

补钾方法：将 10％氯化钾商品制剂稀释到 0.3％以下浓度。一般体况适中的犬，每天钾的维持量为每千克体重 2.0 mmol，输液速度不能超过每千克体重 0.5 mmol/h。

（3）高血钾症的治疗：用葡萄糖酸钙或碳酸氢钠，或用葡萄糖和胰岛素混合液（按 1 IU 胰岛素加 2～4 g 葡萄糖的比例）输入。给予钙盐使钾的比率下降，输入葡萄糖溶液促进细胞内 K^+ 的还原。

四、液体疗法的应用范围及其注意事项

（一）应用范围

1. 休克时 有效循环血量不足，除应给予综合性抗休克治疗外，输液补充血量是抗休克不可缺少的措施之一。如为脱水所致的休克，输液更是关键性的治疗方法。

2. 饮食废绝的患畜 因生理消耗的水分仍在继续，如不及时补液，极易造成脱水。

3. 各种原因引起的酸碱平衡紊乱 都需要用输液的方法进行纠正；中毒性疾病输液可以防止水、电解质代谢紊乱，促进毒物排泄，增强机体的抵抗力。

4. 供给能量或进行保肝疗法时 需输入葡萄糖溶液；此外还有某些抗生素、合成抗菌药、血管扩张药、升压药和肾上腺皮质激素等，使用时需要加在某些溶液中静脉给药。

5. 某些较大的外科手术前、术后和烧伤时 需输入某些溶液，以防止水、电解质代谢紊乱，促进动物麻醉后的苏醒，补充能量。

（二）输液的副作用

1. 水中毒 肾功能处于正常状态时可将多余的水分以尿的形式排出体外。当犬、猫的肾功能损伤时，输液过量常可引起细胞内外环境渗透压改变，细胞外液向细胞内渗透，尤其在钠离子不足时可伴随出现昏迷、呕吐、强直及痉挛等症状，因此在治疗时需输入高渗溶液。

2. 输液过量 如果胶质溶液输入过多、过快，可使血压升高，心脏负担加大；如果输入盐类溶液过多可引起肺水肿，表现呼吸困难，黏膜发绀及中心静脉压升高；如果在做肠管手术之前输入过多盐类溶液，可引起肠管水肿，使手术操作不便或影响缝合。

3. K^+、Na^+ 过剩 K^+、Na^+ 是通过肾脏来调节的，肾功能损伤的犬、猫由于输液过量，可引起 K^+、Na^+ 过剩。Na^+ 过剩时伴有水分增加，抑制了水肿的发生，因此一般不产生明显的损害。而 K^+ 过剩时不仅消耗水、能量及钠离子，而且导致高血钾症的发生，出现心室传导阻滞症状，在心电图检查出现 T 波和 QRS 波扩大现象。

（三）输液的注意事项

输液使用不当，不但见不到疗效，反而使疾病症状加剧。因此在输液过程中要有体液代谢的知识，正确掌握用量。同时要注意不同年龄、品种的代谢特点，尤其对老弱和衰竭的犬、猫，一定取慎重态度。

（1）输液时，速度宜先慢后快：先输等渗溶液，后输高渗溶液；对低血容量性休克或严重脱水的犬、猫，当心脏功能正常时，静脉输入等渗溶液可为每千克体重 88 mL/h；仔犬和幼年猫为每千克体重 4 mL/h，同时注意观察尿量变化。通常静脉输入速度以每千克体重 10~16 mL/h 为宜。

如果输入液体中能量不足时，往往发生机体蛋白质和脂肪的分解，因此最好保证以每千克体重 104.67 J/d 供给能量（5%葡萄糖每毫升能供给 0.837 36 J 能量），静脉输入速度以每千克体重 10 mL/h 为宜。同时适当补充维生素 B_1，以促进糖代谢。

(2) 静脉注射技术要熟练：注射过程中，防止病犬骚动，使针头脱离血管外，药液漏入皮下。

(3) 药液温度不能太高，以免造成心膜炎。

(4) 如遇输液反应，应立即停止输液，并注射肾上腺素、苯海拉明、盐酸异丙嗪或氢化可的松等进行急救。下列药品需限速：钾离子：每千克体重小于 0.5 mEq/h，如果静脉补钾过快，局部高钾浓度的刺激可引起严重心律失常或心搏骤停；钙离子：每小时每千克体重小于 0.5~0.8 mEq，如果静脉补钙过快，有诱发心搏骤停的危险；葡萄糖：每小时每千克体重小于 0.5 g，葡萄糖输液速度太快，可能出现血压降低，糖尿。

(5) 在临床输液时首先要设法补足有效循环血量，因为血容量不足，不但组织缺氧无法纠正，且肾脏也会因缺血而不能恢复正常功能，代谢产物无法排出，酸中毒无法纠正，电解质平衡无法调节。故补足有效血容量是突破这种互相影响、互为因果的恶性循环，纠正体液平衡失调与酸碱平衡失调的首要措施。尤其是对已有脉搏细速和血压下降等症状的犬、猫，表示细胞外液的丧失量已经达体重的 5%，需从静脉快速滴注上述溶液每千克体重 50 mL，以恢复其血容量。注意所输注液体应该是含钠的等渗液，如果输入不含钠的葡萄糖溶液则会导致低钠血症。

补充血液容量一般可用生理盐水、5%葡萄糖溶液等，按脱水类型分别选用。晶体溶液尤其是含乳酸钠的任氏液，其电解质浓度与细胞外液相似，不但可补充血容量还可纠正酸中毒。但当水、电解质严重丧失，细胞外液、有效循环血量急剧下降引起休克时，则需要输入胶体溶液。因为单纯输入的晶体溶液很容易通过微血管壁散布于组织液中或经肾脏排出，因此不能有效的维持血容量。当然，仅靠胶体溶液而不输入晶体溶液，也不能有效的恢复组织液与血液交换，特别是不能满足机体必需的各种盐类。因此二者配合使用较为适宜，一般输入的晶体溶液与胶体溶液的比例以 6∶1 为宜。

第二节　酸碱平衡失调

正常情况下，机体的酸碱平衡维持相对稳定，犬的正常为 pH 7.31~7.42，猫为 7.24~7.40。动物机体的代谢过程中不断产生酸性或碱性物质，但体液的 pH 仍然维持在正常范围内，这就依靠血液缓冲系统和肾脏的调节来维持平衡的。若机体水和电解质代谢紊乱，酸碱平衡也发生失调。临床上以代谢性酸中毒为常见，如腹泻中丧失大量的碱基（HCO_3^-）；而代谢性碱中毒比较少见，如由于呕吐引起的代谢性酸中毒。

一、酸碱平衡紊乱的诊断

体内酸性或碱性物质蓄积过多，超过了机体的调节能力或肾肺的功能障碍，均可导致体内酸碱平衡紊乱。如果酸碱物质超量负荷，或是调节功能发生障碍，则平衡状态将被破坏，形成不同形式的酸碱失调。原发性的酸碱平衡失调可分为代谢性酸中毒、代谢性碱中毒、呼吸性酸中毒和呼吸性碱中毒 4 种。有时可同时存在两种以上的原发性酸碱失调，此即为混合性酸碱平衡失调。

体内有几对弱酸缓冲系统，其中 HCO_3^- 和 H_2CO_3 是最重要的一对缓冲系统。HCO_3^-

的正常值为 16~25 mmol/L，只要 HCO_3^- 和 H_2CO_3 的比值保持 20:1，就可使 pH 保持在正常范围内；肺可通过对 CO_2 排出量的增减，控制体内 CO_2 的浓度，从而调节血中 H_2CO_3。PCO_2（二氧化碳分压）升高，刺激呼吸中枢和化学感受器，使呼吸加深加快，肺泡通气加强，从而排出过多的 CO_2；PCO_2 降低，呼吸运动受抑制，CO_2 排出减少。肾脏是维持酸碱平衡重要的调节器官，其调节机理是 HCO_3^- 重吸收和 HCO_3^- 重新生成，即通过 H^+-Na^+ 交换机理完成。CO_2 和水在肾小管细胞内催化生成 H_2CO_3，后者离解为 H^+ 与 HCO_3^-，H^+ 由肾小管细胞分泌到细胞外肾小管液中，而 HCO_3^- 则保留在细胞内。为保持细胞内阴阳离子的平衡，在 H^+ 分泌的同时，Na^+ 进入肾小管细胞内，与其留下的 HCO_3^- 结合生成 $NaHCO_3$，经细胞间液又转运至血浆中。这一过程使肾小球滤液中的 $NaHCO_3$ 得以全部重吸收。分泌的 H^+ 通过尿酸化和与 NH_3 结合成 NH_4^+ 排出。由此可见，如呼吸和肾功能失常，均可引起酸碱平衡的紊乱。

诊断酸碱平衡紊乱简单的方法是根据动物可视黏膜发绀、心跳和呼吸加快以及脱水等表现，结合呕吐和腹泻病史进行初步判断。犬、猫发生严重腹泻或带有肠内容物的剧烈呕吐可使碱性小肠液丢失，结果引起代谢性酸中毒，即血液 pH<7.35。犬、猫患急性胃炎会发生剧烈呕吐，因酸性胃液丢失，可起低氯性碱中毒。犬、猫患高位肠梗阻时的剧烈呕吐既有胃液又有肠液，因碱和酸均有丢失，且大致相等，故一般无明显酸碱平衡失调现象。

酸碱平衡失调的确切诊断是测定血、尿 pH 和血浆二氧化碳结合力。正常血液 pH 犬为 7.31~7.42，猫为 7.24~7.40；犬、猫尿为 pH 5~7；犬、猫血浆二氧化碳结合力 17~24 mmol/L。

（一）代谢性酸中毒

是小动物临床最常见的酸碱平衡紊乱。由于酸性物质的积聚或产生过多，或 HCO_3^- 丢失过多，即可引起代谢性酸中毒。

1. 病因 根据阴离子间隙（是指血浆中未被检出的阴离子的量，其简单的测量方法是将血浆 Na^+ 浓度减去 HCO_3^- 与 Cl^- 之和）有无增大，将代谢性酸中毒分为两类：一种代谢性酸中毒的阴离子间隙正常，而另一种代谢性酸中毒的阴离子间隙增加。阴离子间隙的主要组成是磷酸、乳酸及其他有机酸。如果是由于碳酸氢根离子丢失或盐酸增加引起的酸中毒，其阴离子间隙为正常。相反，如果由于有机酸产生增加或硫酸、磷酸等的潴留而引起的酸中毒，其阴离子间隙则将是增加。前者多因腹泻、肾小管酸中毒及快速静脉治疗所致；后者常由尿毒症、酮体酸中毒（糖尿病、长期不进食）、乳酸酸中毒（组织缺血、缺氧）等引起。

2. 临床表现 常见于产酸过多（高热性疾病、严重感染）、碳酸氢根丢失过多（肠梗阻、腹泻）、急性肾功能衰竭等。临床表现呼吸加强加快，可视黏膜发绀，心率加快，心音亢进，尿少，尿呈酸性反应，多数有严重脱水症状，甚至循环衰竭或休克，二氧化碳结合力下降。在小动物临床，最常见于剧烈腹泻，由于腹泻大量 HCO_3^- 从粪便排出体外，使体内 HCO_3^- 减少，同时因缺水（Na^+ 和水丢失），引起酸性产物积聚，故而加剧酸中毒的发生。

（二）呼吸性酸中毒

呼吸性酸中毒是指肺泡通气不良或肺换气功能障碍，不能充分排出体内的 CO_2，以致血液 PCO_2 增加，引起高碳酸血症。

1. 病因 常因呼吸器官疾病（肺水肿、呼吸道阻塞、肺间质纤维化）、麻醉过深或镇静、镇痛药过量、中枢神经系统疾病、膈麻痹、气胸及血胸等所致。上述原因均可明显影响呼吸，造成通气不足，引起高碳酸血症。

2. 临床表现 可有呼吸困难，换气不足，因麻醉过量者则表现呼吸减数或不规则；急性高碳酸血症时，动物表现神经肌肉功能失调、惊厥、木僵或昏迷。因高碳酸血症引起心输出量增加、血管扩张（但血压正常）和室性心率失常等。

（三）代谢性碱中毒

代谢性碱中毒是指体内氢离子丢失或碳酸氢根离子增多。

1. 病因

（1）胃液丧失过多：严重呕吐、长期胃肠减压等，可丧失大量的氢离子和氯离子。肠液中的 HCO_3^- 未能被胃液中的 H^+ 所中和，HCO_3^- 被重新吸收入血，使血浆 HCO_3^- 升高。

（2）碱性物质摄入过多：服用碱性药物，可中和胃酸，使肠液中的 HCO_3^- 没有足够的 H^+ 来中和，以至于 HCO_3^- 被重吸收入血。

（3）缺钾：低血钾可使 K^+ 从细胞内移至细胞外，每 3 个 K^+ 从细胞内释出，就有 2 个 Na^+ 和一个 H^+ 进入细胞内，引起细胞内酸中毒和细胞外的碱中毒。同时在血容量不足的情况下，机体为了保存 Na^+，经远曲小管排出的 H^+ 及 K^+ 则增加，HCO_3^- 的回收也增加，更加重了细胞外液的碱中毒及低血钾症。

（4）使用利尿剂：呋塞米、依他尼酸等能抑制近曲小管对 Na^+ 和 Cl^- 的再吸收，而并不影响远曲小管内 Na^+ 与 H^+ 的交换。因此，随尿排出的 Cl^- 比 Na^+ 多，回入血液的 Na^+ 和 HCO_3^- 增多，发生低氯性碱中毒。

2. 临床表现 一般无明显症状，或类似于低血钙症。呼吸浅而慢，或有神经方面的异常，如惊厥、感觉异常、肌肉抽搐、也可见心律失常、低钠血症和低磷血症。

（四）呼吸性碱中毒

呼吸性碱中毒系指由于肺泡通气过度，体内生成的 CO_2 排出过多，以致血液 CO_2 分压降低，最终引起低碳酸血症，血 pH 上升。

1. 病因 引起通气过度的原因很多。常见的有：害怕、恐惧、发热、疼痛、创伤、败血症、中枢神经系统疾病、低血氧症、低钠血症、妊娠及机械性呼吸不当等。

2. 临床表现 症状比呼吸性酸中毒轻。急性低碳酸血症引起脑血管收缩，继而发生脑血流减少，表现为感觉异常、肌阵挛、强直和肌腱剧烈深反射、心跳加快、S-T 波下降、节律失常，严重者则出现晕厥或惊厥、呕吐等症状。

二、酸碱平衡紊乱的治疗

在临床中注意恢复血容量的同时应纠正酸碱平衡失调。轻度的代谢性酸（碱）中毒，在补充血容量的输液中可得到纠正，但是对待严重的代谢性酸（碱）中毒，则必须根据二氧化碳结合力等数据给予有针对性的治疗措施。

补钾必须等血容量恢复和尿量增加后方可开始。在发生胃肠炎时，特别是内毒素中毒后，往往血钾降低。这是因为腹泻、组织破坏、糖原分解可以失钾。大量输入钠盐、葡萄糖液后，尤其是配合胰岛素应用时，更可使大量血钾进入细胞内。据测试，临床上急性胃肠炎患犬血清钾比正常犬的要低50%～80%，故胃肠炎病犬在输入一定量的液体而开始排尿后，要适时补钾。

水、电解质和酸碱平衡失调是临床上很常见的病理生理改变。无论哪一种平衡失调，都会造成机体代谢的紊乱，进一步恶化则可导致器官功能衰竭，甚至死亡。因此，如何维持动物水、电解质及酸碱平衡，如何及时纠正已经产生的平衡失调，成为临床工作者的首要任务。处理水、电解质及酸碱平衡失调的基本原则是：

(1) 充分掌握病史，详细检查动物的体征。多数水、电解质及酸碱平衡失调都能从病史、症状及体征中获得有价值的信息，做出初步诊断。

① 了解是否存在可导致水、电解质及酸碱平衡失调的原发病。例如严重的呕吐、腹泻、长期摄入不足、严重感染或脓毒血症等。

② 有无水、电解质及酸碱平衡失调的症状及体征。例如脱水、尿少、呼吸浅快、精神异常等。

(2) 及时的实验室检查。主要有血、尿常规，血细胞比容，肝肾功能，血糖，血清K^+、Na^+、Cl^-、Ca^{2+}、Mg^{2+}及P（无机磷），动脉血气分析等。

(3) 根据病史及实验室检查情况，确定水、电解质及酸碱平衡失调的类型及程度。

(4) 在积极治疗原发病的同时，制订纠正水、电解质及酸碱平衡失调的治疗方案。

① 积极恢复动物的血容量，保证循环状态良好。

② 缺氧状态应予以积极纠正。

③ 严重的酸、碱中毒的纠正。

④ 重度高钾血症的治疗。

纠正任何一种失调不可能一步到位，用药量也缺少理想的计算公式。临床上应密切观察病情变化，边治疗边调整治疗方案。

(一) 代谢性酸中毒

常用的是碳酸氢钠。首先要测出病犬、猫的二氧化碳结合力（CO_2-CP），再计算出所需补入的碱基。按此公式计算：需补入碱基（mEq/L）=（正常CO_2-CP－病犬、猫CO_2-CP）×体重（kg）×细胞外液占体重的百分比。

5%碳酸氢钠含碱基595 mEq/L，需输入5%碳酸氢钠的数量（L）=补入碱基/595。将5%碳酸氢钠溶液加入到5%葡萄糖溶液中稀释成1.25%溶液再输入。先输入1/3或1/2量，然后需要病情需要继续补液或停止补液。

(二) 代谢性碱中毒

首先积极治疗原发病，静脉注射生理盐水或5%葡萄糖盐水，也可用氯化铵，稀释成等渗溶液输入。如果缺钾，应该用氯化钾补钾。

(三) 呼吸性酸中毒

首先去除致病因素，调整肺换气功能，促进二氧化碳的排除。若上呼吸道阻塞，可做气管切开术。若中枢抑制性呼吸性酸中毒，可用尼克刹米、咖啡因等中枢兴奋药，必要时可输氧。

（四）呼吸性碱中毒

可采用5％二氧化碳的氧气吸入，如有痉挛症状，可静脉注射10％葡萄糖酸钙。

1. 名词解释：脱水　酸碱平衡失调　呼吸性酸中毒　呼吸性碱中毒　代谢性酸中毒　代谢性碱中毒。
2. 输液主要用于哪些方面？
3. 临床上可以通过哪些途径补液？
4. 常用的补液药剂有哪些？如何应用？
5. 叙述常见体液平衡失调的原因、类型、临床表现及补液的原则和方法。
6. 怎样诊断犬、猫的酸碱平衡失调？输液时应怎样进行，遵循什么原则，如何治疗？
7. 补液的注意事项有哪些？

第十一章

常用外科保健手术

一、去 势 术

1. 适应证 雄性犬、猫去势使其行为更温顺，消除雄性犬、猫因发情造成的不良性行为，治疗睾丸、阴囊感染、睾丸癌、创伤及雄性激素分泌过剩等疾病。

2. 术前准备 术前停食、停水 6~8 h，血常规、生化检查，全身麻醉，仰卧保定，充分暴露会阴部，术部清洗、剃毛、消毒。

3. 术式

（1）术者用拇指、食指、中指将犬或猫的睾丸挤入阴囊底部，使两个睾丸位于阴囊缝际两侧，切口位于上侧睾丸距阴囊缝际 0.3~1.0 cm 处，依次切开阴囊皮肤、内膜和总鞘膜。将睾丸挤出并分离出精索和血管。在睾丸上 3~5 cm 处结扎精索及血管，在结扎线下方 1 cm 处切断精索、血管，摘除睾丸。将精索、血管断端退入鞘膜管内。按相同方法在同一切口摘除另侧睾丸，术部清理后消毒。

（2）犬也可将切口确定于腹正中线阴囊上方 3~5 cm 处，将睾丸分别挤至切口，按上述方法分别摘除。切口做皮肤内缝合后涂以 2‰碘酊，着装腹绷带，7~10 d 拆线。

4. 术后护理 术后停食、停水 12 h，补液，观察术部是否有出血，如有较多出血表明结扎线松脱，需找出断端重新结扎止血。

5. 注意事项

（1）术前空腹，全身体检。

（2）术后犬、猫主人将犬、猫带回家的途中，如动物仍处于麻醉状态，要确保其呼吸道畅通，防止窒息死亡。

（3）犬、猫主人回家后，不要灌喂犬、猫药物、食物、水等，防止误入气管。

（4）在犬、猫完全清醒前，有可能因认不清主人和自我保护而抓咬主人。

（5）术后为犬、猫滴少量低刺激性眼药以防角膜过分干燥，角膜发炎。

（6）连续使用抗生素 5~7 d，防止继发感染。

二、隐睾去势术

雄性动物单侧或双侧睾丸未下降至阴囊而滞留于腹股沟管或腹腔内，称为隐睾。为先天性发育缺陷，有遗传性。多为一侧性，可分为腹腔型和腹股沟型。如果隐睾已通过腹股沟进入皮下组织，手术同普通去势术，如果在腹腔，则需进行开腹手术。

1. 适应证　腹腔型隐睾。

2. 器械　一般软组织切开、止血、缝合器械。

3. 保定与麻醉　全身麻醉。仰卧保定。

4. 术部　阴茎根部沿腹白线向上切开。

5. 术式　切开腹壁3～10 cm，术者食指进入腹腔，分别在膀胱上方、腹股沟区探查，找到睾丸后将其引出切口，结扎精索后除去睾丸。如为双侧性隐睾，则按相同方法将另外一个睾丸切除。常规方法闭合手术通路，着装腹绷带。

6. 术后护理　全身抗感染处置。

7. 注意事项　同去势术。

三、卵巢摘除术

1. 适应证　常用于使母犬、猫绝育，也适用于卵巢囊肿、卵巢肿瘤等疾病。

2. 器械　一般软组织切开、止血、缝合器械。

3. 保定与麻醉　仰卧保定，全身麻醉。

4. 术部　腹正中线的脐部至耻骨前缘。

5. 术式　猫由脐后0.5 cm处沿腹白线向后做1.5～3 cm长的切口，犬由脐孔处沿腹白线向后做3～10 cm长的切口。用食指或拉钩进行腹腔探查。左右卵巢分别位于左右肾脏后方的腰沟内。用食指或小钝钩将卵巢或输卵管钩住并拉至创口，用两把止血钳穿过子宫阔韧带无血管处，夹住卵巢两侧的输卵管和卵巢系膜，分别结扎输卵管、部分子宫阔韧带及卵巢系膜、另一部分子宫阔韧带，摘除卵巢。同法摘除另一侧卵巢。常规方法闭合腹壁。着装腹绷带。

6. 术后护理　全身抗感染处置。

7. 注意事项　同去势术。

四、剖宫产术

1. 适应证　难产或经助产后仍无法解决时，需立即实施剖宫产。

2. 器械　一般软组织切开、止血、缝合器械。

3. 保定与麻醉　仰卧保定。全身麻醉，母体衰竭时应局部麻醉。

4. 术部　腹正中线的脐上至耻骨前缘。

5. 术式　犬由脐上2.5～3.0 cm处沿腹正中线向下切开5～20 cm，猫由脐孔处沿腹正中线向下切开5～10 cm。常规切开腹壁皮肤、肌肉、腹膜各层组织，用手缓缓拉出两侧子宫角，用消毒纱布与切口隔离。在最靠近子宫体胎儿处的子宫角大弯处纵行切开子宫4～6 cm。轻轻挤压靠近切口处的胎儿，当胎儿被推至切口处时将之拉出并一同拉出胎膜，结扎或挫断脐带。依次取出该侧胎儿，另侧子宫角的胎儿最好也在此切口取出。胎儿数多或子宫收缩强烈，也可切开对侧子宫，胎盘完全清除后缝合子宫，黏膜层连续缝合，浆膜层做包埋缝合，用温青霉素生理盐水冲洗子宫后还纳腹腔。常规方法闭合腹腔，并包扎腹绷带。

6. 术后护理 犬、猫苏醒后再与幼仔放在一起，注意腹绷带要露出乳头。连续应用抗生素 5~7 d，10 d 后拆线。

五、眼睑内翻整复术

1. 适应证 部分眼睑内翻刺激眼球，常见于松狮等品种犬。
2. 器械 一般软组织切开、止血、缝合器械。
3. 保定与麻醉 侧卧保定，固定头部。全身麻醉。
4. 术式 眼周围剃毛、消毒。在距离眼睑缘 1.5~2.5 cm 与眼睑平行部位进行第一切口。切口的长度要比内翻部的两端稍长为合适。然后再从第一切口与眼睑缘之间做一个半月状第二切口，其长度与第一切口长度相同。其半圆最大宽度应根据内翻的程度而定。将已切开的皮肤瓣包括眼轮肌的一部分一起剥离切除，而后将切口两缘拉拢，结节缝合。
5. 术后护理 术后防止犬、猫抓挠伤口，10 d 后拆线。

六、犬外耳道外侧壁切除术

1. 适应证 外耳炎时耳道增生、药物治疗无效、引起软骨性外耳道狭窄、肿瘤、外耳道先天性畸形等。
2. 器械 一般软组织切开、止血、缝合器械。
3. 保定与麻醉 患耳在上侧卧保定，全身麻醉。
4. 术部 外耳道、耳廓。
5. 术式 彻底清理外耳道，耳基部、耳廓二面都要剪毛消毒，将耳提起做四角形覆盖。后方由耳屏间切痕起，前方则由耳轮切痕开始，从下方切开并渐渐向中央会合，使成为一 U 形切创。可将耳屏牵引向背侧以便于切创。将软骨垂直部剪成两半，并随着耳道方向向前后切一小切创，结节缝合，现将外耳道软骨创缘与同侧皮肤创缘结节缝合。
6. 术后护理 全身应用抗生素、止痛剂，7~10 d 拆线。

七、唾液腺切除术

1. 适应证 犬唾液腺囊肿。
2. 局部解剖 犬的唾液腺包括腮腺、颌下腺、舌下腺、颧骨腺及一些小的唾液腺。常发生囊肿的唾液腺主要是颌下腺和舌下腺。颌下腺呈近似于圆形、黄白色的腺体，周围被纤维囊包裹，位于颌外静脉与颈静脉的交汇处，上面被腮腺覆盖，其余部分位于皮下浅层。腺管自腺体深面而出，沿枕颌肌及茎舌肌表面前行，开口于舌系带近旁的乳突上。
3. 器械 一般软组织切开、止血、缝合器械。
4. 保定与麻醉 全身麻醉。仰卧保定，颈下垫以沙袋，头稍侧转，将颈部伸展，颌下腺、舌下腺位于上方。
5. 术部 唾液腺囊肿处。

6. 术式 术部常规剃毛、消毒。切开皮肤、皮下组织，钝性分离颈阔肌、脂肪组织，继续分离，暴露出颌下腺纤维囊，切开纤维囊，暴露颌下腺及舌下腺，将腺体与囊壁分离，在腺体腹侧分离动、静脉并结扎、切断，分离整个腺体至二腹肌下面，钝性分离二腹肌和茎突舌骨肌，把腺体经二腹肌拉向一侧，再分离覆盖腺导管的下颌舌骨肌，双重结扎腺导管及舌静脉并切断，摘除腺体，于纤维囊内安置引流管，连续缝合颈阔肌及腺体囊壁，结节缝合皮下组织和皮肤，并固定引流管。

7. 术后护理 术后连续应用 5～7 d 抗生素，术后第 3～5 天除去引流管，引流孔可不作处理。

八、瞬膜腺增生物切除术

1. 适应证 浅第三眼睑（浅瞬膜）腺增生。
2. 器械 手术剪、止血钳、创巾钳。
3. 保定与麻醉 俯卧或健侧卧保定，全身麻醉。
4. 术式 用创巾钳夹住增生的腺体，向眼外方牵拉，用止血钳夹在增生腺体和软骨之间，用剪刀沿止血钳切除增生物。为防止出血，可于切口滴注 0.1% 肾上腺素或轻微烧烙止血。
5. 术后护理 术后用氯霉素眼药水滴眼 3～4 d。

九、眼球摘除术

1. 适应证 化脓性眼球炎治疗无效、眼球内肿瘤、高度角膜变形、眼球严重损伤无治愈希望等。
2. 保定与麻醉 健侧卧保定，全身麻醉，配合眼球周围浸润麻醉或眼窝裂沟传导麻醉。
3. 器械 眼科弯剪及常规手术器械。
4. 术式 用创巾钳开张上下眼睑，以镊子夹住巩膜固定眼球，用眼科弯剪沿眼球周围做环形切口，剪开球结膜，用钳子或锐钩牵拉眼球，同时分离结膜下脂肪组织及眼直肌附着部，用弯剪伸至球后剪断眼球肌及视神经，取出眼球后，立即用适量纱布塞入眶内，进行压迫止血，然后将上下眼睑做间断缝合，装眼绷带。
5. 术后护理 术后肌肉注射抗生素 5～7 d。一周后拆除眼睑缝合线，取出眼内纱布。

十、声带摘除术

1. 适应证 消除或降低犬的叫声。
2. 器械 一把双钝头小号弯剪及常规组织切开、止血、缝合器械。
3. 局部解剖 胸骨舌骨肌是一条较大的肌肉，其起始部主要为第一肋软骨。其上 1/3 覆盖喉的腹部，犬的喉头比较短，环状软骨的软骨板很宽广，后关节面在一峰状隆起的后侧方，距离后缘较远，为凹面，与甲状软骨后角为关节。环状软骨弓的前缘下部凹入，有环甲软骨韧带附着，环甲软骨呈三角形，底边附着于环状软骨弓的前缘，三角的两侧边附着于甲状切迹的两侧缘。腹面有纵走的增强纤维，背侧甲状切迹有横行纤维。甲状软骨的软骨板高而短。腹侧缘互相融接形成软骨体，体的前部有一显著的隆起，可用手触之，但在生活状态不易看到。

4. 保定与麻醉　仰卧保定，头颈伸展，头的位置低于喉部。由口腔切除喉室声带则用开口器将犬的口腔打开，全身麻醉。

5. 术部　喉切开喉室声带切除术以甲状软骨突起为手术切开部位。

6. 术式　可分为两种路径。

（1）口腔摘除法：不切开喉，在口腔内摘除声带。首先用压舌板压低会厌软骨尖端，暴露喉的入口，V形的声带位于喉口里边的喉腹面的基部，用一弯形长止血钳，钳夹声带的背面、腹面和后面，剪开钳夹处黏膜并切除，电灼止血或用纱布压迫止血。术后要将犬的头部位置放低，并尽量减少引起动物咳嗽的因素。

（2）喉切开摘除法：颈部腹侧正中线上皮肤常规剃毛、消毒。以甲状软骨突起处为切口中心，向上下切开皮肤 3 cm，分离胸骨舌骨肌至喉腹正中线两侧，充分暴露环甲软骨韧带和喉的甲状软骨，并充分止血。以甲状软骨突起为中点切开甲状软骨 2～3 cm，暴露喉室、声带。用镊子夹持声带黏膜，用手术剪完整地剪除声带。手术中应尽量避开声带背面附近喉动脉的分支，如果喉动脉的分支发生出血，可结扎止血。彻底止血后，间断缝合甲状软骨，全层连续缝合胸骨舌骨肌，再结节缝合皮肤。

7. 术后护理　术后为防止声带创面出血，可注射止血剂，并将其头部放低，10 d 后拆线。

十一、气管切开术

1. 适应证　各种病因引起的犬、猫上呼吸道完全或不完全阻塞危及生命时。

2. 器械　金属气导管或 T 形橡胶导管及一般软组织切开、止血、缝合器械。

3. 保定与麻醉　侧卧或仰卧保定，使颈伸直，局部浸润麻醉及全身麻醉。

4. 术部　在颈侧上 1/3 与中 1/3 交界处，颈腹正中线上做切口。

5. 术式　沿正中线 5～7 cm 的皮肤切口，切开浅筋膜、皮肌，用创钩扩开创口，进行止血并清洗创内积血，在创口的深部寻找两侧胸骨舌骨肌之间的白线，用外科刀切开，张开肌肉，再切深层气管筋膜，则气管完全暴露。在气管切开之前再度止血，以防创口血液流入气管。将两个相邻的气管环上各切一半圆形切口，即形成一椭圆创口（深度不得超过气管环宽度的 1/2），合成一个近圆形的孔。切气管环时要用镊子牢固夹住，避免软骨片落入气管中。然后将准备好的气导管正确的插入气管内，用线或绷带固定于颈部。皮肤切口上、下角各做 1～2 个结节缝合，有助于气管的固定，若没有已备的气导管时，可用铁丝制成双 W 形代替气导管。为防止灰尘、蚊蝇、异物吸入气管内，可用纱布覆盖气导管的外口。

6. 术后护理　气管切开后要注意观察护理，防止犬摩擦术部或用爪抓掉气导管。每日清洗气导管，除去附着的分泌物和干涸血痂。注意气导管气流声音的变化，如有异常立即纠正。根据上部呼吸道病势的情况，若确认已痊愈，可将气管环取下，创口作一般处理，皮肤做结节缝合。如有感染，待第二期愈合。10 d 后拆线。

十二、胃切开术

1. 适应证 取出胃内异物、摘除胃内肿瘤。
2. 器械 一般软组织切开、止血、缝合器械。
3. 保定与麻醉 仰卧保定,全身麻醉。
4. 术部 剑状软骨与脐连线的腹正中线上。
5. 术式 于剑状软骨与脐连线的腹正中线切开腹壁腹膜。将胃的大半部轻轻拉出。胃的周围用大隔离巾与腹腔及腹壁隔离,以防切开胃时污染腹腔。

切开胃大弯部(要注意避开血管),创缘用舌钳牵拉固定,防止胃内容物浸入腹腔。必要时扩大切口,取出胃内异物或探查胃内各部(贲门、胃底、幽门窦、幽门)进行其他手术。用温青霉素、生理盐水冲洗或擦拭胃壁切口,然后做全层连续缝合及第二层的连续内翻水平褥式浆膜肌层缝合,再用温青霉素、生理盐水冲洗胃壁,然后将其还纳于腹,腹壁常规闭合。

6. 术后护理 术后静脉补液,48 h 后开始给予少量易消化的流食。连续应用抗生素 5~7 d,10 d 后拆线。

十三、肠管切开术

1. 适应证 取出肠道内的异物及结粪。
2. 器械 一般软组织切开、止血、缝合器械两套,肠钳 4 把。
3. 保定与麻醉 仰卧保定,全身麻醉。
4. 术部 脐下腹中线上。
5. 术式 于脐下 1~2 cm 腹中线上切开腹壁各层组织,剪开腹膜。手伸进腹腔探查病变肠段,发现病变肠段后将之轻轻拉出腹壁切口,用隔离巾隔离。判断肠管,若有活力,用肠钳夹病灶两端的肠管管腔,在靠近异物一端的肠管背侧纵向一次全层切开肠管,切口以略大于异物横径为主。轻轻拉出异物,若为结粪可将之挤出。肠壁切口用温青霉素、生理盐水冲洗后开始缝合,先做一层连续全层缝合,再做一层浆膜肌层内翻缝合,在缝合第二层前撤除隔离巾,彻底冲洗、消毒肠壁切口。手术转为无菌手术。

6. 术后护理 术后 24 h 开始给予少量流食,静脉补充营养物质。连续应用抗生素 5~7 d,10 d 后拆线。

十四、肠管切除及肠吻合术

1. 适应证 各种疾病造成肠管坏死时。
2. 器械 一般软组织切开、止血、缝合器械两套,肠钳 4 把。
3. 保定与麻醉 仰卧保定,全身麻醉。
4. 术部 脐下腹中线上。
5. 术式 于脐下 1~2 cm 腹中线上切开腹壁各层组织,剪开腹膜。全层切开腹壁后,腹腔探查，轻轻拉出病变肠段，经鉴定已发生坏死后，将病变肠管隔离，确定切除范围，双重结扎向切除段的肠管供血的肠系膜动脉及其边缘分支，用肠钳分别钳夹预定切除线外1 cm处的健康肠段，预定切除线应成一定角度以保证肠管有良好血液供应。切除病变肠段，用剪刀剪去结扎线之间的肠系膜，剪去外翻的肠黏膜，进行断端缝合，采用肠壁全层连续缝合。浆膜肌层用丝线做间断内翻缝合。接着将肠黏膜做螺旋连续缝合，用温生理盐水冲洗后送入腹腔，最后闭合腹壁切口，装着腹绷带。

6. 术后护理 术后禁食48 h，然后给予少量流食，充分饮水，水中可加入适量的食盐，并注意维生素的补充，术后5～7 d内应用抗生素，10 d后拆线。

十五、开 胸 术

1. 适应证 适用于膈修补、右主动脉弓残迹手术、胸腔内食道异物手术、肺叶切除术及心脏手术等。

2. 器械 一般软组织切开、止血、缝合器械，呼吸麻醉机。

3. 保定与麻醉 根据需要行侧卧、半侧卧或仰卧保定。吸入麻醉，正压间歇通气。

4. 术部 犬肋骨一般是13对，其中9对是真肋，4对假肋，最后肋骨常为浮肋。肋骨体窄而厚，弯度很大，胸骨长，有8个胸骨片。肋骨表面有锯肌，腹侧是胸肌，背侧表面是背阔肌。胸内动、静脉在胸骨与肋骨结合的背侧前后穿行，肋间隙有肋间内肌、肋间外肌，前部的肋软骨间隙缺肋间外肌，在肌间有血管及神经束。

前胸手术常选在第2～3肋间；心脏和肺门区手术选在左侧第4～5肋间；后部食管和膈疝手术选在第8～9肋间作为手术通路。术前需要根据X线片等诊断确定切口部位。

表11-1 开胸术切口部位

发病部位	切口部位
持久性右主动脉弓（PRAA），心前区食管	左侧第4～5肋间
动脉导管未闭（PDA）	左侧第5～6肋间
肺前叶	同侧第5～6肋间
肺中叶	同侧第6～7肋间
肺后叶	同侧第6～7肋间
心后区食管	右侧第6～9肋间

5. 术式 侧卧保定，术部常规剃毛、消毒。依次切开皮肤及各层肌肉，将背阔肌向背侧掀起或平行于肋骨切开，再切开下锯肌和胸肌，充分暴露肋骨后，在肋骨表面沿长轴切开骨膜并分离至肋软骨关节处，切断并取出肋骨，用钝头手术剪剪开胸膜，避免破坏肺组织，胸腔开放的同时实施正压间歇给氧。将湿灭菌敷料放置于切口的边缘，安置开张器，扩开切口。

闭合胸腔：在切口两侧肋骨前后方用丝线做减张缝合，连续缝合骨膜和胸膜，在最后一针完全闭合前，应使肺充盈到最大，这样可以最大限度的消除气胸，然后用生理盐水洒到切口上，观察是否漏气，待确定胸腔闭合后，可以停止呼吸机，一般 1～3 min 可恢复自主呼吸，然后缝合创口。

间歇正压通气技术：是开胸术中支持动物呼吸的重要手段。

(1) 通气量：通常状况下，潮气量 V 为每千克体重 10～30 mL，正常通气量为每千克体重 150～200 mL/min，上呼吸道的死腔有明显增加时，通气量可升高至每千克体重 250 mL/min，半开放系统人工通气时可达每千克体重 300～500 mL/min，通气前 15～30 min 保持氧气通气量在每千克体重 30～50 mL，然后控制每千克体重 10～30 mL。

(2) 通气频率：正常情况下呼吸频率为 10～30 次/min，麻醉时通气频率为 6～10 次/min，呼吸比应控制在 1∶2 或 1∶3。

(3) 通气压力：胸腔未开放时，通气正压控制在 980.665～1 961.33 Pa 最佳，而胸腔开放后可控制在 1 961.33～2 941.995 Pa（体重较小的动物可控制在 980.665 Pa），手术中动物呼吸加深时，压力可控制在 2 941.995 Pa。

6. 术后护理

(1) 急性胸膜炎：由于手术无菌处理不当所致，可通过穿刺或胸导管冲洗胸腔。

(2) 气胸：手术闭合不严或胸导管放置不当，通过穿刺或胸导管抽吸，恢复负压。

十六、膀胱切开术

1. **适应证** 膀胱结石、膀胱肿瘤。
2. **器械** 导尿管，一般软组织切开、止血缝合器械。
3. **保定与麻醉** 仰卧固定，全身麻醉。
4. **术部** 从耻骨前缘至脐部剃毛消毒，雌性从耻骨前缘向脐部在腹白线上切开 5～10 cm，雄性在阴茎侧方 2～3 cm 做腹中线的平行切口。
5. **术式** 切开皮肤，将腹直肌与皮肤同方向切开达腹膜，外科镊子夹住腹膜切一小口，用组织钳把腹膜固定在腹直肌上，以防止腹膜滑脱，再继续切开腹膜与皮肤创同长，用创钩向左右拉开，手指伸入腹腔探查，膀胱内充满尿液时，易触及膀胱体，膀胱空虚退到骨盆腔内，手指伸向骨盆腔，触到核桃大表面有皱襞感的即为膀胱。将膀胱拉到创口。如尿充满时，用装有细针头的注射器，避开膀胱血管刺入膀胱尖吸出尿液，膀胱缩小后用组织钳固定膀胱尖并向上牵拉，避开或钳住膀胱壁血管，在膀胱尖切开 2～3 cm，用麦粒钳或锐匙除去结石。若有膀胱肿瘤的，可在膀胱尖或膀胱体切开 4～6 cm，翻转膀胱黏膜面，除去肿瘤。探查结束后，用生理盐水冲洗膀胱腔，以肠线连续缝合膀胱切口的全层，再做浆膜肌层内翻缝合，常规闭合腹腔。
6. **术后护理** 术后按常规给予抗生素，10 d 后拆线。

十七、腹股沟疝手术

1. **适应证** 腹腔脏器小肠、大网膜、子宫、膀胱等经腹股沟环脱出至腹股沟处。
2. **保定与麻醉** 仰卧保定，全身麻醉。
3. **器械** 一般软组织切开、止血、缝合器械。

4. 术式 在腹股沟管外环处做一 4~8 cm 纵切口,钝性分离总鞘膜周围的结缔组织,使总鞘膜全部游离,还纳其中的内容物,将总鞘膜和睾丸一起沿精索的纵轴扭转 360°~480°,用 7 号双股丝线在近内环处贯穿结扎总鞘膜和精索,在结扎线下方 1 cm 处,切断总鞘膜和精索,除去睾丸。将结扎线的线尾固定缝合在内环两侧缘上,以闭塞内环口,防止内脏再脱出。同时在靠近内环附近的疝轮缝合 1~2 针,最后缝合皮肤。

5. 术后护理 术后按常规给予抗生素,10 d 后拆线。

十八、尿道切开术

1. 适应证 尿道结石、尿道新生物。

2. 器械 导尿管,一般软组织切开、止血、缝合器械。

3. 麻醉 全身麻醉。

4. 术部 因结石所在部位不同,可分为尿道上部和尿道下部切口。犬下部尿道结石发生较多,上部结石发生较少。

5. 保定及术式

(1) 尿道下部切口:仰卧保定。尿道内插入导管,在阴茎骨后方正中线上切皮 3~4 cm,依次切开皮下结缔组织,阴茎后提肌,尿道海绵体和尿道黏膜,做 1~2 cm 尿道创口,用小锐匙插入尿道内除去结石,由创孔将插管插入深部尿道,检查是否疏通。创口可以开放或用细肠线缝合,留置尿道插管。对于阴茎伸出包皮的可以不做皮肤创口。

(2) 尿道上部切口:仰卧保定,两后肢向前方,露出会阴部。术部为坐骨弓与阴囊中间,切开皮肤 4~6 cm。出血多时结扎血管止血,其他与前法相同。

6. 术后护理 术后注意观察排尿情况。如尿闭或排尿困难时,应及时拆线。

十九、尿道造口术

1. 适应证 尿道结石的手术疗法、尿道畸形、尿道损伤等。

2. 器械 一般外科手术器械,导尿管等。

3. 保定与麻醉 仰卧保定,全身麻醉。

4. 术部 根据结石所在部位确定,可分为尿道上部、尿道下部和阴囊基部等。

5. 术式 术前禁食 24 h,灌肠,除去直肠内粪便并清理肛门囊腺,防止感染。术部剪毛,消毒。

根据结石部位,切口部位可分为以下几种。

(1) 尿道下部切口:先在尿道内插入导尿管,在阴茎骨后方正中线上切开皮肤 2~3 cm,然后依次切开皮下结缔组织,阴茎退缩肌,尿道黏膜,做一 1~2 cm 的尿道创口,用小锐匙插入尿道内取出结石,由尿道口插入导尿管经过切口进入后部尿道直至膀胱,检查是否疏通。如果尿道畅通,可将尿道创口用细可吸收线连续缝合,皮肤结节缝合,留置尿道插管。如果切口以下位置不通,可将创口行造口缝合。首选从尿道黏膜的上点开始,将尿道黏膜的上点与皮肤的上点用可吸收线进行结节缝合,然后将同侧的尿道黏膜和皮肤进行结节缝合,缝合的针间距约 0.5 cm。缝合时注意黏膜与皮肤对合要严密,不要出现皱褶以及内翻、外翻的现象。

（2）阴囊基部切口：在阴囊的中部横向、环形切开，暴露总鞘膜和睾丸，在鞘膜颈的部位进行双重结扎，将两侧的总鞘膜和睾丸摘除；分离阴茎周围的组织，充分显露阴茎和尿道，切开尿道，取出尿道内的阻塞物，将导尿管插入后部尿道至膀胱中，检查尿道是否通畅，然后进行尿道造口缝合。

（3）会阴部切开造口：先插入导尿管，在肛门与阴囊基部连线的中点切开皮肤 2～3 cm，分离皮下组织暴露阴茎，分离阴茎海绵体肌，显露尿道，在尿道中部纵向切开尿道 1.5 cm（尿道切开的长度应小于切口的长度），将皮肤上切口的终点和尿道上切口的终点用可吸收线进行结节缝合，然后向下将尿道黏膜和皮肤进行结节缝合，针间距约 0.25 cm。

（4）尿道上部切口：术部为坐骨弓与阴囊中间，切开皮肤 4～6 cm。注意止血，其他方法同上。

6. 术后护理　注意观察排尿情况，连续应用抗生素 5～7 d。

二十、犬肛门囊摘除术

1. 适应证　慢性肛门囊炎、肛门囊脓肿、肛门囊瘘、肿瘤等。

2. 器械　一般软组织切开、止血、缝合器械。

3. 保定与麻醉　腹卧保定，尾部向抬起固定，暴露出肛门部，全身麻醉。

4. 术部　肛门侧下方 1～2 cm，4 点和 8 点处。

5. 局部解剖　犬的肛门下方两侧各有一个特殊的腺体称为肛门囊。肛门囊位于肛门内、外括约肌和肛提肌之间，呈球形。根据犬的体型大小其肛门囊大小不等，有长约 1 cm 的排泄管沿肛门内、外括约肌之间开口于肛门两侧，内括约肌和囊壁之间的下方有直肠动脉的两个分支。

6. 术式　术前 24 h 禁食，灌肠，防止粪便污染手术部位，清空肛门囊内容物，并用 0.1% 新洁尔灭溶液清洗肛门部周围，术部消毒。用探针插入肛门囊底部作为标记，沿着探针切开皮肤、肛门囊，用止血钳夹住囊壁，分离肛门囊与周围的结缔组织，将肛门囊、导管及其开口完整摘除，充分止血，从创腔底部开始缝合，勿留死腔，结节缝合皮肤，局部消毒。同样方法摘除另一侧肛门囊。

7. 术后护理　术后全身、局部连续应用抗菌素防止感染，佩戴颈圈，防止啃咬。7 d 后拆线。

二十一、立 耳 术

1. 适应证　犬的美容立耳术常见于某些特定的品种，如大丹犬、拳师犬、杜宾犬、高加索犬、雪纳瑞犬、纽波利顿犬等，主要是犬展比赛的要求，以及某些人对外观的喜好。但是由于此类手术对于动物痛苦较大，在没有麻醉机的情况下，最好不做。

断耳术一般应在头部发育已稳定，软骨发育旺盛的 2～3 月龄进行。手术应考虑到不同品种犬耳的标准类型，主人的爱好、脸的形状等。

2. 器械　一般组织切开、止血、缝合器械。断耳夹子或肠钳。

3. 保定与麻醉 伏卧保定，全身麻醉（最好使用吸入麻醉）。

4. 术式 常规处理手术部位。用耳夹（或肠钳）固定耳部手术部位，用手术剪沿耳尖外侧边缘切除耳夹子固定的耳外侧部分，参照切除部分，同法切除对侧耳缘。较大的血管用止血钳捻转止血，用剪刀尖分出约 0.2 cm 的耳内侧皮肤，使其边缘与耳软骨组织分离，然后用可吸收肠线（3 号或 4 号）缝合，缝合尽可能不穿透软骨，缝合后用碘酊消毒，可用肠线在耳根部和耳上 1/4 处缝合固定。

5. 术后护理 大多数犬耳手术后不用绷带包扎，但要戴防抓脖圈。每天用碘酊消毒。

6. 注意事项

（1）耳部有耳螨等寄生虫感染或患有软骨病的犬，最好不要进行立耳手术。

（2）加强护理，防止术后感染。

（3）完全消肿后，可以做立耳固定。一般需要用绷带或抗过敏胶带固定 1～2 周，放开后隔一周再固定一次。

二十二、断尾术

1. 适应证 美容，尾部肿瘤、溃疡、外伤等。

2. 麻醉 全身麻醉。

3. 保定 俯卧保定。

4. 术部 为了美容而断尾一般选在第 2～3 尾椎。

5. 术式 在尾根上装止血带，于切断处的尾椎关节的背面和腹侧面做一 V 形切口，用剪刀将该处的软组织与关节软骨切断，止血，间断结节缝合两皮瓣。装置尾绷带。

6. 术后护理 避免舔咬术部，以防感染，7～10 d 拆线。

二十三、猫截爪术

1. 适应证 猫截爪术是指切除猫第三指（趾）节骨和爪壳的一种手术。截爪后其爪终生不长，以防止猫爪损伤家俱，衣服和抓伤人的皮肤。猫的前肢爪尖锐、损伤性大，故常截除前肢爪，后肢爪一般不截除，其后肢爪在行走时起与地面牢固接触的作用，以利行走稳定和敏捷。截爪一般在 6～12 周龄为宜，其优点是出血少，术后并发症低，手术相对快捷简便。

2. 器械 截爪钳及一般软组织切开、止血、缝合器械。

3. 保定与麻醉 腹卧保定，全身麻醉。

4. 术式 动物麻醉后，用止血带在肘上方结扎，由助手将前肢分别握于手中保定，局部剃毛、消毒。

（1）幼年猫截爪术：使用截爪钳，又称截爪钳截爪术。术者用一手的食指和拇指向后推压爪背皮肤和指垫，充分暴露第三指，另一手持截爪钳，套入第三指，在两关节间将第三指节骨剪除。切除时，应将爪嵴全部切除，因为爪的生发层在近端爪嵴，如果爪嵴切除不完全，术后可能再生长，同时注意不能损伤指垫，否则会引起局部出血和术后疼痛。松开止血带，如有出血，可电烙或烧烙止血，充分止血后，结节缝合创缘，包扎压迫绷带。同法截除另一侧指爪。

(2) 成年猫截爪术：术者一手持止血钳夹住爪部向枕部曲转，使背侧关节紧张。另一手持手术刀在爪嵴与第二指骨间隙向下切开皮肤和背侧韧带，暴露关节面，再沿第三指关节面向前向下，将关节两侧皮肤、侧韧带、屈肌腱及其他软组织切断。当切到掌面时，再沿第三指节骨掌面向前切割，这样，可避开指垫。第三指节骨切除后，按上述方法止血、缝合和包扎。

5. 术后护理 连续使用抗生素5~7 d，术后2~3 d可拆除绷带，将猫关在干燥清洁的室内防止创口污染。

二十四、犬悬趾截除术

1. 适应证 犬悬趾截除术是指截除犬后肢第一趾的手术。正常犬后肢第一趾发育不全，其第1、2指骨退化，残留的第三指节骨（爪）仅与皮肤和纤维组织相连接，故称为悬趾，个别犬长出两个悬趾。猎犬的后肢悬趾在狩猎时易受损伤，所以在临床上常施行悬趾截除术；一些小型犬出于美容的目的，也施行该手术。有些犬前后悬指（趾）均需截除。

2. 器械 一般软组织切开、止血、缝合器械。

3. 保定与麻醉 仰卧或俯卧保定，全身麻醉。

4. 术式

(1) 幼年犬悬趾截除术：手术一般在出生后5 d内进行。动物麻醉后，由助手握于手中保定。局部剃毛、消毒后，用手术剪剪除第1、2指节骨，压迫止血。皮肤缝合或用绷带包扎。

(2) 成年犬悬趾截除术：术部剃毛消毒，全身麻醉或镇静配合局部麻醉。用止血钳夹住悬趾爪部，向外拉开，使其与肢离开，用手术刀在悬趾基部椭圆形切开皮肤，分离皮下组织，暴露跖趾（掌指）关节，结扎趾背动脉后，切断关节，皮下做简单的连续缝合，并钮孔状缝合皮肤。用敷料和绷带包扎患部，术后10 d拆除缝线。

二十五、犬股骨头和股骨颈切除术

1. 适应证 股骨颈或股骨头骨折、罗-卡-佩氏病引起的髋关节脱位或坏死、髋关节变形性骨软骨病、各种原因引起的慢性髋关节炎、髋臼或股骨头粉碎性骨折、股骨颈骨折和慢性髋关节脱位伴有股骨头坏死等。

2. 器械 一般软组织切开、止血、缝合器械，股骨颈钳子。

3. 保定与麻醉 患肢向上侧卧保定，全身麻醉，臀部清洗、剃毛、消毒。

4. 术式 以大转子为中心，在股骨干前缘做一弧形切口。分离皮下组织，显露股筋膜、臀中肌和股二头肌，在股前外侧股二头肌与臀筋膜和阔筋膜张肌的结合部，将股二头肌前缘切开，将阔筋膜张肌切断。可见股外侧动静脉，从臀中肌延伸下来。分离皮下组织，暴露大转子。在大转子前方垂直背正中线切开筋膜。按肌纤维方向纯性分离臀浅肌、臀中肌、臀深肌到达髋关节。将骨凿与骨干成45°角并切下股骨颈和股骨头，切后不得留下锐角，用手术剪将连接在股骨颈上软组织剪断，将分离的肌肉回复原位并用可吸收线缝合，皮肤常规闭合。

5. 术后护理 术后不需要特别固定，早期进行手术肢活动对恢复很有帮助。疼痛时可给予止疼药。

1. 犬、猫为何麻醉前要空腹？
2. 为何有些动物在术中容易出血且凝血不良？如何处置？
3. 手术后要嘱咐宠物主人哪些注意事项？

附 录

附录1　犬、猫正常生理值

项 目	参 考 值	
	犬	猫
寿命	10～20岁	8～20岁
性成熟	雄性10～12月龄	雄性7～9月龄
	雌性7～9月龄	雌性5～8月龄
繁殖适龄期限	1～2岁	10～12个月
繁殖期	6年	6年
发情持续时间	4～13 d	3～10 d
排卵时间	发性情后2～3 d	多在交配刺激后24 h
妊娠期	58～63 d	58～63 d
产仔数	1～20只	3～6只
新生仔体重	200～500 g	90～140 g
哺乳期	50～60 d	45～60 d
体温（股内侧）	37.5～39.0 ℃	35.0～39.0 ℃
呼吸数	10～30次/min	20～30次/min
心率	70～120次/min	120～140次/min
成犬脉搏数	60～80次/min	
幼犬脉搏数	80～120次/min	
成猫脉搏数		120～140次/min
幼猫脉搏数		160次/min

附录2　血液常规检验项目及正常值

血液项目和单位	参 考 值	
	犬	猫
红细胞（RBC）$\times 10^{12}$/L	5.5～8.5	5.0～10.0
血细胞比容（HCT）L/L	0.37～0.55	0.24～0.45
血红蛋白（HGB）g/L	120～180	80～150
平均红细胞容积（MCV）10^{-15} L	60～77	39～55

(续)

血液项目和单位	参考值	
	犬	猫
平均红细胞血红蛋白（MCH）10^{12} g	19.5~24.5	13.0~17.0
平均红细胞血红蛋白浓度（MCHC）g/dl	32~36	30~36
白细胞（WBC）$\times 10^9$/L	6.00~17.00	5.50~19.50
叶状中性粒细胞（Seg neutr）%	60~77	35~75
杆状中性粒细胞（Band neutr）%	0~3	0~3
单核细胞（Mon）%	3~10	0~4
淋巴细胞（Lym）%	12~30	20~55
嗜酸性粒细胞（Eos）%	2~10	0~12
嗜碱性粒细胞（Bas）%	少见	少见
血小板（P）%	200~900	300~700

附录3 犬、猫血液生化常规检验项目及正常值

生化项目和单位	参考值	
	犬	猫
总蛋白（TP）g/L	54~78	58~78
白蛋白（ALB）g/L	24~38	26~41
丙氨酸氨基转移酶（ALT）U/L	4~66	1~64
天门冬氨酸氨基转移酶（AST）U/L	8~38	0~20
碱性磷酸酶（ALP）U/L	0~80	2.2~37.8
肌酸激酶（CK）U/L	8~60	50~100
淀粉酶（AMY）U/L	185~700	502~1 843
脂肪酶（Lipase）30℃U/L	0~258	0~143
γ-谷氨酰转移酶（GGT）U/L	1.2~6.4	1.3~5.1
葡萄糖（GLU）mmol/L	3.3~6.7	3.9~7.5
总胆红素（T.Bili）μmol/L	2~15	2~10
直接胆红素（D.Bili）μmol/L	2~5	0~2
尿素氮（BUN）mmol/L	1.8~10.4	5.4~13.6
肌酐（CRE）μmol/L	60~110	62~190
胆固醇（CHO）mmol/L	3.9~7.8	1.9~6.9
甘油三酯（TG）mmol/L	<1.35	<1.8
甲状腺素（T_4）μg/dl	1.208~3.475	2.582~6.842
三碘甲状腺原氨酸（T_3）μg/dl	52.81~118.4	71.39~219.0
钙（Ca）mmol/L	2.57~2.97	2.09~2.74
磷（P）mmol/L	0.81~1.87	1.23~2.07
氯（Cl）mmol/L	104~116	110~123

(续)

生化项目和单位	参 考 值	
	犬	猫
钠（Na）mmol/L	138～156	147～156
钾（K）mmol/L	3.8～5.8	3.8～4.6
镁（Mg）mmol/L	0.79～1.06	0.62～1.03

附录4　犬、猫常用药物一览表

药物类别	常用药物	主要作用	每千克体重用量	用　法
抗菌素类药	青霉素G钠	抗革兰氏阳性菌及少数阴性菌	5万U	肌肉注射或静脉滴注，2次/d
	氨苄青霉素钠	抗革兰氏阳性菌及阴性菌	25～40 mg	肌肉注射或静脉滴注，2次/d
	头孢氨苄	对革兰氏阳性菌及大肠杆菌作用较强	25～50 mg	肌肉注射或静脉滴注，2次/d
	头孢唑啉钠	抗革兰氏阳性菌及阴性菌	25～50 mg	肌肉注射或静脉滴注，2次/d
	头孢拉啶	同头孢唑啉钠，低毒高效	25～50 mg	肌肉注射或静脉滴注，2次/d
	红霉素	主要用于革兰氏阳性菌感染	10～20 mg	口服或静脉滴注，2次/d
	洁霉素	主要用于革兰氏阳性菌感染	10～20 mg	肌肉注射或静脉注射，2次/d
	卡那霉素	广谱抗菌素	2万～3万U	肌肉注射，2次/d
	庆大霉素	广谱抗菌素	0.5万U	肌肉注射，2次/d
	四环素	广谱抗菌素	20～30 mg	肌肉注射或静脉注射，2次/d
	土霉素	广谱抗菌素	25～40 mg	口服，2次/d
	氯霉素	广谱抗菌素	20～30 mg	肌肉注射或静脉滴注，2次/d
磺胺类药	磺胺嘧啶（SD）	对大多数革兰氏阳性菌及阴性菌有抑制作用	50～80 mg	口服或静脉注射，2次/d
	磺胺二甲氧嘧啶（SDM）	长效磺胺药，抗菌谱同（SD）	25～50 mg	口服，1次/d
	磺胺-5-甲氧嘧啶（SMD）	同（SD），抗菌作用更强	50 mg	口服，1次/d
	增效联磺片（SDM-TMP）	同（SMD）	50 mg	口服，2次/d
	复方新诺明（SMZ+TMP）	同（SD）抗菌作用更强	25～50 mg	口服，2次/d

(续)

药物类别	常用药物	主要作用	每千克体重用量	用法
呋喃类及其他抗真菌药	呋喃妥因	多用于泌尿系统感染	10 mg	口服, 2次/d
	痢特灵	多用于肠道炎症	10 mg	口服, 2次/d
	吡哌酸（PPA）	用于泌尿系统感染、肠炎	30 mg	口服, 2次/d
	氟哌酸	用于泌尿系统感染、肠炎	20 mg	口服, 2次/d
	黄连素	多用于肠炎	15 mg	口服, 2次/d
	灰黄霉素	用于各类皮肤真菌病	15 mg	口服, 2次/d
	制霉菌素	用于各种真菌感染	10万 U	口服, 3次/d
	斯皮仁诺	用于各种真菌感染	50 mg	口服, 1次/d
	两性霉素 B	用于各种真菌感染	10 mg	静脉滴注, 1次/2 d
	克霉唑	多外用，用于皮肤真菌病		外用
	达克宁软膏	外用，用于皮肤真菌病		外用
驱虫药	左旋咪唑	驱肠道线虫	10 mg	口服, 1次/d, 连服3 d
	丙硫苯咪唑	驱肠道线虫	10～20 mg	口服, 1次/d, 连服3 d
	氯硝柳胺（灭绦灵）	驱绦虫	100 mg	口服, 1次/d, 2～3周后再服1次
	吡喹酮	驱吸虫、绦虫	5～10 mg	口服1次, 5 d后再服1次
	乙胺嗪（海群生）	驱丝虫	50 mg	口服, 1次/d
	伊维菌素（IVOMEC）	广谱驱虫药	1％ 浓度 0.05 mL	皮下注射, 1次/7 d
	阿维菌素	广谱驱虫药	0.1～0.2 mg	口服, 1次/7 d
全麻药及局麻药	846复合麻醉剂（速眠新）	全身麻醉药	0.04～0.2 mL	肌肉注射
	盐酸氯胺酮	全身麻醉药	10～30 mg	肌肉注射
	硫喷妥钠	短效麻醉剂	15～20 mg	静脉注射
	复方噻胺酮	全身麻醉剂	5 mg	肌肉注射
	戊巴比妥钠	全身麻醉剂	20～35 mg	静脉注射
			2～4 mg	口服
	水合氯醛	全身麻醉剂	0.08～0.1 mg	静脉注射
	乙醚	全身吸入麻醉剂	3％浓度	吸入麻醉
	氟烷	全身麻醉剂	3％浓度	吸入麻醉

（续）

药物类别	常用药物	主要作用	每千克体重用量	用法
全麻药及局麻药	甲氧氟烷	全身麻醉剂	3%浓度	吸入麻醉
	普鲁卡因	局部麻醉、传导麻醉	0.25%～0.5%浓度	浸润麻醉
			2%浓度	传导麻醉
	利多卡因	表面麻醉	1%～2%浓度	表面麻醉
			0.25%～0.5%浓度	浸润麻醉
镇静及抗惊厥药	盐酸二甲苯胺噻唑（静松灵）	镇静、肌松	1.5～2 mg	肌肉注射
	盐酸氯丙嗪（冬眠灵）	镇静	3 mg	口服
			2～3 mg	肌肉注射
			0.5～1.0 mg	静脉注射
	芬太尼	安定	0.02～0.04 mg	肌肉注射或静脉注射
	苯巴比妥	镇静、抗惊厥	0.2 mg	肌肉注射
	苯妥英钠	镇静、抗癫痫	0.1～0.2 g/次	口服
			5～10 mg	肌肉注射
	抗癫灵	抗癫痫	30 mg	口服，1次/d
	扑癫酮	抗癫痫	10 mg	口服，2次/d
解热镇痛及抗风湿药	阿司匹林（乙酰水杨酸）	退热	30 mg	口服，2次/d
	安痛定	止痛，退热	0.1 mL	肌肉注射，2次/d
	安乃近	止痛，退热	5～10 mg	肌肉注射
	骨宁	抗炎镇痛	0.2 mL	肌肉注射，1次/d
	柴胡注射液	退热	0.2 mL	肌肉注射，2次/d
	保泰松	止痛	10～30 mg	口服，1次/d
	炎痛静	消炎，退热，止痛	2～3 mg	口服，2次/d
	炎痛喜康	抗炎，镇痛，抗风湿	1 mg	口服，1次/d
	布洛芬	抗炎，镇痛，解热，抗风湿	6～10 mg	口服，2次/d
中枢神经兴奋药	苯甲酸钠咖啡因（安钠咖）	兴奋呼吸中枢	0.2～0.5 g	口服
			20 mg	肌肉注射或静脉注射
	尼克刹米	兴奋呼吸中枢	20 mg	肌肉注射或静脉注射
	回苏灵	用于麻醉过量，促进苏醒	0.8 mg	肌肉注射或静脉注射
	硝酸士的宁	中枢神经兴奋药	0.1 mg	皮下注射

(续)

药物类别	常用药物	主要作用	每千克体重用量	用法
拟胆碱药	毛果芸香碱	兴奋胆碱受体，收缩平滑肌，用于肠道弛缓及肠道麻痹。青光眼	10～20 mg 1% 溶液	皮下注射 点眼
	新斯的明	用于重症肌无力，肠麻痹	0.03 mg	皮下或肌肉注射，1～2次/d
抗胆碱药	阿托品	解除平滑肌痉挛，抑制腺体分泌，瞳孔放大，用于有机磷中毒，麻醉前给药，散瞳及止吐止泻作用	0.01 mg	口服，1～2次/d
	颠茄	作用同阿托品，但药效较弱	0.5～1 mg	口服，2次/d
	东莨菪碱	抑制腺体分泌作用较强，用于镇静、麻醉前给药、有机磷中毒	0.1 mg	口服，1～2次/d
强心药	盐酸肾上腺素	抢救过敏性休克及心脏骤停	0.05 mg	皮下或肌肉注射，心内注射
	去甲肾上腺	用于各种休克	0.1 mg	混入5%葡萄糖液中静脉滴注
	多巴胺	用于各种休克	1 mg	混入5%葡萄糖液中缓慢静脉滴注
	洋地黄	强心	5 mg	口服
	毒毛旋花子甙K	强心	0.01 mg	混入5%葡萄糖液中缓慢静脉滴注
	毛花甙C（西地兰）	用于急性心力衰竭	0.05 mg	口服
抗心律失常药	普拉洛尔（心得宁）	用于心律失常	0.3～0.6 mg	口服，3次/d
	心得安	用于心律失常	1～2 mg	口服，3次/d
	戎脉安	用于心律失常，心动过速	4～6 mg	口服，3次/d
	利血平	用于心律失常	0.015 mg	口服，2次/d
			0.005～0.01 mg	肌肉注射、静脉注射，2次/d
	卡马西平	用于心律失常	5～8 mg	口服，3次/d
	奎尼丁	用于心律失常	10～20 mg	口服、肌肉注射，3次/d

（续）

药物类别	常用药物	主要作用	每千克体重用量	用法
健胃与助消化药	龙胆酊	用于消化不良，消化系统疾病恢复期	1~5 mL/次	口服，3次/d
	复方龙胆酊	用于消化不良，消化系统疾病恢复期	1~5 mL/次	口服，3次/d
	胃蛋白酶	用于消化不良	0.1~0.5 mg/次	口服，3次/d
	乳酶生	用于消化不良	30 mg	口服，3次/d
	多酶片	用于消化不良	10~50 mg	口服，3次/d
	复合维生素B	用于消化不良，维生素B缺乏症	5~10 mg/次	口服，1次/d
泻药	果导片	促进肠蠕动	3 mg	口服，2~3次/d
	甘油（50%）	润滑肠道，软化粪便	2~10 mL	灌肠
	开塞露	刺激直肠，引起排便	2~10 mL	灌肠
	肥皂水	刺激直肠，引起排便	2~10 mL	灌肠
	液体石蜡	润滑肠道	10~30 mL/次	口服、灌肠
止泻药	鞣酸蛋白	收敛止泻	25~50 mg	口服，3次/d
	药用碳	吸附收敛作用	0.3~0.5 g/次	口服，3次/d
	思密达	保护胃肠黏膜	1~3 g/次	口服，3次/d
	次硝酸铋	保护胃肠黏膜	30 mg	口服，3次/d
止咳祛痰平喘药	氯化铵	用于干咳	30~50 mg	口服，2次
	碘化钾	祛痰	0.2~1 g/次	口服，3次/d
	蛇胆川贝液	止咳平喘	5~10 mL/次	口服，3次/d
	咳必清	镇咳	1~2 mg	口服，2次/d
	磷酸可待因	镇咳	1~2 mg	口服，2次/d
	复方甘草片	润肺止咳	30 mg	口服，2次/d
	咳平	镇咳	1~2 mg	口服，2次/d
	氨茶碱	解除支气管平滑肌痉挛	5~10 mg	口服，2次/d
	喘定	解除支气管平滑肌痉挛	10 mg	口服，2次/d
利尿药脱水药	呋喃苯氨酸（速尿）	各种原因造成的水肿	1~3 mg	口服，2次/d 肌肉注射，1次/d
	氢氯噻嗪（双氢克尿）	心性、肾性水肿	2~4 mg	口服，2次/d
	汞撒利	心性、肝性水肿	5 mg	肌肉注射，1次/周
	甘露醇	用于治疗脑水肿	1~2 g	静脉注射
	50%葡萄糖	用于治疗脑水肿	1~4 mL	静脉注射

（续）

药物类别	常用药物	主要作用	每千克体重用量	用法
激素类药	氢化可的松	抗炎、抗过敏、抗毒素、抗过敏	1～2 mg	静脉滴注，1次/d
	醋酸可的松（可的松）	抗炎、抗过敏、抗毒素、抗过敏	0.2～0.4 mg 2～4 mg	肌肉注射，2次/d 口服，2次/d
	醋酸泼尼松（强的松）	作用同可的松，抗炎作用更强	0.5 mg	口服，2次/d
	地塞米松	抗炎、抗过敏、抗毒素、抗过敏	0.5～1 mg	口服、肌肉注射、静脉滴注
	醋酸肤氢松软膏	用于治疗各种皮肤病	0.025%膏剂	外用
性激素类药	己烯雌酚（乙烯雌酚）	用于子宫内膜炎、胎衣不下，催情	0.1 mg	口服，1次/d 肌肉注射，1次/d
	雌二醇	用于子宫出血，退奶	0.2 mg	肌肉注射，1次/d
	黄体酮（孕酮）	保胎	0.1 mg	肌肉注射，1次/3 d
	甲睾酮	促进雄性器官发育，对抗雌激素，抑制发情	1～2 mg	口服，1次/d
	丙酸睾酮	作用同甲睾酮，功效更强，作用时间更持久	2～5 mg	肌肉注射，2次/周
	三合激素	促进发情	0.1 mg	1次/d
	缩宫素（催产素）	促进子宫收缩	5～30 U/次	肌肉注射、静脉注射
解毒药	解磷定	胆碱脂酶复活剂，用于有机磷中毒的解毒	40 mg	静脉滴注
	氯磷定	同解磷定	15～30 mg	静脉滴注
	解氟灵	用于氟乙酰胺中毒	100 mg	肌肉注射
	硫代硫酸钠	用于氰化物中毒	1.5 mg	静脉滴注，1次/d
	亚甲蓝	是氧化还原剂，小剂量用于亚硝酸盐中毒解毒；大剂量用于氰化物中毒的解毒	1%浓度 0.1～1 mL	静脉滴注
	二巯基丁二酸钠	用于汞、锑、铅、砷、镉、铜的中毒的解毒	25 mg	肌肉注射、静脉注射 2次/d
	阿托品	用于有机磷中毒的士解毒	0.1 mg	肌肉注射，1～2次/d

(续)

药物类别	常用药物	主要作用	每千克体重用量	用法
抗过敏药	扑尔敏	用于各种过敏性疾病	0.3 mg	口服、肌肉注射，2次/d
	盐酸苯海拉明	有抗组胺作用，用于各种过敏性疾病	1~2 mg	口服、肌肉注射，2次/d
	葡萄糖酸钙	用于过敏性疾病	0.1~0.2 g	静脉注射，1次/d
止血药	酚磺乙胺（止血敏）	止血药，可使血小板增加，缩短凝血时间	25 mg	手术前后肌肉注射
	凝血质	可促使凝血酶原转变为凝血酶	0.5 mg	肌肉注射，2次/d
	维生素 K_1	参与凝血酶原的合成	0.5 mg	肌肉注射，2次/d
	维生素 K_3	参与凝血酶原的合成	0.2 mg	肌肉注射，2次/d
	安洛血	降低毛细血管通透性，用于渗出性出血	0.2 mg 0.5 mg	口服，3次/d 肌肉注射，2次/d
	明胶海绵	可促进血凝过程，用于局部止血		填塞、压迫止血
抗贫血药	硫酸亚铁	用于缺铁性贫血	30~60 mg	口服，3次/d
	叶酸	促进红细胞生成	0.5~1 mg	口服、肌肉注射，1次/d
	维生素 B_{12}	促进造血功能	0.1~0.2 mg/次	肌肉注射，1次/d
	肌苷	用于白细胞减少症	40 mg	口服，1次/d
维生素类药	维生素 A	用于维生素 A 缺乏症	2 000 U	口服，2次/d
	维生素 D	用于佝偻病、骨软症	1 000~2 000 U	口服，2次/d
	维生素 E	增强生殖系统功能，用于肌营养不良，流产及不育症	5~10 mg	口服，2次/d 肌肉注射，1次/d
	维生素 C	加速血凝，刺激造血机能，提高抗病能力	10 mg	口服，3次/d 静脉滴注，1次/d
	维生素 B_1	维持心脏、神经及消化系统的正常能力	0.5 mg	口服，2次/d 肌肉注射，1次/d
	维生素 B_6	用于呕吐，皮肤病，白细胞减少症，脂溢性皮炎	1~2 mg	口服，2次/d
	烟酰胺	用于皮肤病、口炎	5~10 mg	口服，2次/d

（续）

药物类别	常用药物	主要作用	每千克体重用量	用法
促进代谢药	三磷酸腺苷	参与脂肪、蛋白、糖、核酸的代谢，用于心力衰竭、心肌炎、肌肉萎缩	1～2 mg	肌肉注射、静脉滴注，1次/d
	辅酶A	对糖、蛋白、脂肪的代谢起重要作用，用于白细胞减少症及肝、肾疾病	5 U	肌肉注射、静脉滴注，1次/d
	细胞色素C	细胞呼吸激活剂，用于因组织缺氧所引起的疾患	15～30 mg	肌肉注射、静脉滴注，1次/d
	辅酶Q10	增强免疫系统功能，改善心肌代谢	1 mg	口服、肌肉注射，2次/d
	复合酶	用于肝炎、再生障碍性贫血，白细胞减少症及皮肤病的治疗	10 mg	口服，2次/d
调节水、电解质及酸碱平衡药	葡萄糖	用于补充水分、能量，还可利尿	25%浓度 4 mL	静脉滴注，1～2次/d
	碳酸氢钠	用于酸中毒	5%浓度 0.5 mL	静脉滴注，1次/d
	乳酸钠林格氏液	用于脱水及酸中毒	25 mL	静脉滴注，1次/d
	生理盐水	用于脱水	25 mL	静脉滴注，1次/d
	氯化钾	低血钾症	10%～15%浓度 0.5 mL	静脉滴注，1次/d
	葡萄糖酸钙	用于低血钙症及过敏症	10%浓度 5～40 mL/次	静脉滴注，1次/d
	17种氨基酸	用于营养不良及蛋白缺乏症	2 mL	静脉滴注，1次/d

主要参考文献

北京小动物诊疗行业协会.2008.第四届北京宠物医师大会会刊［J］.

宠物医生手册编委会.2009.宠物医生手册［M］.2版.沈阳：辽宁科学技术出版社.

董军.金艺鹏等.2007.宠物疾病诊疗与处方手册［M］.北京：化学工业出版社.

范开，董军.2006.宠物临床显微检验及图谱［M］.北京：化学工业出版社.

高德仪等.2001.犬猫疾病学［M］.北京：中国农业大学出版社.

何英，叶俊华.2003.宠物医生手册［M］.沈阳：辽宁科学技术出版社.

贺宋文等.2008.宠物疾病诊疗技术［M］.重庆：重庆大学出版社.

黑龙江省畜牧兽医学校.1998.家畜寄生虫病学［M］.3版.北京：中国农业出版社.

侯加法.1995.小动物外科学［M］.北京：中国农业出版社.

侯加法.2002.小动物疾病学［M］.北京：中国农业出版社.

胡在钜.2009.兽医诊疗技术［M］.北京：中国农业出版社.

江世昌，陈家璞.1996.家畜外科学［M］.北京：中国农业出版社.

雷宇平.2007.兽医临床操作技巧［M］.北京：中国农业出版社.

李长卿.1993.经济动物、野生动物、观赏动物、伴侣动物疾病诊疗大全［M］.兰州：甘肃民族出版社.

李玉冰，范作良等.2007.宠物疾病临床诊疗技术［M］.北京：中国农业出版社.

李玉冰等.2007.宠物疾病临床诊疗技术［M］.北京：中国农业出版社.

李志等.2002.宠物疾病诊治［M］.北京：中国农业出版社.

李志等.2008.宠物疾病诊治［M］.2版.北京.中国农业出版社.

林德贵.2000.狗病防治手册［M］.北京：金盾出版社.

林德贵.2004.动物医院临床技术［M］.北京：中国农业大学出版社.

林曦.1997.家畜病理学［M］.3版.北京：中国农业出版社.

孙明琴，王传峰.2007.小动物疾病防治［M］.北京：中国农业大学出版社.

汪明等.2006.兽医寄生虫学［M］.3版.北京：中国农业大学出版社.

吴树青等.1996.犬猫疾病诊疗学［M］.呼和浩特：内蒙古人民出版社.

夏兆飞.2009.动物医院工作流程手册［M］.北京：中国农业大学出版社.

谢富强.2003.兽医影像学［M］.北京：中国农业大学出版社.

谢富强.2006.犬猫X线与B超诊断技术［M］.沈阳：辽宁科学技术出版社.

中国农业科学院哈尔滨兽医研究所［M］.2008.动物传染病学.北京：中国农业出版社.

周庆国.2005.犬猫疾病诊治彩色图谱［M］.北京：中国农业出版社.

图书在版编目（CIP）数据

宠物疾病诊断与防治/李志主编．—北京：中国农业出版社，2010.12（2023.12重印）
中等职业教育农业部规划教材
ISBN 978-7-109-15164-2

Ⅰ.①宠… Ⅱ.①李… Ⅲ.①观赏动物-动物疾病-诊疗-专业学校-教材 Ⅳ.①S858.93

中国版本图书馆 CIP 数据核字（2010）第 218920 号

中国农业出版社出版
（北京市朝阳区农展馆北路 2 号）
（邮政编码 100125）
责任编辑　杨金妹　耿韶磊　李　萍
文字编辑　刘　北

中农印务有限公司印刷　新华书店北京发行所发行
2011 年 1 月第 1 版　2023 年 12 月北京第 8 次印刷

开本：787mm×1092mm 1/16　印张：17.75
字数：415 千字
定价：39.00 元
（凡本版图书出现印刷、装订错误，请向出版社发行部调换）